単位換算表：長さ

m	ft	in
1	3.28084	39.3701
0.304800	1	12
0.0254000	0.0833333	1

単位換算表：力・重量

N	kgf	lbf
1	0.101972	0.224809
9.80665	1	2.20462
4.44822	0.453592	1

単位換算表：圧力・応力

MPa	kgf/mm^2	lbf/in^2 (psi)
1	0.101972	145.038
9.80665	1	1422.33
6.89476×10^{-3}	0.703070×10^{-3}	1

単位換算表：動力

kW	$kgf \cdot m/s^2$	PS	$lbf \cdot ft/s^2$	HP
1	101.972	1.35962	737.562	1.34010
9.80665×10^{-3}	1	0.0133333	7.23299	0.0131509
0.735499	75	1	542.473	0.986320
1.35558×10^{-3}	0.138255	1.84340×10^{-3}	1	1.81693×10^{-3}
0.745700	76.0402	1.01387	550	1

材料力学

Strength of Materials

力学

平尾雅彦 監修　森下智博 著

I

森北出版株式会社

監修のことば

　材料力学は，大学・高専ともに機械系カリキュラムの低学年における導入的な専門科目として開講されることが一般的であるが，実際には，教える側からは教えにくく，学生にとっては学びにくい科目である．その理由は，学ぶ内容全体を貫く理論体系がわかりづらく，互いに関連していないように見えることにある．つまり，材料力学が，弾性力学による理論解析に立脚しながら，実用的な設計計算に役立てるために1次元形状に対象を単純化し，それに対応する抜粋された事項の集合体となっているためである．弾性力学の理論は，平衡方程式(ニュートンの第2法則)，構成式（フックの法則)，および適合条件から構成され，完結した体系となっている．しかし，3次元物体の変形や応力を取り扱うために変数が多く表式が煩雑であることから，弾性力学はこの分野の初学者には適さない．また，数値計算に頼る場合はともかく，日常的な設計にも使いにくい．

　本書では，このジレンマを克服するためにきわめて丁寧な文章と数多くの図によって説明が尽くされている．これは，著者の教育者としての長い経験と，学生に理解してもらいたいという強い熱意に根差すものであろう．さらに，わかりやすい例題と実際的な演習問題が豊富に盛り込まれており，自習のための便宜が図られている．経験的な知識の記述を避け，基礎となる概念から出発して高度な内容へ至るまでの基本的な考え方を示し，十分な学力がつくように配慮されている．現代の学生が，豊かな創造性と工学的センスを養っていくのにうってつけに違いない．また，本書の特徴の一つは，弾塑性力学に相当する内容の下巻「材料力学II」で，異方性弾性体の理論や球対称・軸対称問題にまで議論が展開されていることである．これらは，大学・大学院，さらには実用的な設計の現場においても有用であり，類書に例を見ない．多くの大学で材料力学の講義時間が短縮され，これに対応して基本事項のみを説明した教科書が多い中で，本書は希有な存在である．長く読み続けられ，活用されていくことを願っている．

平尾雅彦

まえがき

　筆者は，30年間にわたって材料力学の授業を担当してきた．この間，学生たちのつまずきや疑問，あるいは失敗・誤解をどのように解決してゆくかを考え，工夫してきた．また，学生たちの意見を取り入れてきた．本書は，そのノウハウを注ぎ込んで教科書としてまとめたもので，いわば，筆者と学生たちとの30年間にわたる共同作業の集大成といえる．

　わかりやすく丁寧に記述することを心がけ，図を用いて視覚的にイメージできるように工夫した．演習問題の解答には必要最小限の解説を加えた．これらのため，従来の教科書と比較してページ数が相当多くなっている．基本事項から始め，徐々に応用発展的な内容へと無理なく進むことができるように，本書は，ほかの教科書にはない次のような特徴をもっている．

(1) 必須の学習項目に熟達することを第一段階とする

　　第4章までは内容を厳選した．この段階でつまずくことを防ぐとともに，その後の学習内容全体を把握しやすくすることで，体系的理解へと導くことができる．

(2) 主題別の章構成とする

　　第5章以降は主題別の章構成とした．第4章までの基本事項を俯瞰しながら，それらの応用として新しい主題を学習することで材料力学的センスを養う．

(3) 基本概念を強調する

　　問題の解法にはいくつかの方法があるが，代表的なものだけを扱うようにした．さらに，どのような解法であるにせよ，もっとも重要な概念は，1次元問題では仮想断面の内力・内偶力を考えること，3次元問題では微小体積要素の基礎式を考えることであり，つねにこれらを意識できるように記述した．このことにより，材料力学がいかに単純明快な学問体系であるかを理解できるように工夫した．

(4) 偶力を理解させる

　　物理学や工業力学で学習する偶力は，材料力学では非常に重要な予備知識である．しかしながら，学習時間が少なく，偶力を十分に理解できていない学生が多い．そのような学生にとって，偶力の理解不足が材料力学を難しいと感じるもっとも大きな要因となる．そのため，偶力についての解説を加えるととも

に，偶力であることを意識づける独自の用語を使用する．

(5) 近似と極限について丁寧に説明する

　　工学の初学者は，近似に戸惑い，違和感を感じることが多いが，実用性を重視すれば，近似は非常に有効である．近似の計算法を丁寧に説明し，積極的に利用できるように習慣づける．また，近似として成り立つのではなく，極限として成り立つ場合は，あいまいな表現を避け，極限で説明している．

(6) 3次元的イメージを重要視する

　　これまでの教科書では，3次元的に扱うべき問題を，計算を容易にするために2次元的に扱う場合が多かった．しかしながら，このことにより誤解をする学生も少なくない．応力が2次元であっても変形は3次元で起こるし，逆に変形が2次元なら応力は3次元である．本書で扱う3次元問題では，応力も変形も3次元を意識づける．複雑な計算を理解することが必要になるのは学術的な場合だけであり，技術的には現代ではコンピュータで計算できる．無理に2次元で扱うのは，本書の学習者には相応しくないと考える．

　拙稿を書籍として出版するにあたり，監修を恩師である平尾雅彦先生（大阪大学名誉教授）にお願いした．浅学の筆者が気がつかなかった間違いや，説明に工夫を要する箇所の指摘，あるいは様々な大学や高専で使用できる教科書とするために加筆すべき箇所など，多くのご指導とご助言をいただいた．心から感謝申し上げる．また，本書刊行にあたってご尽力いただいた森北出版の二宮惇氏および富井晃氏に，深く感謝申し上げる．本書で学んだ学生・技術者がプロフェッショナルとして活躍すること，また本書を座右の書として活用していただけることを念願している．

2018 年 1 月

著者

目　次

第5章　長柱の座屈　　114

第6章　不静定問題　　126

第7章　重ね合わせの原理　　146

─── **下巻「材料力学 II」目次** ───

第 1 章　平面図形の性質

第 2 章　軸とはり

第 3 章　曲りはり

第 4 章　変位とひずみ

第 5 章　球対称問題と軸対称問題

第 6 章　多軸応力の基礎式

第 7 章　平板の曲げ

第 8 章　応力とひずみ

第 9 章　弾塑性問題

本書で用いるおもな記号一覧

記号	意味	記号	意味
A	断面積	S	安全率
B	内力	T	ねじりモーメント
C	内偶力	U	ひずみエネルギー
D	板の曲げ剛性	u	変位，はりのたわみ
E	縦弾性係数	W	重量
F	せん断力	Z	断面係数
G	せん断弾性係数	Z_p	極断面係数
H	動力	α	応力集中係数，線膨張係数
$I_y,\ I_z$	断面二次モーメント	γ	せん断ひずみ
I_p	断面二次極モーメント	δ	伸び率
J	反偶力	ε	垂直ひずみ
K	体積弾性係数	θ	たわみ角，角度（極座標）
l	長さ	κ	曲りはりの断面係数
M	曲げモーメント	λ	棒の伸び
N	軸力	ν	ポアソン比
P	荷重	ρ	密度
p	圧力	σ	垂直応力
Q	偶力荷重	τ	せん断応力
q	分布荷重	φ	ねじれ角，絞り
R	反力，曲率半径	ψ	比ねじれ角
r	半径（極座標）	ω	角速度，角ひずみ

ギリシャ文字一覧

大文字	小文字	よみかた	大文字	小文字	よみかた
A	α	アルファ	N	ν	ニュー
B	β	ベータ	Ξ	ξ	クサイ，グザイ，クシー
Γ	γ	ガンマ	O	o	オミクロン
Δ	δ	デルタ	Π	π	パイ
E	ε	イプシロン，エプシロン	P	ρ	ロー
Z	ζ	ジータ	Σ	σ	シグマ
H	η	イータ，エータ	T	τ	タウ
Θ	θ	シータ，テータ，セータ	Υ	υ	ウプシロン，ユプシロン
I	ι	イオタ	Φ	$\phi,\ \varphi$	ファイ
K	κ	カッパ	X	χ	カイ，キー
Λ	λ	ラムダ	Ψ	ψ	プサイ，プシー
M	μ	ミュー	Ω	ω	オメガ

第1章 序論

1.1 材料力学の特徴

1.1.1 材料力学と強度設計

　物体に外力が作用すると，その大きさと方向に応じて物体内部にも力が生じる．この力を内力という．この内力を単位面積あたりで表したものを応力という．材料力学 (strength of materials) では，固体材料に外力が加わったときの変形や応力を考える．変形や応力が限度を超えて大きくなると，その材料は破壊する．材料力学の考え方は，機械部品や構造部材の強度設計・強度評価に利用される．

　機械部品や構造部材に要求される条件は，使用目的を達成できることと，経済的であることである．使用目的を達成させるためにもっとも重要なことは，個々の部品が作用する外力に耐えられるだけの十分な強度をもつこと，すなわち破壊しないことである．また，外力によって生じる変形量が適切でなければならない．ばねのように変形に伴う弾力性を利用する部品もあるが，多くの部品では変形量が小さいことが望ましい．さらに，持ち運んで使用する機械や高速運動する部品では，軽量であることが必要である．一方，経済的（低コスト）であるためには，寸法が小さいことと安価な材料を使用することが必要である．これらの相反する要求を総合的に考えたうえで，部品や部材の適切な形状と寸法を決定することが材料力学の役割である．

1.1.2 単純化

(1) 想定する材料

　物理学の一分野である剛体力学では，物体の運動を論じることが主要課題である．そのため物体に外力が作用しても，その物体が変形しないと仮定する．材料力学では部材の強度を論じることが主要課題であり，そのためには部材が外力を受けたときに生じる変形を考えなければならない．すなわち，材料力学で扱う材料は現実の変形する固体である．

　材料力学では，機械部品として使われる材料，とくに構造部材として使われる金属材料を中心に考える．また，材料力学の考え方や公式は，次に述べる性質をもつ高分子材料，セラミックス，木材，コンクリートなどにも適用できる．

(2) 材料の性質

材質によって，外力が加わったときの変形の仕方は異なる．金属材料にも，硬くてもろい材料や，アルミニウムのように比較的軟らかく伸びやすい材料がある．あるいは高分子材料や木材などにも，いろいろな種類がある．しかしながら，外力が大きすぎずに長期間使用できるような場合には，いずれの材料にも外力の大きさと変形量の間には正比例の関係がある．材料力学ではこの関係が成り立つことを条件に，様々な問題を考えてゆく．この関係が成り立っているときの材料の変形は非常に小さく，条件によっては人間の目ではわからないほど小さな変形である．

材料は均質・等方性であるとする．均質とは，材料内部のどの部分も同じ性質であることをいう．複合材料はミクロな立場で見れば非均質材料であるが，マクロ的には均質材料と考えられる．また，金属材料は原子あるいは結晶粒の集合体であるが，そのようなミクロなレベルには立ち入らない．等方性とは，材料がどの方向にも同じ性質であることをいう．たとえば，木材は年輪があるため方向によって性質や強さが異なる．金属材料や高分子材料などは等方性とみなしてよい．

(3) 部品・部材の形状

機械や構造物の利用目的は様々であり，個々の部品・部材の形状も様々であるように思える．しかしながら，細部を無視して単純化して考えると，それらのほとんどは単一の棒あるいは棒の組み合わせから成り立っていることがわかる．棒以外の形状では板・球などがあるが，いずれにしてもすべての部品の形状は単純な幾何学形状として考えることができる．材料力学では，このような単純な形状の部材，とくに棒状の部材について，その変形や応力を考える．

(4) 線形近似

変形が非常に小さいという事実と，強度計算という実用的な目的のために，材料力学では，しばしば，近似が用いられる．工学の初学者には戸惑うことも多いが，近似は材料力学に限らず，工学の一般的計算方法である．たとえば，$-1 < x < 1$ に対して，分数 $1/(1+x)$ は次のように無限多項式で表現できる[†1]．

$$\frac{1}{1+x} = 1 - x + x^2 - x^3 + \cdots$$

もしも $|x| \ll 1$ であるならば，この値は $1-x$ で近似できる．これを数値で例示すると，

$$\frac{1}{1.01} = 0.9900990099\cdots \fallingdotseq 0.99$$

---

†1 これをマクローリン展開という．裏見返しの数学公式参照．

のようになる．材料力学における重要公式のほとんどは非常に単純な式であるが，その導出過程にはこのような近似が利用されている．

1.2 力とモーメント

1.2.1 荷重

部材を変形させたり破壊させる外力 (external force) を，工学の分野では**荷重** (load) という．機械や構造物が破壊する原因は様々であり，それらの強度設計・強度評価は複雑であるかのように思える．しかしながら，それらに作用する荷重は，それらの特徴によって分類・整理することができる．

作用する方向と部材の変形の仕方で荷重を分類すると，軸荷重・せん断荷重・ねじり荷重・曲げ荷重の 4 型式がある．これらの荷重が単独に作用する場合は**単純荷重** (simple load)，2 種類以上が同時に作用する場合は**組み合わせ荷重** (combined load) といわれる．

図 1.1 (a) に示すような，棒の中心線方向に作用する荷重を**軸荷重** (axial load) という．図に示すように，棒の外側へ向かって荷重が作用する場合を**引張荷重** (tensile load) という．引張荷重が作用すると，棒は伸び，かつ細くなる．逆に，棒の内側へ向かって荷重が作用する場合を**圧縮荷重** (compressive load) という．圧縮荷重が作用すると，棒は縮み，かつ太くなる．

図 (b) のような場合では，リベットは荷重に平行な断面で切断されて，荷重方向にすべろうとする．このような荷重を**せん断荷重** (shearing load) という．

図 (c) のように，荷重が棒の中心線を軸とする偶力としてはたらく場合，棒はねじられる．このような荷重を**ねじり荷重** (twisting load, torsional load) という．

図 (d) のように，両端が支えられた棒の中心線に直角方向の荷重がはたらく場合，棒は曲げられる．このような荷重を**曲げ荷重** (bending load) という．

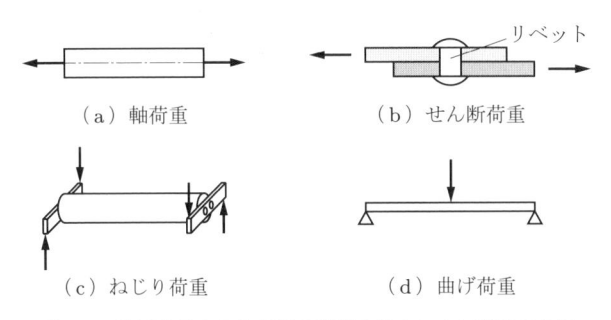

（a）軸荷重　　　　　　　（b）せん断荷重

（c）ねじり荷重　　　　　（d）曲げ荷重

図 1.1　作用する方向と部材の変形の仕方による荷重の分類

　これら以外の荷重として，自重，遠心力，温度変化に起因する荷重，密閉容器内に作用する圧力などがあるが，これらの荷重によって生じる内力を考えると，これらもすべて上記4型式の一種と考えることができる．

　荷重を時間的変動の仕方によって分類すると，静荷重（または静的荷重という）と動荷重（または動的荷重という）とに分けられる．**静荷重** (dead weight, static load) は力の大きさと方向に時間的な変動がなく，それらがつねに一定の荷重である．時間的変化が非常に緩やかな荷重を準静的荷重とよぶこともあるが，準静的荷重は静荷重に含めることができる．それらが時間的に変動する荷重が**動荷重** (dynamic load) である．動荷重には繰返し荷重や衝撃荷重などがある．その大きさや方向が周期的に変動する荷重が**繰返し荷重** (repeated load) で，自動車が衝突する場合のように，きわめて短い時間だけに作用する荷重が**衝撃荷重** (impact load) である．

　本書では，静荷重に対する応答を中心に考える．

1.2.2　静的つり合い条件

　材料力学で扱う外力は荷重である．すなわち，運動を起こさせる（速度や角速度を変化させる）外力は考えない．したがって，一つの力が単独で作用することはありえない．図1.1で示したように，何らかの形で必ず逆向きの力が対になっている．たとえば，図 (d) の曲げ荷重の場合，部材中央で下向きに荷重を加えると，棒を介して両端の支点を下向きに押さえつけることになる．これに対して，支点から棒を押し返す力が反作用として作用する（作用反作用の法則）．この力を反力という．したがって，図 (d) の部材には下向きの力一つと上向きの力二つが対になって作用している．

　物体が静止している（速度と角速度が変化しない）とき，その物体に作用しているすべての力に対して，力のつり合いとモーメントのつり合いが成り立っている．部材の変形と応力を考える材料力学では，この条件はつねに成り立つもっとも基本的な条件である．

1.2.3　力とモーメントの合成と分解

　これまで述べてきたように，材料力学では外力（荷重と反力）と内力を考える．力はベクトル量であり，合成・分解ができる．本書ではベクトルの合成・分解はすでに修得しているものとして学習を進めてゆく．

　モーメントには力のモーメントと偶力のモーメントとがある．力のモーメントについてはすでに修得しているものとする．偶力については十分な知識がない学習者も多いことを想定し，偶力およびそのモーメントについては，3.2節で説明している．また，モーメントもベクトル量であり，合成・分解ができるが，このことについても

7.6 節で述べる.

1.3 単位系

　本書での計量単位には，国際単位系 (SI, International System of Units) を用いる[†2]．これは，単位を国際的に統一するために 1960 年に国際度量衡委員会で採択された単位系である．我が国でも国際単位系への移行が徐々に進み，1980 年代には学術的出版物では国際単位系を使用することが標準となり，1991 年には日本工業規格 (JIS) が国際単位系に完全準拠となった．1992 年に計量法が制定され，このころから，中学校や高等学校の教科書でも国際単位系への移行が進んでいる．現在では，技術者間でのコミュニケーションは，国籍に関係なく国際単位系で成り立つ．しかしながら，一般社会への普及にはまだしばらくかかると思われる．従来用いられてきた単位系は，重力単位系または工学単位系とよばれ，独仏系のメートル法と，米英系のフィート・ポンド法とがある．

　国際単位系は，MKS 単位系 (または MKSA 単位系) を合理的に拡張したものであり，7 種類の基本単位，長さ [m]，質量 [kg]，時間 [s]，電流 [A]，熱力学温度 [K]，物質量 [mol]，光度 [cd] からなる．その他の単位はこれらの基本単位を用いて表現され，組立単位とよばれる．組立単位の中には固有名称をもつものがある．たとえば，力（重量）の単位は $[\mathrm{kg \cdot m/s^2}]$ であるが，これを単位 [N]（ニュートン）とよび，質量 1 kg の物体に，$1\,\mathrm{m/s^2}$ の加速度を与える力と定義される．

$$1\,\mathrm{N} = 1\,\mathrm{kg} \times 1\,\mathrm{m/s^2}$$

国際単位系では，10 の整数乗倍を表す接頭語が定められている[†3]．整数乗倍は，原則として数値が 0.1 から 1000 の間に入るように使用する．たとえば，$2.30 \times 10^4\,\mathrm{N}$ は 23.0 kN，0.00357 m は 3.57 mm，$1.69 \times 10^{11}\,\mathrm{Pa}$ は 169 GPa とする．表見返しに，国際単位系の基本単位と，本書で用いるおもな固有名称をもつ組立単位，および接頭語の表を示す．

　重力単位系では，基本単位を質量の代わりに重量とする．メートル法での単位記号は [kgf] (英語の kilogram-force の略) または [kgw] (kilogram-weight の略) で，フィート・ポンド法では [lbf] (pound-force の略) である．それぞれ，質量 1 kg の物体の重さ，質量 1 lb の物体の重さと定義され，重力加速度に国際標準値 $9.80665\,\mathrm{m/s^2} =$

[†2] 略称の SI はフランス語 Système international d'unités に由来する.

[†3] 接頭語は，何らかの単位記号の前に付ける記号であり，単独で使用することはできない．無次元量の場合，口語では 2 k ということもあるが，これは 2×10^3 と表記しなければならない．

$32.1740\,\mathrm{ft/s^2}$ を用いると,

$$1\,\mathrm{kgf} = 1\,\mathrm{kg} \times 9.80665\,\mathrm{m/s^2} = 9.80665\,\mathrm{kg \cdot m/s^2}$$

$$1\,\mathrm{lbf} = 1\,\mathrm{lb} \times 32.1740\,\mathrm{ft/s^2} = 32.1740\,\mathrm{lb \cdot ft/s^2}$$

である. ここで, $1\,\mathrm{m} = 3.28084\,\mathrm{ft}$ である. 一般社会では, 重量を [kg] で表記することが多く, 質量と混同しかねないので注意が必要である. 重力単位系では質量は組立単位であり, それぞれ $[\mathrm{kgf \cdot s^2/m}]$, $[\mathrm{lbf \cdot s^2/ft}]$ で表される. 単位間の換算をする場合の参考のために, 表見返しに, 長さ, 力・重量, 圧力・応力, および動力の換算表を示す.

第2章 引張りと圧縮

2.1 垂直応力と軸力

2.1.1 サンブナンの原理

棒の中心線方向に引張荷重を加えたとき，力は部材内部へ伝わってゆく．**図2.1** (a) に示す左向きの力は，断面 X と Y とでは図 (b)，(c) のように伝達される．すなわち，力はその作用点から離れるほど，急速に分散・均等化され，力の作用点から十分に離れた断面ではその断面内で一様に分布した力が作用している．このことを**サンブナン**[†1] **の原理** (Saint-Venant's principle) という．サンブナンの原理は引張荷重だけではなく，せん断荷重，ねじり荷重，曲げ荷重に対しても成り立つ．

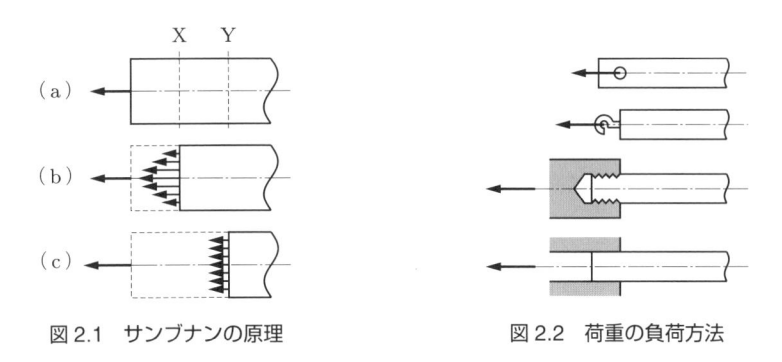

図2.1　サンブナンの原理　　　　図2.2　荷重の負荷方法

丸棒や角棒，あるいは帯板を引っ張る場合，**図2.2** に示すように，引張荷重の加え方にはいろいろな方法が考えられる．サンブナンの原理によれば，伝達された力が一様な部分での変形の様子は，荷重の負荷方法には影響されない．荷重の作用点付近での変形や伝達された力の大きさを解析することは非常に難しく，本書では扱わない．本書では，それらが一様である部分を対象とする．棒に引張荷重を加える様子を，その負荷方法にはこだわらず，単純に図1.1 (a) のように表し，棒全体にわたって一様な変形と内力が生じていると考える．

---

†1 Adhémar Jean Claude Barré de Saint-Venant，1797〜1886，フランス

2.1.2　垂直応力と軸力

　図 2.3 (a) のように棒の中心線方向に引張荷重を加えると，棒は伸びて細くなる．このとき力はその作用点から棒内部へと伝達されている．図 (b) に示すように，断面 C と D で挟まれる部分を仮想的に取り出したとする．このように仮想的に切断した断面を**仮想断面** (virtual section) という．仮想断面 C と D にはそれぞれ面の外向き法線方向に断面全体にわたって一様に分布した力が作用している．この力を単位面積あたりで表したものを**垂直応力** (normal stress) といい，σ で表す[†2]．垂直応力の単位には [MPa] を用いる．

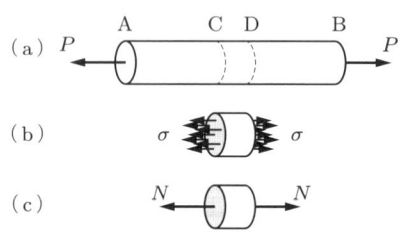

図2.3　垂直応力と軸力

　棒に引張荷重が作用し，図 2.3 (b) に示すように，垂直応力が仮想断面の外向き法線方向にはたらくとき，この垂直応力を**引張応力** (tensile stress) という．棒に圧縮荷重が作用し，垂直応力が仮想断面の内向き法線方向にはたらくとき，この垂直応力を**圧縮応力** (compressive stress) という．垂直応力の向きを符号で表すときは，引張応力を正とする．したがって，垂直応力が負値で表されるときは圧縮されることを意味しており，その絶対値が圧縮応力である．

　応力の値を計算するために，材料力学では**内力** (internal force) が用いられる．内力は実在する力ではなく，応力の計算を容易にするための手段として用いられる．分散している力を 1 点に集めて考えるという意味で，応力と内力との関係は，物体の比重量と重力との関係に類似している．図 2.3 (c) に示すように，仮想断面 C および D に生じている垂直応力を中心軸上に集中させる．この内力を**軸力** (axial force) という．軸力は仮想断面の法線方向に作用する．軸力の作用点，すなわち仮想断面上の中心軸が通過する点を**図心** (centroid) という[†3]．

---

†2　単位面積あたりの力ということでは，垂直応力は圧力のようなものと考えてよい．ただし，圧力は部材外表面に作用するのに対して，垂直応力は部材内部の仮想断面に作用する．

†3　円・四角形・三角形などに対して重心とよんできた点と同じである．本来，重心は重さのある立体形状に対して用いる用語であり，図心は重さのない平面図形の中心をいう．

　図 2.3 に示したように，CD 部を仮想的に取り出して考える．棒の一部分である CD 部だけが運動することはありえないから，取り出した CD 部について力のつり合いが成り立たなければならない[†4]．したがって，仮想断面 C および D に作用する軸力の大きさは等しい．仮想断面 C および D の面積を A，軸力を N とすると，垂直応力 σ は仮想断面全体にわたって均等にはたらくので，$N = \sigma A$ である．軸力 N の値が既知ならば，垂直応力 σ の値は

$$\sigma = \frac{N}{A} \tag{2.1}$$

により計算できる．棒に作用している荷重が引張荷重であるときは，断面積は荷重負荷前よりもわずかに小さくなっている．逆に，圧縮荷重であるときは，断面積はわずかに大きくなっている．材料力学では，後で示すように，荷重があまり大きくないことを想定するので，断面積の変化を無視できる．したがって，上式の断面積 A には変形前の断面積を用いる．

2.1.3　切断法

　軸力の値を計算する方法として，2 通りの考え方ができる．図 2.4 (a) に示すように，引張荷重 P を受ける棒 AB を考える．断面 X で棒を仮想的に切断すると，仮想断面にはそれぞれ図 (b) と (c) に示すような軸力が作用している．図 (b) と (c) に示すそれぞれの軸力は，作用反作用の法則によりその大きさは等しい．この軸力の大きさを N とする．図 (b) に示した仮想断面 X で右向きに作用する軸力 N は，右端 B に作用する外力 P が棒内部に伝達されたものである．すなわち，伝達された軸力 N は，右端 B に作用する外力 P の着力点をその作用線に沿って仮想断面 X へ移動した

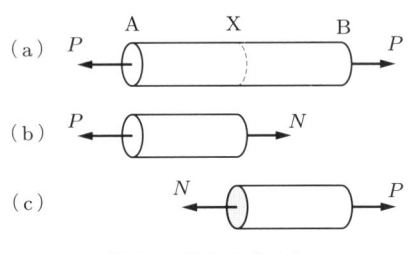

図 2.4　軸力の求め方

[†4] 1.2.2 項で述べたように，材料力学で考える部材は静止しており，力のつり合いとモーメントのつり合いが成り立っている．この部材からその一部を仮想的に取り出したとき，取り出した形状や寸法に関係なく，取り出された部分でも力のつり合いとモーメントのつり合いがつねに成り立っている．このことが材料力学におけるもっとも基本的な概念である．

ものと考えることができる．よって，その大きさは $N = P$ である．同様に，図 (c) に示した仮想断面で左向きに作用する軸力 N は，左端 A に作用する外力 P が棒内部に伝達されたものであり，やはり $N = P$ が成り立つ．このように，力の伝達，すなわち作用線上での力の移動を考えることにより，軸力の値が求められる．

断面 X で仮想的に切断したとき，図 2.4 (b) の AX 部を考える．AX 部は本来，仮想断面 X で XB 部とつながっており，空間上で静止しているから，AX 部について力のつり合いが成り立っていなければならない．すなわち，左端 A に作用する左向きの外力 P と仮想断面 X に作用する右向きの軸力 N の大きさは等しく，$N = P$ である．同様に，XB 部についても $N = P$ が成り立たなければならない．

いずれの考え方においても，棒を仮想的に切断して考えることは同じであり，このような内力の求め方を**切断法** (the method of sections) という．左右どちら側で考えたとしても内力は同じ値となるので，どちらか一方だけで考えればよい．

例題 2.1 直径 14 mm の丸棒に引張荷重 30 kN を加える．棒に生じる引張応力を計算せよ．

解答 任意の仮想断面で外向き法線方向の軸力は $N = 30$ kN である．引張応力は次のようになる．

$$\sigma = \frac{N}{A} = \frac{30 \times 10^3 \ [\text{N}]}{\pi/4 \times 14^2 \ [\text{mm}^2]} = 195 \ \text{N/mm}^2 = 195 \times 10^6 \ \text{N/m}^2 = 195 \ \text{MPa}$$

演習問題

2.1 断面の幅 20 mm，高さ 15 mm の角棒に，圧縮荷重 65 kN を加える．棒に生じる圧縮応力を計算せよ．

2.2 外径 36 mm，内径 18 mm の円筒に圧縮荷重 40 kN を加えたとき，円筒に生じる圧縮応力を計算せよ．

2.3 丸棒に引張荷重 100 kN を加える．引張応力を 100 MPa 以下にするには，直径 d をいくら以上にすればよいか．

2.4 図 2.5 に示すように，左端 C が鉛直壁にピン結合され，鋼線 AB で水平につられた剛性棒 CD がある．点 D に鉛直荷重 $P = 1.0$ kN を加えたとき，鋼線に生じる応力を計

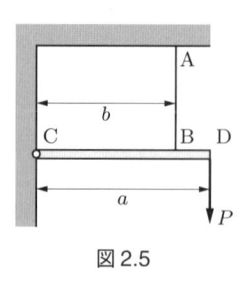

図 2.5

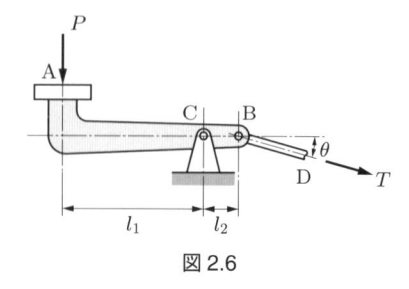

図 2.6

算せよ．ただし，鋼線 AB の直径を 3.0 mm，$a = 200$ mm，$b = 160$ mm とする．

2.5 図 2.6 に示すように，足踏み式ペダル AB が点 C で回転支持され，点 B から角 $\theta = 15°$ の方向にワイヤでほかの機械装置につながれている．ペダルの寸法は，$l_1 = 150$ mm，$l_2 = 50$ mm で，ワイヤの直径は 3.2 mm である．点 A を $P = 80$ N で踏み込んだとき，ワイヤに生じる応力を計算せよ．ただし，ペダルの回転角は十分に小さいとする．

2.6 図 2.7 に示すように，4 個の摩擦のない滑車を用いて重さ W の荷物をゆっくりともち上げる．ワイヤは 340 MPa の応力に耐えることができ，直径は 6.0 mm である．安全にもち上げることができる荷物の最大重さを計算せよ．ただし，滑車およびワイヤの重さは無視でき，ワイヤは鉛直方向にかかっていると考えてよいこととする．

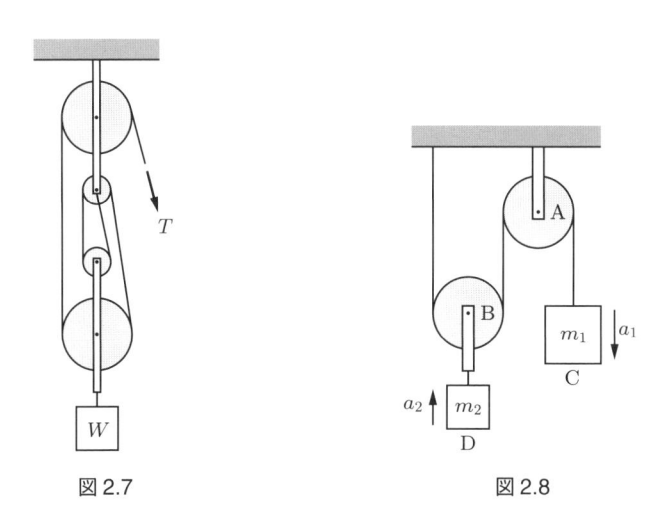

図 2.7　　　　　　　　図 2.8

2.7 図 2.8 に示すように，一端を天井に固定されたロープが，摩擦のない定滑車 A と動滑車 B にかけられている．ロープの他端には質量 $m_1 = 30$ kg のおもり C が，動滑車 B には質量 $m_2 = 20$ kg のおもり D が取り付けられている．おもり C が下方へ加速度 a_1 で，おもり D が上方へ加速度 a_2 で動いているとき，ロープに生じる応力を計算せよ．ただし，ロープの直径を 10 mm，重力加速度を 9.80 m/s^2 とし，滑車およびロープの重さは無視できるとする．また，おもりの加速度には $a_1 = 2a_2$ の関係がある．

2.2　軸力による棒の変形

2.2.1　垂直ひずみと棒の伸び

図 2.9 に示すように，長さ l の棒に軸荷重が作用し，棒の長さが λ だけ変化したとする．引張荷重の場合では，棒は伸びて $l + \lambda$ の長さになり，圧縮荷重の場合では，棒は縮んで $l - \lambda$ の長さになる．断面 C と D で挟まれる部分を仮想的に取り出すと，

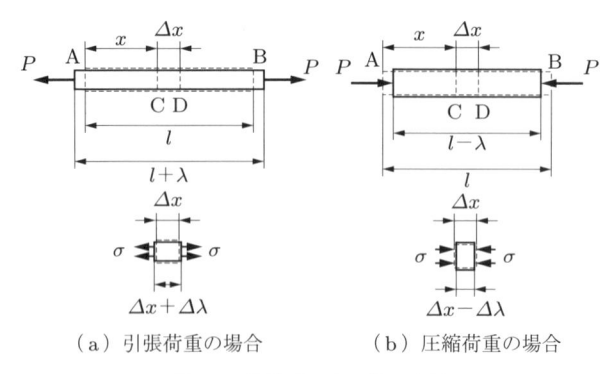

（a）引張荷重の場合　　　（b）圧縮荷重の場合

図 2.9　軸荷重による棒の変形

仮想断面 C および D には垂直応力 σ が作用している．CD 部の変形前の長さは十分に短いとし，これを Δx とする．その間の長さの変化量を $\Delta\lambda$ とする．このとき，それらの比 $\Delta\lambda/\Delta x$ の極限値

$$\varepsilon = \lim_{\Delta x \to 0} \frac{\Delta\lambda}{\Delta x} = \frac{d\lambda}{dx} \tag{2.2}$$

を**垂直ひずみ** (normal strain)，または**縦ひずみ** (longitudinal strain) という．さらに，棒に引張荷重が作用して棒が伸びるときの垂直ひずみを**引張ひずみ** (tensile strain) といい，棒に圧縮荷重が作用して棒が縮むときの垂直ひずみを**圧縮ひずみ** (compressive strain) という．ひずみは無次元量であるから単位は付かない．慣例的に，小さなひずみは 10^{-6} の数値で，大きなひずみは [%] で表す[†5]．符号によって引張ひずみと圧縮ひずみを区別するときは，引張ひずみを正とする．したがって，棒の縮みは負値の伸びと解釈する．

　棒全体としての長さの変化量 λ は

$$\lambda = \int_0^\lambda d\lambda = \int_0^l \varepsilon\, dx \tag{2.3}$$

である．棒が一様に変形し，CD 部を棒のどの部分から取り出しても垂直ひずみ ε の値が変わらないならば，

$$\lambda = \varepsilon l \tag{2.4}$$

となる．

---

†5 [%] は物理的意味のある単位ではないことに注意すること．[%] は百分率であり，% $= 10^{-2}$ を表しているにすぎない．

> **例題 2.2**　長さ 800 mm の棒に引張荷重を加えたところ，棒が一様に変形し，伸びが 0.16 mm であった．垂直ひずみを計算せよ．
> **解答**
>
> $$\varepsilon = \frac{\lambda}{l} = \frac{0.16}{800} = 200 \times 10^{-6}$$

2.2.2　引張荷重と伸びの関係

長さ l，断面積 A の金属丸棒に引張荷重を加え，棒を徐々に引き伸ばしてゆくと，丸棒は図 2.10 に示すように変形してゆく．変形が大きくないときは，丸棒は一様に伸びて細くなる．変形が大きくなってくると，棒の一部分が局部的に細くなる．この現象を**ネッキング** (necking) という．さらに変形が大きくなると，丸棒はネッキング部で破断する．

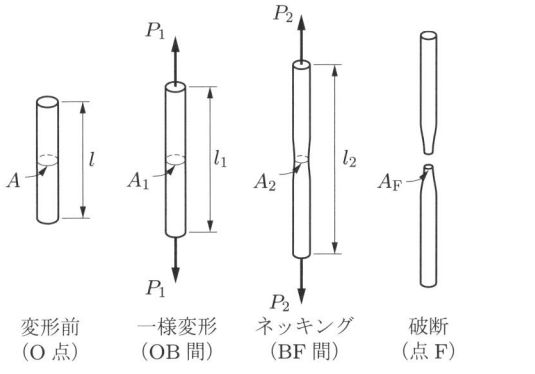

図 2.10　引張荷重を受ける丸棒の変形　　　　図 2.11　引張荷重と伸びの関係

棒を引き伸ばす速さが非常に緩やかな準静的負荷のとき，引張荷重と伸びの関係は図 2.11 のようになる．図は軟鋼の場合で，模式的に示してある．引張荷重が小さい OP 間では引張荷重と伸びは正比例し，両者の関係は直線で表される．引張荷重が大きくなってくると，グラフはやがて緩やかに湾曲してくる．点 S に達すると荷重が急に低下する．Y は荷重がほとんど変化せず，伸びが増加してゆく状態である．この現象を**降伏** (yield) という．その後，荷重は再び増加し，点 B で最大値に達する．点 B を過ぎると荷重は逆に減少に転じ，点 F で棒は破断する．荷重が減少するのは，ネッキングが生じて棒の断面積が局部的に大きく減少するため，小さな荷重で伸びてゆくからである．

2.2.3 応力-ひずみ線図

引張荷重と伸びをそれぞれ応力とひずみに換算し，グラフに表したものが**応力-ひずみ線図** (stress-strain diagram) である．図 2.11 に対応する応力-ひずみ線図が**図2.12**である．ネッキングが生じると，ひずみ $\varepsilon = d\lambda/dx$ は棒の各部で異なり，ネッキング部で大きく，そこから離れた部分では小さい．図の横軸は棒全体の伸び λ をもとの長さ l で割った値 $\varepsilon = \lambda/l$ であり，これを**公称ひずみ** (nominal strain) という．引張荷重を加えると棒は伸びるが，同時に細くなる．したがって，断面積は負荷した荷重の大きさに応じて変化する．引張荷重 P を変形前のもとの断面積 A で割った値 $\sigma = P/A$ を**公称応力** (nominal stress) という．図の実線はこの公称応力で表した公称応力-ひずみ線図である．一方，荷重負荷時の減少した断面積 A_t で割った値 $\sigma_t = P/A_t$ を**真応力** (true stress) という．図の破線はこの真応力で表した真応力-ひずみ線図である．荷重があまり大きくないときは断面積の変化は非常に小さく，公称応力と真応力との差は無視できるほど小さい．しかし，断面積の変化が大きくなるにつれて両者の差は大きくなってゆく．

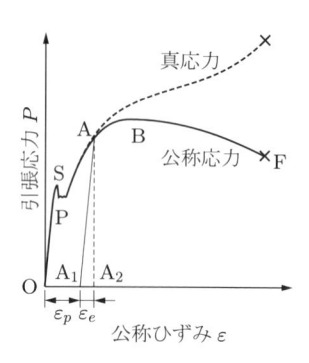

図 2.12 応力-ひずみ線図

2.2.4 弾性と塑性

部材に荷重を加えると，その部材は変形する．その荷重を取り除くと部材はもとの寸法に戻ろうとする．このような性質を**弾性** (elasticity) という．加えた荷重が大きすぎると，その荷重を取り除いたとき，ある程度はもとの寸法に戻るが，完全には戻りきらなくなる．このような性質を**塑性** (plasticity) という．

図 2.12 において，たとえば公称応力が点 A に達したときに除荷すると OP に平行な直線 AA_1 を描き，応力がゼロになった状態において OA_1 のひずみ ε_p が残る．これを**永久ひずみ** (permanent set) または**残留ひずみ** (residual strain) といい，このような変形を**塑性変形** (plastic deformation) という．これに対して，A_1A_2 の ε_e は除

荷によって回復して消滅したひずみで，**弾性ひずみ** (elastic strain) とよばれる．OS 間の途中で除荷すると，棒は完全に原寸法に戻り，$\varepsilon_p = 0$ である．このような変形を **弾性変形** (elastic deformation) という．

演習問題

2.8 直径 50.000 mm の丸棒に引張荷重 120.00 kN を加えたところ，棒が一様に変形し，その直径が 49.996 mm に変化した．公称応力 σ と真応力 σ_t を計算せよ．

2.9 直径 24.000 mm，長さ 80.000 mm の丸棒に引張荷重 40.000 kN を加えたところ，棒が一様に変形し，長さが 80.034 mm，直径が 23.997 mm になった．垂直ひずみ ε，公称応力 σ，真応力 σ_t を計算せよ．

2.10 長さ l の棒が一端から距離 x の位置で，$\varepsilon = ax + b$ で表されるひずみを生じている．棒の伸びを求めよ．ただし，a, b は定数である．

2.3　材料の機械的性質

2.3.1　材料の強さ

材料の強さは公称応力－ひずみ線図の特徴的な点における公称応力値で表される．軟鋼の場合の公称応力－ひずみ線図を**図 2.13** に示す．降伏開始点 S における公称応力値 σ_S を**降伏点** (yield point) または**降伏応力** (yield stress)，公称応力の最大値 σ_B を**引張強さ** (tensile strength) という．また，公称応力とひずみが正比例しているとみなせる限界点 P での公称応力値 σ_P を**比例限度** (proportional limit)，永久ひずみを生じない限界の公称応力値 σ_E を**弾性限度** (elastic limit) というが，それらを正確に測定することは難しい．

各種材料の応力－ひずみ線図を**図 2.14** に示す．図に示すように，軟鋼以外の多くの工業用材料では，顕著な降伏現象が現れない．このような材料では，強度設計の基準として降伏点の代わりに**耐力** (proof stress) が用いられる．耐力 $\sigma_{0.2}$ とは，永久

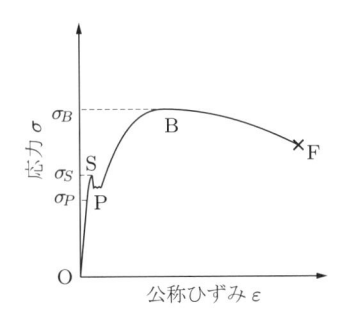

図 2.13　材料の強さ

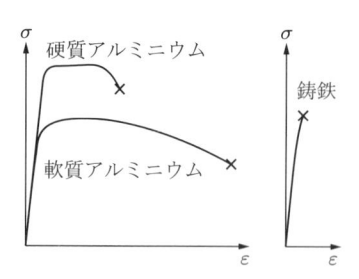

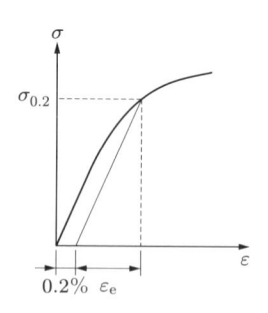

図 2.14　アルミニウムと鋳鉄の応力 − ひずみ線図　　図 2.15　耐力の求め方

ひずみが 0.2% となるような公称応力である．**図 2.15** は，このような材料における応力 − ひずみ線図の試験初期部分を拡大したものである．図のひずみ 0.2% の点から比例限度以下の直線部分に平行な直線を引き，これが線図と交わるときの公称応力が $\sigma_{0.2}$ である．

2.3.2　延性と脆性

引張試験から材料の強さが得られるだけでなく，材料の変形のしやすさを知ることもできる．荷重負荷前の試験片の長さを l，断面積を A，破断後の試験片の長さを l_F，破断部の最小断面積を A_F として，次式で求められる値で変形のしやすさを表す．

$$\delta = \frac{l_F - l}{l} \times 100 \ [\%] \tag{2.5}$$

$$\varphi = \frac{A - A_F}{A} \times 100 \ [\%] \tag{2.6}$$

δ を**伸び率** (elongation percentage)[6]，φ を**絞り** (reduction in area) という．軟鋼では伸び率 δ は 20 数%程度であるが，銅やアルミニウムの伸び率はこれより大きな値となる．このような伸び率が大きい材料を**延性材料** (ductile material) という．逆に，鋳鉄のように伸び率が数%以下の材料を**脆性材料** (brittle material) という．

各種材料の機械的性質を巻末の付表 1 (325 ページ) に示す．

2.3.3　フックの法則

図 2.13 に示したように，比例限度以下であれば，応力とひずみには正比例の関係が成り立つ．これを**フック**[7]**の法則** (Hooke's law) という．棒に軸荷重を加えたときの垂直応力 σ と垂直ひずみ ε の比例定数 E を**縦弾性係数** (modulus of longitudinal

---

[6] 伸び率のことを**伸び** (elongation) ということもある．棒の伸び量 λ と混同しないように注意が必要である．
[7] Robert Hooke, 1635〜1703, イギリス

elasticity) または**ヤング**[†8] **率** (Young's modulus) という. すなわち,

$$\sigma = E\varepsilon \tag{2.7}$$

である.

各種金属材料の縦弾性係数を巻末の付表 2 (325 ページ) に示す. 弾性係数には, 後で述べるせん断弾性係数, ポアソン比, 体積弾性係数の計 4 種類がある. 降伏点や引張強さ, 伸び率などは組織に敏感であるが, これらの弾性係数は組織鈍感な材料定数である. たとえば鋼では, 成分元素やその含有率, あるいは熱処理にはほとんど依存しない.

これ以降に学習してゆく材料力学では, フックの法則が成り立つことを前提条件とする. 引張荷重の場合では, 応力は図 2.12 の OP 間にあるとする. このとき生じる変形は弾性変形であり, 塑性変形は生じていないとする. 構造部材や機械部品の強度設計を考えるとき, それらが破壊しないだけでなく, 降伏しないこと, 塑性変形を起こさないことが必要条件となるからである.

フックの法則は, 材料力学でもっとも重要な公式である. 垂直応力と垂直ひずみの関係を表す式 (2.7) はもっとも初歩的な形式で, 学習を進めてゆくうちに, ほかの種類の応力とひずみに対する関係式や, 3 次元の応力状態でのフックの法則, 異方性をもつ材料に対するフックの法則を扱うようになってゆく. 問題がいかに複雑になろうとも, 材料力学におけるすべての公式の導出過程は, フックの法則から始まる.

図 2.9 の CD 部のひずみ ε は, 式 (2.1) および式 (2.7) から,

$$\varepsilon = \frac{N}{EA} \tag{2.8}$$

となる. CD 部のような微小長さを棒のどの部分で取り出したとしても, 軸力 N と断面形状および断面積 A が同じであるならば, どの微小長さ部分も ε は一定であるから, 棒は一様に変形する. このとき, もとの長さが l である棒の全体としての伸びまたは縮み λ は

$$\lambda = \int_0^l \varepsilon \, dx = \int_0^l \frac{N}{EA} \, dx = \frac{Nl}{EA} \tag{2.9}$$

となる.

[†8] Thomas Young, 1773〜1829, イギリス

例題 2.3　直径 16 mm，長さ 1.2 m の丸棒に引張荷重 15 kN を加え，棒が一様に変形するとき，棒の伸びを計算せよ．ただし，縦弾性係数を 206 GPa とする．

解答

$$\lambda = \frac{Nl}{EA} = \frac{15 \times 10^3\ [\text{N}] \times 1.2 \times 10^3\ [\text{mm}]}{206 \times 10^3\ [\text{N/mm}^2] \times \pi/4 \times 16^2\ [\text{mm}^2]} = 0.43\,\text{mm}$$

2.3.4　ポアソン比

図 2.16 に示すように，長さ l，直径 d の丸棒に軸荷重が作用し，棒が一様に弾性変形したとする．このとき，棒の長さが λ だけ変化し，直径が δ だけ変化したとする．すなわち，引張荷重の場合では棒の長さは $l + \lambda$ に，直径は $d - \delta$ になる．圧縮荷重の場合では棒の長さは $l - \lambda$ に，直径は $d + \delta$ になる．前述のように，縦ひずみは

$$\varepsilon = \frac{\lambda}{l}$$

である．一方，直径方向におけるもとの寸法と変形量との比

$$\varepsilon_d = \frac{\delta}{d} \tag{2.10}$$

を**横ひずみ** (lateral strain) という．横ひずみは，棒の断面形状が円形断面以外の場合でも，荷重方向に対する直交方向のひずみとして定義される．縦ひずみも横ひずみもともに長さの変化率であり，両者を含めて垂直ひずみという．横ひずみ ε_d は縦ひずみ ε に比例する．その比

$$\nu = \frac{\varepsilon_d}{\varepsilon} \tag{2.11}$$

を**ポアソン**[9]**比** (Poisson's ratio)，その逆数 $m = 1/\nu$ を**ポアソン数** (Poisson's number) という．各種金属材料のポアソン比を巻末の付表 2 (325 ページ) に示す．

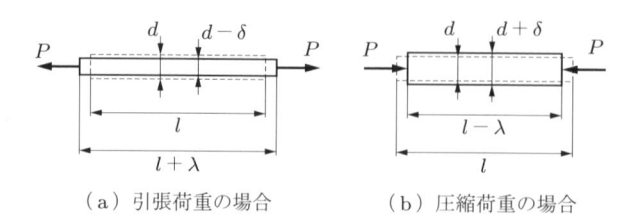

（ a ）引張荷重の場合　　　　（ b ）圧縮荷重の場合

図 2.16　軸荷重による丸棒の一様変形

---

[9] Siméon Denis Poisson, 1781〜1840, フランス

例題 2.4 断面の幅 30 mm, 高さ 40 mm の角棒に引張応力 103 MPa を加える. 変形後の断面積はいくらになっているか. ただし, 角棒の縦弾性係数を 206 GPa, ポアソン比を 0.3 とする.

解答 棒の長手方向を x 方向とすると, 縦ひずみ ε は

$$\varepsilon = \frac{\sigma}{E} = \frac{103}{206 \times 10^3} = 500 \times 10^{-6}$$

となる. 幅方向および高さ方向の横ひずみは

$$\varepsilon_d = \nu\varepsilon = 0.3 \times 500 \times 10^{-6} = 150 \times 10^{-6}$$

となる. 断面の幅を b, 高さを h とすると, 変形後の幅 b' と高さ h' はそれぞれ $b' = b(1 - \varepsilon_d)$, $h' = h(1 - \varepsilon_d)$ となるから, 変形後の断面積 A' は

$$A' = b'h' = bh(1 - \varepsilon_d)^2 = bh(1 - 2\varepsilon_d + \varepsilon_d^2)$$

となる. ここで, $\varepsilon_d \ll 1$ を考慮して微小項を消去すると, A' の近似値は次のようになる.

$$A' = bh(1 - 2\varepsilon_d) = 30 \times 40 \times (1 - 2 \times 150 \times 10^{-6}) = 1199.64 \, \text{mm}^2$$

[補足] 近似を用いずに, 厳密な値を計算すると,

$$b' = b(1 - \varepsilon_d) = 30 \times (1 - 150 \times 10^{-6}) = 29.9955 \, \text{mm}$$
$$h' = h(1 - \varepsilon_d) = 40 \times (1 - 150 \times 10^{-6}) = 39.994 \, \text{mm}$$
$$A' = b'h' = 29.9955 \times 39.994 = 1199.640027 \, \text{mm}^2$$

となる. このように, 横ひずみは $\varepsilon_d \ll 1$ であるから, 高次の微小項を省略しても正確な値との差はわずかしかない.

演習問題

2.11 軟鋼の引張試験を行って次の結果を得た. 降伏点 σ_S, 引張強さ σ_B, 伸び率 δ, 絞り φ を計算せよ. ただし, 試験片は直径 14.0 mm, 長さ 50.0 mm である.

降伏開始荷重	41.7 kN
最大荷重	74.0 kN
破断後の試験片の長さ	63.6 mm
破断後のくびれ部の平均直径	9.20 mm

2.12 棒に引張応力 50 MPa を加えたところ, 垂直ひずみが 240×10^{-6} であった. 縦弾性係数を計算せよ.

2.13 直径 20 mm, 長さ 5.0 m のアルミニウム製丸棒に引張荷重 10 kN を加えたところ, 伸びが 2.3 mm であった. このアルミニウム棒の縦弾性係数を計算せよ.

2.14 長さ 412 mm の軟鋼製の棒が引張応力 100 MPa を受けて一様に変形している場合の棒の伸びを計算せよ。ただし、縦弾性係数を 206 GPa とする。

2.15 長さ 2.0 m の軟鋼製丸棒に引張荷重 100 kN を加える。伸びを 0.3 mm 以下にするには直径 d をいくら以上にすればよいか。ただし、縦弾性係数を 206 GPa とする。

2.16 図 2.17 に示すように、左端 C が鉛直壁にピン結合され、鋼線 AB で水平につられた剛体棒 BC がある。点 B に鉛直荷重 $P = 5.0$ kN を加えたとき、鋼線に生じる伸びを計算せよ。ただし、鋼線の直径を 12 mm、縦弾性係数を 206 GPa、剛体棒の長さを $l = 2.4$ m、鋼線と剛体棒の角度を $\theta = 40°$ とする。

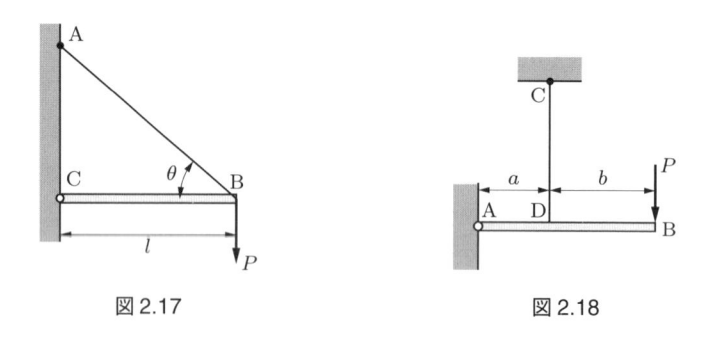

図 2.17　　　　　　　図 2.18

2.17 図 2.18 に示すように、左端 A が鉛直壁にピン結合され、鋼線 CD で水平につられた剛体棒 AB がある。点 B の鉛直変位を 2.5 mm 以下とするとき、点 B に加えることができる最大の鉛直荷重 P を計算せよ。ただし、鋼線の直径は 6.0 mm、長さは 1.2 m、縦弾性係数は 206 GPa で、剛体棒の寸法は $a = 600$ mm、$b = 900$ mm である。

2.18 図 2.19 に示すように、縦弾性係数の等しい 2 本の鋼線 AB、CD によって、剛体棒が水平につられている。この剛体棒を水平のままに保つように荷重 P を加えるとすれば、荷重の位置 a をいくらにすればよいか。ただし、鋼線 AB、CD の直径をそれぞれ $d_1 = 2.0$ mm、$d_2 = 3.0$ mm、鋼線の距離を $b = 260$ mm とする[†10]。

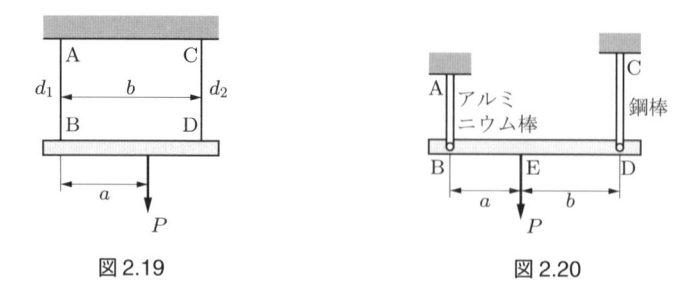

図 2.19　　　　　　　図 2.20

---

†10 この問題では、鋼線の変形条件を考えなければ鋼線に作用する軸力を求められない。このような問題を不静定問題という。不静定問題については、しばらくの間、単純な問題だけを取り上げ、複雑な問題については第6章でまとめて詳しく学習する。

● **2.19** 図 2.20 に示すように，アルミニウム棒 AB と鋼棒 CD で剛体棒が水平につられている．剛体棒の点 E に鉛直荷重 $P = 42$ kN を加えるとき，点 E の鉛直変位を計算せよ．ただし，アルミニウム棒の直径を 25 mm，縦弾性係数を 69 GPa，長さを 1.2 m とし，鋼棒の直径を 20 mm，縦弾性係数を 206 GPa，長さを 1.6 m とする．また，荷重作用点を $a = 1.5$ m，$b = 2.1$ m とする．

● **2.20** 内径 42 mm，外径 50 mm の軟鋼製円筒に引張荷重 20 kN を加えるとき，内外径の変化量を計算せよ．ただし，円筒の縦弾性係数を 206 GPa，ポアソン比を 0.3 とする．

● **2.21** 銅製丸棒に引張応力 180 MPa を加えたとき，棒の断面積は何％減少するか．ただし，銅製丸棒の縦弾性係数を 126 GPa，ポアソン比を 0.33 とする．

2.4　熱膨張と熱応力

　物体が変形する原因は荷重だけではなく，温度変化や磁場印加による変形のほか，高温状態では一定応力でも時間経過に伴って変形する現象がある．

　温度の上昇・下降に伴って，物体は膨張・収縮する．棒状部材の長手方向に対して，温度変化によるひずみ ε_t と温度変化 Δt には正比例の関係がある．すなわち，

$$\varepsilon_t = \alpha \Delta t \tag{2.12}$$

である．比例定数 α を**線膨張係数** (coefficient of linear expansion) という．各種金属材料における 20°C 付近での線膨張係数を巻末の付表 3 (326 ページ) に示す．棒の長さが l であるとき，棒の伸びは

$$\lambda_t = \int_0^l \varepsilon_t \, dx = \int_0^l \alpha \Delta t \, dx \tag{2.13}$$

である．とくに，温度変化が棒全体にわたって一様であるときは，

$$\lambda_t = \alpha \Delta t l \tag{2.14}$$

となる．

　物体が温度変化によって生じるべき自然な変形を何らかの方法で拘束したとき，あるいは物体内に温度分布があるときに生じる応力を**熱応力** (thermal stress) という．ボイラ，タービン，エンジンなどの熱エネルギーを利用する機械，電気抵抗による発熱（ジュール熱）を伴う電気機器やコンピュータの CPU，化学反応により発熱する物質を扱う化学プラントなどでは，熱応力が問題となる．

　熱応力を求めるためには，部材の拘束条件を考えなければならない．このような，静的なつり合い条件（力のつり合いとモーメントのつり合い）だけでは解けない問題

を不静定問題という．ここでは，熱応力について単純な問題だけを扱い，複雑な問題は後で詳しく学習する．

例題 2.5　長さ $750\,\mathrm{mm}$ の棒を一様に $80^\circ\mathrm{C}$ だけ温度上昇させたとき，棒の伸びを計算せよ．ただし，棒の線膨張係数を $11.2 \times 10^{-6}\,/^\circ\mathrm{C}$ とする．

解答

$$\lambda_t = \alpha \Delta t l = 11.2 \times 10^{-6} \times 80 \times 750 = \boxed{0.672\,\mathrm{mm}}$$

例題 2.6　半径 $400\,\mathrm{mm}$ の薄肉リングを $50^\circ\mathrm{C}$ だけ一様に温度上昇させたとき，半径の増加量を計算せよ．ただし，リングの線膨張係数を $10.7 \times 10^{-6}\,/^\circ\mathrm{C}$ とする．

解答　半径の増加量を Δr とすると，膨張後のリング円周は，$2\pi(r + \Delta r) = 2\pi r + \lambda_t$ となる．ここで，$\lambda_t = \alpha \Delta t \cdot 2\pi r$ である．よって，次のようになる．

$$\Delta r = \alpha \Delta t r = 10.7 \times 10^{-6} \times 50 \times 400 = \boxed{0.214\,\mathrm{mm}}$$

例題 2.7　長さ l，縦弾性係数 E，断面積 A の一様断面棒を温度 t_1 で両端を固定した後，温度 t_2 に均等に加熱したとき，棒に生じる熱応力を求めよ．ただし，棒の線膨張係数を α とする．

解答　加熱によって棒は膨張しようとするから，棒は壁から圧縮の反力を受ける．図 2.21 に示すように，温度 t_2 において，この反力を R とする．左端面を基準として棒の膨張を考えるために，右の壁がない場合を考える．このとき，加熱による棒の伸びを λ_t とすると，

$$\lambda_t = \alpha(t_2 - t_1)l$$

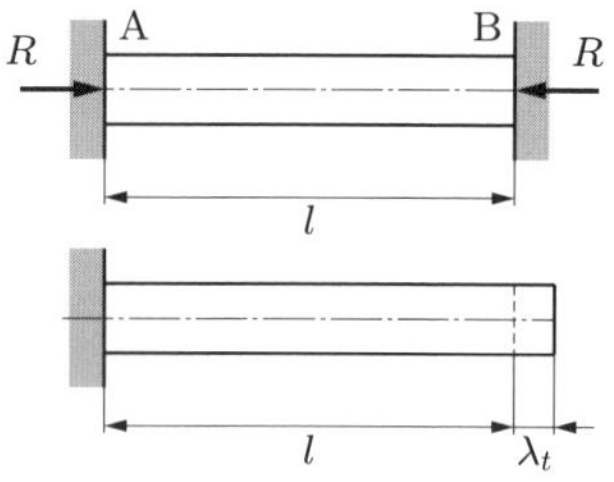

図 2.21　加熱による反力と棒の膨張

となる．図 2.21 の二つの状態を比較すると，長さ $l + \lambda_t$ の棒が圧縮荷重 R によって λ_R だけ縮んだと考えることができる．また，加熱による棒の膨張 λ_t は棒のもとの長さ l と比較して十分に小さく，$\lambda_t/l \ll 1$ である．したがって，λ_R は

$$\lambda_R = \frac{R(l + \lambda_t)}{EA} = \frac{Rl(1 + \lambda_t/l)}{EA} \fallingdotseq \frac{Rl}{EA}$$

と表すことができる．温度 t_2 において，棒の長さが l であるためには，

$$\lambda_t = \lambda_R$$

でなければならない．これらの式から，

$$R = EA\alpha(t_2 - t_1)$$

を得る．よって，棒に生じる熱応力（圧縮応力）は次のようになる．

$$\sigma = \frac{N}{A} = \frac{R}{A} = E\alpha(t_2 - t_1)$$

演習問題

2.22 気温 $15°C$ で長さ $25\,\mathrm{m}$ の鉄道レールを，$1.0\,\mathrm{mm}$ の間隔をおいて敷設する．気温が $35°C$ に上昇したとき，レールに生じる熱応力を計算せよ．ただし，レールの縦弾性係数を $206\,\mathrm{GPa}$，線膨張係数を $11.4 \times 10^{-6}\,/°C$ とする．

2.23 室温 $(15°C)$ で長さ l の棒がある．この棒を加熱し，加熱された状態のまま両端を固定し，長さが変化できないようにする．棒を室温 $(15°C)$ に冷却したとき，熱応力が降伏点に達しないためには加熱時の温度が何 $°C$ 以下でなければならないか．ただし棒の降伏点を $300\,\mathrm{MPa}$，縦弾性係数を $206\,\mathrm{GPa}$，線膨張係数を $11.2 \times 10^{-6}\,/°C$ とする．

2.24 温度 $0°C$ で長さ $l = 500\,\mathrm{mm}$ の銅棒がある．銅の線膨張係数を $16.5 \times 10^{-6}\,/°C$，縦弾性係数を $126\,\mathrm{GPa}$ として，次の各問に答えよ．

    (1) 一端を $0°C$ に保ったまま他端を $100°C$ に加熱する．温度分布が図 2.22 のように全長にわたって直線状に変化するとすれば，棒の伸びはいくらか．

    (2) 温度 $0°C$ のとき両端を固定した後，棒の温度を前問のように変化させたとき，棒に生じる熱応力を計算せよ．

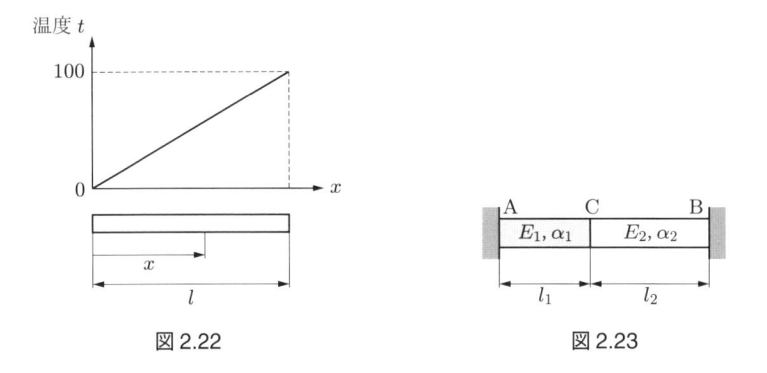

図 2.22　　　　　　　　　　図 2.23

2.25 図 2.23 に示すように，断面寸法が等しい 2 種類の棒が直線状に接合されている．棒の両端を剛性壁に固定した後，温度を t だけ高めたとき，棒に生じる熱応力を求めよ．ただし，棒 AC と棒 CB の縦弾性係数および線膨張係数を，それぞれ E_1，α_1，E_2，α_2 とする．

2.5　許容応力と安全率

2.5.1　使用応力と許容応力

　機械や構造物は破壊しないだけの十分な強度をもつと同時に，使用に耐えない変形を起こさないことが必要である．しかしながら一方では，それらが必要以上に丈夫すぎることは，機能性および経済性において不利益である．これらの相反する要求を考慮して，機械や構造物の強度設計が行われる．

　強度設計の基本式は次式で表される．

$$\sigma_w \leqq \sigma_a \tag{2.15}$$

ここで，σ_w は部品・部材に生じる応力であり，**使用応力** (working stress) とよばれる．σ_a は**許容応力** (allowable stress) とよばれ，選択された材料およびその部品・部材の使用条件において，破壊や有害な変形に対して安全であると判断される応力の上限値である．使用応力が許容応力よりも大きくなってはならない．使用応力が許容応力よりも小さいと，それだけ安全ではあるが，機能性や経済性においては不利益となる．使用応力が許容応力と等しくなることが理想である．

　設計段階においては使用応力は不明であるが，計算によって予測することができる．これを**設計応力** (design stress) といい，σ_d と表す．式 (2.15) の使用応力を設計応力に置き換えて，強度設計が行われる．すなわち，その式に基づいて部品・部材の形状・寸法が決定され，また使用する材料が選択される．

2.5.2　基準強さと安全率

　許容応力は次式で決定される．

$$\sigma_a = \frac{\sigma_m}{S} \tag{2.16}$$

ここで，σ_m を**基準強さ** (reference strength)，S を**安全率** (safety factor) という．基準強さ σ_m は，たとえば引張強さのように，材料試験で得られる材料の強さである．安全率 S は 1 より大きい値で，その値は基準強さに対する安全のゆとりを考慮して設定される．

　古典的設計法では引張強さを基準強さとし，**表2.1** に示す安全率が使用されてきた．表に示す値は，繰返し荷重や衝撃荷重による破壊について十分な知識がなかった時代に，経験的に定められた値である．すなわち，繰返し荷重や衝撃荷重の場合，あるい

表2.1 引張強さを基準とした安全率

材料	静荷重	繰返し荷重		衝撃荷重
		片振	両振	
鋳鉄	4	6	10	15
錬鉄, 鋼	3	5	8	12
木材	7	10	15	20
れんが, 石材	20	30	—	—

は腐食環境にある場合や高温に曝される場合など, 破壊のメカニズムがまったく異なるにもかかわらず, 静的引張試験で得られた引張強さを基準強さとし, この不合理さを補うために大きな安全率を使用することによって, 破壊や腐食・摩耗・劣化などに対処していた.

2.5.3 許容応力および安全率の合理的決定法

古典的設計法は合理的であるとはいえない. 現代では, 許容応力および安全率をより合理的に決定するために, 設計応力と基準強さの両面から検討が続けられている.

設計応力が使用応力を正確に予測しているかどうかの信頼性が, 許容応力および安全率の決定に大きく寄与する. 材料力学では, 部品形状に関して, 実際の複雑な形状を単純化して応力を計算する. このため, 設計応力が使用応力よりも小さく見積もられている可能性がある. 設計応力と使用応力の誤差を小さくするため, コンピュータを用いた応力解析が行われている.

基準強さは, その部品の使用条件に応じて設定されるべきである. たとえば, 静荷重ではあるが塑性変形が許されない場合には基準強さとして降伏点が選ばれるべきである. 繰返し荷重であるならば, 疲労限度[†11] が選ばれなければならない. 設計段階では予測することが難しい複雑な使用条件の場合には, 規格化された材料試験だけではなく, 実部材の使用条件を可能な限り再現した強度試験や, 実機の破壊試験なども行われている.

このような努力を続けてきてもなお, 安全率を1にすることはできない. なぜならば, 以下のような不確実性を完全には排除できないからである.

(1) 実際の荷重の大きさが正確にはわからない. 荷重が時間的に変動する場合, その変動の仕方を正確に想定することができない.

(2) 材料の不均一性や経時的変化により, 強さにばらつきがある.

(3) 製造工程における加工精度, すなわち部品寸法にばらつきがある.

---

†11 疲労限度とは, それ以下では繰返し回数が大きくなっても破壊しない応力値である.

演習問題

2.26 引張強さ 600 MPa の材料で作製された丸棒に引張荷重 25 kN を加える．安全率を 3 とするとき，丸棒の直径 d をいくらにすればよいか．

2.27 引張強さ 400 MPa の材料で作製した平板に引張荷重 80 kN を加える．平板の断面の幅を 200 mm，安全率を 4 としたとき，平板の厚さをいくらにすればよいか．

2.28 肉厚 5.0 mm の円筒に引張荷重 54 kN を加える．材料の引張強さを 720 MPa，安全率を 4 として，必要な円筒の外径を計算せよ．

2.29 圧縮の極限強さが 600 MPa の材料で作製した一辺 20 mm の正方形断面の四角柱がある．安全率を 6 とした場合，いくらの圧縮荷重までかけられるか．

2.30 長さ 1.2 m の軟鋼棒が引張荷重を受けて 1.0 mm 伸びた．引張強さを 550 MPa とした場合，安全率はいくらになっているか．ただし，縦弾性係数を 206 GPa とする．

2.31 引張荷重 40 kN が作用する丸棒を作製する．引張強さに対して安全率 6 をとるものとして，次の各問に答えよ．

(1) 引張強さ 600 MPa の材料を使用する場合，丸棒の直径 d をいくら以上にすればよいか．

(2) 丸棒の直径を 30 mm とする場合，引張強さ σ_B がいくら以上の材料を使用すればよいか．

2.32 図 2.24 に示すように，鋳鉄製のフランジ付き棒を 6 本のボルトで固定し，荷重 $P = 60$ kN をつるす．鋳鉄の引張強さを 350 MPa，ボルトのそれを 420 MPa とし，安全率を両者に対して等しく 4 とするとき，棒の直径 d_1，ボルトの直径 d_2 を計算せよ．

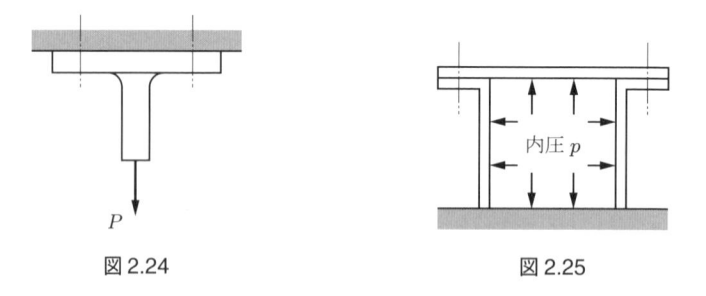

図 2.24　　　　　　　　　　図 2.25

2.33 図 2.25 に示すように，内径 250 mm の円筒圧力容器に内圧 $p = 2.0$ MPa（大気圧からの増加分）が作用する．ふたの鋼板を直径 12 mm，引張強さ 800 MPa のボルトで締め付けるとき，必要なボルトの本数を計算せよ．ただし，ボルトに対する安全率を 5 とする．

2.6　簡単なトラス

　直線棒を互いに連結して組み立てたものを**骨組構造** (frame work) といい，鉄橋や鉄塔などの建築構造物やクレーンなどがその代表的な構造物である．個々の直線棒を**部材** (member) といい，部材の結合点を**節点** (joint) または単に節という．**図2.26** に示すように，節点には**滑節** (pin joint，hinged joint) と**剛節** (rigid joint) の2タイプがある．滑節はピンなどで結合され，両部材の回転が自由な節点で，剛節は溶接などで結合され回転できない節点である．すべての節点が滑節である骨組構造物を**トラス** (truss) といい，それ以外のものを**ラーメン** (Rahmen) という．

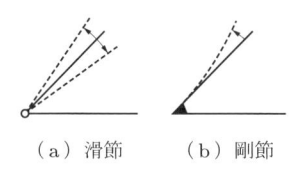

（a）滑節　　（b）剛節

図2.26　節点の種類

　すべての外力が節点に作用するとすると，トラスの各部材には軸荷重だけが作用する．節点変位は各部材の伸びから近似的に計算することができる．

例題 2.8　図 2.27 に示すような，鉛直壁に取り付けられたトラスがある．節点 C に鉛直荷重 P を加えたとき，各部材に生じる応力と節点 C の鉛直方向変位 u_V および水平方向変位 u_H を求めよ．ただし，部材 AC の長さを l，両部材の断面積と縦弾性係数をそれぞれ A，E とする．

解答　鉛直荷重 P を BC 方向と AC 方向に分解すると，図 2.28 のようになり，部材 AC は引張荷重 P_1 を，部材 BC は圧縮荷重 P_2 を受ける．それらの大きさはそれぞれ，

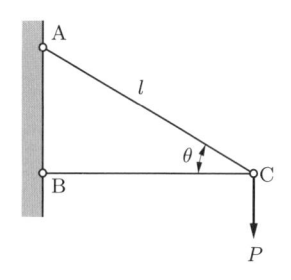

図2.27　鉛直壁に取り付けられたトラス

$$P_1 = \frac{P}{\sin\theta}, \quad P_2 = \frac{P}{\tan\theta}$$

である．部材 AC は引張荷重 P_1 と点 A に生じる大きさ P_1 の反力とによって引っ張られ，部材 BC は圧縮荷重 P_2 と点 B に生じる大きさ P_2 の反力とによって圧縮される．部材 AC に生じる引張応力 σ_1 と部材 BC に生じる圧縮応力 σ_2 は

$$\sigma_1 = \frac{N_1}{A} = \frac{P_1}{A} = \frac{P}{A}\frac{1}{\sin\theta}, \quad \sigma_2 = \frac{N_2}{A} = \frac{P_2}{A} = \frac{P}{A}\frac{1}{\tan\theta}$$

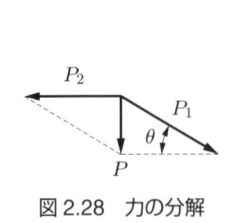

図 2.28 力の分解

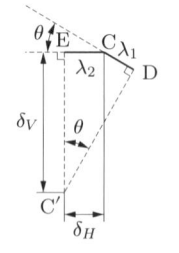

図 2.29 節点 C の変位

となる．部材 AC の伸びを λ_1，部材 BC の縮みを λ_2 とすると，

$$\lambda_1 = \frac{N_1 l}{EA} = \frac{Pl}{EA}\frac{1}{\sin\theta}, \quad \lambda_2 = \frac{N_2 l\cos\theta}{EA} = \frac{Pl}{EA}\frac{\cos^2\theta}{\sin\theta}$$

となる．節点 C の変位は図 2.29 により求められる．もしも節点 C がピンで結合されていないとすれば，部材 AC は P_1 の引張荷重によって λ_1 だけ伸びて，AD の長さになる．一方，部材 BC は圧縮荷重 P_2 によって λ_2 だけ縮み，BE の長さになる．点 D と点 E がピンで結合されなければならないことを考えると，節点 C は半径 AD の円と半径 BE の円の交点に移動することになる．しかしながら，λ_1 と λ_2 は両部材の変形前の長さと比較して十分小さいから，AD と BE の回転角はごくわずかである．したがって，節点 C が移動した点 C′ は，次のようにして近似的に決定することができる．すなわち，点 D から線分 AD に垂線を立て，また点 E から線分 BE に垂線を立てれば，これらの垂線の交点が点 C′ である．よって，節点 C の水平変位（左方向変位）u_H と鉛直変位（下方向変位）u_V は，それぞれ次のようになる．

$$u_H = \lambda_2 = \frac{Pl}{EA}\frac{\cos^2\theta}{\sin\theta}$$

$$u_V = \lambda_1\sin\theta + \frac{\lambda_2 + \lambda_1\cos\theta}{\tan\theta} = \frac{Pl}{EA}\frac{1+\cos^3\theta}{\sin^2\theta}$$

[補足]　部材 AC および BC に作用する軸荷重 P_1，P_2 を，次のようにして求めることもできる．部材 AC はピン C によって引っ張られるから，その反作用として部材 AC はピン C を A 方向へ引き上げている．一方，部材 BC はピン C によって左へ押されているから，その反作用として部材 BC はピン C を右方向へ押しやる．その結果，ピン C には図 2.30 に示すような 3 力がはたらく．ピン C は静止しているから，力のつり合いより，

$$P_1\sin\theta = P, \quad P_1\cos\theta = P_2$$

が成り立つ．

　図 2.31 に示すような仮想断面 X を考えると，部材 AC および BC の仮想断面に作用する軸力 N_1，N_2 は，それぞれ図のようになる．切り取られた先端部分についての力のつり

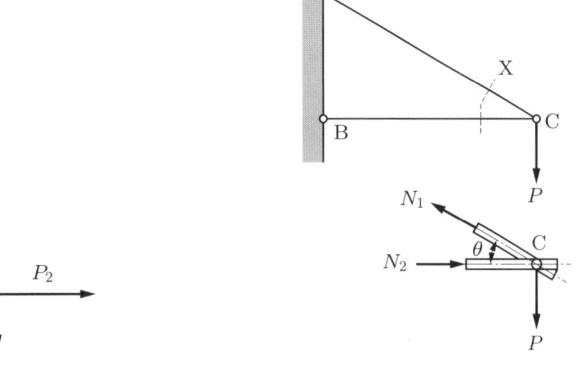

図 2.30　ピン C に作用する力　　　　　　図 2.31　仮想断面に作用する軸力

合いは

$$N_1 \sin \theta = P, \quad N_1 \cos \theta = N_2$$

であるから，これらの式から N_1 および N_2 が求められる．

演習問題

2.34 図 2.32 に示すトラスにおいて，節点 C に鉛直荷重 P を加えるとき，節点 C の鉛直変位を求めよ．ただし，両部材の長さを l，断面積を A，縦弾性係数を E とする．

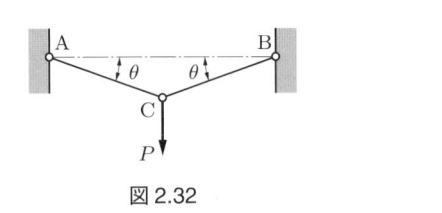 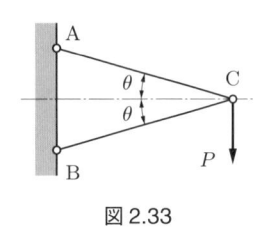

図 2.32　　　　　　　　　　　　　　　図 2.33

2.35 図 2.33 に示すような鉛直な剛体壁に取り付けられたトラスにおいて，節点 C に鉛直荷重 $P = 15\,\text{kN}$ を加えるとき，節点 C の鉛直変位を計算せよ．ただし，$\theta = 30°$，両部材の長さを $750\,\text{mm}$，断面積を $90\,\text{mm}^2$，縦弾性係数を $206\,\text{GPa}$ とする．

2.36 図 2.34 に示すような鉛直な剛体壁に取り付けられたトラスにおいて，節点 C に鉛直荷重 $P = 20\,\text{kN}$ を加えるとき，両部材に生じる応力と節点 C の水平変位および鉛直変位を計算せよ．ただし，$\theta = 30°$，部材 AC の縦弾性係数 $E_1 = 126\,\text{GPa}$，部材 BC の縦弾性係数 $E_2 = 206\,\text{GPa}$，長さ $l_2 = 1.0\,\text{m}$，両部材の断面積 $250\,\text{mm}^2$ とする．

2.37 図 2.35 に示すような剛性天井に取り付けられたトラスにおいて，節点 C に水平荷重 $P = 80\,\text{kN}$ が作用するとき，両部材に生じる応力と節点 C の水平変位および鉛直

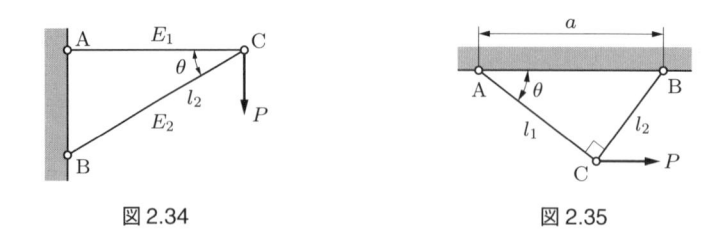

図 2.34　　　　　　　　　　　図 2.35

変位を計算せよ．ただし，$l_1 = 4.0$ m，$l_2 = 3.0$ m，$a = 5.0$ m，両部材の断面積を 1000 mm^2，縦弾性係数を 206 GPa とする．また，∠ACB $= 90°$ である．

2.38 図 2.36 に示すような ∠ACB $= 90°$ であるトラスの節点 C に鉛直荷重 $P = 30$ kN を加える．縦弾性係数と断面積は両部材で等しく，それぞれ 206 GPa，200 mm^2 である．また，$a = 2.0$ m，$\theta = 30°$ である．両部材に生じる応力と節点 C の水平変位および鉛直変位を計算せよ．

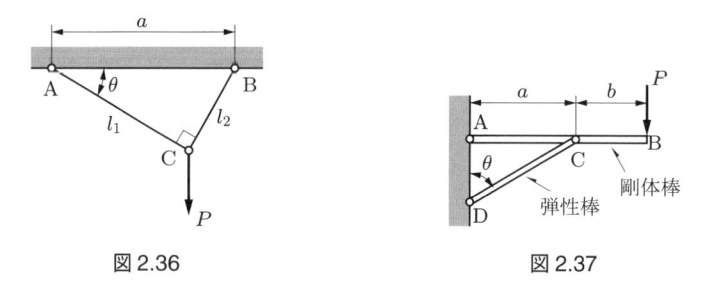

図 2.36　　　　　　　　　　　図 2.37

2.39 図 2.37 に示すように，剛体棒 AB と弾性棒 CD で組まれたトラスがある．点 B に鉛直荷重 P を加えるとき，点 B の鉛直変位を求めよ．ただし，$\theta = 60°$，弾性棒 CD の断面積を A，縦弾性係数を E とする．

2.40 図 2.38 に示すように，水平に支持された部材 AC と，部材 AB，部材 BC で構成されたトラスの節点 B に鉛直荷重 P が作用している．支点 A は移動することができないが，支点 C は水平方向に摩擦を伴わずに移動することができる．すべての部材で縦弾性係数と断面積は等しく，それらを E および A とする．部材 AB の長さは l で，$\theta = 60°$，また ∠ABC $= 90°$ である．節点 B の水平変位と鉛直変位を求めよ．

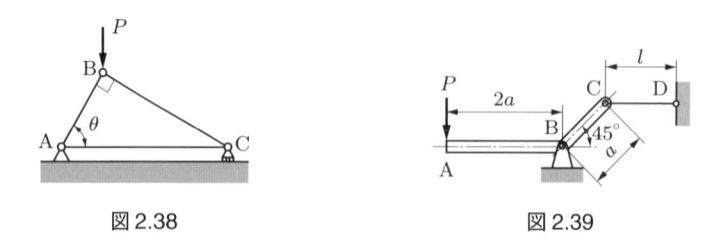

図 2.38　　　　　　　　　　　図 2.39

2.41 図 2.39 に示すように，点 B でピン継手によって支持された剛体棒 ABC の点 C に，長さ $l = 800 \text{ mm}$，縦弾性係数 206 GPa，直径 18 mm の鋼製ケーブル CD が水平に取り付けられている．点 A に鉛直荷重 $P = 15 \text{ kN}$ を加えるとき，点 A の鉛直変位を計算せよ．ただし，点 B を中心とする剛体棒の回転角 θ は十分に小さいとし，$\tan\theta \fallingdotseq \theta$ と近似するものとする[†12]．

2.7 断面積が変化する棒

これまで考えてきた引張り・圧縮の問題では，棒の断面寸法が全長にわたって一様であった．この場合，応力 $\sigma = N/A$ は棒のどの仮想断面でも一定であり，ひずみ $\varepsilon = N/EA$ もまた，どの部分でも一定である．ここでは，段付棒のように断面積が不連続に変化する棒や，テーパが付いた棒のように断面積が連続的に変化する棒の応力と変形を考える．この場合，応力 σ とひずみ ε は棒の各部分で異なり，一様でない．

例題 2.9 図 2.40 に示すように，段付棒 ABC が左端 A で固定されている．AB 部と BC 部の断面積と長さは，それぞれ A_1, a, A_2, b である．右端 C に引張荷重 P を加えるとき，棒の各部に生じる応力と棒全体の伸びを求めよ．ただし，棒の縦弾性係数を E とする．

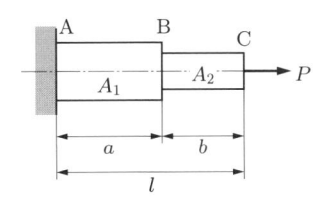

図 2.40 軸荷重を受ける段付棒

解答 図 2.41 に示すように，固定端 A には反力 R が作用する．その大きさは力のつり合いから，$R = P$ である．左端 A から仮想断面までの距離を x とすると，距離 x に関係なくどこの仮想断面でも軸力は $N = P$ である．したがって，AB 間の断面 X $(0 \leqq x \leqq a)$ での応力 σ_1，および BC 間の仮想断面 Y $(a \leqq x \leqq l)$ での応力 σ_2 は，それぞれ，

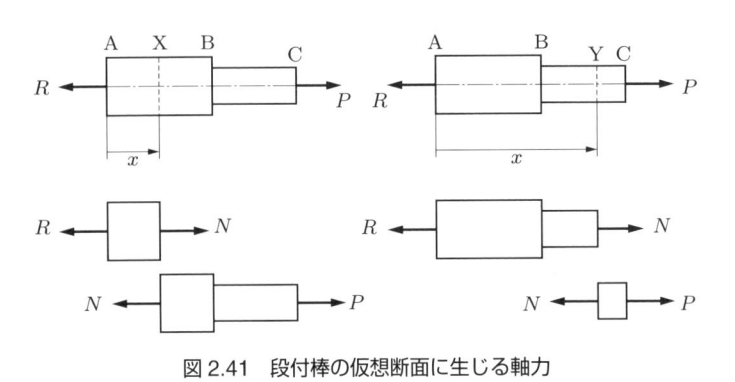

図 2.41 段付棒の仮想断面に生じる軸力

[†12] 数学公式 $\tan x = x + \dfrac{1}{3}x^3 + \dfrac{2}{15}x^5 + \dfrac{17}{315}x^7 + \cdots \quad (-\pi/2 < x < \pi/2)$

$$\sigma_1 = \frac{N}{A_1} = \frac{P}{A_1}, \quad \sigma_2 = \frac{N}{A_2} = \frac{P}{A_2}$$

となる．図 2.42 に示すように，AB 間で微小長さ dx の部分を考え，この部分のひずみを ε_1 とすると，

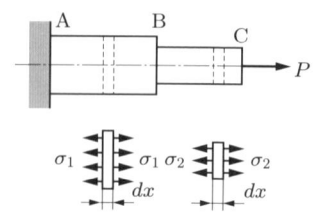

$$\varepsilon_1 = \frac{\sigma_1}{E} = \frac{N}{EA_1} = \frac{P}{EA_1}$$

である．AB 間ではどの微小長さ部分も ε_1 のひずみが生じ，この間では一様に変形している．同様に，BC 間で微小長さ dx の部分を考え，この部分のひずみを ε_2 とすると，

図 2.42　位置 x の微小要素

$$\varepsilon_2 = \frac{\sigma_2}{E} = \frac{N}{EA_2} = \frac{P}{EA_2}$$

である．したがって，棒全体の伸び λ は次のようになる．

$$\lambda = \int_0^l \varepsilon \, dx = \int_0^a \frac{P}{EA_1} \, dx + \int_a^l \frac{P}{EA_2} \, dx = \frac{Pa}{EA_1} + \frac{Pb}{EA_2}$$

例題 2.10　図 2.43 に示すような，厚さ t が一様で，長さ l の台形板がある．左端の幅は b_1，右端の幅は b_2 である．両端に引張荷重 P を加えるとき，板の伸びを求めよ．ただし，板の縦弾性係数を E とする．

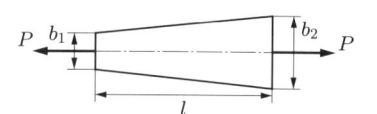

図 2.43　引張荷重を受ける台形板

解答　左端から距離 x の位置で仮想断面を考える．図 2.44 に示すように，内力 N の大きさは，x に関係なくつねに $N = P$ である．断面積が板の長手方向の位置によって変化するから，棒のひずみは位置によって異なり，板の左ほど大きい．図 2.45 に示すように，x の位置での板の幅を b，断面積を A とすると，

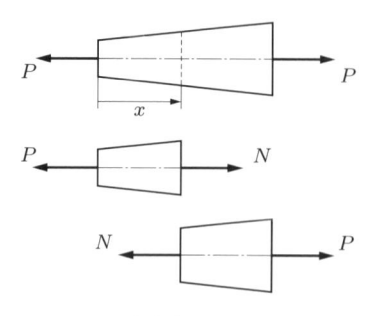

図 2.44　仮想断面に生じる軸力

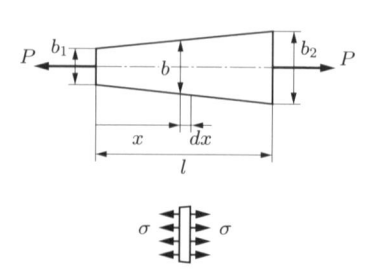

図 2.45　位置 x の微小要素

$$A = tb = t\left(b_1 + \frac{b_2 - b_1}{l}x\right)$$

である。x の位置で微小長さ dx をとると、$dx \to 0$ の極限では、断面積 A が一様で長さ dx の棒が軸力 N を受けていると考えることができる。この部分のひずみは $\varepsilon = P/EA$ であり、断面積 A が大きい部分ほどひずみは小さい。板全体の伸びは

$$\lambda = \int_0^l \varepsilon\, dx = \int_0^l \frac{P}{EA}\, dx = \frac{Pl}{Et(b_2 - b_1)} \log\left(\frac{b_2}{b_1}\right)$$

となる[13]。

[補足] ここで示した二つの例題について、位置 x における断面積 A、軸力 N、応力 σ、ひずみ ε を図示すると、**図 2.46** のようになる。どちらの例でも軸力 N は $0 \leqq x \leqq l$ の範

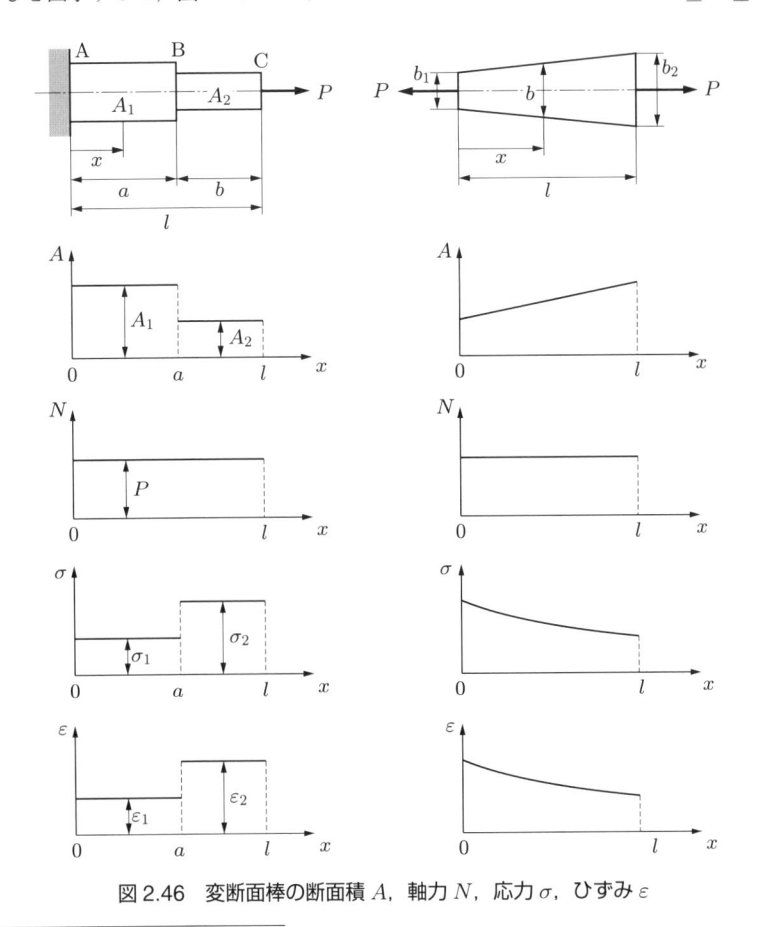

図 2.46　変断面棒の断面積 A、軸力 N、応力 σ、ひずみ ε

---

[13] ここで使われた log は自然対数である。工学分野では、常用対数を log で、自然対数を ln で表すことがあるが、本書では自然対数を log で表す。これ以降も本書で使用される対数はすべて自然対数である。

囲で不変である．断面積 A は段付棒では不連続に，台形板では連続的に変化する．応力 σ は断面積に反比例し，断面積が大きくなるほど応力は小さくなる．ひずみ ε は応力に比例する．棒全体の伸びは，ひずみのグラフにおいて $0 \leqq x \leqq l$ で囲まれる部分の面積で表される．

演習問題

2.42 図2.47に示すような段付棒に引張荷重 P が作用したときの棒全体の伸びを求めよ．ただし，$d_2 = 2d_1$，$l_2 = l_1/4$，縦弾性係数を E とする．

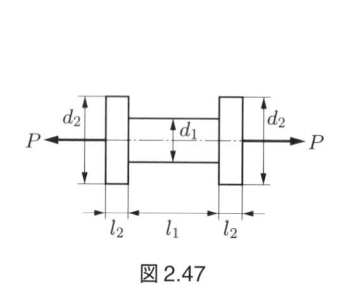

図2.47

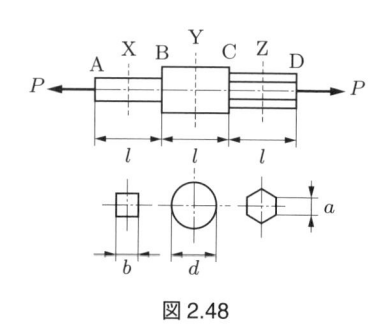

図2.48

2.43 図2.48に示すように，正方形断面部 AB，円形断面部 BC，正六角形断面部 CD からなる棒 AD に引張荷重 $P = 20\,\mathrm{kN}$ を加える．各部の寸法は $b = 15\,\mathrm{mm}$，$d = 30\,\mathrm{mm}$，$a = 10\,\mathrm{mm}$，$l = 150\,\mathrm{mm}$ である．また，棒の縦弾性係数は $206\,\mathrm{GPa}$ である．次の各問に答えよ．

　(1) 断面 X における応力を計算せよ．

　(2) 断面 Y における応力を計算せよ．

　(3) 断面 Z における応力を計算せよ．

　(4) 棒全体の伸びを計算せよ．

2.44 長さ l，両端の直径が d_1，d_2 である円すい形の丸棒に引張荷重 P を加えるとき，棒の伸びを求めよ．ただし，縦弾性係数を E とする．

2.45 図2.49に示すように，直径 $d_1 = 35\,\mathrm{mm}$，長さ $l_1 = 1.0\,\mathrm{m}$ の銅棒と，直径 $d_2 = 20\,\mathrm{mm}$，長さ $l_2 = 600\,\mathrm{mm}$ の軟鋼棒が連結されている．この連結棒に引張荷重 $P = 30\,\mathrm{kN}$ が作用するとき，棒全体の伸びを計算せよ．ただし，銅および軟鋼の縦弾性係数を，それぞれ $E_1 = 126\,\mathrm{GPa}$，$E_2 = 206\,\mathrm{GPa}$ とする．

2.46 図2.50に示すように，一辺 $a = 300\,\mathrm{mm}$ の正方形断面のコンクリート製角柱の上に，鋼板を介して直径 $d = 60\,\mathrm{mm}$ の鋳鉄製円柱が鉛直に立ててある．この柱に加えることができる圧縮荷重 P を計算せよ．ただし，コンクリートの許容応力を $7.0\,\mathrm{MPa}$，鋳鉄の許容応力を $180\,\mathrm{MPa}$ とする．

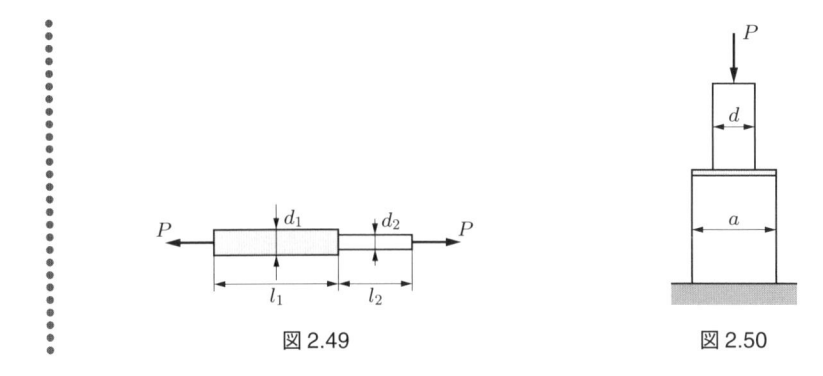

図 2.49　　　　　　　　図 2.50

2.8　応力集中

　軸力が作用する棒の仮想断面に生じる応力の計算では，応力が仮想断面内で一様に分布すると考え，応力を $\sigma = N/A$ で計算してきた．一様断面棒や，テーパ棒のような断面が長手方向に緩やかに変化する棒では，この考え方は正しい．しかしながら，断面積が急変する棒の変断面部付近では，仮想断面内の応力は一様な分布とはならない．仮想断面内で応力分布が一様とならず，局所的に大きな応力が生じる現象を**応力集中** (stress concentration) という．

　たとえば，厚さ t で，幅が b_0 の部分と b_1 の部分をもつ段付帯板に引張荷重が作用する場合を考える．**図 2.51** に示すように，段部から十分離れた断面での応力は，それぞれ $\sigma_0 = P/tb_0$，$\sigma_1 = P/tb_1$ であるが，段部での応力は板の幅方向に分布をもち，R 付根部で最大応力 $\sigma_{\max}$ となる[14]．ただし，この断面での平均応力は $\sigma_0 = P/tb_0$

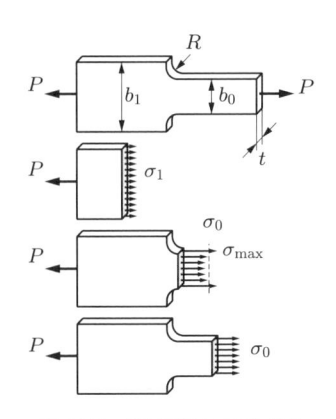

図 2.51　段付帯板の応力分布

---

[14] 正確には，最大応力は狭い幅の直線部と円弧の接合点から少しだけ円弧に入ったへり上に生じる．

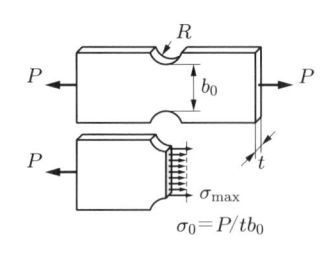

図 2.52　切欠をもつ帯板の応力分布

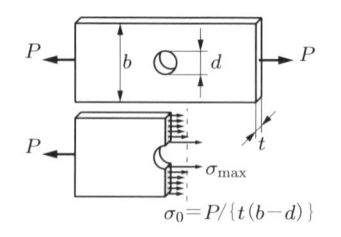

図 2.53　円孔をもつ帯板の応力分布

である．応力集中は段部だけではなく，**図 2.52** に示すような切欠部，**図 2.53** に示すような円孔部などにも生じる．また，軸荷重だけでなく，ねじり荷重や曲げ荷重などでも生じる．

平均応力 σ_0 と最大応力 σ_{max} との比 α を**応力集中係数** (stress concentration factor)，あるいは**応力集中率**という．すなわち，

$$\alpha = \frac{\sigma_{max}}{\sigma_0} \qquad (2.17)$$

である．応力集中係数 α は 1 以上の値で，部材形状と荷重負荷状態で決まる．たとえば，図 2.51 に示した段付帯板の引張りや，図 2.52 に示した切欠をもつ帯板の引張りでは，**図 2.54** および**図 2.55** に示すように，半径 R が小さくなるほど応力集中係数 α は大きくなる．

応力集中係数のおおよその値として，もっとも代表的な例での値を覚えておけば，ほかの場合でもおおよその見当が付きやすい．その代表例は図 2.53 の帯板である．**図 2.56** に示すように，円孔の直径 d に比べて帯板の幅 b が十分に大きいときは $\alpha =$

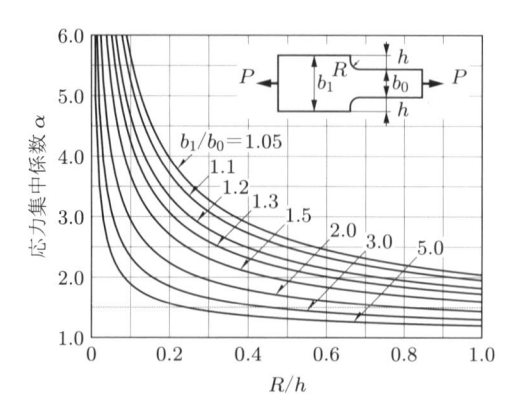

図 2.54　段付帯板の応力集中係数

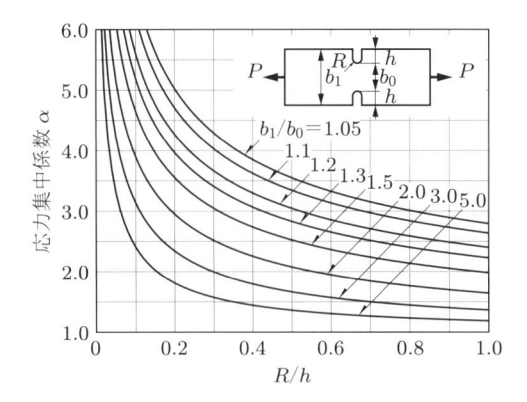

図 2.55　切欠をもつ帯板の応力集中係数

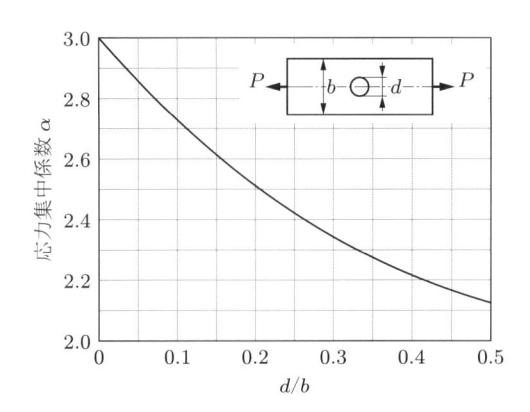

図 2.56　円孔をもつ帯板の応力集中係数

3 であり，d/b が大きくなるに従って α も小さくなる．ただし，d/b が大きくなると応力分布が平均化されるのであって，応力が小さくなるわけではない．有効断面積 $t(b-d)$ が小さくなると，その分だけ平均応力 σ_0 は大きくなる．

　変断面部をもつ延性材料に静荷重が作用する場合，最大応力が弾性限度を超えると，その局所部分が塑性変形を起こす．さらに荷重が増加しても，応力分布は次第に均一化され，応力集中が緩和される．したがって，延性材料では応力集中は実際上それほど危険ではない．しかしながら，脆性材料では，最大応力の部分から破壊が進行してゆくので，応力集中は非常に危険である．繰返し荷重の場合では，延性材料と脆性材料のいずれも最大応力の部分にき裂が生じ，その成長によって破壊が起こる．このため，繰返し荷重の場合にも応力集中は避けなければならない．

　応力集中係数の値や仮想断面に生じる応力の分布を求めるためには，実験や複雑な理論計算，あるいはコンピュータを用いた数値計算などが必要である．また，典型的

な部材形状と荷重負荷状態に対する応力集中が便覧としてまとめられているので，それを用いることもできる．いずれの方法においても，応力集中を正しく評価すること，あるいは正確に見積もることは，固体材料に関する力学と数学・コンピュータに関する高度な知識が必要である．したがって，本書ではこれ以降，応力集中については言及しない．しかしながら，応力集中という現象があることを知っていることは非常に重要である．応力集中を想定して断面急変部を作らないように設計することは，技術者のセンスとして身につけておくべきである．

演習問題

2.47 段付帯板に引張荷重 $P = 2.0\,\mathrm{kN}$ を加える．板の厚さが $5.0\,\mathrm{mm}$ で，$b_0 = 10\,\mathrm{mm}$，$b_1 = 15\,\mathrm{mm}$，$R = 1.6\,\mathrm{mm}$ であるとき，図 2.54 を参考にして，段付部に生じる最大応力を計算せよ．

2.48 U 字型の切欠をもつ帯板に引張荷重 $P = 5.0\,\mathrm{kN}$ を加える．板の厚さが $10\,\mathrm{mm}$ で，$b_0 = 20\,\mathrm{mm}$，$b_1 = 30\,\mathrm{mm}$，$R = 1.0\,\mathrm{mm}$ であるとき，図 2.55 を参考にして，切欠底に生じる最大応力を計算せよ．

2.49 円孔をもつ帯板に引張荷重 $P = 7.2\,\mathrm{kN}$ を加える．円孔の直径が $d = 4.0\,\mathrm{mm}$ の場合について，図 2.56 を参考にして，円孔周辺に生じる最大応力を計算せよ．ただし，板の厚さを $10\,\mathrm{mm}$，板の幅を $b = 40\,\mathrm{mm}$ とする．

2.9　軸力が変化する棒

軸力が作用する棒に生じる応力は $\sigma = N/A$ であるから，応力が仮想断面の位置によって変化するのは，断面積が変化する棒だけでなく，軸力 N が断面の位置で変化する場合も考えられる．ひずみ $\varepsilon = \sigma/E$ は応力に比例するので，この場合も棒の変形は一様ではない．

2.9.1　中間点に軸荷重が作用する棒

棒の中間点に軸荷重が作用する棒では，仮想断面の位置によって軸力が不連続に変化する．

例題 2.11　図 2.57 に示すように，断面積 A，長さ l の棒が，中間点 B に P_1，右端 C に P_2 の軸荷重を受けている．棒の各部に生じる応力と棒全体の伸びを求めよ．ただし，棒の縦弾性係数を E とする．

解答　固定端 A には反力 R が作用する．その大きさは力のつり合いから，$R = P_1 + P_2$ である．図 2.58

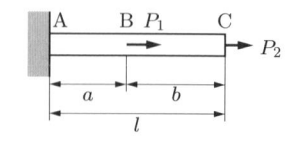

図 2.57　中間点に軸荷重を受ける棒

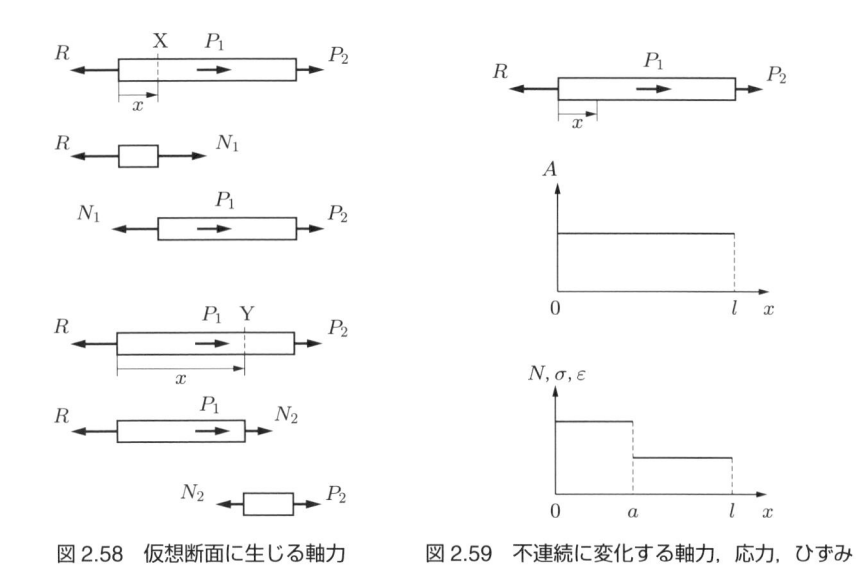

図 2.58　仮想断面に生じる軸力　　図 2.59　不連続に変化する軸力，応力，ひずみ

に示すように，AB 間 $(0 \leqq x \leqq a)$ で仮想断面 X を考え，この断面に作用している軸力を N_1 とすると，

$$R = N_1 \quad \text{または} \quad N_1 = P_1 + P_2$$

である．したがって，断面 X での応力 σ_1 は

$$\sigma_1 = \frac{N_1}{A} = \frac{P_1 + P_2}{A}$$

となる．次に，BC 間 $(a \leqq x \leqq l)$ で仮想断面 Y を考え，この断面に作用している軸力を N_2 とすると，

$$R - P_1 = N_2 \quad \text{または} \quad N_2 = P_2$$

である．したがって，断面 Y での応力 σ_2 は

$$\sigma_2 = \frac{N_2}{A} = \frac{P_2}{A}$$

となる．AB 間で微小長さ dx の部分を考えると，この部分のひずみ ε_1 は

$$\varepsilon_1 = \frac{\sigma_1}{E} = \frac{P_1 + P_2}{EA}$$

となる．AB 間ではどの微小長さ部分も ε_1 のひずみが生じ，この間では一様に変形している．同様に，BC 間で微小長さ dx の部分を考えると，この部分のひずみ ε_2 は

$$\varepsilon_2 = \frac{\sigma_2}{E} = \frac{P_2}{EA}$$

となり，棒全体の伸び λ は次のようになる．

$$\lambda = \int_0^l \varepsilon \, dx = \int_0^a \frac{P_1 + P_2}{EA} \, dx + \int_a^l \frac{P_2}{EA} \, dx = \frac{(P_1 + P_2)a}{EA} + \frac{P_2 b}{EA}$$

左端から距離 x の位置での断面積 A，軸力 N，応力 σ，ひずみ ε はそれぞれ**図2.59**のようになる．棒の中間点に軸荷重が作用する棒では，軸力が不連続に変化する．断面積が一様である場合，応力とひずみは軸力に比例する．

2.9.2 自重による応力と変形

機械部品の自重は，一般に荷重の大きさに比べてはるかに小さい場合が多いので，応力や変形の計算においては無視することができる．しかしながら，橋や塔などの大型構造物では自重を無視することはできない．

密度 ρ，体積 V の物体に作用する重力は，$W = \rho V g$ で与えられる．この重力は物体の重心にはたらくと考える．ここで，g は重力加速度である．標準重力加速度は $9.80665 \ \mathrm{m/s^2}$ で，1901年の国際度量衡総会において規定されている．日本では $9.789 \sim 9.807 \ \mathrm{m/s^2}$ の範囲の値をとる．本書で重力加速度を計算に用いるときは，$g = 9.80 \ \mathrm{m/s^2}$ とする．

例題 2.12 **図2.60** に示すように，断面積 A が一様な長さ l の棒を剛性天井から鉛直につり下げ，棒の下端に鉛直荷重 P を加える．棒の自重を考慮して，棒に生じる最大応力と棒全体の伸びを求めよ．ただし，棒の密度を ρ，縦弾性係数を E とする．

解答 **図2.61** に示すように，棒の下端から距離 x の位置に仮想断面を考える．仮想断面から下の部分の自重は $\rho g A x$ であるから，仮想断面に生じている軸力 N は

$$N = P + \rho g A x$$

である．したがって，この仮想断面における応力は

$$\sigma = \frac{N}{A} = \frac{P}{A} + \rho g x$$

となる．**図2.62** に示すように，応力は下端からの距離 x に比例する．最大応力 $\sigma_{\max}$ は棒の上端 ($x = l$) に生じ，その大きさは

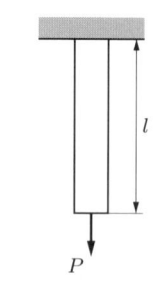

図2.60 自重を考慮した棒

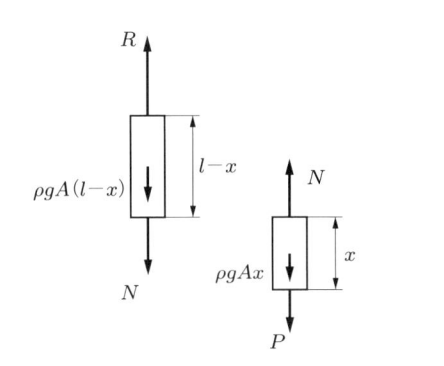

図 2.61 自重による軸力

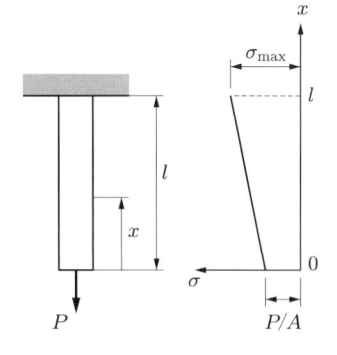

図 2.62 自重を考慮した棒の応力

$$\sigma_{\max} = \frac{P}{A} + \rho g l$$

である．棒の下端から距離 x の位置で微小長さ dx を考えると，この部分のひずみ ε は

$$\varepsilon = \frac{N}{EA} = \frac{1}{E}\left(\frac{P}{A} + \rho g x\right)$$

である．したがって，棒全体の伸び λ は

$$\lambda = \int_0^l \varepsilon\, dx = \int_0^l \frac{1}{E}\left(\frac{P}{A} + \rho g x\right) dx = \frac{Pl}{EA} + \frac{\rho g l^2}{2E}$$

となる．

2.9.3 遠心力による応力と変形

　タービンやターボ機器などのように回転する部品・部材には遠心力がはたらき，それによる応力と変形が生じる．これらの回転機械に多く見られるように，棒・円筒・円板などの軸対称形状の部材がその対称軸を中心に回転する場合，応力や変形の計算はやや難しくなる．ここでは，棒状部材がその中心線に対して垂直な軸の周りに一定の角速度で回転している場合を考える．

　回転の速さは，物理学では角速度 ω [rad/s] で表されるが，工学では毎秒回転数 n [s^{-1}] または毎分回転数 N [rpm] で表される．これらは次式で換算できる．

$$\omega = 2\pi n = \frac{2\pi N}{60} \tag{2.18}$$

　質量 m の質点が，半径 r の円周上を角速度 ω または周速度 v で移動しているとき，質点に作用する遠心力は

$$F = mr\omega^2 = \frac{mv^2}{r} \tag{2.19}$$

で与えられる.

例題 2.13　図 2.63 に示すように，長さ $2l$，密度 ρ の丸棒が，垂直軸 X を中心に一定の角速度 ω で回転するとき，棒に生じる最大応力と棒の伸びを求めよ．ただし，棒の縦弾性係数を E とする.

解答　丸棒の断面積を A とする．図 2.64 に示すように，回転軸 X から距離 x の位置で棒を仮想的に切断すると，仮想断面から棒先端までの部分の質量は $m = \rho A(l-x)$，回転軸から重心までの距離は $r = (l+x)/2$ である．これらから，この部分に生じる遠心力 F は

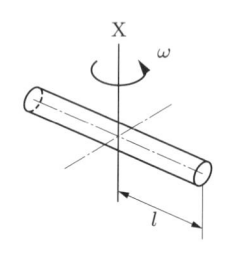

図 2.63　遠心力を受ける棒

$$F = mr\omega^2 = \frac{\rho A\omega^2}{2}(l^2 - x^2)$$

となる．これと仮想断面の軸力 N がつり合うから，$N = F$ である．したがって，仮想断面に生じる応力 σ は

$$\sigma = \frac{N}{A} = \frac{\rho\omega^2}{2}(l^2 - x^2)$$

となる．図 2.65 に示すように，最大応力 $\sigma_{\max}$ は $x = 0$ で生じ，その大きさは

$$\sigma_{\max} = \frac{1}{2}\rho\omega^2 l^2$$

である．回転軸 X から距離 x の位置で微小長さ dx を考えると，この部分のひずみ ε は

$$\varepsilon = \frac{N}{EA} = \frac{\rho\omega^2}{2E}(l^2 - x^2)$$

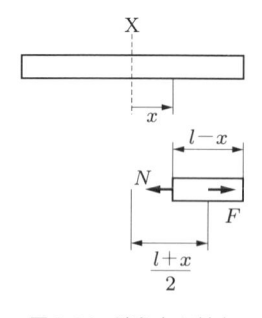

図 2.64　遠心力と軸力

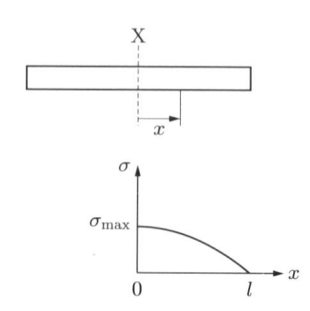

図 2.65　遠心力を受ける棒の応力

であるから，棒全体の伸び λ は次のようになる.

$$\lambda = 2\int_0^l \varepsilon\, dx = 2\int_0^l \frac{\rho\omega^2}{2E}(l^2 - x^2)\, dx = \frac{2\rho\omega^2 l^3}{3E}$$

演習問題

2.50 図 2.66 に示すように，棒 AB が左端 B で剛体壁に固定され，右端 A および中間点 C，D にそれぞれ $P_1 = 500\,\mathrm{N}$，$P_2 = 200\,\mathrm{N}$，$P_3 = 400\,\mathrm{N}$ の軸荷重を受けている．仮想断面 X，Y，Z に生じる軸力はそれぞれいくらか.

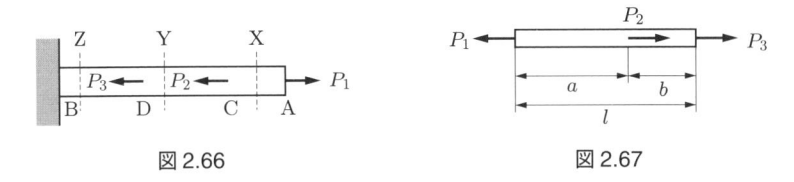

図 2.66   図 2.67

2.51 図 2.67 に示すように，直径 10 mm，縦弾性係数 206 GPa，長さ $l = 800\,\mathrm{mm}$ の丸棒が，軸荷重 $P_1 = 20\,\mathrm{kN}$，$P_2 = 12\,\mathrm{kN}$ および P_3 を受けて空間上に静止している．次の各問に答えよ.

  (1) P_3 はいくらか.

  (2) 棒全体の伸びを計算せよ．ただし，$a = 500\,\mathrm{mm}$，$b = 300\,\mathrm{mm}$ とする.

2.52 図 2.68 に示すような，断面積 $100\,\mathrm{mm}^2$，縦弾性係数 69 GPa のアルミニウム棒に軸荷重 $P_1 = 10\,\mathrm{kN}$，$P_2 = 5.0\,\mathrm{kN}$ が作用するとき，棒全体の伸びを計算せよ．ただし，$l_1 = 150\,\mathrm{mm}$，$l_2 = 200\,\mathrm{mm}$ である.

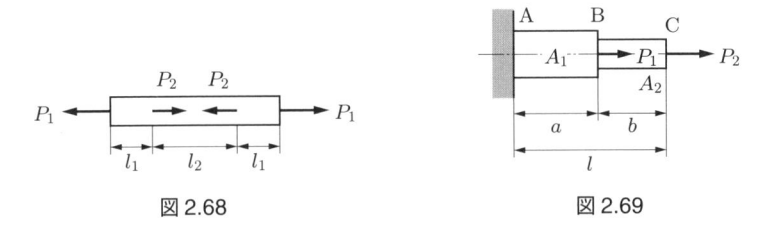

図 2.68   図 2.69

2.53 図 2.69 に示すように，段付棒 ABC が左端 A で固定されている．AB 部と BC 部の断面積と長さはそれぞれ，A_1，a，A_2，b である．段部 B と右端 C とにそれぞれ軸荷重 P_1 および P_2 を加えるとき，棒の各部に生じる応力と棒全体の伸びを求めよ．ただし，棒の縦弾性係数を E とする.

2.54 図 2.70 に示すように，アルミニウム棒 AB と鋼棒 BC が結合された段付棒が左端 A で固定されている．右端 C に軸荷重 P，結合点 B に軸荷重 $2P$ を加えるとする．棒全体の伸びが 3.0 mm 以下であるためには，軸荷重 P がいくら以下でなければならないか．ただし，アルミニウム棒と鋼棒の断面積，縦弾性係数，長さを，それぞれ $E_1 =$

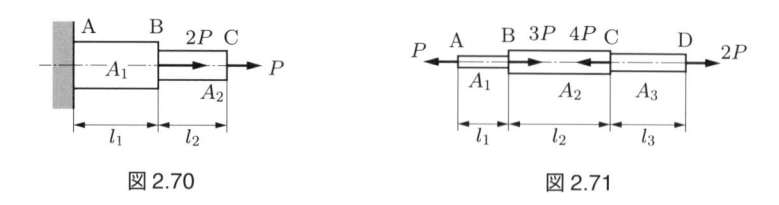

図2.70 　　　　　　　　　　　　　　　図2.71

69 GPa, $A_1 = 400\,\mathrm{mm}^2$, $l_1 = 900\,\mathrm{mm}$, $E_2 = 206\,\mathrm{GPa}$, $A_2 = 250\,\mathrm{mm}^2$, $l_2 = 1.2\,\mathrm{m}$ とする.

2.55 図2.71に示すように,鋼棒 AB,黄銅棒 BC,アルミニウム棒 CD が結合された段付棒 AD がある.両端および結合部に図に示す軸荷重を加えるとき,棒全体の伸びを 2.0 mm 以下にするためには,左端の軸荷重 P をいくら以下にしなければならないか.ただし,それぞれの棒の縦弾性係数,断面積,長さを,$E_1 = 206\,\mathrm{GPa}$, $A_1 = 500\,\mathrm{mm}^2$, $l_1 = 1.8\,\mathrm{m}$, $E_2 = 98\,\mathrm{GPa}$, $A_2 = 650\,\mathrm{mm}^2$, $l_2 = 3.6\,\mathrm{m}$, $E_3 = 69\,\mathrm{GPa}$, $A_3 = 350\,\mathrm{mm}^2$, $l_3 = 2.7\,\mathrm{m}$ とする.

2.56 例題 2.12 において,棒の材質が鋼 ($\rho = 7.8 \times 10^3\,\mathrm{kg/m}^3$) であるとき,次の各問に答えよ.

(1) $P = 0$ のとき,最大応力が 10 MPa となるのは棒の長さ l がいくらのときか.

(2) $P = 50\,\mathrm{kN}$, $l = 5.0\,\mathrm{m}$, $A = 0.002\,\mathrm{m}^2$, $E = 206\,\mathrm{GPa}$ のとき,自重を考慮したときと無視したときの棒の伸びを計算せよ.

2.57 図2.72に示すように,長さ l の段付棒 ABC を剛性天井に固定し,鉛直につり下げる.自重による棒の伸びを求めよ.ただし,棒の密度を ρ,縦弾性係数を E,AB 部および BC 部の断面積をそれぞれ A_1, A_2 とする.

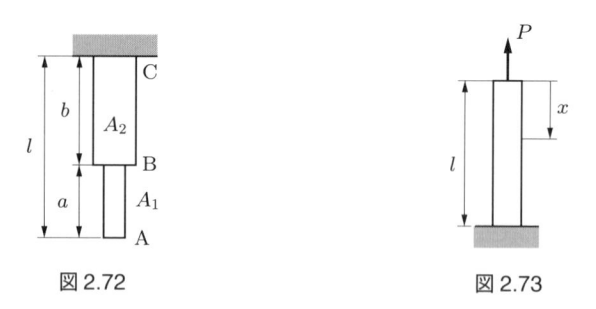

図2.72 　　　　　　　　　　　　　　　図2.73

2.58 長さが $l = 3.0\,\mathrm{m}$ で長方形断面 (幅 100 mm,高さ 200 mm) の棒を図2.73のように床に固定して鉛直に立て,上端に引張荷重 $P = 3.0\,\mathrm{kN}$ を加える.棒の自重を考慮して,応力がゼロとなる位置 x を求めよ.ただし,棒の密度を $\rho = 7.8 \times 10^3\,\mathrm{kg/m}^3$ とする.

2.59 高さ l の円すい体を図2.74のように天井からつり下げる.自重によって生じる最大応力と全長の伸びを求めよ.ただし,円すい体の密度を ρ,縦弾性係数を E とする.

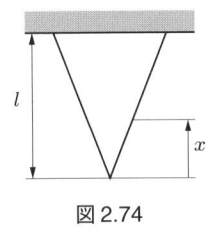

図 2.74

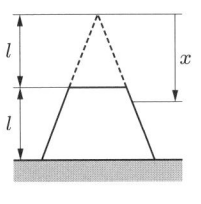

図 2.75

2.60 図 2.75 に示すように，高さが l で上面の直径が底面の半分である円すい台形の柱がある．密度を ρ，縦弾性係数を E として，自重によって生じる最大圧縮応力と柱の縮みを求めよ．

2.61 図 2.76 (a) に示すように，各部の長さが h で，断面積が A_1，A_2，$\cdots$，A_n である階段状の棒が天井からつられ，下端に鉛直荷重 P が作用している．棒の密度を ρ として，以下の各問に答えよ．

(1) 第 1 段の上面に生じる応力が σ となるように，第 1 段の断面積 A_1 を定めよ．

(2) 第 2 段の上面に生じる応力が，第 1 段上面の応力 σ と同じになるように，第 2 段の断面積 A_2 を定めよ．

(3) 第 i 段の上面に生じる応力が，第 1 段上面の応力 σ と同じになるように，第 i 段の断面積 A_i を定めよ．

(4) 図 (b) に示すように，各部の長さを $h \to 0$ としたとき，任意の仮想断面で応力が σ の一定値となるためには，断面積をどのように変化させればよいか．下端から距離 x の位置における断面積 A_x を x の関数で表せ．

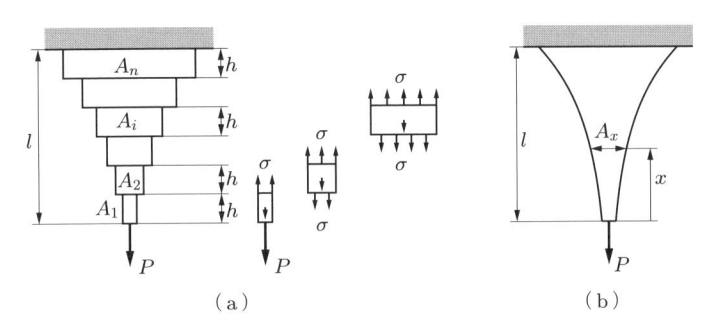

（a）　　　　　　　　　　　　　　（b）

図 2.76

2.62 図 2.77 に示すように，直径 1.0 mm のひもの一端に質量 0.5 kg のおもりを付け，他端を固定しておもりを水平面内で等速円運動させる．おもりの回転半径が $r = 0.8$ m，角速度が $\omega = 12$ rad/s であるとき，ひもに生じる応力を計算せよ．ただし，ひもの質量は無視する．

2.63 図 2.78 に示すように，両端に質量 $m = 0.5$ kg のおもり（質点）が付いた直径 25 mm，長さ $l = 1.0$ m の丸棒が，中点 O の周りに回転数 3000 rpm で回転している．丸棒に

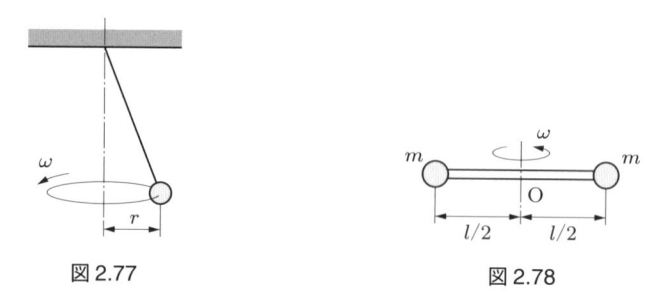

図2.77　　　　　　　　　　　　図2.78

生じる最大応力と棒の伸びを計算せよ．ただし，丸棒の縦弾性係数を $206\,\mathrm{GPa}$，密度を $7.8 \times 10^3\,\mathrm{kg/m^3}$ とする．

2.64 図2.79のように，底面の直径が d である二つの円すい形を底面で合わせた長さ $2l$ の棒を，鉛直軸 X を中心にして一定の角速度 ω で回転させたとき，棒に生じる最大応力と全長の伸びを求めよ．ただし，棒の密度を ρ，縦弾性係数を E とする．

（ヒント）高さ h の円すい体の重心は頂点から $3h/4$ の位置にある．

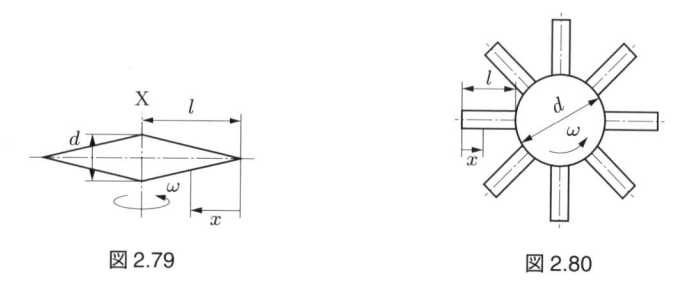

図2.79　　　　　　　　　　　　図2.80

2.65 軸流送風機のブレード（羽根）に生じる応力と伸びを，図2.80に示すような簡略化したモデルで考える．ブレードを一様断面棒と考え，その長さを $l = 300\,\mathrm{mm}$，密度を $7.8 \times 10^3\,\mathrm{kg/m^3}$ とする．ローター（回転軸）の直径を $d = 500\,\mathrm{mm}$ とする．この軸流送風機が回転数 $1500\,\mathrm{rpm}$ で回転するとき，ブレードに生じる最大応力と伸びを計算せよ．ただし，ブレードの縦弾性係数を $206\,\mathrm{GPa}$ とする．

第**3**章　せん断とねじり

3.1　せん断応力とせん断ひずみ

　ある部材に，**図 3.1** (a) に示すような，大きさが等しく，互いに平行で，向きが逆である 2 力が作用している場合を考える．このような荷重がせん断荷重である．図のような 2 力だけが作用しているのであれば，部材は反時計回りに回転してしまう．部材が静止しているためには，回転を止める何らかの力が必要である．すなわち，せん断荷重はほかの荷重との組み合わせとなることが多い．せん断荷重が単独で作用するのは，部材が回転しないほど 2 力の間隔が非常に小さいときだけである．ここでは，何らかの力が作用している状態にある部材において，せん断荷重だけによって生じる応力と変形を考える．

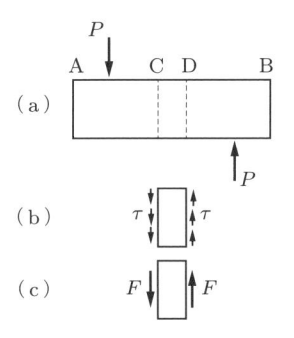

図 3.1　せん断応力 τ とせん断力 F

　図 3.1 (a) の断面 C と D で挟まれる部分を仮想的に取り出すと，図 (b) に示すように，仮想断面 C と D にはそれぞれ面の接線方向に断面全体にわたって分布した力が作用している．この力を単位面積あたりで表したものを**せん断応力** (shearing stress) といい，τ で表す．せん断応力の単位には垂直応力と同じく [MPa] を用いる．せん断応力の符号は座標系のとり方に依存する．本書では，しばらくの間，せん断応力の大きさだけを考える．

　せん断荷重が作用する場合に仮想断面で接線方向に生じている内力を**せん断力** (shearing force) という．仮想断面 C および D の面積を A，せん断力を F とし，せ

ん断応力 τ が仮想断面全体にわたって均等にはたらくと考えると，$F = \tau A$ である．したがって，せん断応力 τ の値は，次式により計算できる．

$$\tau = \frac{F}{A} \tag{3.1}$$

部材がせん断荷重を受ける場合，図3.1の仮想断面 C と D で挟まれる部分は**図 3.2**のように変形する．断面 C と断面 D は相対的に上下に移動するが，図では，変形量を見やすくするために，断面 C を基準にして変形前後の形状を重ねて描いている．図からわかるように，せん断荷重による変形は平行四辺形にゆがむ変形である．このようなせん断変形における角変化 γ を**せん断ひずみ** (shearing strain) という．せん断ひずみは [rad] 単位の数値で表すが，慣例として単位を付けずに表記する[†1]．図 3.2に示すように，断面 CD の間隔を Δx，これらの断面の相対的移動量を Δu とする．Δx 間で変形が一様であるとき，$\Delta u / \Delta x = \tan \gamma$ である．変形が弾性の範囲であるならば $|\gamma| \ll 1$ であるから，$\tan \gamma \fallingdotseq \gamma$ と近似できる[†2]．したがって，せん断ひずみは $\gamma = \Delta u / \Delta x$ で与えられる．Δx 間で変形が一様でない場合を考慮すると，せん断ひずみの正確な数学的定義は，次のような極限で与えられる．

$$\gamma = \lim_{\Delta x \to 0} \frac{\Delta u}{\Delta x} = \frac{du}{dx} \tag{3.2}$$

せん断変形においてもフックの法則が成り立ち，弾性の範囲内であればせん断応力 τ とせん断ひずみ γ は正比例する．この比例定数を G とすると，両者の関係は

$$\tau = G\gamma \tag{3.3}$$

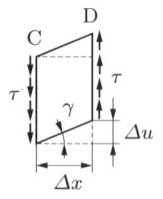

図 3.2　せん断ひずみ

[†1] [rad] 単位の角度は半径と円弧の長さの比率であり，本来は無次元量である．[rad] という単位は角度であることを明確にするための記号として用いているにすぎない．したがって，角度の単位が [rad] であることと，せん断ひずみが無次元量であることとは矛盾しない．

[†2] 数学公式 $\tan x = x + \dfrac{1}{3}x^3 + \dfrac{2}{15}x^5 + \dfrac{17}{315}x^7 + \cdots \quad (-\pi/2 < x < \pi/2)$

で表される. 比例定数 G を**せん断弾性係数** (shearing modulus), または**横弾性係数** (modulus of transverse elasticity), または**剛性率** (modulus of rigidity) という. 各種金属材料のせん断弾性係数を巻末の付表 2 (325 ページ) に示す.

せん断ひずみ γ は, 式 (3.1) および式 (3.3) から,

$$\gamma = \frac{F}{GA} \tag{3.4}$$

となる. 上式は垂直ひずみの式 (2.8) と類似している. このような類似性を意識しておくと, これらの式は容易に覚えられるであろう[†3]. 図 3.3 に示すように, 間隔 l を隔ててせん断荷重が作用しているとする. 微小長さを棒のどの部分で取り出したとしても, せん断ひずみ γ が同じであるならば, 棒全体としての相対的移動距離 u は

$$u = \int_0^l \gamma\, dx = \int_0^l \frac{F}{GA}\, dx = \frac{Fl}{GA} \tag{3.5}$$

となる.

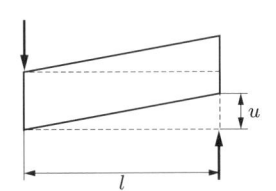

図 3.3　せん断変形における相対的移動量

例題 3.1　断面積 $400\,\mathrm{mm}^2$ の鋼製棒にせん断荷重 $24\,\mathrm{kN}$ が作用するとき, 棒に生じるせん断応力とせん断ひずみを計算せよ. ただし, せん断弾性係数を $80\,\mathrm{GPa}$ とする.

解答　せん断力は $F = 24\,\mathrm{kN}$ であるから, せん断応力 τ とせん断ひずみ γ は次のようになる.

$$\tau = \frac{F}{A} = \frac{24 \times 10^3}{400} = 60\,\mathrm{MPa}$$

$$\gamma = \frac{\tau}{G} = \frac{60}{80 \times 10^3} = 750 \times 10^{-6}$$

例題 3.2　図 3.4 に示すように, 直径 $d = 6.0\,\mathrm{mm}$ のリベットで 2 枚の鋼板を結合し, せん断荷重 $P = 1.5\,\mathrm{kN}$ を加える. リベットに生じるせん断応力を計算せよ.

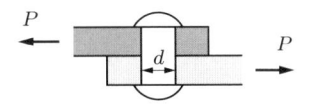

図 3.4　せん断荷重を受けるリベット

[†3] 巻末の付表 9 (330 ページ) 参照.

解答　リベットの2枚の鋼板のすき間部分には図3.5のようなせん断変形とせん断応力が生じる．仮想断面に生じるせん断力は $F = P = 1.5\,\text{kN}$ であるから，リベットに生じるせん断応力 τ は次のようになる．

$$\tau = \frac{F}{A} = \frac{1.5 \times 10^3}{\pi/4 \times 6.0^2} = 53.1\,\text{MPa}$$

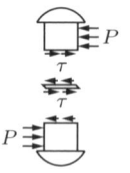

図3.5　すき間部分のせん断変形と
　　　　せん断応力

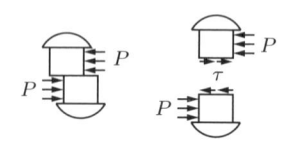

図3.6　二つに切断されるリベットの
　　　　せん断応力

[補足]　せん断荷重の間隔（鋼板のすき間）は十分に小さいので，すき間部分の変形を考えずに，せん断応力だけを考えて，図3.6のように，リベットが二つに切断されると考えてもよい．

演習問題

3.1 ある棒にせん断荷重を加えたところ，せん断応力が $35\,\text{MPa}$，せん断ひずみが 760×10^{-6} であった．この棒材のせん断弾性係数を計算せよ．

3.2 図3.7に示すように，2枚の長方形板を接着剤で貼り合わせてある．板の幅 $10\,\text{mm}$，接着部の長さ $15\,\text{mm}$，荷重 $P = 3.0\,\text{kN}$ のとき，接着面に生じるせん断応力を計算せよ．

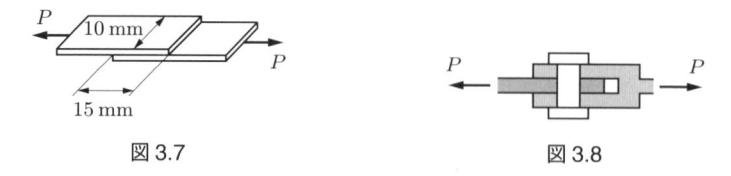

図3.7

図3.8

3.3 図3.8に示すピン継手において，ピンの直径 $25\,\text{mm}$，$P = 50\,\text{kN}$ のとき，ピンに生じるせん断応力を計算せよ．

3.4 図3.9のように，厚さ h の鋼板を直径 $d = 10\,\text{mm}$ のポンチで打ち抜く．鋼板が打ち抜かれるときのせん断応力を $400\,\text{MPa}$，ポンチが圧縮破壊を起こすときの応力を $1.0\,\text{GPa}$ として，次の各問に答えよ．

　(1)　厚さ $h = 3.0\,\text{mm}$ の鋼板を打ち抜くのに必要な荷重 P を計算せよ．

　(2)　このポンチで打ち抜くことができる鋼板の限界厚さ h を計算せよ．

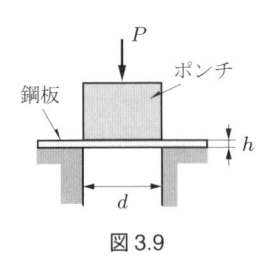

図 3.9

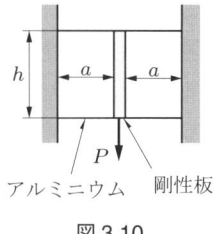

図 3.10

3.5 図 3.10 に示すように，剛性板をせん断弾性係数 27 GPa のアルミニウムの直方体で挟み，固定してある．剛性板に鉛直荷重 $P = 50\,\text{kN}$ を加えたとき，剛性板はどれだけ下へ移動するか．ただし，アルミニウム直方体の寸法を，$a = 20\,\text{mm}$，$h = 30\,\text{mm}$，厚さ 15 mm とする．

3.6 図 3.11 に示すように，軸径 d，頭の高さ h のボルトを内径 d の孔に通して引っ張る．ボルトの許容せん断応力 τ_a と許容引張応力 σ_a との間に $\tau_a = 0.6\sigma_a$ の関係があるとき，ボルト形状 d/h をどのように定めればよいか．

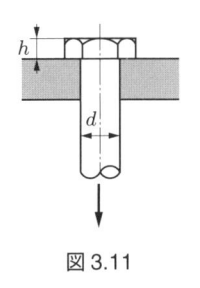

図 3.11

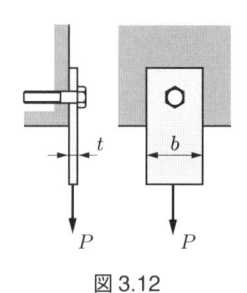

図 3.12

3.7 図 3.12 に示すように，厚さ $t = 10\,\text{mm}$，幅 $b = 120\,\text{mm}$ の帯板をボルトで固定し，帯板に鉛直荷重を加える．帯板の引張強さは 310 MPa，ボルトのせん断強さは 220 MPa である．安全率を 4 とするとき，安全に加えることができる荷重をもっとも大きくするには，ボルトの直径をいくらにすればよいか．また，そのときに加えることができる荷重を計算せよ．

3.2 偶 力

　本章で扱うねじりの問題と，次章で扱う曲げの問題を理解するためには，偶力について理解していなければならない．偶力は物理学や工業力学などでも学習するが，ここでは，材料力学への応用を念頭において，偶力，とくに偶力のモーメントについて学習する．

3.2.1 偶 力

一般に，物体に複数の力が作用するとき，それらの力が物体の並進運動および回転運動へ与える効果を一つの力で置き換えることができる．複数の力を合成したものを合力という．

2力が平行でないならば，必ず合力を作ることができる．2力が平行で，それらの大きさが異なる場合は，**図 3.13** のようにして合力が求められる．互いに平行な2力 $\boldsymbol{F}_1$ と $\boldsymbol{F}_2$ を，その作用線上に移動させ，それらの作用点が作用線と垂直な一直線上にくるようにする．この直線上に，互いに逆向きに，それぞれの作用点に大きさが等しい力を加える．加えられた力は，物体に対して何らの効果ももたない．$\boldsymbol{F}_1$ と加えられた力による合力，$\boldsymbol{F}_2$ と加えられた力による合力を作ると，それらの合力の作用線は平行ではなくなり，交点をもつ．これらの合力を交点に移動させ，平行四辺形を作れば，その対角線が求めるべき合力となる．求められた合力は，$\boldsymbol{F}_1$ および $\boldsymbol{F}_2$ と平行であり，$|\boldsymbol{F}| = |\boldsymbol{F}_1 + \boldsymbol{F}_2|$ が成り立つ．また，回転軸をどこに設定しても，$\boldsymbol{F}_1$ および $\boldsymbol{F}_2$ が作る力のモーメントの合計は，合力 $\boldsymbol{F}$ が作る力のモーメントに等しい．

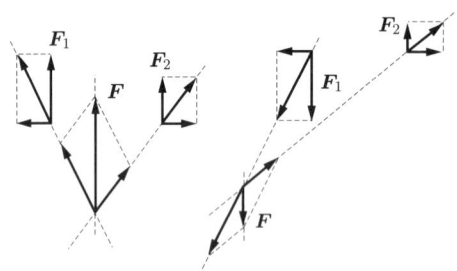

図 3.13　2力が平行である場合の合力の作り方　　図 3.14　大きさが等しく向きが逆で互いに
　　　　　　　　　　　　　　　　　　　　　　　　　　　　　　　　　　　平行な2力は合成できない

ところが，**図 3.14** に示すように，大きさが等しく，向きが逆で，互いに平行な2力 $\boldsymbol{F}$ は，補助となる力をどのように加えたとしても，合成することができない．このような1組の力を**偶力** (couple) という．偶力は物体を回転運動させる能力だけをもっており，並進運動させる能力をもっていない．

図 3.15 において，点 A および B を中心とするモーメントは，それぞれ，

$$M_A = (l_1 + a)F - l_1 F = aF, \quad M_B = (l_2 + a)F - l_2 F = aF$$

である．すなわち，モーメントの大きさは回転の中心位置とは無関係で，2力の間隔と力の大きさだけで決まる．これを**偶力のモーメント** (moment of couple) という．力のモーメントには回転の中心位置が定まっており，そこから力の作用線までの距離

図 3.15　偶力のモーメントは回転の中心位置に無関係　　図 3.16　偶力の表示方法

がモーメントの大きさに影響する．このことが偶力のモーメントと力のモーメントとの違いである．

　偶力の表示方法には，**図 3.16** のように二つの方法があり，状況に応じて使い分けられる．図 (a) は，紙面の面内での回転（回転軸が紙面に垂直な回転）を表している．物体を平行移動させることはできないが回転させることはできること，偶力のモーメントが回転の中心位置に無関係であることを図案化した表現である．図 (b) は，紙面の面外での回転（回転軸が紙面上にある回転）を表している．面外回転における回転方向を明確に表すために工夫された図案で，回転方向を右ねじの進む方向の二重矢印で表現している．

3.2.2　力の置き換え

　図 3.17 (a) に示すように，ある物体の点 A に力 F が作用しているとする．この物体が点 C を中心に回転できるとき，力 F は物体を F 方向に並進運動させる効果と，点 C を中心に力のモーメント aF で反時計回りに回転させる効果をもっている．図 (b) に示すように点 C に 2 力を加える．一方の力は点 A に作用している力 F と大きさおよび方向が等しく，もう一方は大きさが等しく向きが逆である．図 (b) には 3 力が作用しているが，付け加えた 2 力は互いに打ち消し合うので，これらの力が物体に与える効果は図 (a) と同じである．図 (b) の点 A に作用する力と点 C に作用する逆向きの力との組はモーメント aF の偶力を作ると見なせるから，図 (b) は図 (c) のようにも表現することができる．

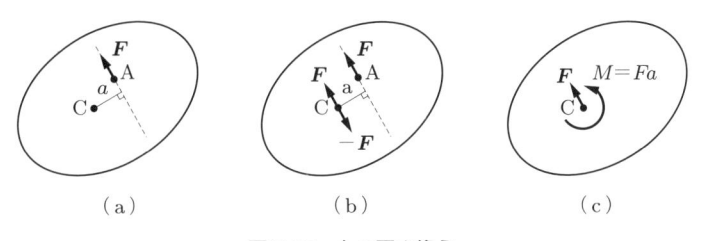

図 3.17　力の置き換え

たとえば，**図3.18** に示すように，半径 r の歯車またはプーリに力 P が作用する棒 AB の応力や変形を求める問題は，棒を曲げる作用をする大きさ P の力と，棒をねじる作用をする大きさ Pr の偶力が同時に作用する棒の問題として置き換えることができる．また，**図3.19** に示すように，長さ a の突出し部の先端に荷重 P が作用する L 形棒の AB 部に関する応力や変形を求める問題は[†4]，棒を引っ張る大きさ P の荷重と，棒を曲げる作用をする大きさ Pa の偶力が同時に作用する棒の問題として置き換えることができる．

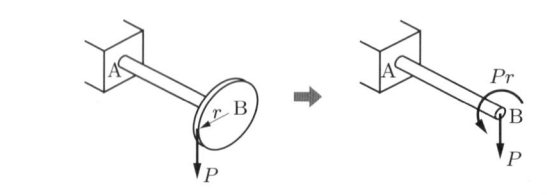

図3.18 曲げとねじりへの置き換え例

図3.19 引張りと曲げへの置き換え例

3.2.3 力と偶力の種類

これまで学習してきたように，力は外力と内力とに分類できる．外力には物体の外表面に作用する力と，自重や遠心力のように重心に作用する力とがある．また，外力は荷重 P と反力 R とに区別できる．内力は仮想断面に作用する仮想的な力であり，断面に対して法線方向の軸力 N と接線方向のせん断力 F とに区別される．

偶力についても，力の分類にならって次のように分けることができる[†5]．偶力は外偶力と内偶力とに分類できる．外偶力は偶力荷重 Q と反偶力 J とに区別できる．内

---

†4 BC 部については第7章で述べる．

†5 これらは本書独自の用語である．「外偶力」については，書籍ごとにいろいろな用語が使われている．「ねじり内偶力」「曲げ内偶力」は，一般的には「ねじりモーメント」「曲げモーメント」とよばれている．この「モーメント」は偶力のモーメントであるが，初学者の中には偶力についての知識が不足しているために，「モーメント ＝ 力のモーメント」と勘違いしてしまい，それが原因で材料力学を理解できなくなってしまうことがある．このことを避けるために，あえて一般的ではない用語を用いて偶力であることを強調している．さらに，多くの書籍では「ねじり偶力荷重」「ねじり内偶力」を区別せずに「ねじりモーメント」と表記し，「曲げ偶力荷重」「曲げ内偶力」を区別せずに「曲げモーメント」と表記することが多く，このことが初学者に混乱を与える一因になっている．本書では，しばらくの間，本文記載の用語を用いるが，学習を進めてゆくうちに一般的な用語を用いてゆく．その頃には，たとえば，「ねじりモーメント」と表記しても「ねじり偶力荷重」「ねじり内偶力」のどちらを指しているかが判断できるようになっているはずである．

偶力は仮想断面に作用する仮想的な偶力であり，その二重矢印が断面に対して法線方向である内偶力をねじり内偶力 T，接線方向である内偶力を曲げ内偶力 M とよぶこととする．ねじりモーメントとはねじり内偶力のモーメントを，曲げモーメントとは曲げ内偶力のモーメントを指すこととする．

　棒にねじり偶力荷重 Q を加える様子は**図 3.20** (a) のような略図で表記される．棒に偶力荷重を加える具体的方法には，図 (b) のように突起に大きさが等しく向きが逆の力を加える方法や，図 (c) のように棒の側面全体を何らかの装置や道具でつかんで回転させる方法などが考えられるが，これらの場合の応力や変形は，サンブナンの原理[†6] によって，その具体的な負荷方法に影響されないと考えてよい．

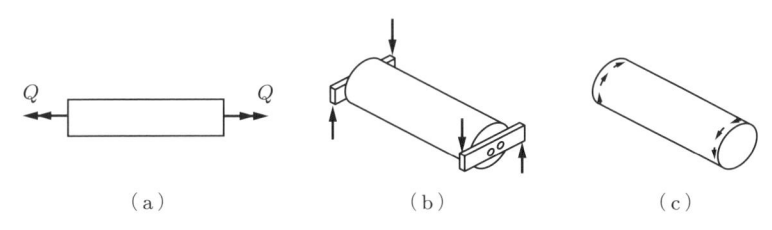

（a）　　　　　　　　　（b）　　　　　　　　　（c）

図 3.20　ねじり偶力荷重の負荷方法の例

　一端が固定され，他端にねじり偶力荷重 Q を加えた場合，固定端には反偶力 J が生じる．この様子は，**図 3.21** (a) のような略図で表される．たとえば，壁に 2 点でスポット溶接されている場合であれば，図 (b) に示すような反力が生じ，これらが反偶力を形成する．端面全体が壁に接着されている場合であれば，面全体に分散した力が回転方向に生じ，これらの総和が反偶力を形成する．

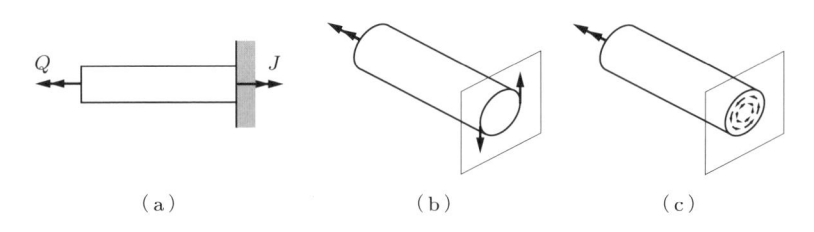

（a）　　　　　　　　　（b）　　　　　　　　　（c）

図 3.21　固定壁に生じる反偶力の例

演習問題

3.8 ある物体に**図 3.22** に示す互いに平行な 2 力が作用している．それらの方向は xy 平面内にあり，作用点は図の座標 (単位は [m]) で示されている．以下の各問に答えよ．

---

†6 2.1 節参照．

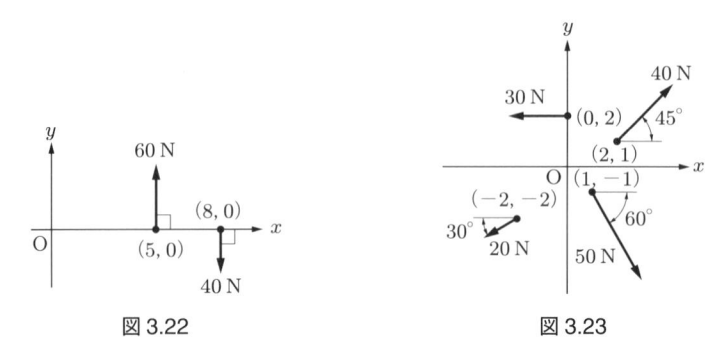

図 3.22　　　　　　　　　　　　図 3.23

(1) 2力の合力を作るとき，その大きさと作用線の式を求めよ．

(2) 合力が物体に与える効果を変えることなく，合力を座標原点に作用する力と偶力で置き換えるとき，置き換えた力の大きさと方向，偶力のモーメントとその回転方向を求めよ．

(3) 2力が物体に与える効果を変えることなく，2力を座標原点に作用する力と偶力で置き換えるとき，置き換えた力の大きさと方向，偶力のモーメントとその回転方向が，それぞれ前問の合力を置き換えたときに等しいことを示せ．

3.9 ある物体に図 3.23 に示すような 4 力が作用している．これら 4 力の方向はいずれも xy 平面内にあり，作用点は図の座標 (単位は [m]) で示されている．4 力が物体に与える効果を変えることなく，座標原点に作用する力と偶力で置き換えるとき，置き換えた力の大きさと方向，偶力のモーメントとその回転方向を求めよ．

3.10 図 3.24 に示すような水平面内に L 形に曲がった棒が左端 C で固定されている．自由端 A に鉛直荷重 P がはたらくとき，固定端 C に生じる反力および反偶力を求めよ．

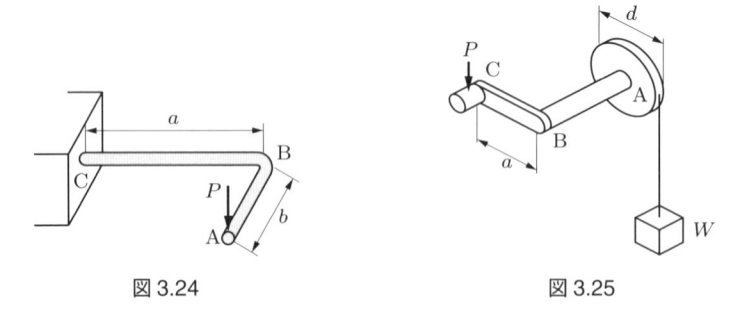

図 3.24　　　　　　　　　　　　図 3.25

3.11 図 3.25 に示すように，直径 $d = 300\,\mathrm{mm}$ の滑車を使って，重さ $W = 40\,\mathrm{N}$ の物体を，腕 BC に直角方向の力 P を加えて巻き上げる．腕 BC の長さを $a = 200\,\mathrm{mm}$ として，以下の各問に答えよ．

(1) 巻き上げに必要な力 P はいくらか．

(2) 軸 AB に作用するねじり偶力荷重はいくらか．

3.12 図 3.26 に示すように，中実丸軸の点 A にねじり偶力荷重 $Q_1 = 300\,\mathrm{N \cdot m}$，点 B に $Q_2 = 200\,\mathrm{N \cdot m}$ が作用している．以下の各問に答えよ．

(1) 点 C に生じる反偶力を計算せよ．

(2) 仮想断面 X に生じるねじり内偶力を計算せよ．

(3) 仮想断面 Y に生じるねじり内偶力を計算せよ．

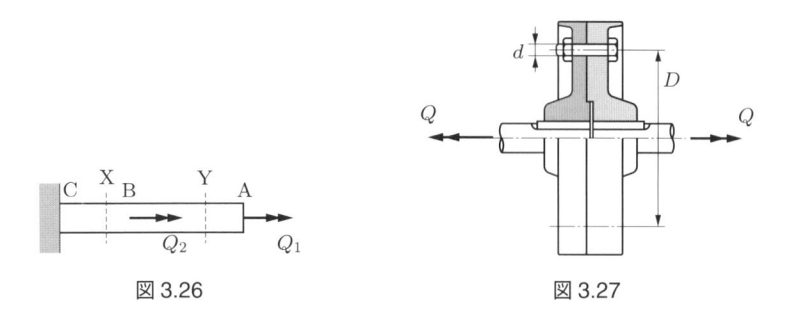

図 3.26　　　　　　　　　　　　　図 3.27

3.13 図 3.27 に示すようなフランジ継手で，$Q = 3.6\,\mathrm{kN \cdot m}$ のトルク（ねじり偶力荷重）を伝える．直径 $d = 16\,\mathrm{mm}$，許容せん断応力 $\tau_a = 35\,\mathrm{MPa}$ のボルトを，直径 $D = 180\,\mathrm{mm}$ の円周上に配置する場合，ボルトは何本必要か．

3.14 図 3.28 に示すように，プーリと軸が長さ $l = 65\,\mathrm{mm}$ のキーで止められている．伝動軸の直径が $d = 64\,\mathrm{mm}$，伝達するトルク（ねじり偶力荷重）が $800\,\mathrm{N \cdot m}$ であるとき，キーの幅 b はいくら必要か．ただし，キーの許容せん断応力を $\tau_a = 50\,\mathrm{MPa}$ とする．

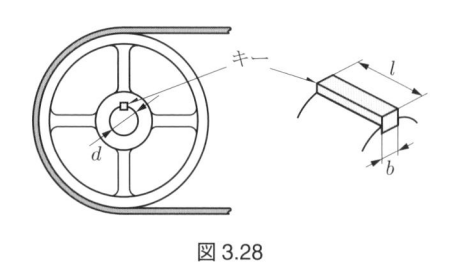

図 3.28

3.3　軸のねじり

　ねじり偶力荷重を受ける棒を**軸** (shaft) という．その応力と変形を計算するための一般論はかなり難しく，本書では扱わない．本書では，ねじり偶力荷重を受ける軸の断面形状を円形断面に限定する．円形断面とは，軸の中心線に対して断面図形を回転させたとき，その図形が回転角に関係なくもとの図形と合同となる形状の断面である．丸棒状の軸（中実丸軸という）と管状の軸（中空丸軸という）の 2 種類がある．円形

断面丸軸がフックの法則に従うとき，ねじられた後も軸の断面形状は変化せず，平面を保つ．また，軸の半径は直線を保つ．したがって，軸のねじり変形とは，任意断面が剛体的に回転することである．円形断面以外の軸では，そり（ゆがみ）が生じ，横断面は曲面となる．ねじりを受ける軸は，ドライバー，ベルト車や歯車の軸，タイヤや車輪をつなぐ軸，クランクシャフトなどのように，その多くが円形断面の軸である．

図3.29 に示すように，半径 r_0，長さ l の丸軸にねじり偶力荷重 Q を加える．このとき，軸の一部を仮想的に取り出すと，**図**3.30 に示すように，仮想断面には偶力が作用していると考えることができる．このような，仮想断面に作用する仮想的な偶力を**内偶力** (internal couple) という．内偶力が仮想断面をその面内に回転させるように作用するとき，その内偶力を**ねじり内偶力** (internal couple of torsion) という．この偶力のモーメントを**ねじりモーメント** (torsional moment) といい，本書ではその大きさを記号 T で表す．ねじり内偶力を二重矢印で表示すると，図に示すように，断面の中心軸上に作用点をもち，面の法線方向を向く二重矢印となる．

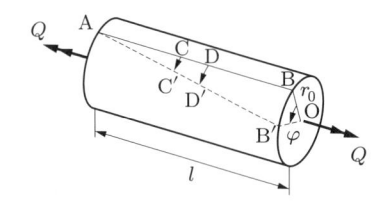

図 3.29　ねじり偶力荷重による丸軸の変形

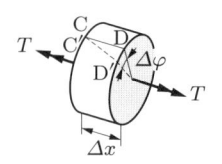

図 3.30　微小長さ部分のねじり変形

図 3.29 に示す軸において，左端面と右端面は逆向きに回転するが，図では左端面からの相対的な回転角を示している．右端外周上の点 B は点 B′ に移動する．このとき，半径 OB は OB′ に移動し，∠BOB′ = φ だけ回転する．角 φ は左端面と右端面の相対回転角であり，これを**ねじれ角** (angle of torsion) という．ねじれ角 φ の単位は [rad] または [°] であるが，以下の諸式は [rad] 単位の角度でなければ成り立たない．棒の側面では，軸線方向の直線 AB がらせん AB′ に移動する．直線 AB 上の点 C および D は，それぞれ点 C′ および D′ に移動する．CD 間の距離は十分に短いとし，それを Δx とする．左端面 A に対する断面 C および断面 D のねじれ角をそれぞれ φ_C，φ_D，両断面間のねじれ角を $\Delta\varphi = \varphi_D - \varphi_C$ とする．両断面の相対的な変形は図 3.30 のようになる．このとき，長さとねじれ角の比 $\Delta\varphi/\Delta x$ の極限値

$$\psi = \lim_{\Delta x \to 0} \frac{\Delta\varphi}{\Delta x} = \frac{d\varphi}{dx} \tag{3.6}$$

を**比ねじれ角** (specific angle of torsion) という．比ねじれ角 ψ の単位は $[\mathrm{rad/m}]$ または $[°/\mathrm{m}]$ である．軸全体としてのねじれ角 φ と比ねじれ角 ψ との関係は

$$\varphi = \int_0^l \psi \, dx \tag{3.7}$$

で，とくに，軸のどの微小部分でも比ねじれ角 ψ が等しいならば，次のようになる．

$$\varphi = \psi l \tag{3.8}$$

　断面 C と D で挟まれる部分を仮想的に取り出し，さらにその外周面を平面に展開すると，CD 部の外周面は**図 3.31** に示すような変形をしている．ただし，この図も，変形量が見やすいように断面 C に対する断面 D の相対的変形として示している．図からわかるように，ねじり変形は円筒面上でのせん断変形である．したがって，$\angle \mathrm{DCD'}$ の極限値がねじりにおけるせん断ひずみである．これを γ_0 と書く．変形が十分に小さく $\gamma_0 \ll 1$ のとき，$\gamma_0 \fallingdotseq \tan \gamma_0 = r_0 \Delta x / \Delta x$ である[†7]．これの極限をとって，せん断ひずみ γ_0 と比ねじれ角 ψ との関係は次のように表される．

$$\gamma_0 = \lim_{\Delta x \to 0} \left(\frac{r_0 \Delta \varphi}{\Delta x} \right) = \frac{r_0 \, d\varphi}{dx} = r_0 \psi \tag{3.9}$$

中心軸から距離 r の円筒面に生じるせん断ひずみ γ は

$$\gamma = r\psi \tag{3.10}$$

であるので，せん断ひずみ γ は，中心軸からの距離 r と比ねじれ角 ψ に比例する．

　フックの法則によれば，せん断応力とせん断ひずみは比例するから，ねじり偶力荷重を受ける軸に生じるせん断応力 τ は

$$\tau = G\gamma = Gr\psi \tag{3.11}$$

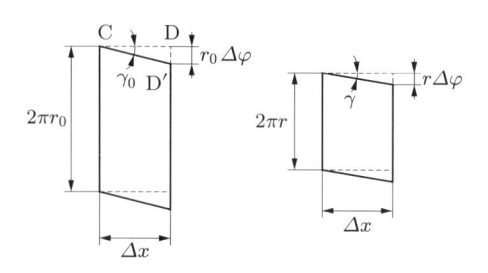

図 3.31　円筒面のせん断変形

[†7] 数学公式 $\tan x = x + \dfrac{1}{3}x^3 + \dfrac{2}{15}x^5 + \dfrac{17}{315}x^7 + \cdots \quad (-\pi/2 < x < \pi/2)$

である．このせん断応力を**ねじり応力** (torsional stress) という．**図 3.32** に示すように，軸内部に微小体積要素を考える．ねじり応力はその体積要素の側面に作用し，その方向は円周方向である．任意断面でのねじり応力は中心軸からの距離 r に比例する．その最大値 τ_0 は次のようになる．

$$\tau_0 = G\gamma_0 = Gr_0\psi \tag{3.12}$$

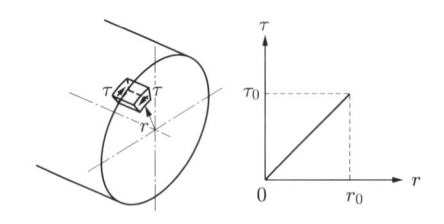

図 3.32　ねじり応力の分布

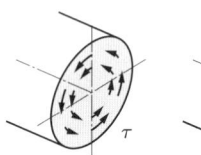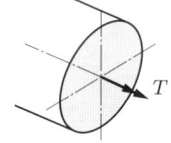

図 3.33　ねじり応力とねじり内偶力

図 3.33 に示すように，任意断面に生じるねじり応力は断面全体に分布しており，その面を回転させるように作用する．ねじり応力によるモーメントの断面全体での総和がねじりモーメントである．この総和計算に式 (3.11) を用いると，

$$\boxed{\psi = \frac{T}{GI_p}} \tag{3.13}$$

を得る[†8]．すなわち，比ねじれ角 ψ はねじりモーメント T に比例する．上式の I_p を**断面二次極モーメント** (polar moment of inertia of area) という[†9]．また，GI_p は**ねじり剛性** (torsional rigidity) とよばれ，棒のねじれにくさを表す．すなわち，GI_p が大きいほど比ねじれ角 ψ が小さい．上式は式 (2.8) および式 (3.4) に類似している．軸力またはせん断力が作用する場合，材質が同じであれば断面積 A が大きいほど変形しにくい．ねじり内偶力が作用する場合では，変形のしにくさが断面二次極モーメント I_p で決定される．

図 3.31 の CD 部のような微小長さを軸のどの部分で取り出したとしても，ねじりモーメント T と断面二次極モーメント I_p が同じであるならば，どの微小長さ部分も ψ は一定であるから，軸は一様にねじれる．このとき，長さが l である棒の全体としてのねじれ角 φ は，上式を式 (3.7) または式 (3.8) に代入して，次のようになる．

$$\varphi = \frac{Tl}{GI_p} \tag{3.14}$$

[†8] 詳細は下巻 2.3 節で述べる．

[†9] 詳細は下巻 1.2 節で述べる．

式 (3.11) と式 (3.13) から，ねじり応力 τ とねじりモーメント T の関係は

$$\tau = \frac{T}{I_p}r \tag{3.15}$$

となることが導かれる．I_p と T を求められれば，ねじり応力 τ は式 (3.15) から計算することができる．任意断面におけるねじり応力の最大値 τ_0 は

$$\tau_0 = \frac{T}{I_p}r_0 \tag{3.16}$$

である．ここで，$I_p/r_0 = Z_p$ とおくと，上式は

$$\tau_0 = \frac{T}{Z_p} \tag{3.17}$$

となる．Z_p を**極断面係数** (polar modulus of section) という．極断面係数 Z_p を用いると，軸力が作用する棒の垂直応力を与える式 (2.1) およびせん断力が作用する場合のせん断応力を与える式 (3.1) と同じ形式で τ_0 を計算することができる[†10]．軸力またはせん断力が作用する場合，材質が同じであれば断面積 A が大きいほど強い．ねじり内偶力が作用する場合では，断面の形状と寸法による強さは極断面係数 Z_p で決定され，Z_p が大きいほど τ_0 が小さい．

中実丸軸と中空丸軸の断面二次極モーメント I_p と極断面係数 Z_p を，巻末の付表 4 (326 ページ) に示す．

例題 3.3　直径 45 mm，長さ 1.2 m の中実丸軸にねじり偶力荷重 200 N·m を加える．軸に生じるねじり応力とねじれ角を計算せよ．ただし，軸のせん断弾性係数を 80 GPa とする．

解答　断面二次極モーメントは次のようになる．

$$I_p = \frac{\pi d^4}{32} = \frac{\pi \times 45^4}{32} = 403 \times 10^3 \text{ mm}^4$$

任意の仮想断面に生じるねじりモーメントは $T = 200$ N·m であるから，次のようになる．

$$\tau_0 = \frac{T}{I_p}r_0 = \frac{200 \times 10^3}{403 \times 10^3} \times \frac{45}{2} = 11.2 \text{ MPa}$$

$$\varphi = \frac{Tl}{GI_p} = \frac{200 \times 10^3 \times 1.2 \times 10^3}{80 \times 10^3 \times 403 \times 10^3} = 7.44 \times 10^{-3} \text{ rad} = 0.426°$$

[†10] 巻末の付表 9 (330 ページ) 参照.

例題 3.4　図 3.34 に示すように，直径 120 mm，長さ $l = 700$ mm のアルミニウム製の丸軸が，中間点 B に $Q_1 = 6.0$ kN·m，右端 C に $Q_2 = 4.0$ kN·m のねじり偶力荷重を受けている．軸の各部に生じる応力と軸全体のねじれ角を計算せよ．ただし，軸のせん断弾性係数を 27 GPa，$a = 300$ mm，$b = 400$ mm とする．

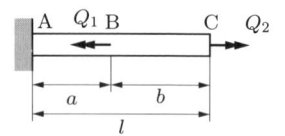

図 3.34　中間点にねじり偶力荷重を受ける軸

解答　断面二次極モーメント I_p と極断面係数 Z_p は，それぞれ

$$I_p = \frac{\pi d^4}{32} = \frac{\pi \times 120^4}{32} = 20.4 \times 10^6 \text{ mm}^4$$

$$Z_p = \frac{\pi d^3}{16} = \frac{\pi \times 120^3}{16} = 339 \times 10^3 \text{ mm}^3$$

となる．図 3.35 に示すように，固定端 A には反偶力 J が作用する．その大きさはモーメントのつり合いから，$J = Q_1 - Q_2 = 2.0$ kN·m である．AB 間 $(0 \leqq x \leqq a)$ で仮想断面 X を考え，この断面に作用している内向きねじり内偶力のモーメントを T_1 とすると，切断された軸のモーメントのつり合いから，

$$T_1 = J \quad \text{または} \quad T_1 = Q_1 - Q_2$$

となり，$T_1 = 2.0$ kN·m となる．断面 X でのねじり応力 τ_{01} は次のようになる．

$$\tau_{01} = \frac{T_1}{Z_p} = \frac{2.0 \times 10^6}{339 \times 10^3} = 5.90 \text{ MPa}$$

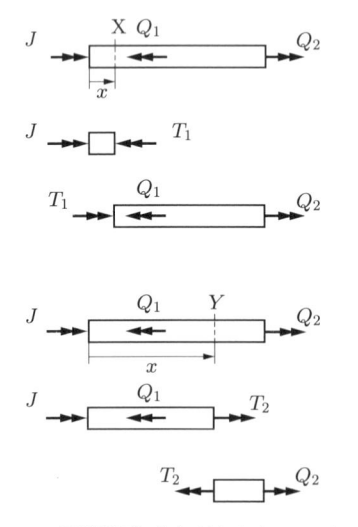

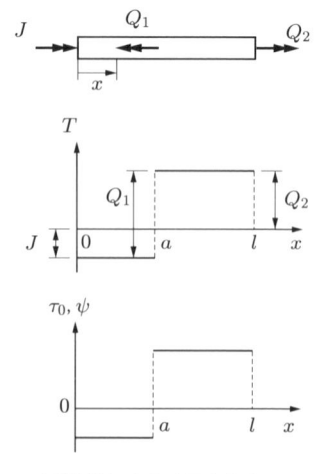

図 3.35　仮想断面に生じるねじりモーメント　　図 3.36　不連続に変化するねじりモーメント

次に，BC 間 $(a \leqq x \leqq l)$ で仮想断面 Y を考え，この断面に作用している外向きねじり内偶力のモーメントを T_2 とすると，モーメントのつり合いから，

$$T_2 = Q_1 - J \quad \text{または} \quad T_2 = Q_2$$

となり，$T_2 = 4.0\,\text{kN·m}$ となる．断面 Y でのねじり応力 τ_{02} は次のようになる．

$$\tau_{02} = \frac{T_2}{Z_p} = \frac{4.0 \times 10^6}{339 \times 10^3} = 11.8\,\text{MPa}$$

軸全体のねじれ角 φ は，回転方向に注意して，

$$\varphi = \int_0^l \psi\,dx = -\int_0^a \frac{T_1}{GI_p}\,dx + \int_a^l \frac{T_2}{GI_p}\,dx = -\frac{T_1 a}{GI_p} + \frac{T_2 b}{GI_p}$$

$$= -\frac{2.0 \times 10^6 \times 300}{27 \times 10^3 \times 20.4 \times 10^6} + \frac{4.0 \times 10^6 \times 400}{27 \times 10^3 \times 20.4 \times 10^6}$$

$$= -1.09 \times 10^{-3} + 2.90 \times 10^{-3} = 1.81 \times 10^{-3}\,\text{rad} = 0.104°$$

となる．左端から距離 x の位置でのねじりモーメント T，ねじり応力 τ_0，比ねじれ角 ψ は，それぞれ図 3.36 のようになる．ただし，図では T_2 の方向を正とし，逆方向である T_1 を負で表している．中間点にねじり偶力荷重が作用する軸では，ねじりモーメントが不連続に変化する．断面寸法が一様である場合，ねじり応力と比ねじれ角はねじりモーメントに比例する．

演習問題

3.15 外径 180 mm，内径 100 mm，長さ 1.2 m の中空丸軸がある．ねじり偶力荷重 60 kN·m が作用するとき，軸に生じるねじり応力 τ_0 を計算せよ．また，軸のせん断弾性係数を 80 GPa として，軸に生じるねじれ角を計算せよ．

3.16 長さ 1.0 m の中実丸軸にねじり偶力荷重 6.0 kN·m を加える．軸の許容ねじり応力が $\tau_a = 40\,\text{MPa}$ であるとき，軸の直径 d をいくらにすればよいか．また，せん断弾性係数を 80 GPa として，そのときのねじれ角を計算せよ．

3.17 許容せん断応力 50 MPa，外径 80 mm の中空丸軸にねじり偶力荷重 4500 N·m を加える．安全な内径を計算せよ．

3.18 外径 100 mm，内径 50 mm の中空丸軸がある．許容比ねじれ角が 0.2°/m であるとき，軸に加えることができるねじり偶力荷重はいくらか．ただし，軸のせん断弾性係数を 39 GPa とする．

3.19 図 3.37 に示すように，両端を軸受によって支えられた直径 20 mm の丸軸 AB がある．C，D にはプーリが取り付けられ，それぞれ鉛直下方に $P_C = 250\,\text{N}$，$P_D = 500\,\text{N}$ が作用する．軸に生じるねじり応力 τ_0 とねじれ角 φ を計算せよ．ただし，$a = 150\,\text{mm}$，$b = 200\,\text{mm}$，$D_C = 250\,\text{mm}$，$D_D = 125\,\text{mm}$，軸のせん断弾性係数を

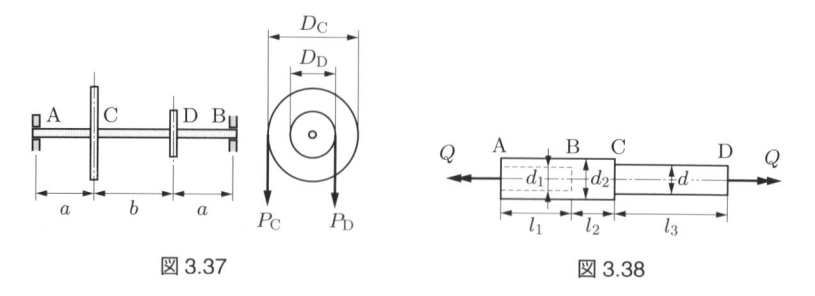

図 3.37

図 3.38

80 GPa とする.

3.20 図 3.38 に示す段付丸軸において，AB 部は外径 $d_2 = 140$ mm，内径 d_1 の中空丸軸で，BC 部と CD 部は直径がそれぞれ d_2，d の中実丸軸である．この段付丸軸にねじり偶力荷重 $Q = 8.0$ kN·m を加える．次の各問に答えよ.

    (1) 材料の許容ねじり応力を $\tau_a = 40$ MPa とし，AB 部の内径 d_1 と CD 部の直径 d を定めよ.

    (2) d_1 と d が上問で定めた寸法であるとき，AD 間のねじれ角を計算せよ．ただし，$l_1 = 250$ mm，$l_2 = 150$ mm，$l_3 = 400$ mm，軸のせん断弾性係数を 80 GPa とする.

3.21 図 3.39 に示すように，段付丸軸 ABC が左端 A で固定されている．AB 部と BC 部の直径と長さは，それぞれ $d_1 = 36$ mm，$a = 800$ mm，$d_2 = 24$ mm，$b = 500$ mm である．断付部 B および右端 C にそれぞれねじり偶力荷重 $Q_1 = 60$ N·m および $Q_2 = 100$ N·m を加えるとき，軸に生じる最大ねじり応力と軸全体のねじれ角を計算せよ．ただし，軸のせん断弾性係数を 80 GPa とする.

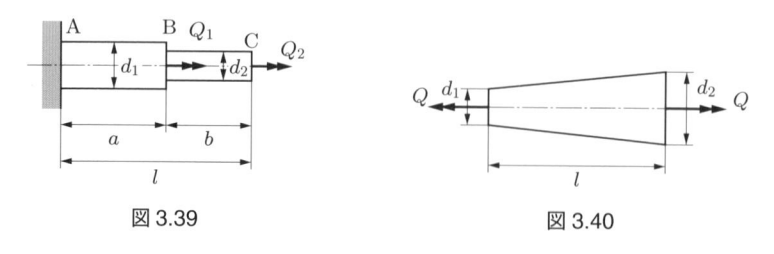

図 3.39

図 3.40

3.22 図 3.40 に示すような，左端の直径が d_1，右端の直径が d_2，長さ l の円すい軸がある．両端にねじり偶力荷重 Q を加えるとき，軸のねじれ角を求めよ．ただし，軸のせん断弾性係数を G とする.

3.23 材質と断面積が等しい中実丸軸と中空丸軸がある．中実丸軸と中空丸軸に生じるねじり応力と比ねじれ角をそれぞれ τ_0，τ_0'，ψ，ψ'，中空丸軸の内外径比を $d_1/d_2 = n < 1$ とする．両者に等しいねじり偶力荷重を加えたとき，ねじり応力の比 τ_0'/τ_0 と比ねじれ角の比 ψ'/ψ を n で表せ.

3.24 許容ねじり応力 60 MPa の材料で，ねじり偶力荷重 8.0 kN·m が作用する軸を作製する．以下の各問に答えよ．

   (1) 中実丸軸とする場合，その直径 d をいくらにすればよいか．

   (2) 内外径比 $d_1/d_2 = 0.8$ の中空丸軸とする場合，外径 d_2 をいくらにすればよいか．

   (3) 中実丸軸とした場合の重量を W，中空丸軸とした場合の重量を W' とする．両者の長さが等しいとき，W'/W はいくらか．ただし，中実丸軸と中空丸軸の材質は同じとする．

3.4 動力軸

単位時間あたりの仕事を物理学分野では仕事率というが，工学分野ではこれを**動力** (power) という．エンジンやモータで荷物を引き上げる巻上げ機などに使われているような，回転することによって仕事をする軸を動力軸という．**図 3.41** に示すように，動力軸にはねじり偶力荷重が作用し，軸はねじられた状態で回転している．動力軸に作用するねじり偶力荷重を**トルク** (torque) という[11]．

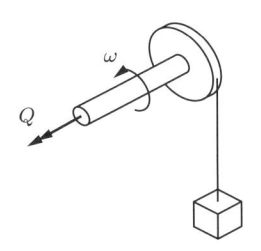

図 3.41　巻上げ機の動力軸

トルク Q [N·m] が作用し，角速度 ω [rad/s] で回転する軸が伝える動力 H [W] は

$$H = Q\omega \tag{3.18}$$

である．

例題 3.5　中空丸軸で 120 kW の動力を伝える．回転数が 2000 rpm，丸軸の内外径比が $d_1/d_2 = 0.6$，軸の許容せん断応力が $\tau_a = 30$ MPa であるとき，軸の外径 d_2 をいくらにすればよいか．

---

[11] 動力軸に限らず，ねじりモーメントのことをトルクとよぶこともある．

解答　軸の角速度は

$$\omega = 2\pi \frac{N}{60} = 2\pi \times \frac{2000}{60} = 209.4 \, \mathrm{rad/s}$$

で，軸に作用するトルクは

$$Q = \frac{H}{\omega} = \frac{120 \times 10^3}{209.4} = 573 \, \mathrm{N \cdot m}$$

である．軸の仮想断面に作用するねじりモーメントは $T = Q = 573 \, \mathrm{N \cdot m}$ となる．ここで，

$$\tau_a = \frac{T}{Z_p} = \frac{T}{\pi(d_2^4 - d_1^4)/16 d_2} = \frac{16T}{\pi d_2^3 \{1 - (d_1/d_2)^4\}}$$

であるから，次のようになる．

$$d_2 = \sqrt[3]{\frac{16T}{\tau_a \pi \{1 - (d_1/d_2)^4\}}} = \sqrt[3]{\frac{16 \times 573 \times 10^3}{30 \times \pi \times \{1 - 0.6^4\}}} = 48.2 \, \mathrm{mm}$$

演習問題

3.25 回転数 700 rpm で動力 1.0 MW を伝える伝導軸の直径を定めよ．ただし，軸の許容せん断応力を 41 MPa とする．

3.26 長さ 6.0 m，内径 170 mm，外径 250 mm の中空丸軸が回転数 250 rpm で回転し，1.2° のねじれ角が生じている．この軸が伝達している動力とねじり応力を計算せよ．ただし，軸のせん断弾性係数を 80 GPa とする．

3.27 外径 80 mm，内径 50 mm，長さ 500 mm の中空丸軸で 240 kW の動力を伝える．丸軸の回転数が 1800 rpm であるとき，軸に生じるねじれ角を計算せよ．ただし，軸のせん断弾性係数を 80 GPa とする．

3.28 材質と断面積が等しく，等しい角速度で回転する中実丸軸と中空丸軸がある．中実丸軸が伝えることができる動力を H，中空丸軸が伝えることができる動力を H'，中空丸軸の内外径比を $d_1/d_2 = n < 1$ とするとき，動力の比 H'/H を n で表せ．

3.29 図 3.42 に示す段付丸軸が，回転数 1500 rpm で回転し，動力 70 kW を伝達している．この段付丸軸と等しいねじれ角を生じるような直径 30 mm の丸軸を同じ材料で作製するためには，その長さをいくらにすればよいか．また，そのねじれ角を計算せ

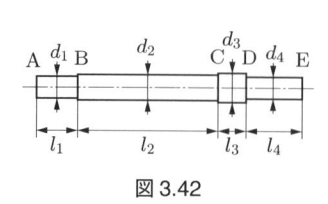

図 3.42

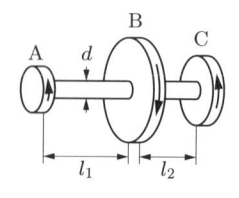

図 3.43

よ．ただし，$d_1 = d_4 = 30$ mm，$d_2 = 35$ mm，$d_3 = 40$ mm，$l_1 = 60$ mm，$l_2 = 200$ mm，$l_3 = 40$ mm，$l_4 = 80$ mm とし，丸軸のせん断弾性係数を 80 GPa とする．

3.30 図 3.43 に示す伝動軸において，プーリ B に回転数 175 rpm で動力 $H_B = 70$ kW を与え，これをプーリ A および C でそれぞれ $H_A = 30$ kW，$H_C = 40$ kW を受け取るものとすれば，軸の直径 d をいくらにすればよいか．またこのとき，軸 AC に生じるねじれ角を計算せよ．ただし，プーリの厚さを無視し，$l_1 = 1.5$ m，$l_2 = 1.0$ m，軸の許容ねじり応力を 12 MPa，せん断弾性係数を 80 GPa とする．

3.31 図 3.44 に示す伝動軸において，プーリ A に回転数 150 rpm で $H_A = 600$ kW を与え，プーリ B に $H_B = 320$ kW を伝達している．軸の AB 部，BC 部の直径および長さは相等しく，それぞれ $d = 200$ mm，$l = 1.5$ m である．また軸のせん断弾性係数は 80 GPa である．以下の各問に答えよ．

(1) プーリ C に伝達される動力 H_C はいくらか．

(2) 軸の各部に生じるねじり応力を計算せよ．

(3) 軸の各部に生じるねじれ角を計算せよ．

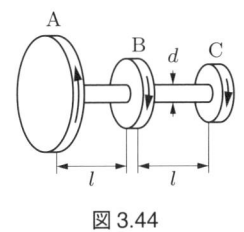

図 3.44　　　　　　　　図 3.45

3.32 図 3.45 に示す伝動軸において，プーリ A に $H_A = 400$ kW の動力が与えられ，プーリ B に $H_B = 160$ kW，プーリ C に $H_C = 240$ kW ずつ伝達されるとき，軸の AB 部，BC 部に生じるねじり応力が等しくなるように，直径の比 d_1/d_2 を定めよ．また，このときの両部のねじれ角の比 φ_1/φ_2 を計算せよ．

第**4**章　はりの曲げ

4.1　はりの種類と支点の反力

4.1.1　はりの種類

　軸線に垂直な荷重や偶力で曲げられる細長い棒状部材を**はり** (beam) という．はりは，軸線が直線状である**真直はり** (straight beam) と，円弧状である**曲りはり** (curved beam) に大別される[†1]．真直はりは，図 4.1 に示すように，支持方法によって 6 種類に区別される．すなわち，**片持はり** (cantilever beam)，**単純支持はり** (simply supported beam，**両端支持はり**ともいう)，**突出しはり** (overhanging beam)，**一端固定他端支持はり** (one end fixed, the other end supported beam)，**固定はり** (fixed beam, built-in beam)，**連続はり** (continuous beam) である．**図 4.1** (a) の片持はりにおいて，左端のように固定されたはりの一端を**固定端** (fixed end)，右端のように支えがない一端を**自由端** (free end) という．また，図 (b) の単純支持はりやほかのはりのように，二つ以上の支点で支えられているはりでは，支点間隔を**スパン** (span) というが，片持はりの場合は全長をスパンとよんでもよい．

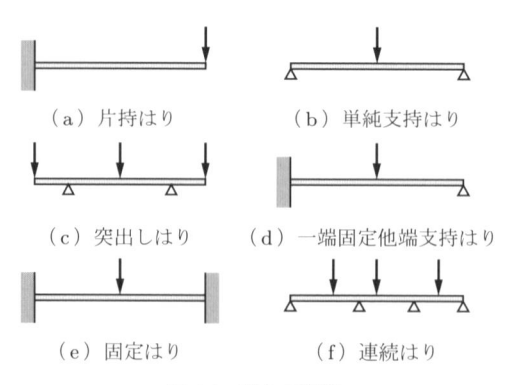

（a）片持はり　　　　　　　（b）単純支持はり

（c）突出しはり　　（d）一端固定他端支持はり

（e）固定はり　　　　　　（f）連続はり

図 4.1　はりの種類

[†1]「はり」の前に何かの言葉がつくときは，「真直ばり」「曲りばり」のように，濁って「ばり」ということもある．

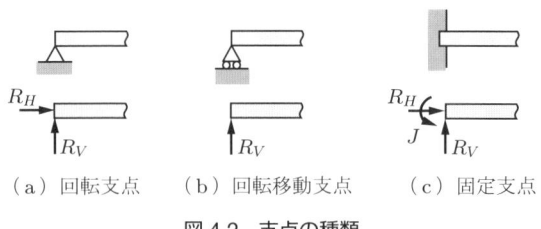

（a）回転支点　　（b）回転移動支点　　（c）固定支点

図 4.2　支点の種類

　はりを支える支点には，**図 4.2** に示すように，**回転支点** (pin-jointed support)，**回転移動支点** (roller support，**移動支点**ともいう)，**固定支点** (fixed support) の 3 種類がある．回転支点は，上下・左右・前後の 3 方向の並進移動が拘束されるが，はりの軸線を含む鉛直面内で回転できる支点である．はりがこの鉛直面内に荷重を受けているとき，はりには鉛直方向と水平方向の二つの反力，R_V，R_H が作用する．回転移動支点は回転支点を左右方向に動けるようにした支点で，はりには鉛直方向の反力 R_V だけが作用する．固定支点は移動も回転もまったくできないように拘束する支点で，はりには鉛直方向と水平方向の二つの反力，R_V，R_H と，反偶力 J が作用する．固定支点が用いられるのは，実際的には，はりの左端または右端である．荷重に鉛直方向成分しかない場合は水平方向反力が生じないから，回転支点と回転移動支点を区別する必要はなく，図 4.1 のように簡略化して両支点ともに三角形の記号で表記する．実際には，はりが左右に動かないように少なくともどれか一つは回転支点とする．また，はりを二つ以上の回転支点で支えることは避けたほうがよい．たとえば，図 4.1 (b) の単純支持はりの支点はどちらかが回転支点，どちらかが回転移動支点である．この場合，はりに鉛直方向の荷重が作用するとはりが変形し，両端面間距離が変形前のはりの長さよりも短くなり，回転移動支点は水平方向にわずかに移動する．この移動量ははりの長さに比べて十分小さく，無視できる．両支点が回転支点であればこの水平方向の移動ができないから，はりには引張荷重が作用してしまう．

　本章では，はりに作用する荷重が鉛直成分だけをもつ場合を考える．荷重が水平方向成分をもたないので，つり合い条件は鉛直方向の力のつり合いと鉛直面内のモーメントのつり合いの 2 条件となる．図 4.1 に示した (a) 片持はり，(b) 単純支持はり，(c) 突出しはりでは，静的なつり合い条件から支点に作用する反力および反偶力を決定できる．一方，(d) 一端固定他端支持はり，(e) 固定はり，(f) 連続はりでは，支点に作用する反力および反偶力の数が多く，それらを静的なつり合いの 2 条件だけでは決定できない．静的なつり合い条件から反力・反偶力を決定できるはりを**静定はり** (statically determinate beam)，静的なつり合い条件のほかに，変形の条件を付け加えなければ反力・反偶力を決定できないはりを**不静定はり** (statically indeterminate

beam) という. 本章では真直はりのうちで3種類の静定はりを中心に扱い, 不静定は
りと曲りはりについてはそれ以降に扱う.

4.1.2 集中荷重と分布荷重

図 4.1 に示したように, 面積のない点に作用する荷重を**集中荷重** (concentrated
load) という. 一方, **図 4.3** に例示するように, 圧力のように, ある面積の範囲に分
散して作用する荷重を**分布荷重** (distributed load) という. はりの軸線を含む鉛直面
内で問題を扱うために, はりの幅方向（紙面奥行き方向）の分布は考えない. このた
め, 分布荷重の大きさは単位長さあたりの荷重で表し, 単位には [kN/m], [N/mm]
などを用いる. 分布荷重には, はりの長さ方向に大きさが変化しない等分布荷重, は
りの長さ方向に大きさが直線的に変化する三角形分布荷重など, 様々な分布形がある.

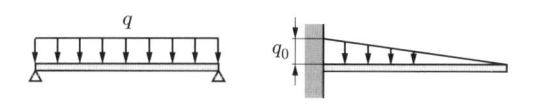

図 4.3 等分布荷重を受ける単純支持はりと三角形分布荷重を受ける片持はり

4.1.3 支点の反力と反偶力

支持支点には反力が, 固定支点には反力と反偶力がはたらく. それらは, 鉛直方向
の力のつり合いと任意点を中心としたモーメントのつり合いとから求められる.

例題 4.1 図 4.4 に示す単純支持はりについて, 支
点 A および B に生じる反力を求めよ.

解答 図 4.5 に示すように, 支点 A および B に
生じる反力をそれぞれ R_A, R_B とする. 鉛直方
向の力のつり合いと点 A でのモーメントのつり合
いから,

$$R_A + R_B = P, \quad R_B l - Pa = 0$$

となる. これらの式から, 次のようになる.

$$R_A = \frac{b}{l}P, \quad R_B = \frac{a}{l}P$$

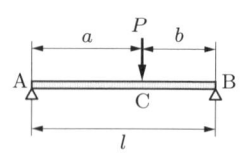

図 4.4 集中荷重を受ける単純支持はり

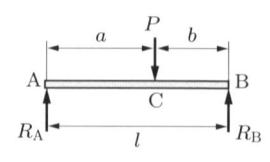

図 4.5 支点に生じる反力

例題 4.2　図 4.6 に示す単純支持はりについて，支点 A および B に生じる反力を求めよ．

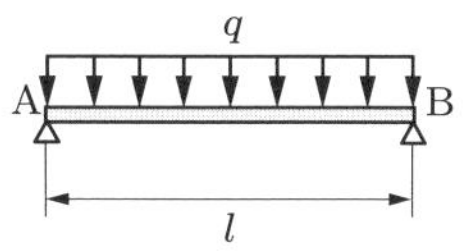

解答　図 4.7 に示すように，支点 A および B に生じる反力をそれぞれ R_A, R_B とする．鉛直方向の力のつり合いと点 A でのモーメントのつり合いから，

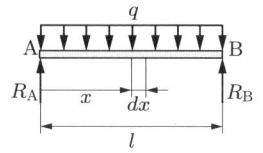

図 4.6　等分布荷重を受ける単純支持はり

$$R_A + R_B = ql, \quad R_B l - \int_0^l xq\,dx = 0$$

となる．これらの式から，次のようになる．

$$R_A = \frac{1}{2}ql, \quad R_B = \frac{1}{2}ql$$

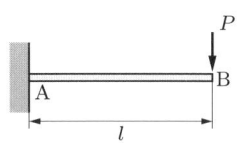

図 4.7　支点に生じる反力

[補足]　分布荷重による点 A 周りのモーメントは

$$\int_0^l xq\,dx = \frac{1}{2}ql^2$$

となる．分布荷重によるモーメントは，微小長さ dx 部分を考えて，その部分の力の総和 $q\,dx$ による力のモーメント $xq\,dx$ を積分することにより求められる．この積分値は，分布荷重の総和 ql と点 A から分布荷重の重心までの距離 $l/2$ との積である．積分値が分布荷重の総和と重心までの距離との積となる関係は，等分布荷重の場合だけでなく，どのような分布荷重であっても成り立つ．

例題 4.3　図 4.8 に示す片持はりについて，固定端 A に生じる反力と反偶力を求めよ．

解答　図 4.9 に示すように，固定端 A に生じる反力を R_A，反偶力を J_A とする．鉛直方向の力のつり合いと点 A でのモーメントのつり合いから，次のようになる．

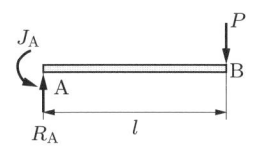

図 4.8　自由端に集中荷重を受ける片持はり

$$R_A = P, \quad J_A = Pl$$

[補足]　はりを固定する方法には様々な方法がある．反力と反偶力がわかりやすい 2 例を図 4.10 に示す．図 (a) のように，断面寸法と比べてわずかに大きい穴にはりが差し込まれ，

図 4.9　固定端に生じる反力と反偶力

点 A と C の 2 点で支持されているとする．モーメントのつり合いから $R_2 = Pl/a$，鉛直方向の力のつり合いから $R_1 = P + R_2$ である．これら 2 点の総合として，上向き反力 $R = R_1 - R_2$ と反時計回りの反偶力 $J = R_2 a$ が生じていると考えればよい．図 (b) のよ

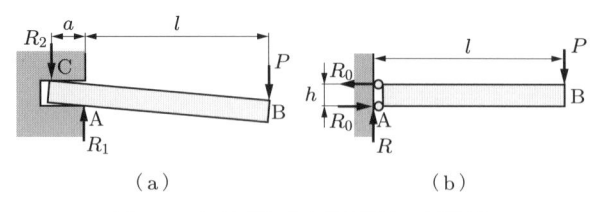

（a）　　　　　　　　　　　（b）

図 4.10　固定端に生じる反偶力の具体例

うに，はりが剛性壁に 2 点で溶接されているとき，図のような水平方向反力が生じる．こ
れらは反時計回りの偶力を形成し，その大きさは $J = R_0 h$ である．

演習問題

4.1 図 4.11 に示すように，長さ $l = 600\,\mathrm{mm}$ の片持はりが，全長にわたって等分布荷重
$q = 2.0\,\mathrm{N/mm}$ を受けている．固定端 A に生じる反力と反偶力を計算せよ．

図 4.11　　　　　　　　　　　　図 4.12

4.2 図 4.12 に示すように，長さ $l = 1.2\,\mathrm{m}$ の単純支持はりが，右端 B で $q_0 = 5.0\,\mathrm{kN/m}$
となる三角形分布荷重を受けている．各支点に生じる反力を計算せよ．

4.3 図 4.13 に示すように，長さ $l = 400\,\mathrm{mm}$ の片持はりが，自由端 B から中央点 C の間
に等分布荷重 $q = 30\,\mathrm{N/mm}$ を受けている．固定端 A に生じる反力と反偶力を計算
せよ．

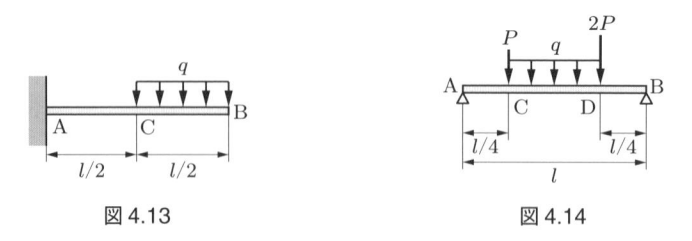

図 4.13　　　　　　　　　　　　図 4.14

4.4 図 4.14 に示す単純支持はりについて，各支点に生じる反力を計算せよ．ただし，$P =
20\,\mathrm{kN}$，$q = 100\,\mathrm{kN/m}$，$l = 0.8\,\mathrm{m}$ とする．

4.5 図 4.15 に示すように，突出しはりの右端 B に集中荷重 $P = 30\,\mathrm{kN}$ が作用している．
各支点に生じる反力を計算せよ．

4.6 図 4.16 に示す突出しはりについて，各支点に生じる反力を計算せよ．ただし，$P =
400\,\mathrm{N}$，$q = 800\,\mathrm{N/m}$，$l = 2.4\,\mathrm{m}$ とする．

図4.15　　　　　　　　　図4.16

4.7 図4.17に示すように，単純支持はりに放物線状の分布荷重が作用している．各支点に生じる反力を求めよ．

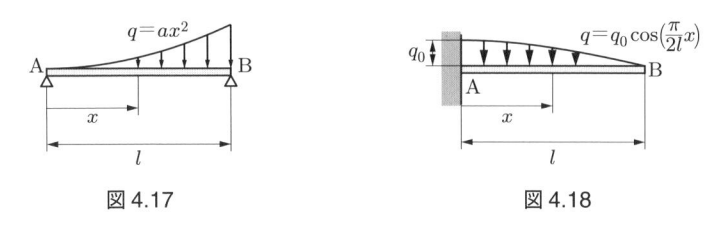

図4.17　　　　　　　　　図4.18

4.8 図4.18に示すように，片持はりに余弦波状の分布荷重が作用している．固定端Aに生じる反力と反偶力を求めよ．

4.2　せん断力図と曲げモーメント図

4.2.1　仮想断面に作用するせん断力と曲げ内偶力

　たとえば，図4.19に示す単純支持はりを考える．左端Aから距離 x $(0 \leqq x \leqq a)$ の位置ではりを仮想的に切断する．切断したそれぞれの部分に対して力のつり合いとモーメントのつり合いが成り立たなければならないことを考えると，仮想断面には図示のようなせん断力と曲げ内偶力が作用していなければならないことがわかる．また，

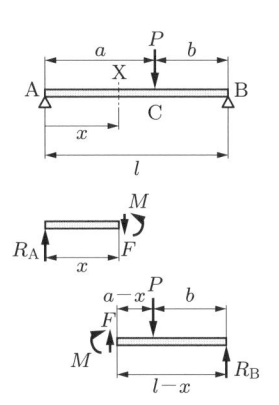

図4.19　はりの仮想断面に作用するせん断力と曲げ内偶力

作用反作用の法則によって，これら相対する仮想断面で，せん断力および曲げ内偶力は大きさが等しく向きが逆である．

　図 4.19 のように，内偶力が仮想断面をその面外に回転させ，はりの軸線を曲げるように作用するとき，その内偶力を**曲げ内偶力** (internal couple of bending) という．この偶力のモーメントを**曲げモーメント** (bending moment) といい，本書ではその大きさを記号 M で表す．

　せん断力の大きさ F は，切断されたはりの左右のどちらか一方に対する鉛直方向の力のつり合いから求められる．たとえば，図 4.19 に示す単純支持はりの場合，

$$F = R_{\mathrm{A}} \quad \text{または} \quad F = P - R_{\mathrm{B}}$$

である．よって，

$$F = \frac{b}{l}P$$

となる．また，曲げモーメントの大きさ M は，切断されたはりの左右のどちらか一方に対するモーメントのつり合いから求められる．

$$M = R_{\mathrm{A}}x \quad \text{または} \quad M = R_{\mathrm{B}}(l - x) - P(a - x)$$

あるいは，

$$M = Fx \quad \text{または} \quad M = Pb - F(l - x)$$

である．よって，

$$M = \frac{b}{l}Px$$

となる．2.1.3 項では，引張荷重 P が作用する棒の仮想断面に作用する軸力 N は，P が棒内部に伝達されてきたものであることを説明した．同様に，図 4.19 のはりの仮想断面に作用するせん断力 F と曲げ内偶力 M も，荷重および反力がはり内部に伝達されてくることによって生じる．このとき，力が内部にどのように伝達されるかについては，3.2.2 項に示した力の置き換えが適用できる．力の置き換えを図 4.19 に示す単純支持はりに適用すると，上と同様の式となる．

　はりの中心線に沿って右方向に x 軸，鉛直下方に z 軸をとるとき，はりの仮想断面に生じるせん断力と曲げ内偶力の符号を以下のように定める．**図 4.20** に示すように，仮想断面の外向き法線が x 軸の正方向である断面 (正の x 面) において，z の正方向を向くせん断力，および仮想断面の外向き法線が x 軸の負方向である断面 (負の x 面)

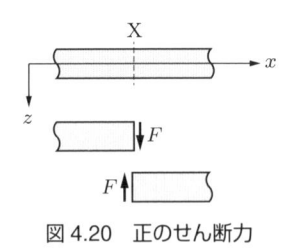

図 4.20　正のせん断力

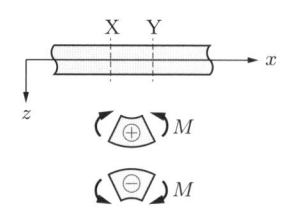

図 4.21　曲げ内偶力の符号

において，z の負方向を向くせん断力を正とする．その逆方向のせん断力を負とする．**図** 4.21 に示すように，二つの仮想断面で切り取られるはりの一部が z 軸の正方向に凸に変形する曲げ内偶力を正，その逆向きの曲げ内偶力を負とする．

　はりの応力と変形の計算に用いられる公式は，せん断力 F および曲げモーメント M に関して上記の符号の約束に従う．この公式に F および M を代入するために，F および M の計算過程では，せん断力および曲げ内偶力が正方向に作用していると仮定する．ただし，正負は向きを表すだけであり，力やモーメントの大きさとしては絶対値をとって考える．

4.2.2　せん断力図と曲げモーメント図

　せん断力と曲げモーメント（曲げ内偶力のモーメント）の大きさは，一般に，仮想断面の位置によって変化する．仮想断面の位置 x を横軸，それらの値を縦軸とするグラフで表現すると，それらの変化の様子が視覚的にわかりやすい．ただし，目盛りをもつ横軸と縦軸によってグラフとして表現するのではなく，目盛りをもたない図形として表現する慣習である．この図を**せん断力図** (shearing force diagram，**S.F.D.**) および**曲げモーメント図** (bending moment diagram，**B.M.D.**) という．また，はりに軸力が作用する場合に軸力を図形として表現したものを**軸力図** (axial force diagram，**A.F.D.**) という．

例題 4.4　図 4.22 に示すように，片持はりの自由端 B に集中荷重 P が作用している．せん断力図と曲げモーメント図を描け．

解答　固定端 A に生じる反力 R_A と反偶力 J_A は，鉛直方向の力のつり合いとモーメントのつり合いから，$R_A = P$，$J_A = Pl$ である．固定端 A から距離 x の仮想断面に生じるせん断力と曲げ内偶力を正の方向に記入すると**図** 4.23 のようになる．せん断力と曲げ内偶力がこの方向に作用して

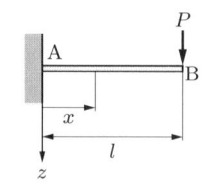

図 4.22　自由端に集中荷重を
　　　　受ける片持はり

いると仮定して，それらの大きさ F および M を求める．力のつり合いおよびモーメントのつり合いから，

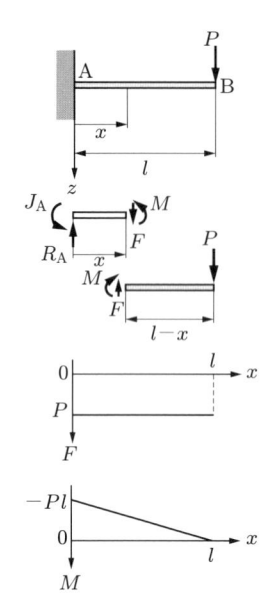

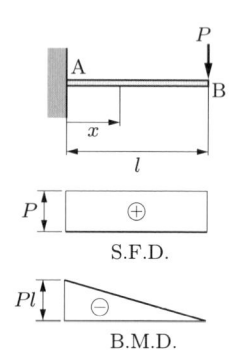

図 4.23 せん断力と曲げモーメント   図 4.24 せん断力図と曲げモーメント図

$$F = P, \quad M = -P(l - x)$$

となる. 曲げモーメントの負値は, 実際に作用する方向が逆方向であることを表している. 曲げモーメントが最大となるのは $x = 0$ のときで, その値は,

$$|M|_{\max} = Pl$$

である. せん断力 F と曲げモーメント M の式を, 横軸を x, 縦軸下向きを正としてグラフで表すと, 図 4.23 のようになる. これをせん断力図と曲げモーメント図に書き改めたものが **図 4.24** である. せん断力図と曲げモーメント図では, 座標軸を描かずに, 閉じた図形で表現する. 仮想断面の位置 x は, 座標軸の目盛りではなく, はりとの位置関係で表され, F と M の値も図形の寸法として表される. また, 図中に正負を記入する.

例題 4.5 図 4.25 に示すように, 単純支持はりの中間点 C に集中荷重 P が作用している. せん断力図と曲げモーメント図を描け.

解答 各支点に生じる反力は, 鉛直方向の力のつり合いとモーメントのつり合いから, $R_A = bP/l$, $R_B = aP/l$ である. 仮想断面の位置を左端 A からの距離 x で表すと, **図 4.26** に示すように, 仮想断面の位置 x によって, 集中荷重 P が仮

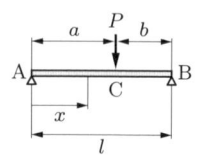

図 4.25 集中荷重を受ける
単純支持はり

想断面の左にある場合と右にある場合に分けられる. したがって, 仮想断面に生じるせん断力 F と曲げモーメント M は, AC 間と CB 間の二つの領域で個別に考えなければならない.

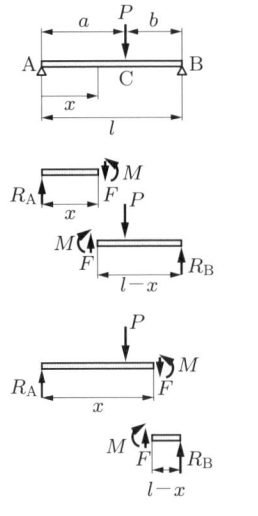

図4.26　せん断力と曲げモーメント

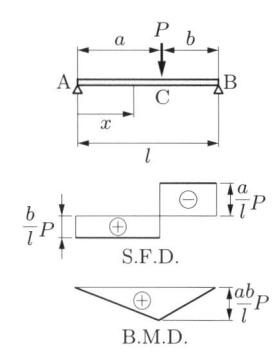

図4.27　せん断力図と曲げモーメント図

AC 間 $(0 \leqq x \leqq a)^{\dagger 2}$ のとき，

$$F = \frac{b}{l}P, \quad M = \frac{b}{l}Px$$

で，CB 間 $(a \leqq x \leqq l)$ のとき，

$$F = -\frac{a}{l}P, \quad M = \frac{aP}{l}(l - x)$$

となる．これらを図で表せば **図 4.27** のようになる．集中荷重の作用点 $x = a$ で，せん断力図は不連続となり，曲げモーメント図は折れ曲がる．曲げモーメントが最大となるのは $x = a$ のときで，その値は次のようになる．

$$M_{\max} = \frac{ab}{l}P$$

---

†2 解答例では，領域の境界について AC 間でも CB 間でも $\leqq$ を用いている．数学的にはどちらか一方を $<$ としなければならないが，$x = a$ の位置で仮想断面を考えることは無意味である．なぜなら，現実には面積ゼロの領域に荷重を加えることは不可能であるからである．材料力学では現実の問題を単純化して考える．この種の問題では領域の境界について，両方に $\leqq$ を用いてもよいし，どちらか片方を $<$ としてもよい．あるいは両方に $<$ を用いてもよい．

例題 4.6　図 4.28 に示すように，長さ l の両側突出しはり AB が，両端からの距離が等しく間隔が a である位置 C および D で支持され，全長にわたって等分布荷重 q を受けている．はりに生じる曲げモーメントについて，その最大値 $|M|_{\max}$ を最小とするためには，支点間隔 a をいくらにすればよいか．

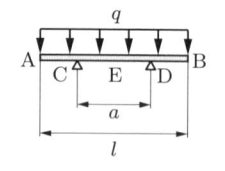

図 4.28　等分布荷重を受ける突出しはり

解答　支点間隔 a が大きいとき，図 4.29 (a) に示すように，はりに生じる最大曲げモーメントははりの中央点 E での値 M_E である．支点間隔 a が小さいとき，図 (b) に示すように，支点 C および D での曲げモーメント $M_C = M_D$ が $|M|_{\max}$ である．

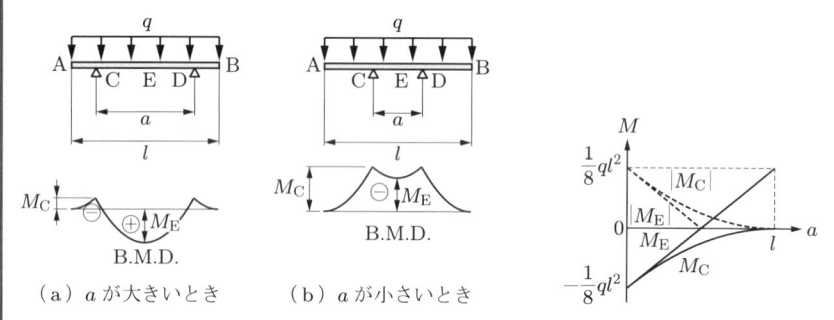

（a）a が大きいとき　　　（b）a が小さいとき

図 4.29　曲げモーメント図

図 4.30　支点間隔 a を変化させたときの曲げモーメント

各支点の反力は，$R_C = R_D = ql/2$ である．点 C および点 E での曲げモーメントは

$$M_C = -\frac{1}{8}q(l-a)^2, \quad M_E = -\frac{1}{8}ql(l-2a)$$

となる．M_C および M_E を，横軸を a とするグラフで表すと，図 4.30 のようになる．図の実線は M_C および M_E を，破線は $|M_C|$ および $|M_E|$ を表している．a が小さいときは $|M|_{\max} = |M_C|$，a が大きいときは $|M|_{\max} = M_E$ となる．図からわかるように，$|M|_{\max}$ が最小となるのは $|M_C| = M_E$ のときであるから，

$$\frac{1}{8}q(l-a)^2 = -\frac{1}{8}ql(l-2a)$$

$$a^2 - 4la + 2l^2 = 0 \quad \therefore a = (2 \pm \sqrt{2}\,)l$$

となる．ここで，支点間隔 a は $0 < a < l$ でなければならないから，次のようになる．

$$a = (2 - \sqrt{2}\,)l = 0.586l$$

演習問題

4.9 図 4.31 に示すような片持はりがある．左端 A に座標原点をとり，右向きに x 軸，上向きに z 軸をとるとき，仮想断面 X に生じるせん断力と曲げ内偶力の正方向はどちらの向きになるか．正方向のせん断力と曲げ内偶力を図示せよ．

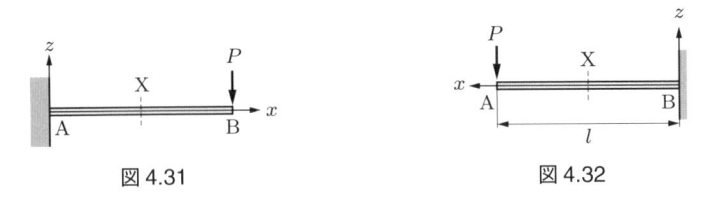

図 4.31 　　　　　　　　　図 4.32

4.10 図 4.32 に示すような片持はりがある．右端 B に座標原点をとり，左向きに x 軸，上向きに z 軸をとる．以下の各問に答えよ．

(1) 固定端 B に生じる反力と反偶力を求めよ．

(2) 仮想断面 X に生じるせん断力と曲げ内偶力の正方向はどちらの向きになるか．正方向のせん断力と曲げ内偶力を図示せよ．

(3) 仮想断面 X に生じるせん断力と曲げモーメントを求めよ．

4.11 図 4.33 に示すように，全長 l の単純支持はりがその全長にわたって等分布荷重 q を受けている．左端 A に座標原点をとり，右向きに x 軸，下向きに z 軸をとるとき，以下の各問に答えよ．

(1) 左端 A から距離 x の仮想断面に生じるせん断力と曲げ内偶力の正方向はどちらの向きになるか．正方向のせん断力と曲げ内偶力を図示せよ．

(2) 左端 A から距離 x の仮想断面に生じるせん断力と曲げモーメントを求めよ．

(3) $q = 50\,\mathrm{N/mm}$，$l = 600\,\mathrm{mm}$ であるとき，最大曲げモーメントを計算せよ．

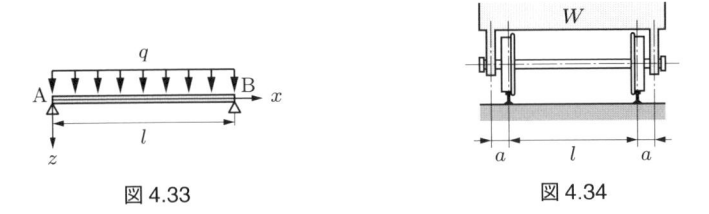

図 4.33 　　　　　　　　　図 4.34

4.12 図 4.34 に示すような鉄道車両がある．車軸 1 本あたりに作用する重量が $W = 100\,\mathrm{kN}$ であるとき，車軸に生じる最大曲げモーメントを計算せよ．ただし，レールの幅 $l = 1470\,\mathrm{mm}$，$a = 200\,\mathrm{mm}$ であり，重量は左右均等に作用するものとする．

4.13 図 4.35 に示すように，片持はりに等分布荷重 q が作用している．せん断力図と曲げモーメント図を描け．

4.14 図 4.36 に示すように，片持はりが固定端 A で q_0 となる三角形分布荷重を受けている．せん断力図と曲げモーメント図を描け．

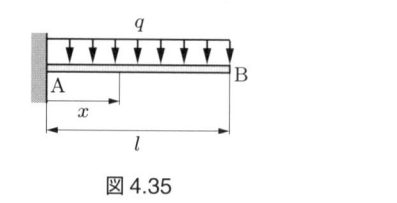

図 4.35

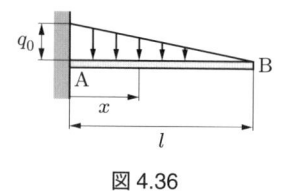

図 4.36

4.15 図 4.37 に示すように，単純支持はりに等分布荷重 q が作用している．せん断力図と曲げモーメント図を描け．

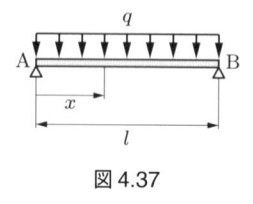

図 4.37

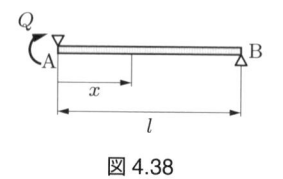

図 4.38

4.16 図 4.38 に示すように，単純支持はりの左端 A に曲げ偶力荷重 Q が作用している．せん断力図と曲げモーメント図を描け．

4.17 図 4.39 に示すように，単純支持はりが右端 B で q_0 となる三角形分布荷重を受けている．せん断力図と曲げモーメント図を描け．

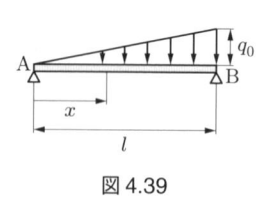

図 4.39

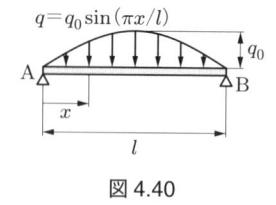

図 4.40

4.18 図 4.40 に示すように，スパン l の単純支持はりに $q = q_0 \sin(\pi x/l)$ によって表される分布荷重が作用している．せん断力図と曲げモーメント図を描け．

4.19 長さ l の単純支持はりの全長にわたって等分布荷重 q が作用するとき，最大曲げモーメントは $M_{1\mathrm{max}} = ql^2/8$ である．長さ l の単純支持はりの左端から距離 a の位置に集中荷重 P が作用するとき，例題 4.5 に示したように，最大曲げモーメントは $M_{2\mathrm{max}} = a(l-a)P/l$ である．二つのはりで総荷重が等しく $P = ql$ である場合を考える．集中荷重がはりの中央付近にある場合は $M_{2\mathrm{max}} > M_{1\mathrm{max}}$ であり，両端付近にある場合は $M_{2\mathrm{max}} < M_{1\mathrm{max}}$ である．以下の各問に答えよ．

(1) 集中荷重がはりの中央にあるとき，$M_{2\mathrm{max}}/M_{1\mathrm{max}}$ の値を求めよ．

(2) $M_{2\mathrm{max}} = M_{1\mathrm{max}}$ となるのは，集中荷重の位置 a がいくらのときか．ただし，$0 < a < l/2$ とする．

4.20 図 4.41 に示す片持はりについて，せん断力図と曲げモーメント図を描け．また，$l = 1.2\,\mathrm{m}$，$a = 0.4\,\mathrm{m}$，$P_1 = 3.0\,\mathrm{kN}$，$P_2 = 4.0\,\mathrm{kN}$ であるとき，最大曲げモーメントを計算せよ．

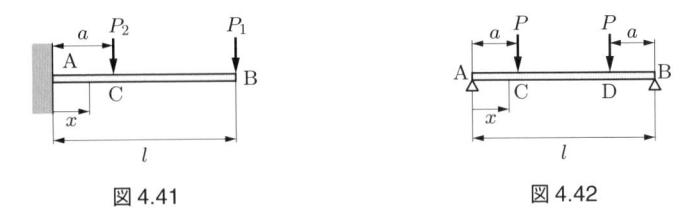

図 4.41　　　　　　　　　　　　　図 4.42

4.21 図 4.42 に示す単純支持はりについて，せん断力図と曲げモーメント図を描け．

4.22 図 4.43 に示す片持はりについて，せん断力図と曲げモーメント図を描け．また，$l = 800\,\mathrm{mm}$，$q = 50\,\mathrm{N/mm}$ であるとき，最大曲げモーメントを計算せよ．

図 4.43　　　　　　　　　　　　　図 4.44

4.23 図 4.44 に示す片持はりについて，せん断力図と曲げモーメント図を描け．

4.24 図 4.45 に示す単純支持はりについて，せん断力図と曲げモーメント図を描け．また，$l = 1.8\,\mathrm{m}$，$q = 20\,\mathrm{kN/m}$ であるとき，最大曲げモーメントを計算せよ．

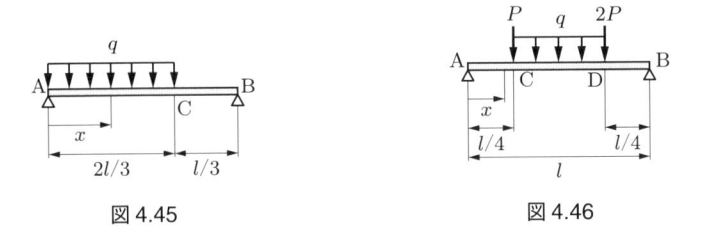

図 4.45　　　　　　　　　　　　　図 4.46

4.25 図 4.46 に示す単純支持はりについて，せん断力図と曲げモーメント図を描け．また，$l = 1.6\,\mathrm{m}$，$P = 4.0\,\mathrm{kN}$，$q = 5.0\,\mathrm{kN/m}$ であるとき，曲げモーメントが最大となる仮想断面の位置 x と，最大曲げモーメントの値を計算せよ．

4.26 図 4.47 に示す片持はりについて，せん断力図と曲げモーメント図を描け．また，$l = 600\,\mathrm{mm}$，$P = 5.0\,\mathrm{kN}$，$q = 36\,\mathrm{N/mm}$ であるとき，最大曲げモーメントを計算せよ．

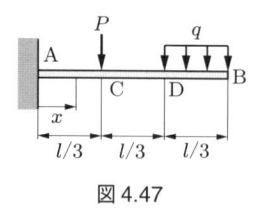

図 4.47

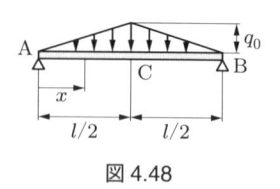

図 4.48

4.27 図 4.48 に示す単純支持はりについて，せん断力図と曲げモーメント図を描け．また，$l = 1.2$ m，$q_0 = 50$ kN/m であるとき，最大曲げモーメントを計算せよ．

4.28 図 4.49 に示す突出しはりについて，せん断力図と曲げモーメント図を描け．また，最大曲げモーメントを求めよ．

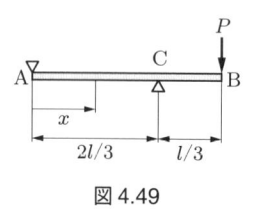

図 4.49

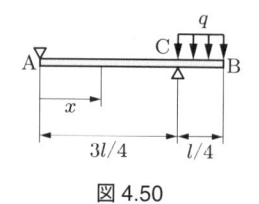

図 4.50

4.29 図 4.50 に示す突出しはりについて，せん断力図と曲げモーメント図を描け．また，最大曲げモーメントを求めよ．

4.30 図 4.51 に示すように，長さ l の単純支持はり AB の上に，さらに長さ l_2 の単純支持はり CD を乗せる．図示の点 E に集中荷重 P が作用するとき，はり AB について，せん断力図と曲げモーメント図を描け．

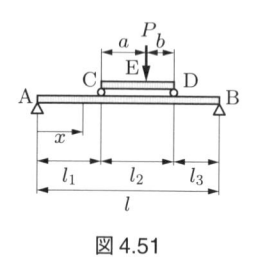

図 4.51

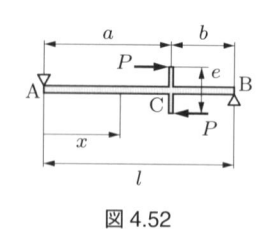

図 4.52

4.31 図 4.52 に示すように，点 C に突起をもつ単純支持はりが突起部に荷重を受けている．はりの直線部 AB 部について，せん断力図と曲げモーメント図を描け．

4.32 図 4.53 に示すように，単純支持はり AB 上の点 C に腕 CDE を取り付ける．その端 E に集中荷重 P が作用するとき，直線部 AB について，せん断力図と曲げモーメント図を描け．また，$l = 5.0$ m，$l_1 = 2.0$ m，$l_2 = 3.0$ m，$a = 1.0$ m，$P = 40$ kN であるとき，最大曲げモーメントを計算せよ．

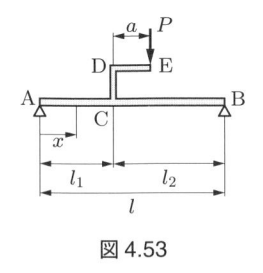

図 4.53

4.33 図 4.54 に示すように，長さ l の両側突出しはり AB が，その両端から等しい距離 a にある支点 C，D で支持され，両端 A，B および中央点 E に等しい大きさの集中荷重 P を受けている．支点の位置 a は $0 < a < l/2$ の範囲で可変である．はりに生じる曲げモーメントについて，その最大値 $|M|_{\max}$ を最小とする支点の位置 a を求めよ．

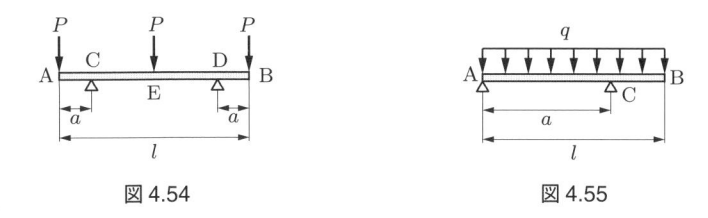

図 4.54　　　　　　　　　　　　　　　　図 4.55

4.34 図 4.55 に示すように，長さ l の突出しはり AB を，左端 A と中間支点 C で支持し，全長にわたって等分布荷重 q を加える．支点の間隔を a とし，$l/2 < a < l$ とする．はりに生じる曲げモーメントについて，その最大値 $|M|_{\max}$ を最小とする支点間隔 a を求めよ．

4.35 図 4.56 に示すように，長さ l のはり AB を，左端 A と中間支点 C で支持し，大きさ一定の集中荷重 P_1 を点 D に，大きさ可変の集中荷重 P_2 を点 B に加える．はりに生じる曲げモーメントについて，その最大値 $|M|_{\max}$ を最小とする荷重 P_2 を求めよ．ただし，$P_2 < P_1$ とする．

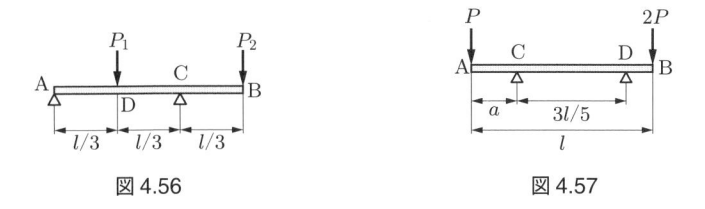

図 4.56　　　　　　　　　　　　　　　　図 4.57

4.36 図 4.57 に示すように，長さ l の両側突出しはり AB が，スパン $3l/5$ の支点 C，D で支持され，両端 A，B にそれぞれ P，$2P$ の集中荷重を受けている．左端 A から支点 C までの距離は a で，a は $0 < a < 2l/5$ の範囲で可変である．はりに生じる曲げモーメントについて，その最大値 $|M|_{\max}$ を最小とする支点の位置 a を求めよ．

4.3 せん断力図と曲げモーメント図の規則性

4.3.1 分布荷重とせん断力および曲げモーメントの関係

一般に，分布荷重 q，せん断力 F，曲げモーメント M は位置 x の関数である．それらの間には定まった関係式が成り立つ．

図 4.58 に示すように，任意の関数で与えられる分布荷重 $q(x)$ が作用するはりについて，間隔 Δx の二つの仮想断面で切り取られる部分を考える．位置 x の左断面に作用するせん断力を $F(x)$，曲げモーメントを $M(x)$ とする．位置 $x + \Delta x$ の右断面では，せん断力と曲げモーメントは，それぞれ $F(x + \Delta x)$，$M(x + \Delta x)$ である．間隔 Δx の部分に作用する分布荷重の総和，およびその左断面上の点 C を中心とするモーメントを，

$$\int_0^{\Delta x} q(\xi)\, d\xi = \bar{q}\Delta x, \quad \int_0^{\Delta x} \xi q(\xi)\, d\xi = \bar{q}\Delta x \xi_G$$

とおく．ここで，$\bar{q}$ は $q(\xi)$ の区間内での平均値，ξ_G は $q(\xi)$ の重心位置である．

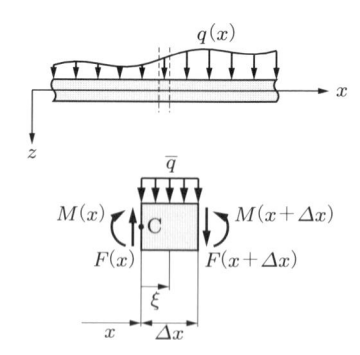

図 4.58 微小長さ部分のせん断力と曲げ内偶力

図 4.58 において，鉛直方向の力のつり合いから，

$$F(x) = F(x + \Delta x) + \bar{q}\Delta x$$

となり，この式から，次式を得る．

$$\frac{F(x + \Delta x) - F(x)}{\Delta x} = -\bar{q}$$

ここで，$\Delta x \to 0$ の極限を考えると，上式の左右両辺は，それぞれ次のようになる．

$$\lim_{\Delta x \to 0} \frac{F(x + \Delta x) - F(x)}{\Delta x} = \frac{dF(x)}{dx}$$

$$\lim_{\Delta x \to 0} (-\bar{q}) = -q(x)$$

すなわち，$\Delta x \to 0$ の極限において，$\{F(x + \Delta x) - F(x)\}/\Delta x$ は関数 $F(x)$ の微分係数 $dF(x)/dx$ となり，$q(\xi)$ の平均値 $\bar{q}$ は位置 x における分布荷重 $q(x)$ に等しい．

図 4.58 において，点 C を中心とするモーメントのつり合いから，

$$M(x) = M(x + \Delta x) - F(x + \Delta x)\Delta x - \bar{q}\Delta x \xi_G$$

となり，この式から，次式を得る．

$$\frac{M(x + \Delta x) - M(x)}{\Delta x} = F(x + \Delta x) + \bar{q}\xi_G$$

ここで，$\Delta x \to 0$ の極限を考えると，上式の左右両辺は，それぞれ次のようになる．

$$\lim_{\Delta x \to 0} \frac{M(x + \Delta x) - M(x)}{\Delta x} = \frac{dM(x)}{dx}$$

$$\lim_{\Delta x \to 0} \{F(x + \Delta x) + \bar{q}\xi_G\} = F(x)$$

分布荷重とせん断力，および曲げモーメントが一般に x の関数で与えられることは自明であるから，$q(x)$，$F(x)$，$M(x)$ をこれまで用いてきた記号 q，F，M に書き改めて，以上の関係式をまとめると，

$$\boxed{\frac{dF}{dx} = -q, \quad \frac{dM}{dx} = F} \tag{4.1}$$

となる．つまり，はりの長さ方向へのせん断力 F の変化率は $-q$ に等しく，曲げモーメント M の変化率は F に等しい．また，M は $F = 0$ の位置で極値をとる．M が一様な部分には F が作用せず，M が変化している部分には必ず F が作用している．

4.3.2　せん断力図と曲げモーメント図の規則性

前節のせん断力図と曲げモーメント図の計算から確認できるように，せん断力図と曲げモーメント図には，式 (4.1) 以外にも次のような規則性がある．

(1) はりの支持方法および荷重が左右対称であるとき，せん断力図は中央点で左右どちらか半分を 180° 回転すると，もう一方と合同になる形で，曲げモーメント図は左右対称な形である．

(2) はりが z 軸の正方向（下方）に凸に変形する部分の曲げモーメントは正，逆に z 軸の負方向に凸に変形する部分の曲げモーメントは負である．

(3) はりの先端でのせん断力と曲げモーメントの大きさは，その位置での外力および外偶力の大きさに等しい．すなわち，$|F| = |R|$ または $|F| = |P|$，$|M| = |J|$ または $|M| = |Q|$ である．

(4) はりの中間点に集中荷重 P または反力 R（支点）があるとき，せん断力には大きさ $|P|$ または $|R|$ の不連続が生じ，曲げモーメント図は折れ曲がる．

(5) はりの中間点に偶力荷重 Q があるとき，せん断力は影響を受けないが，曲げモーメントには $|Q|$ の不連続が生じる．

演習問題

4.37 全長 l のはりが両端で支持されている．左端に座標原点をとり，右向きに x 軸，下向きに z 軸をとる．左端から距離 x の仮想断面において，曲げモーメントが $M = ax(l^3 - x^3)/12$ で与えられるとき，はりにはどのような分布荷重が作用しているか．ただし，a は定数である．

4.38 長さ l の単純支持はりにおいて，左端から距離 x の仮想断面に生じる曲げモーメントが $M = ax(l^2 - x^2)$ であるとき，この断面に生じているせん断力はいくらか．また，最大曲げモーメントと，それを与える x の値を求めよ．

4.39 長さ 2.0 m の単純支持はりに何らかの荷重が作用し，曲げモーメント図が図 4.59 に示すような放物線で表されているとする．以下の各問に答えよ．

(1) 左端から距離 x [m] の位置での曲げモーメントを表す式を求めよ．また，最大曲げモーメントを計算せよ．

(2) 左端から距離 x [m] の位置でのせん断力を表す式を求めよ．また，せん断力図を描け．

(3) このはりにはどのような荷重が作用しているか．荷重の様子を図で表せ．また，それらの大きさを計算せよ．

4.40 図 4.60 に示す突出しはりについて，曲げモーメント図の概略を描け．また，点 C に生じる曲げモーメントを求めよ．ただし，ほかの仮想断面での曲げモーメントを計算する必要はない．

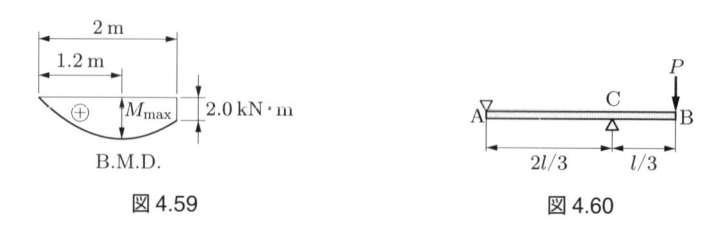

図 4.59　　　　　図 4.60

4.41 図 4.61 に示すように，単純支持はりの中央部 $l/2$ の範囲に等分布荷重が作用している．せん断力図と曲げモーメント図の概略を描け．ただし，仮想断面でのせん断力と曲げモーメントを計算する必要はない．

4.42 図 4.62 に示すように，左端 A で固定され，右端 B で単純支持された長さ l のはりに，左端 A から $l/2$ の範囲に等分布荷重が作用している．せん断力図と曲げモーメント図の概略を描け．ただし，仮想断面でのせん断力と曲げモーメントを計算する必要はない．

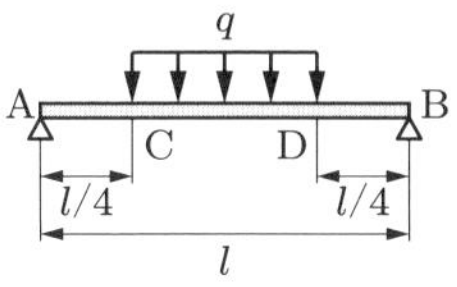

図 4.61 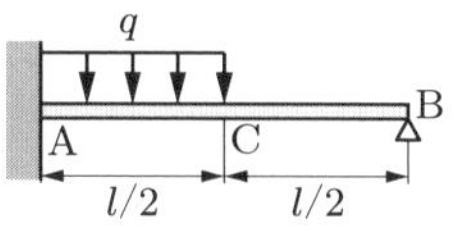　　　　　　　　図 4.62

4.4　屈折はりと円弧はり

　複数の直線部や円弧部で構成される細長いはりでは，座標軸をそれぞれの部分ごとに設定すると計算しやすい．このとき，x 軸は左端または下端からはりの屈折方向に応じて，順次左右方向または上下方向に延ばしてゆき，z 軸は x 軸の向きに対応するように回転させてゆく．また，円弧部では極座標を利用することもできる．

例題 4.7　図 4.63 に示すように，細長い L 形片持はりの中間点 C に集中荷重 P が作用し，DB 間に等分布荷重が作用している．せん断力図，曲げモーメント図，軸力図を描け．

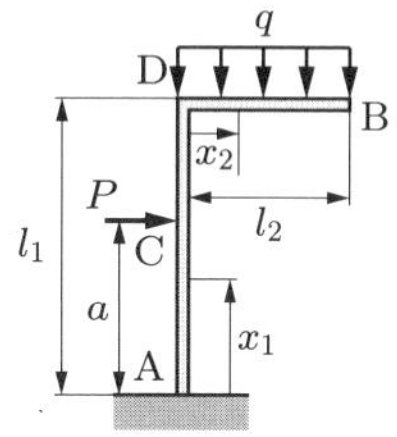

解答　固定端 A に生じる反力と反偶力は，鉛直方向と水平方向の力のつり合い，およびモーメントのつり合いから，

図 4.63　等分布荷重と集中荷重が作用する L 形片持はり

$$R_V = ql_2, \quad R_H = P, \quad J_A = \frac{1}{2}ql_2^2 + Pa$$

となる．はりの仮想断面には図 4.64 に示すようなせん断力 F，曲げモーメント M，軸力 N が生じる．AC 間のとき，点 A から仮想断面までの距離を x_1 とすると，

$$F = P, \quad M = -\frac{1}{2}ql_2^2 - P(a - x_1), \quad N = -ql_2$$

となる．CD 間のとき，

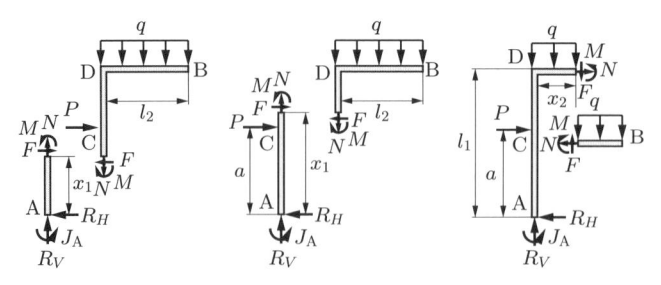

図 4.64　仮想断面に作用するせん断力 F，曲げモーメント M，軸力 N

$$F = 0, \quad M = -\frac{1}{2}ql_2^2, \quad N = -ql_2$$

となる．DB 間のとき，点 D から仮想断面までの距離を x_2 とすると，

$$F = q(l_2 - x_2), \quad M = -\frac{1}{2}q(l_2 - x_2)^2, \quad N = 0$$

となる．せん断力図，曲げモーメント図，軸力図は，**図 4.65** のようになる．

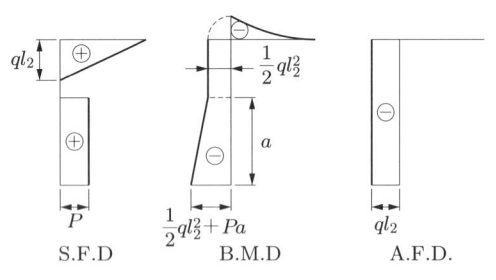

図 4.65　せん断力図，曲げモーメント図，軸力図

演習問題

4.43 図 4.66 に示すように，細長いはりが自由端 D に集中荷重 P を受けている．せん断力図，曲げモーメント図および軸力図を描け．

4.44 図 4.67 に示すように，長さ l の直線部と半径 r の半円部とからなる片持はり ABC の自由端 C に集中荷重 P が作用している．せん断力図，曲げモーメント図および軸力図を描け．

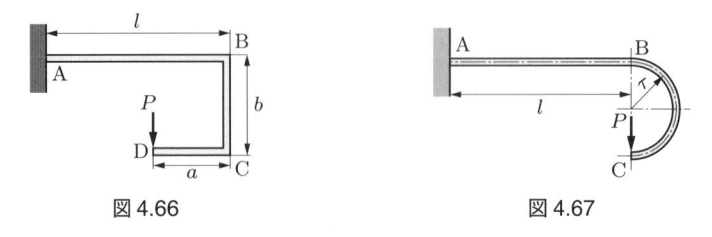

図 4.66　　　　　　　　　　　　　　　図 4.67

4.45 図 4.68 に示すように，点 B で直角に曲がった細長い L 形片持はり ABC の自由端 C に集中荷重 P が作用している．せん断力図，曲げモーメント図および軸力図を描け．

4.46 図 4.69 に示すように，構造 ABCD に水平荷重 $P = 6.0$ kN，等分布荷重 $q = 8.0$ kN/m が作用するとき，せん断力図，曲げモーメント図および軸力図を描け．ただし，一端 A は回転支点，他端 D は回転移動支点（左右に可動）であり，$l_1 = 1.5$ m，$l_2 = 1.0$ m，$l_3 = 2.0$ m とする．

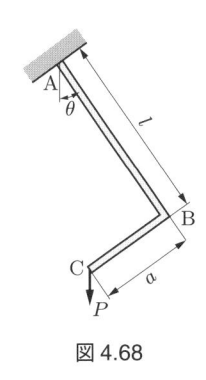

図 4.68

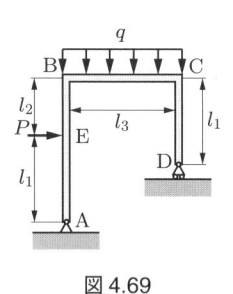

図 4.69

4.5 移動荷重を受けるはり

電車や自動車が橋上を通る場合や，はり上のクレーンが移動する場合など，はりの軸線上で作用点が移動する荷重を**移動荷重** (moving load) という．はりの一定断面におけるせん断力および曲げモーメントが，荷重の位置によってどのように変化するかを表した図を，それぞれ**せん断力影響線** (shearing force influence line, **S.F.I.L.**) および**曲げモーメント影響線** (bending moment influence line, **B.M.I.L.**) という．また，荷重の位置による最大せん断力と最大曲げモーメントの様子を表した図を，それぞれ**最大せん断力図** (maximum shearing force diagram, **M.S.F.D.**) および**最大曲げモーメント図** (maximum bending moment diagram, **M.B.M.D.**) という．

例題 4.8 図 4.70 に示すように，一つの集中荷重 P が単純支持はり上を移動するとき，左端から距離 ξ の断面 C に関するせん断力影響線と曲げモーメント影響線を描け．また，最大せん断力図と最大曲げモーメント図を描け．

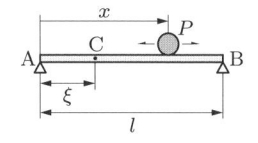

図 4.70 移動荷重を受けるはり

解答　荷重の位置を左端から距離 x とすると，各支点に生じる反力は，鉛直方向の力のつり合いとモーメントのつり合いから，$R_A = (l-x)P/l$，$R_B = xP/l$ である．仮想断面 C でのせん断力と曲げモーメントは，$x < \xi$ のとき，

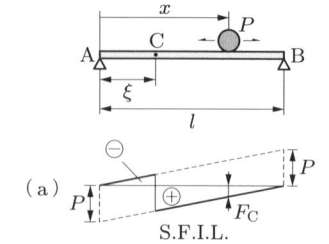

$$F_{C1} = -\frac{x}{l}P, \quad M_{C1} = \frac{l-\xi}{l}Px$$

$x > \xi$ のとき，

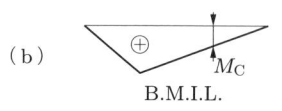

$$F_{C2} = \frac{l-x}{l}P, \quad M_{C2} = \frac{l-x}{l}P\xi$$

となる．せん断力影響線および曲げモーメント影響線は 図4.71 (a), (b) のようになる．せん断力と曲げモーメントは荷重の位置が $x = \xi$ のときに最大になる．これらの最大値を荷重の位置 x で表すと，

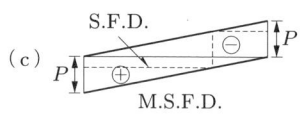

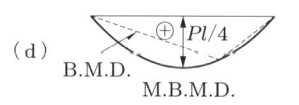

図4.71　影響線と最大せん断力図および最大曲げモーメント図

$$F_{\max} = F_{C1} = -\frac{x}{l}P \quad \text{または}$$

$$F_{\max} = F_{C2} = \frac{l-x}{l}P$$

$$M_{\max} = M_{C1} = M_{C2} = \frac{l-x}{l}Px$$

となる．最大せん断力図および最大曲げモーメント図は 図(c), (d) のようになる．

演習問題

4.47 図4.72 に示すように，スパン $l = 6.0\,\mathrm{m}$ の単純支持はり AB 上を，長さ $a = 2.0\,\mathrm{m}$ の等分布荷重 $q = 30\,\mathrm{kN/m}$ が移動するとき，左端から距離 a の断面 C に生じる最大曲げモーメントを計算せよ．

4.48 図4.73 に示すように，クレーンが単純支持はり AB 上を移動する．クレーンの自重 $W = 40\,\mathrm{kN}$ は，車輪 C および D の中央を通る鉛直線上に作用する．クレーンの先端

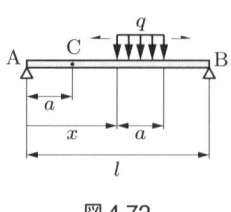

図4.72

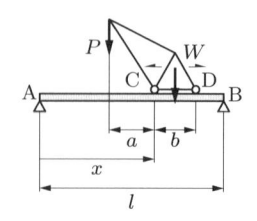

図4.73

には荷重 $P = 10\,\mathrm{kN}$ を懸垂している．このとき，はり AB に生じる最大曲げモーメントを計算せよ．ただし，$l = 8.0\,\mathrm{m}$，$a = 2.0\,\mathrm{m}$，$b = 1.8\,\mathrm{m}$ とする．

4.49 図 4.74 に示すように，一つの集中荷重 P が両側突出しはり CD 上を移動するとき，左端から距離 $2l/5$ の断面 E に関するせん断力影響線と曲げモーメント影響線を描け．

図 4.74　　　　　　　　　　図 4.75

4.50 図 4.75 に示すように，スパン l の単純支持はりと見なせる橋 AB 上を，総重量 W のトラックが右方向に通過してゆく．トラックの前後輪の間隔は a で，W の前後輪の分担比は $2:3$ である．最大曲げモーメント図を描け．また，橋に生じる最大曲げモーメントを求めよ．

4.6　はりの曲げ応力

　はりの仮想断面にはせん断力 F と曲げ内偶力 M が作用している．したがって，はりの仮想断面にはせん断力によるせん断応力と曲げ内偶力による**曲げ応力** (bending stress) の 2 種類の応力が同時に作用している．はりの断面寸法に比較して長さが十分に長いとき，せん断応力は曲げ応力と比較して十分に小さく，無視できる．ここでは，曲げ内偶力によって生じる曲げ応力だけを考える．

　曲げ応力を求めるために，次の仮定をおく．

(1) はりの横断面は変形後も平面を保ち，かつ，曲がった後の軸線に直交する．

(2) 材料の引張りおよび圧縮に対する縦弾性係数は等しい．

(3) はりの横断面は対称軸をもち，すべての荷重はこの対称軸の方向に作用する．

　はりに対する座標系は，中心線を x 軸，仮想断面の図心を通る対称軸を z 軸，これと直交する方向を y 軸とする．上の仮定が成り立つとき，はりの局所部分は円弧状に変形する．変形前の軸線方向の長さに対して，凸側では長くなり，凹側では短くなる．すなわち，凸側では引張応力が作用し，凹側では圧縮応力が作用する．その間に，図 4.76 に示すように，中間付近には長さが変化せず，応力がゼロとなる面が存在する．これを**中立面** (neutral surface) といい，中立面と仮想断面が交わる直線を**中立軸** (neutral axis) という．中立軸は y 軸と平行である．

　対称軸をもつ断面形状の真直はりに，対称軸方向に曲げ荷重が作用するとき，十分

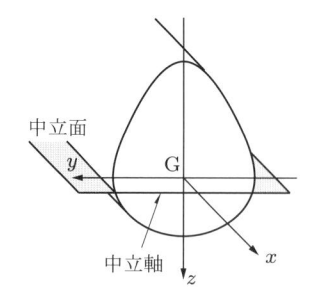

図 4.76　中立面と中立軸

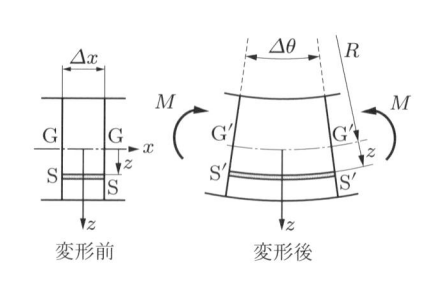

図 4.77　はりの局所的な変形

に短い長さ Δx のはりの一部分は，**図 4.77** に示すように円弧状に変形する．変形後における中心線の曲率半径を R，二つの仮想断面がなす角を $\Delta\theta$，中心線上の線分 $\overline{\mathrm{GG}}$ の垂直ひずみを ε_0，座標 z における線分 $\overline{\mathrm{SS}}$ の垂直ひずみを ε とすると，

$$\varepsilon_0 = \lim_{\Delta x \to 0} \frac{R\Delta\theta - \Delta x}{\Delta x} = R\frac{d\theta}{dx} - 1$$

$$\varepsilon = \lim_{\Delta x \to 0} \frac{(R+z)\Delta\theta - \Delta x}{\Delta x} = (R+z)\frac{d\theta}{dx} - 1$$

である．はりの変形が小さく，曲率半径 R が断面寸法と比較して十分に大きいと考えて，ε_0 と z/R が微小量であることを考慮すると，ε と ε_0 の関係は近似的に，

$$\varepsilon = \varepsilon_0 + \frac{z}{R}$$

で表される．座標 z に位置する縦繊維 SS には，フックの法則 $\sigma = E\varepsilon$ から，

$$\sigma = E\left(\varepsilon_0 + \frac{z}{R}\right) \tag{4.2}$$

の垂直応力が作用している．この応力は $z > -\varepsilon_0 R$ の凸側で正値すなわち引張応力で，$z < -\varepsilon_0 R$ の凹側で負値すなわち圧縮応力である．

　図 4.78 に示すように，曲げ応力 σ が，図 4.77 に示すような十分に細い縦繊維の仮想断面に作用しているとする．仮想断面全体での垂直応力の総和は軸力 N となるはずである．しかしながら，仮想断面には曲げ内偶力だけが作用し，軸力は作用していない．すなわち，垂直応力の総和において凸側の σ が正値となる部分と，凹側の σ が負値となる部分が互いに相殺され，総和としてゼロになる．この条件から，$\varepsilon_0 = 0$ を得る[3]．すなわち，中心線は伸縮せず，中立軸は図心を通る座標軸 y に一致する．したがって，座標 z における垂直ひずみ ε と曲率半径 R の関係は

---

[3] 詳細は下巻 2.3 節で述べる．

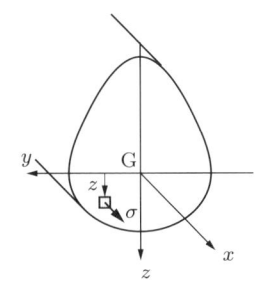

図 4.78　仮想断面の微小面積に作用する曲げ応力

$$\varepsilon = \frac{z}{R} \tag{4.3}$$

で与えられる.

　図 4.78 の曲げ応力 σ は y 軸周りのモーメントを作る. このモーメントは, 凸側の σ が正値となる部分と, 凹側の σ が負値となる部分でともに同じ回転方向である. 微小部分に生じるモーメントを仮想断面全体で総和したものが曲げモーメントである. この総和計算に式 (4.3) を用いると,

$$\boxed{\frac{1}{R} = \frac{M}{EI_y}} \tag{4.4}$$

が導かれる. 上式中の I_y を, y 軸に関する**断面二次モーメント** (moment of inertia of area) という[†4]. 断面二次モーメントは断面の形状と寸法で与えられ, 長さの 4 乗の次元をもつ. また, 右辺分母の EI_y は**曲げ剛性** (flexural rigidity) とよばれ, はりの曲がりにくさを決定する. 上式は曲げモーメント M が作用するはりの局所的変形の度合いを表しており, 軸力 N が作用する棒における式 (2.8), せん断力 F が作用する部材における式 (3.4), ねじりモーメント T が作用する軸における式 (3.13) に対応する[†5].

　式 (4.3), (4.4) から, 垂直応力と曲げモーメントとの関係は

$$\boxed{\sigma = \frac{M}{I_y} z} \tag{4.5}$$

となる. 曲げモーメント M が正であるとき, z 座標が正の領域で垂直応力 σ は正, すなわち引張応力となり, z 座標が負の領域で垂直応力 σ は負, すなわち圧縮応力とな

---

†4　詳細は下巻 1.2 節で述べる.

†5　巻末の付表 9 (330 ページ) 参照.

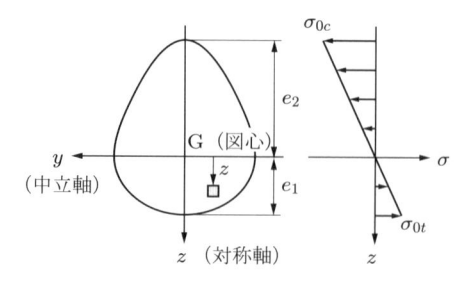

図 4.79　仮想断面における曲げ応力の分布

る．その大きさは z 座標の絶対値，すなわち中立軸 y からの距離に比例する．応力分布の様子を図 4.79 に示す．最大引張応力と最大圧縮応力は，それぞれ仮想断面の下端 $z = e_1$，上端 $z = -e_2$ で生じ，

$$\sigma_{0t} = \frac{M}{I_y}e_1, \quad \sigma_{0c} = -\frac{M}{I_y}e_2 \tag{4.6}$$

である．ここで，$I_y/e_1 = Z_1$，$I_y/e_2 = Z_2$ とおけば，上式は

$$\sigma_{0t} = \frac{M}{Z_1}, \quad \sigma_{0c} = -\frac{M}{Z_2} \tag{4.7}$$

と表すことができる．上式の Z を**断面係数** (section modulus) という．断面係数は，はりの強度を決定する断面形状パラメータで，長さの 3 乗の次元をもつ．同じ曲げモーメント M に対して，断面係数 Z が大きいほど，曲げ応力が小さい．

おもな断面形状について，断面二次モーメント I_y と断面係数 Z を，巻末の付表 5 (327 ページ) に示す．

はりの断面形状が中立軸 y に対して上下対称であるとき，$Z_1 = Z_2$ より，$\sigma_{0t} = |\sigma_{0c}|$ となる．これを σ_0 と書けば，上式は次のように表される．

$$\sigma_0 = \frac{M}{Z} \tag{4.8}$$

式 (4.8) は仮想断面内での応力の最大値を表す．はりの軸方向に曲げモーメントの大きさが変化するときは，その絶対値が最大となる仮想断面の σ_0 が最大曲げ応力 $\sigma_{\max}$ となる．すなわち，次のようになる．

$$\boxed{\sigma_{\max} = \frac{|M|_{\max}}{Z}} \tag{4.9}$$

例題 4.9 図 4.80 に示すような断面のはりに，正の曲げモーメント (z 軸の正方向に凸に変形する曲げモーメント) $M = 15\,\mathrm{kN \cdot m}$ を加える．引張りおよび圧縮の最大応力を計算せよ．ただし，$I_y = 75.4 \times 10^6\,\mathrm{mm}^4$，$e_1 = 88.5\,\mathrm{mm}$，$e_2 = 111.5\,\mathrm{mm}$ とする．

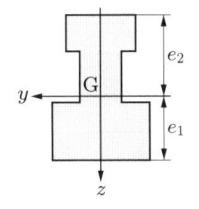

図 4.80　上下非対称断面

解答　断面係数 Z_1 および Z_2 は，それぞれ

$$Z_1 = \frac{I_y}{e_1} = \frac{75.4 \times 10^6}{88.5} = 852 \times 10^3\,\mathrm{mm}^3$$

$$Z_2 = \frac{I_y}{e_2} = \frac{75.4 \times 10^6}{111.5} = 676 \times 10^3\,\mathrm{mm}^3$$

となる．式 (4.7) より，次のようになる．

$$\sigma_{0t} = \frac{M}{Z_1} = \frac{15 \times 10^6}{852 \times 10^3} = 17.6\,\mathrm{MPa}$$

$$\sigma_{0c} = -\frac{M}{Z_2} = -\frac{15 \times 10^6}{676 \times 10^3} = -22.2\,\mathrm{MPa}$$

例題 4.10　長さ $l = 500\,\mathrm{mm}$ の片持はりの自由端に集中荷重 $P = 5.0\,\mathrm{kN}$ が作用する．はりの断面が直径 $d = 80\,\mathrm{mm}$ の円形であるとき，はりに生じる最大曲げ応力を計算せよ．

解答　$x = 0$ の固定端で，$|M|_{\max} = Pl$ である．断面係数は $Z = \pi d^3/32$ である．よって，次のようになる．

$$\sigma_{\max} = \frac{|M|_{\max}}{Z} = \frac{32Pl}{\pi d^3} = 49.7\,\mathrm{MPa}$$

例題 4.11　単純支持はりの全長にわたって等分布荷重 $q = 1.2\,\mathrm{N/mm}$ が作用している．はりの断面は幅 $b = 10\,\mathrm{mm}$，高さ $h = 24\,\mathrm{mm}$ の長方形で，スパンは $l = 800\,\mathrm{mm}$ である．はりに生じる最大曲げ応力を計算せよ．

解答　支点に生じる反力は $R = ql/2$ である．はりの中央断面で $M_{\max} = ql^2/8$ である．断面係数は $Z = bh^2/6$ である．よって，次のようになる．

$$\sigma_{\max} = \frac{M_{\max}}{Z} = \frac{3ql^2}{4bh^2} = 100\,\mathrm{MPa}$$

◦ 演習問題

4.51 図 4.81 に示す断面形状のはりがある．y 軸が中立軸となり，z 軸方向に凸になるように曲げるときの曲げモーメントを M_y，曲率半径を R_y とする．z 軸が中立軸となり，y 軸方向に凸になるように曲げるときの曲げモーメントを M_z，曲率半径を R_z とする．はりに M_y を加えるときと，M_z を加えるときについて，以下の各問に答えよ．ただし，$b = 120\,\mathrm{mm}$，$h = 100\,\mathrm{mm}$，$c = 10\,\mathrm{mm}$，$t = 10\,\mathrm{mm}$ である．

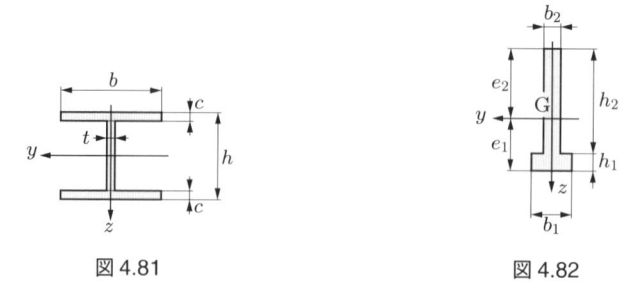

図 4.81   図 4.82

(1) $M_y = M_z$ であるとき，曲率半径の比 R_y/R_z を計算せよ．

(2) はりに加えることができる最大曲げモーメントの比 M_y/M_z を計算せよ．

4.52 はりの断面に正の曲げモーメント $M = 2.0\,\mathrm{kN \cdot m}$ が作用する．以下の各問に答えよ．

(1) はりの断面が直径 $d = 60\,\mathrm{mm}$ の円形断面であるとき，最大曲げ応力を計算せよ．

(2) はりの断面が幅 $b = 40\,\mathrm{mm}$，高さ $h = 60\,\mathrm{mm}$ の長方形断面であるとき，最大曲げ応力を計算せよ．

(3) はりの断面が図 4.82 に示すような T 形断面であるとき，最大引張応力と最大圧縮応力を計算せよ．ただし，$b_1 = 48\,\mathrm{mm}$，$b_2 = 20\,\mathrm{mm}$，$h_1 = 20\,\mathrm{mm}$，$h_2 = 120\,\mathrm{mm}$ である．

4.53 図 4.83 に示すように，断面が直径 $d = 60\,\mathrm{mm}$ の円形で，長さ $l = 500\,\mathrm{mm}$ の単純支持はりが，$a = 300\,\mathrm{mm}$，$b = 200\,\mathrm{mm}$ の点 C に集中荷重 $P = 25\,\mathrm{kN}$ を受けている．最大曲げ応力を計算せよ．

図 4.83   図 4.84

4.54 図 4.84 に示すように，断面が幅 $b = 20\,\mathrm{mm}$，高さ $h = 40\,\mathrm{mm}$ の長方形で，長さ $l = 500\,\mathrm{mm}$ の単純支持はりが右端 B から中央点 C の間に等分布荷重 $q = 50\,\mathrm{N/mm}$ を受けている．最大曲げ応力を計算せよ．

4.55 図 4.85 に示すように，断面が幅 $b = 25\,\mathrm{mm}$，高さ $h = 40\,\mathrm{mm}$ の長方形で，長さ $l = 600\,\mathrm{mm}$ の片持はりが全長にわたって等分布荷重 $q = 2.0\,\mathrm{N/mm}$ を受けている．最大曲げ応力を計算せよ．

4.56 図 4.86 に示すように，断面が直径 $d = 25\,\mathrm{mm}$ の円形で，長さ $l = 400\,\mathrm{mm}$ の片持はりが自由端 B から中央点 C の間に等分布荷重 $q = 3.0\,\mathrm{N/mm}$ を受けている．最大曲げ応力を計算せよ．

図 4.85 　　　　　　　　　　図 4.86

4.57 図 4.87 に示すように，断面が幅 b，高さ h の長方形で，長さが l の片持はり AB が
ある．このはりには固定端 A から距離 $l/3$ の位置 C に上下面から等しい深さの切欠
きがあり，断面 C における断面の高さは h_C である．はりの自由端 B に集中荷重 P
を加えるとき，以下の各問に答えよ．

　(1) 固定端 A における最大曲げ応力 σ_A を求めよ．

　(2) 断面 C における最大曲げ応力 σ_C を求めよ．

　(3) 切欠きの深さが浅いとき，はりは断面 A で折れ曲がり（$\sigma_A > \sigma_C$），切欠きの
　　　深さが深いときは，断面 C で折れ曲がる（$\sigma_A < \sigma_C$）．断面 C における断面の
　　　高さ h_C がいくら以下であるとき，はりは断面 C で折れ曲がるか．

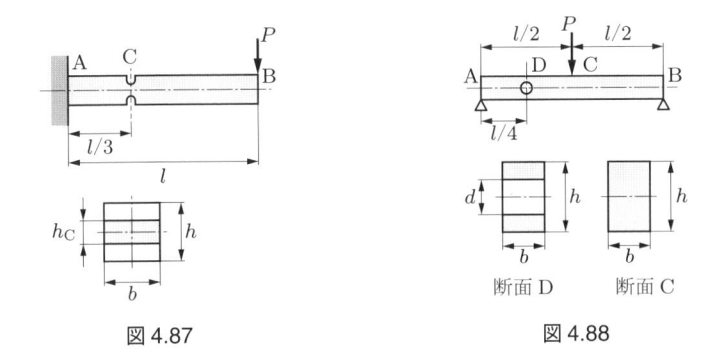

図 4.87 　　　　　　　　　　図 4.88

4.58 図 4.88 に示すように，断面が幅 b，高さ h の長方形で，スパン l の単純支持はりが，
その中央点 C に集中荷重 P を受けている．左端 A から距離 $l/4$ の位置 D に直径 d の
穴をあける．次の各問に答えよ．

　(1) 断面 C における曲げ応力 σ_C を求めよ．

　(2) 断面 D における曲げ応力 σ_D を求めよ．

　(3) $\sigma_D \leqq \sigma_C$ であるためには，穴の直径 d はいくら以下でなければならないか．

4.59 図 4.89 に示すように，高さ $l = 10\,\mathrm{m}$，内径 $d_1 = 0.3\,\mathrm{m}$ のコンクリート製中空円柱
が地上に鉛直に立っている．コンクリートの引張強さを $2.0\,\mathrm{MPa}$ とし，自重を無視
して，風速 $V = 40\,\mathrm{m/s}$ の風に耐えられるように外径 d_2 を定めよ．風圧は高さに無
関係に一様な大きさで柱に作用するものとする．また，円柱に作用する総風圧 $P =$
ql は，$P = C(1/2)\rho V^2 S$ で与えられる．ここで，係数 $C = 1.05$，空気の密度 $\rho =$
$1.23\,\mathrm{kg/m^3}$，風圧が作用する面積 $S = d_2 l$ である．

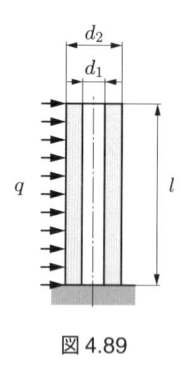

図 4.89

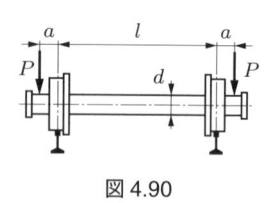

図 4.90

4.60 図 4.90 に示すような貨車の車軸において，軸の直径は $d = 100\,\mathrm{mm}$，ジャーナルにかかる荷重は $P = 50\,\mathrm{kN}$ である．車軸に生じる最大曲げ応力を計算せよ．ただし，$l = 1470\,\mathrm{mm}$，$a = 200\,\mathrm{mm}$ である．

4.61 図 4.91 に示すようなベルト車がある．1 本の腕に作用する荷重は $P = 2.0\,\mathrm{kN}$ で，輪周から腕の根元までの長さは $l = 220\,\mathrm{mm}$ である．腕の断面形状は十字形で，寸法は $b = 48\,\mathrm{mm}$，$h = 80\,\mathrm{mm}$，$t = 16\,\mathrm{mm}$ である．腕に生じる最大曲げ応力を計算せよ．

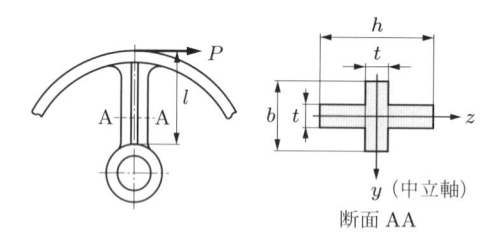

図 4.91

4.7　はりの断面形状と曲げ強度・曲げ剛性

　式 (4.4) で示したように，断面二次モーメント I_y が大きいほど，はりは変形しにくい．すなわち断面二次モーメント I_y は，はりの曲げ剛性を決定づける断面パラメータである．一方，式 (4.5) から，I_y は仮想断面の応力分布の傾きを表す係数でもある．最大曲げ応力の大きさは応力分布の傾きと中立軸からもっとも遠い位置の座標 e とで決まる．これを表現した断面パラメータが断面係数 Z であり，Z が大きいほど曲げ応力が小さくなる．すなわち，曲げ強度が高くなる．

　たとえば，円形断面はりに曲げ荷重が作用するとき，断面の直径を 2 倍にすると，剛性は 16 倍になり，強度は 8 倍になる．

断面が同じ形状・寸法のはりであっても，曲がる向きによって強度と剛性は異なる．図 4.92 に示すように，短辺 b，長辺 $2b$ の長方形断面はりを y 軸を中立軸として，z 軸方向に凸に変形するように曲げ荷重を加えるとき，(a) と (b) の異なる向きで使用したとする．(a)，(b) それぞれの向きでの断面二次モーメントと断面係数を，I_a，Z_a，I_b，Z_b とすると，それらの比は，

$$\frac{I_b}{I_a} = 4, \quad \frac{Z_b}{Z_a} = 2$$

である．図 4.93 に示す正方形断面の場合では，次のようになる．

$$\frac{I_b}{I_a} = 1, \quad \frac{Z_b}{Z_a} = \frac{\sqrt{2}}{2} = 0.707$$

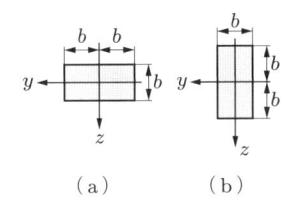

（a）　　（b）

図 4.92　異なる向きの長方形断面

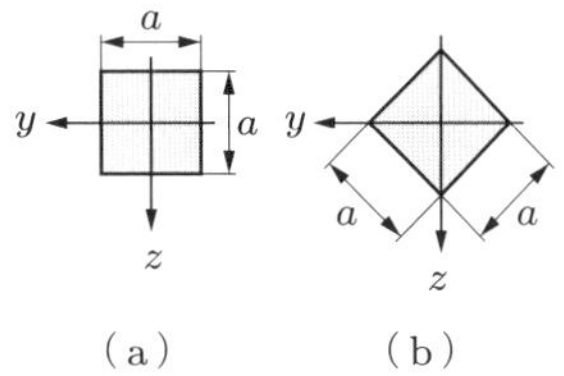

（a）　　（b）

図 4.93　異なる向きの正方形断面

同じ面積でも，断面二次モーメントが大きくなるようにするためには，中立軸 y から遠く離れた場所で y 方向に幅をもつ形状にすればよい．図 4.94 に示す十字形断面と I 形断面を比較すると，面積は同じであるが，断面二次モーメントと断面係数の比は

$$\frac{I_b}{I_a} = \frac{Z_b}{Z_a} = 2.86$$

である．I 形断面は面積，すなわち重量のわりには剛性と強度が高い形状の典型例である．また，角パイプも同様である．

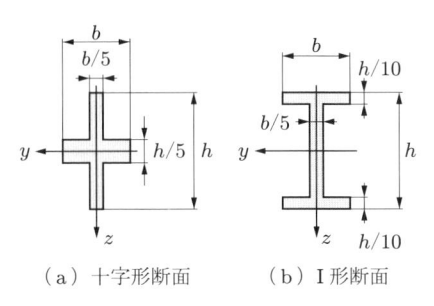

（a）十字形断面　　（b）I 形断面

図 4.94　十字形断面と I 形断面

ある断面形状において，高強度と高剛性は両立するとは限らない．たとえば，幅 b，高さ h の長方形断面はりの曲げ強度を増すために，**図 4.95** に示すように幅 $b/5$ のリブを付けるとする．リブを付けないときの断面二次モーメントと断面係数をそれぞれ I_0，Z_0，リブを付けたときのそれらを I，Z とする．このとき，断面二次モーメント I は取り付けたリブの高さ h_1 に応じて大きくなり，はりは変形しにくくなる．リブの高さ h_1 が十分に大きければ $Z/Z_0 > 1$ となり，はりは強くなるが，リブの高さが小さいとかえって弱くなる．円形断面のように，中立軸 y から離れて z 座標が大きくなるほど，y 方向の幅が小さくなるような形では，断面の上下を削ったほうが，剛性は小さくなるが強くなる．**図 4.96** に示すように，一辺の長さが a である正方形に対して，対角線 y を中立軸として z 方向に凸に変形する曲げ荷重を与えるとする．正方形の場合の断面二次モーメントと断面係数をそれぞれ I_0，Z_0 とし，中立軸 y 軸に平行な 2 直線で，相対する頂点付近の直角二等辺三角形を削り取り，六角形断面図形としたときのそれらを I，Z とする．このとき，削り取ることで変形しやすくなるが，適度な削り取りによって，はりは強くなる．

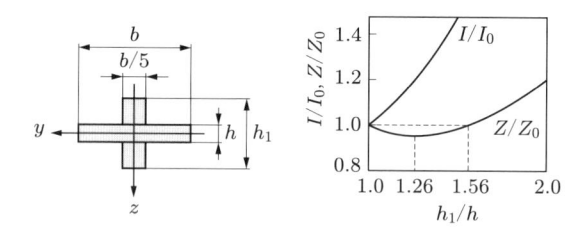

図 4.95 十字形断面の強度と剛性

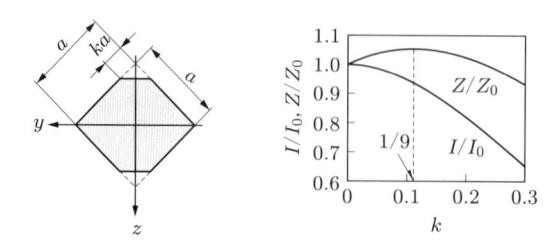

図 4.96 六角形断面の強度と剛性

演習問題

4.62 許容曲げ応力 80 MPa の材料で，曲げモーメント 2.0 kN·m が作用するはりを作製する．断面形状を直径 d の円形とする場合と，内外径比 $d_1/d_2 = 0.8$ の中空円とする場合とを考える．どちらもはりの長さは等しいとする．以下の各問に答えよ．

(1) 円形断面とする場合，直径 d をいくらにすればよいか．

(2) 中空円とする場合，外径 d_2 をいくらにすればよいか．

(3) 円形とした場合の曲率半径を R，中空円とした場合の曲率半径を R' とすると，R'/R はいくらか．

(4) 円形とした場合の重量を W，中空円とした場合の重量を W' とすると，W'/W はいくらか．

4.63 図 4.97 に示すような同じ材料で作られた円形断面はり (a) と正方形断面はり (b) がある．これらのはりの断面積が等しく，また作用する曲げモーメントが等しいとき，各断面形状での応力の比 $\sigma_{\rm b}/\sigma_{\rm a}$ と曲率の比 $(1/R_{\rm b})/(1/R_{\rm a})$ を求めよ．ただし，y 軸は中立軸である．

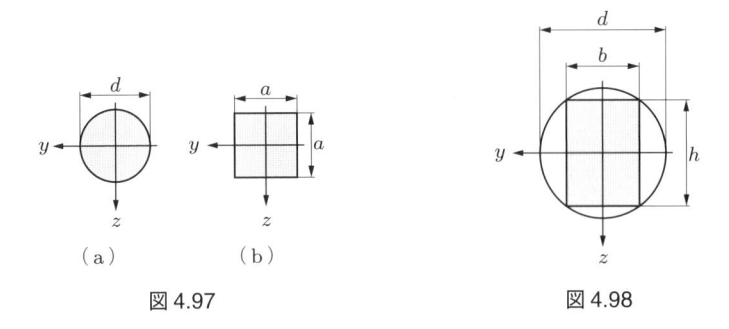

図 4.97　　　　　　　　　　図 4.98

4.64 直径 d の丸棒から，図 4.98 に示すように円に内接する長方形断面の角棒を切り出す．以下の各問に答えよ．

(1) その曲げ強度が最大となるような 2 辺の長さ b, h を求めよ．

(2) 前問のときの曲げ応力 σ と，正方形の角棒を切り出したときの曲げ応力 σ' の比 σ/σ' を求めよ．

4.8　はりのたわみ

　はりの仮想断面にはせん断力 F と曲げ内偶力 M が作用しており，はりの変形はせん断力 F による変形と曲げ内偶力 M による変形の和になる．はりの断面寸法に比較して長さが十分に長いとき，せん断力による変形は曲げ内偶力による変形と比較して十分に小さく，無視できる．ここでは曲げ内偶力によって生じる変形だけを考える．

　はりの局所部分は円弧状に変形し，その変形の度合いは曲率 $1/R$ で表された．ここでは，はりの中心線がどのように変形するかを考える．ただし，はりには十分な剛性があり，たわみ角は十分に小さいと仮定する．

はりの左端面における図心を座標原点とし，はりの中心線に沿って右向きに x 軸，鉛直下方に z 軸をとる．**図 4.99** に示すようにはりが変形したとする．はりの中心線上で，ある位置での z 方向への移動距離 u を**たわみ** (deflection) といい，変形後のはりの中心線を**たわみ曲線** (deflection curve) という．たわみの符号は，z 軸の正方向へ移動するときを正，その逆を負と定める．たわみ曲線の接線と水平線のなす角 θ を**たわみ角** (slope) という．たわみ角の単位は [rad] または [°] であるが，以下の諸式は [rad] 単位の角度でなければ成り立たない．たわみ角の符号は，接線が右下がりになるときを正，その逆を負と定める．

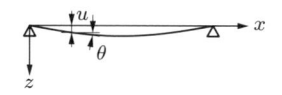

図 4.99 たわみとたわみ角

はじめに，たわみとたわみ角との関係を考える．たわみ u はある位置 x における値であるから，u は x の関数で表現される．このとき，たわみ u の微分係数 du/dx はたわみ曲線の接線の傾き $\lim_{\Delta x \to 0} (\Delta u / \Delta x) = \tan \theta$ を表している．もし θ が十分に小さい角度で，[rad] 単位の数値で表されるならば，$\tan \theta \fallingdotseq \theta$ と近似できる[†6]．したがって，次のようになる．

$$\theta = \frac{du}{dx} \tag{4.10}$$

次に，たわみ角 θ と曲率 $1/R$ の関係を考える．左端から距離 x の仮想断面と，この位置から微小長さ Δx だけ右にある仮想断面にともに正の曲げ内偶力 M が作用しているとする．はりの中心線とこれらの仮想断面との交点（図心）が，変形後にそれぞれ**図 4.100** に示す点 P および点 Q に移動したとする．点 P におけるたわみを u，たわみ角を θ とし，点 Q におけるたわみを $u + \Delta u$，たわみ角を $\theta + \Delta \theta$ とする．ここで，たわみ角 θ は x の増加とともに増えてゆくと仮定する．この仮定から，図のように正の曲げ内偶力が作用したときの $\Delta \theta$ は負値である．PQ 間では円弧に変形していると仮定でき，その曲率半径を R，円弧の長さを Δs とする．このとき，点 P および Q における法線のなす角は $-\Delta \theta$ である．したがって，円弧の長さは $\Delta s = -R \Delta \theta$ と表すことができる．長さ Δx が十分に小さいとき，これを $\Delta x = \Delta s \cos \theta$ と表すことができる．さらに，たわみ角 θ が十分に小さい角度であるならば，$\Delta x \fallingdotseq \Delta s$ と近

[†6] 数学公式 $\tan x = x + \dfrac{1}{3}x^3 + \dfrac{2}{15}x^5 + \dfrac{17}{315}x^7 + \cdots \quad (-\pi/2 < x < \pi/2)$

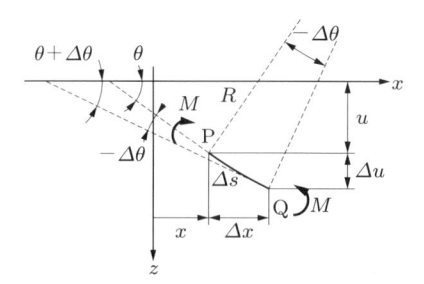

図 4.100 たわみ角 θ と曲率 $1/R$ との関係

似できる[†7]. このとき, たわみ角 θ の微分係数は

$$\frac{d\theta}{dx} = \lim_{\Delta x \to 0} \frac{\Delta \theta}{\Delta x} = \lim_{\Delta s \to 0} \frac{\Delta \theta}{\Delta s} = \lim_{\Delta s \to 0} \left(-\frac{1}{R} \right) = -\frac{1}{R} \tag{4.11}$$

となり, 曲率 $1/R$ の負値に等しい.

最終的に, 式 (4.10), (4.11) および式 (4.4) とから, 次式を得る.

$$\boxed{\frac{d^2 u}{dx^2} = -\frac{M}{EI_y}} \tag{4.12}$$

上式を**たわみ曲線の微分方程式** (differential equation of deflection of beam) という. 右辺に含まれる変数は x だけであるから, 順次積分することで, たわみ角 θ とたわみ u の一般解が x の関数として求められる. 積分によって現れる定数は, たわみ角およびたわみが満たすべき条件 (初期条件または境界条件) から決定できる.

例題 4.12 図 4.101 に示すように, 長さ l, 曲げ剛性 EI_y の片持はりが自由端 B に集中荷重 P を受けている. たわみ角とたわみの式を求めよ. また, 最大たわみ角と最大たわみを求めよ.

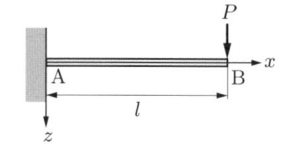

図 4.101 自由端に集中荷重が作用する片持はり

解答 鉛直方向の力のつり合いとモーメントのつり合いとから, $R_A = P$, $J_A = Pl$ である. 固定端 A から距離 x の仮想断面に生じる曲げモーメントは $M = -P(l-x)$ である. これをたわみ曲線の微分方程式に代入すると,

$$\frac{d^2 u}{dx^2} = \frac{P}{EI_y}(l-x)$$

[†7] 数学公式 $\cos x = 1 - \dfrac{x^2}{2!} + \dfrac{x^4}{4!} - \dfrac{x^6}{6!} + \cdots \quad (-\infty < x < \infty)$

となり，積分して，次のようになる．

$$\theta = \frac{du}{dx} = \frac{P}{EI_y}\left(lx - \frac{1}{2}x^2 + C_1\right)$$

$$u = \frac{P}{EI_y}\left(\frac{1}{2}lx^2 - \frac{1}{6}x^3 + C_1 x + C_2\right)$$

固定端 $(x = 0)$ では $\theta = 0$ および $u = 0$ でなければならない．この初期条件から積分定数は $C_1 = C_2 = 0$ となる．したがって，微分方程式の特殊解は次のように求められる．

$$\theta = \frac{P}{2EI_y}x(2l - x), \quad u = \frac{P}{6EI_y}x^2(3l - x)$$

たわみ曲線は**図 4.102** のようになる．最大たわみ角と最大たわみは，ともに $x = l$ の自由端に生じる．それらの値は次のようになる．

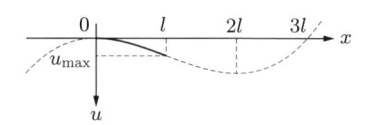

図 4.102 たわみ曲線

$$\theta_{\max} = \frac{Pl^2}{2EI_y}, \quad u_{\max} = \frac{Pl^3}{3EI_y}$$

例題 4.13 **図 4.103** に示すように，長さ l，曲げ剛性 EI_y の単純支持はりが等分布荷重 q を受けている．たわみ角とたわみの式を求めよ．また，最大たわみ角と最大たわみを求めよ．

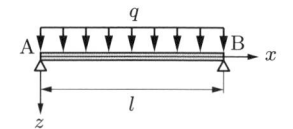

図 4.103 等分布荷重を受ける単純支持はり

解答 各支点の反力は $R_A = R_B = ql/2$ である．左端 A から距離 x の仮想断面に生じる曲げモーメントは $M = q(lx - x^2)/2$ である．これをたわみ曲線の微分方程式に代入すると，

$$\frac{d^2u}{dx^2} = \frac{q}{2EI_y}(x^2 - lx)$$

となり，積分して，

$$\theta = \frac{du}{dx} = \frac{q}{2EI_y}\left(\frac{1}{3}x^3 - \frac{1}{2}lx^2 + C_1\right)$$

$$u = \frac{q}{2EI_y}\left(\frac{1}{12}x^4 - \frac{1}{6}lx^3 + C_1 x + C_2\right)$$

となる．境界条件は $x = 0$ で $u = 0$，$x = l$ で $u = 0$ である．これらから $C_1 = l^3/12$，$C_2 = 0$ となる．したがって，次のように求められる．

$$\theta = \frac{q}{24EI_y}(4x^3 - 6lx^2 + l^3), \quad u = \frac{q}{24EI_y}x(x^3 - 2lx^2 + l^3)$$

たわみ曲線は**図 4.104** のようになる．最大たわみ角は $x = 0, l$ の両端に，最大たわみは $x = l/2$ の中央に生じる．それらの値は次のようになる．

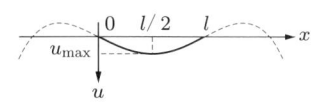

図 4.104 たわみ曲線

$$\theta_{\max} = \theta_{\mathrm{A}} = |\theta_{\mathrm{B}}| = \frac{ql^3}{24EI_y}, \quad u_{\max} = \frac{5ql^4}{384EI_y}$$

例題 4.14 **図 4.105** に示すように，スパン l，曲げ剛性 EI_y の単純支持はりが左端から距離 a の位置に集中荷重 P を受けている．各支点のたわみ角と最大たわみを求めよ．ただし，$a > l/2$ とする．

解答 各支点の反力は $R_{\mathrm{A}} = bP/l$，$R_{\mathrm{B}} = aP/l$ である．仮想断面の位置が AC 間 $(0 \leqq x \leqq a)$ のときと CB 間 $(a \leqq x \leqq l)$ のときとでは，曲げモーメントを表す式が異なるか

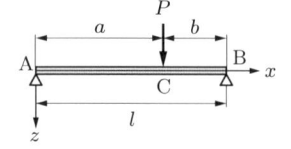

図 4.105 集中荷重を受ける
単純支持はり

ら，たわみ曲線の微分方程式もそれぞれの領域で異なる式になる．したがって，たわみ曲線は 2 本の曲線が点 C でつながったものである．曲げモーメント，たわみ角，たわみを AC 間で M_1，θ_1，u_1，CB 間で M_2，θ_2，u_2 で表す．

AC 間 $(0 \leqq x \leqq a)$ で，

$$M_1 = R_{\mathrm{A}}x = \frac{b}{l}Px$$

$$\frac{d^2u_1}{dx^2} = -\frac{P}{EI_y}\frac{b}{l}x$$

$$\theta_1 = -\frac{P}{EI_y}\frac{b}{l}\left(\frac{1}{2}x^2 + C_1\right)$$

$$u_1 = -\frac{P}{EI_y}\frac{b}{l}\left(\frac{1}{6}x^3 + C_1x + C_2\right)$$

となり，CB 間 $(a \leqq x \leqq l)$ で，

$$M_2 = R_{\mathrm{A}}x - P(x - a) = \frac{a}{l}P(l - x)$$

$$\frac{d^2u_2}{dx^2} = -\frac{P}{EI_y}\frac{a}{l}(l - x)$$

$$\theta_2 = -\frac{P}{EI_y}\frac{a}{l}\left(lx - \frac{1}{2}x^2 + C_3\right)$$

$$u_2 = -\frac{P}{EI_y}\frac{a}{l}\left(\frac{l}{2}x^2 - \frac{1}{6}x^3 + C_3 x + C_4\right)$$

となる．積分定数が 4 個あるので境界条件も 4 個必要である．点 C でたわみ曲線が滑らかにつながることを考えると，4 個の境界条件は，$x = 0$ で $u_1 = 0$，$x = l$ で $u_2 = 0$，$x = a$ で $\theta_1 = \theta_2$，$x = a$ で $u_1 = u_2$ となる．これらの条件から，

$$C_1 = \frac{a^2 - 2al}{6}, \quad C_2 = 0, \quad C_3 = -\frac{a^2 + 2l^2}{6}, \quad C_4 = \frac{a^2 l}{6}$$

となる．したがって，たわみ角とたわみは，AC 間 $(0 \leqq x \leqq a)$ で，

$$\theta_1 = -\frac{bP}{6EI_y l}(3x^2 + a^2 - 2al)$$

$$u_1 = -\frac{bP}{6EI_y l}x(x^2 + a^2 - 2al)$$

となり，CB 間 $(a \leqq x \leqq l)$ で，

$$\theta_2 = \frac{aP}{6EI_y l}(3x^2 - 6lx + a^2 + 2l^2)$$

$$u_2 = \frac{aP}{6EI_y l}\{x^3 - 3lx^2 + (a^2 + 2l^2)x - a^2 l\}$$

となる．両支点でのたわみ角は次のようになる．

$$\theta_A = (\theta_1)_{x=0} = \frac{abP}{6EI_y}\left(1 + \frac{b}{l}\right), \quad \theta_B = (\theta_2)_{x=l} = -\frac{abP}{6EI_y}\left(1 + \frac{a}{l}\right)$$

$a > l/2$ ならば，最大たわみは AC 間 $(0 \leqq x \leqq a)$ に生じる．$\theta_1 = du_1/dx = 0$ とおいて $0 < x < a$ を考慮すると，次のようになる．

$$3x^2 + a^2 - 2al = 0$$

$$\therefore x = \sqrt{\frac{2al - a^2}{3}} = \sqrt{\frac{l^2 - b^2}{3}}$$

これを u_1 に代入すると，最大たわみは

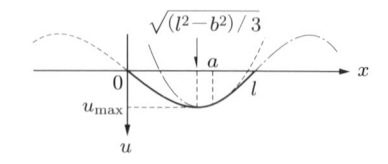

図 4.106　たわみ曲線

$$u_{\max} = \frac{bP(l^2 - b^2)^{3/2}}{9\sqrt{3}EI_y l}$$

となる．たわみ曲線は図 4.106 のようになる．

演習問題

4.65 縦弾性係数 E，長さ l，断面二次モーメント I_y の棒材を片持はりとし，その自由端に集中荷重 P を加えたとき，自由端のたわみは $u = Pl^3/3EI_y$ で与えられる．$E = 206\,\mathrm{GPa}$，$l = 600\,\mathrm{mm}$，$P = 100\,\mathrm{N}$ として，以下の各問に答えよ．

   (1) はりを外径 $40\,\mathrm{mm}$，肉厚 $2.0\,\mathrm{mm}$ の中空円筒で作製したとき，自由端のたわみ u_1 を計算せよ．

   (2) 前問の中空円筒と断面積が等しい丸棒ではりを作製したとき，自由端のたわみ u_2 を計算せよ．

   (3) 両者のたわみの比 u_1/u_2 を計算せよ．

4.66 図 4.107 に示すように，長さ l の片持はりが等分布荷重 q を受けている．以下の各問に答えよ．

   (1) はりの曲げ剛性を EI_y として，最大たわみ角と最大たわみを求めよ．

   (2) はりの断面が幅 $20\,\mathrm{mm}$，高さ $40\,\mathrm{mm}$ の長方形で，$l = 800\,\mathrm{mm}$，$E = 206\,\mathrm{GPa}$，$q = 1.2\,\mathrm{N/mm}$ であるとき，最大たわみと最大たわみ角を計算せよ．

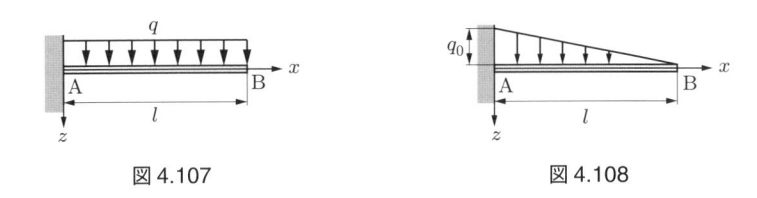

図 4.107   図 4.108

4.67 図 4.108 に示すように，長さ l，曲げ剛性 EI_y の片持はりに三角形分布荷重が作用している．以下の各問に答えよ．

   (1) たわみ角とたわみの式を求めよ．

   (2) 最大たわみ角と最大たわみを求めよ．

4.68 図 4.109 に示すように，長さ l，曲げ剛性 EI_y の単純支持はりに三角形分布荷重が作用している．最大たわみを求めよ．

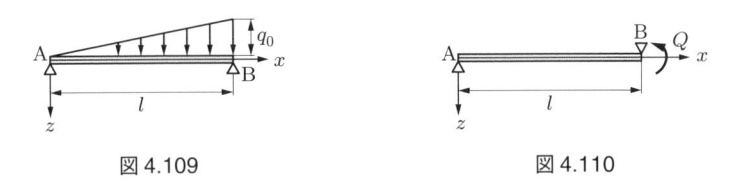

図 4.109   図 4.110

4.69 図 4.110 に示すように，長さ l，曲げ剛性 EI_y の単純支持はりの右端 B に偶力荷重 Q が作用している．以下の各問に答えよ．

   (1) たわみ角とたわみの式を求めよ．

   (2) 最大たわみを求めよ．

   (3) 左端 A でのたわみ角と右端 B でのたわみ角を求めよ．

4.70 図 4.111 に示すように，長さ l，曲げ剛性 EI_y の片持はり AB が CB 間に等分布荷重 q を受けている．自由端 B のたわみを求めよ．

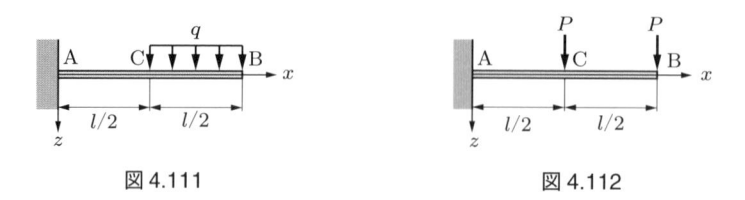

図 4.111   図 4.112

4.71 図 4.112 に示すように，長さ l，曲げ剛性 EI_y の片持はりが自由端 B と中央点 C に集中荷重 P を受けている．自由端 B のたわみを求めよ．

4.72 図 4.113 に示すように，長さ l，曲げ剛性 EI_y の単純支持はり AB が CB 間に等分布荷重 q を受けている．中央点 C のたわみを求めよ．

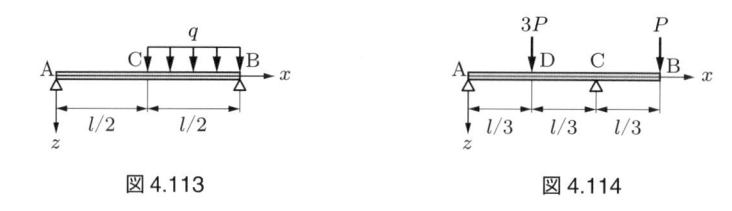

図 4.113   図 4.114

4.73 図 4.114 に示すように，全長 l，曲げ剛性 EI_y の突出しはりがスパン $2l/3$ で支持されている．自由端 B と中間点 D にそれぞれ集中荷重 P，$3P$ が作用するとき，支点 A，中間点 D，支点 C におけるたわみ角と，荷重作用点 D および B におけるたわみを求めよ．

4.74 図 4.115 に示すように，長さ l，曲げ剛性 EI_y の単純支持はり AB に，中央点 C で q_0 となる三角形分布荷重が作用している．最大たわみを求めよ．

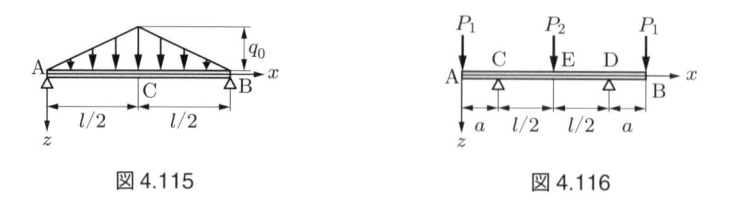

図 4.115   図 4.116

4.75 図 4.116 に示すように，スパンが l，両端から支点までの距離が a である両側突出しはりが，自由端 A，B と中央点 E にそれぞれ集中荷重 P_1，P_2 を受けている．中央点 E におけるたわみ，支点 C におけるたわみ角を求めよ．ただし，はりの曲げ剛性を EI_y とする．

4.76 図 4.117 に示すように，長さ l，曲げ剛性 EI_y の単純支持はり AB が，両支点から距離 a の位置 C，D に集中荷重 P を受けている．荷重の作用点 C および中央点 E の

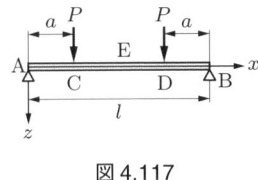

図 4.117

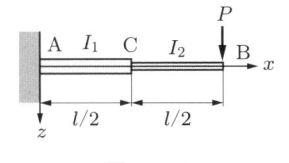

図 4.118

たわみを求めよ．

4.77 図 4.118 に示すように，AC 間と CB 間で断面二次モーメントがそれぞれ I_1，I_2 である段付はりが，自由端 B に集中荷重 P を受けている．最大たわみを求めよ．ただし，はりの縦弾性係数を E とする．

4.78 図 4.119 に示すように，両端部と中央部の断面二次モーメントがそれぞれ I_y，$2I_y$ である段付単純支持はりの中央に集中荷重 P が作用するとき，中央点 E のたわみを求めよ．ただし，はりの縦弾性係数を E とする．

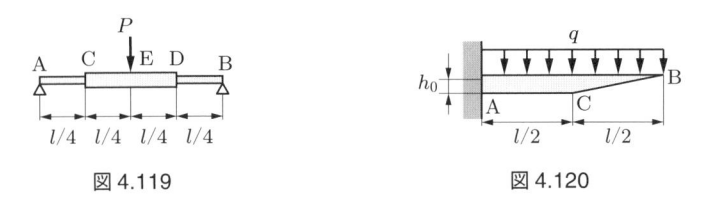

図 4.119　　　　　　　　　　図 4.120

4.79 図 4.120 に示すように，AC 間では高さ h_0 が一定，CB 間では高さが直線的に変化する長方形断面の片持はり AB に，等分布荷重 q が作用するとき，自由端 B のたわみを求めよ．ただし，はりの幅は全長にわたって一定値 b_0 で，縦弾性係数は E とする．また，AC 間での断面二次モーメントを I_0 とする．

4.9　平等強さのはり

4.9.1　平等強さのはり

　一様断面のはりでは，曲げモーメントが最大となる仮想断面で曲げ応力が最大となる．最大の曲げ応力が許容応力以下となるように断面の形状と寸法を決定しなければならない．はりの軽量化を考えるとき，曲げ応力が許容応力よりも小さい断面では断面寸法を小さくできる．曲げ応力が仮想断面の位置に関係なく，どこでも一定となるように断面寸法を変化させたはりを**平等強さのはり** (beam of uniform strength) という．このときの曲げ応力を許容応力と等しくしたとき，はりは必要な強さをもつ最軽量なはりとなる．ただし，一様断面はりと比較すると，軽量化した平等強さのはりのたわみは大きくなる．

例題 4.15　長さ l の片持はりの自由端に集中荷重 P が作用する．はりの断面形状は幅 b_0 の長方形で，固定端での高さは h_0 である．はりの縦弾性係数を E として，以下の各問に答えよ．

(1) はりが平等強さのはりとなるためには，固定端から距離 x の位置における断面の高さ h を，固定端での高さ h_0 からどのように変化させればよいか．

(2) たわみ角とたわみの式を導け．

(3) 自由端のたわみを求めよ．

(4) 幅 b_0，高さ h_0 の一様断面はりと比較すると，たわみは何倍になるか．

解答　(1) 固定端から距離 x の位置で，曲げ応力は

$$\sigma_0 = \frac{|M|}{Z} = \frac{6P(l-x)}{b_0 h^2}$$

となる．この値が x に関係なく一定値になればよい．ここで，$(l-x)/h^2 = C$ とおく．$x = 0$ の固定端で $h = h_0$ であるから，$C = l/h_0^2$ となる．これより，$(l-x)/h^2 = l/h_0^2$ となる．よって，次のようになる．

$$h = h_0 \sqrt{\frac{l-x}{l}}$$

はりは，たとえば**図 4.121** に示すような形状である[8]．

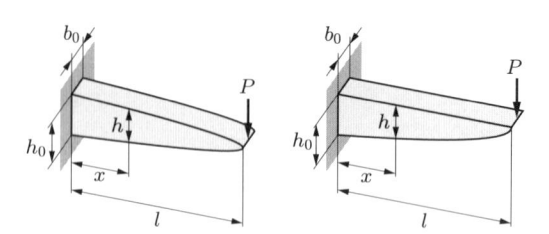

図 4.121　幅が一定で自由端に集中荷重が作用する平等強さの片持はり

(2) 固定端での断面二次モーメントを I_0 とすると，固定端から距離 x の位置で

$$I_y = \frac{b_0 h^3}{12} = \frac{b_0 h_0^3}{12} \left(\frac{l-x}{l}\right)^{3/2} = I_0 \left(\frac{l-x}{l}\right)^{3/2}$$

となる．たわみ曲線の微分方程式は次のようになる．

$$\frac{d^2 u}{dx^2} = \frac{P}{EI_y}(l-x) = \frac{Pl^{3/2}}{EI_0} \frac{1}{\sqrt{l-x}}$$

---

[8] この問題では曲げ応力だけを考え，せん断応力を考慮していない．実用されるはりでは，自由端でせん断応力に耐えるだけの断面積が必要である．

積分して,

$$\theta = \frac{Pl^{3/2}}{EI_0}\{-2(l-x)^{1/2} + C_1\}$$

$$u = \frac{Pl^{3/2}}{EI_0}\left\{\frac{4}{3}(l-x)^{3/2} + C_1 x + C_2\right\}$$

となる. 初期条件は $x = 0$ で $\theta = 0$, $u = 0$ である. これらから, $C_1 = 2l^{1/2}$, $C_2 = -4l^{3/2}/3$ となる. よって, 次のようになる.

$$\theta = \frac{2Pl^{3/2}}{EI_0}\{-(l-x)^{1/2} + l^{1/2}\}$$

$$u = \frac{4Pl^{3/2}}{3EI_0}\left\{(l-x)^{3/2} + \frac{3}{2}l^{1/2}x - l^{3/2}\right\}$$

(3) 自由端のたわみは次のようになる.

$$u_{x=l} = \frac{2Pl^3}{3EI_0}$$

(4) 幅 b_0, 高さ h_0 の一様断面はりの自由端のたわみは, 例題 4.12 に示したように, $u_0 = Pl^3/3EI_0$ である. したがって,

$$\frac{u}{u_0} = 2$$

となり, 一様断面はりのたわみと比較して, 平等強さのはりのたわみは 2 倍 になる.

4.9.2 板ばね

平等強さのはりは必要な強さをもつ最軽量なはりであり, 大きなたわみを生じる. 軽量で大きな弾性変形をする部材はばねに適している.

板厚が一定である長方形断面の平等強さのはりをばねとして使用した部材を, **板ばね** (plate spring) という. 自由端に集中荷重が作用し, 板厚 h_0 が一定である長方形断面片持はりを平等強さのはりとするためには, **図 4.122** に示すように, 断面の幅を $b = b_0(l-x)/l$ の三角形状とすればよい. このはりの自由端のたわみは, 幅 b_0, 高さ h_0 の一様断面はりのたわみの 1.5 倍である. また体積は 1/2 であるから, 単位体積あたりでは 3 倍の衝撃によるエネルギーを吸収できる.

図 4.122 の板ばねは, 固定端の幅が広いために, 設置スペースにゆとりがない場合は不便である. そこで**図 4.123** (a) に示すように, 三角形の板を等しい幅に細分した

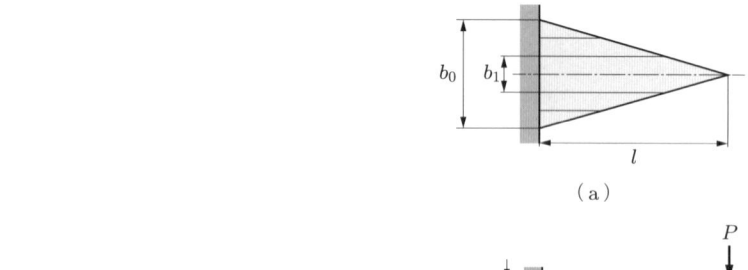

（a）

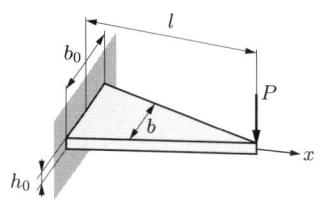

図 4.122　板ばね

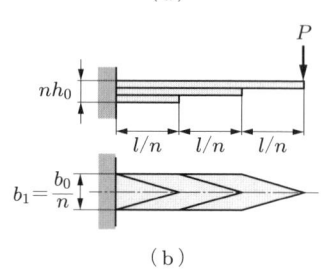

（b）

図 4.123　重ね板ばね

形状の数枚の細長い板を，図 (b) のように重ね合わせてばねとする．これを**重ね板ば
ね** (laminated spring) という．重ねた板の間に摩擦がなく，各板の先端だけで接し
ていると見なせるならば，これは 1 枚の板ばねと等価である．

　三角形板ばねの長さを l，板厚を h_0，固定端の幅を b_0 とし，重ね板ばねの板数を
n，幅を b_1 とすると，$b_0 = nb_1$ であるから，板ばねおよび重ね板ばねの曲げ応力およ
び自由端のたわみは次式で与えられる．

$$\sigma_0 = \frac{|M|}{Z} = \frac{6Pl}{b_0 h_0^2} = \frac{6Pl}{nb_1 h_0^2} \tag{4.13}$$

$$u = \frac{Pl^3}{2EI_0} = \frac{6Pl^3}{Eb_0 h_0^3} = \frac{6Pl^3}{Enb_1 h_0^3} \tag{4.14}$$

　図 4.124 に示すように，スパン l の単純支持はりの中央に集中荷重 P が作用する
場合の板ばねの形状は，$0 \leqq x \leqq l/2$ で $b = 2b_0 x/l$ である．これを重ね板ばねとし，
さらに上下対称に組み合わせた**図 4.125** のばねは，電車や自動車などに用いられ，**車
両ばね** (carriage spring) とよばれる．車両ばねは，許容される最大荷重が作用した
ときにばねが水平となるように，無負荷状態で湾曲させられている．これらの板ばね
および重ね板ばねの曲げ応力および中央のたわみは次式で与えられる．

$$\sigma_0 = \frac{|M|}{Z} = \frac{3Pl}{2b_0 h_0^2} = \frac{3Pl}{2nb_1 h_0^2} \tag{4.15}$$

$$u = \frac{Pl^3}{32EI_0} = \frac{3Pl^3}{8Eb_0 h_0^3} = \frac{3Pl^3}{8Enb_1 h_0^3} \tag{4.16}$$

（a）

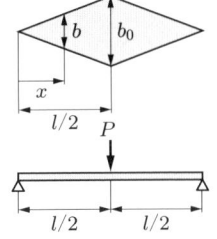

図 4.124 単純支持の板ばね

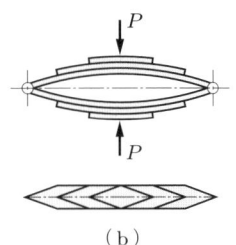

（b）

図 4.125 車両ばね

演習問題

4.80 スパン l の単純支持はりが等分布荷重を受ける．はりの断面を円形断面とするとき，このはりが平等強さのはりとなるためには，断面の直径 d をどのように変化させればよいか．ただし，はりの中央での直径を d_0 とする．

4.81 図 4.126 に示すように，断面の幅 b_0 が一定である長方形断面の片持はりが三角形分布荷重を受ける．平等強さのはりとするためには，断面の高さ h をどのようにすればよいか．また，自由端 B のたわみを求めよ．

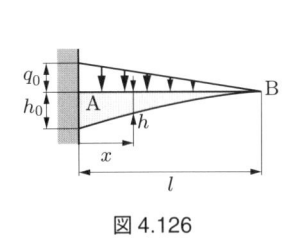

図 4.126

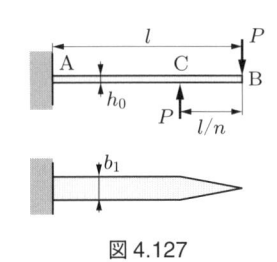

図 4.127

4.82 図 4.127 に示すように，高さ h_0 が一定である長方形断面の片持はり AB が，点 B と点 C で大きさ P が等しく向きが互いに逆である荷重を受けている．断面の幅は AC 間で b_1，CB 間では直線的に変化する．このはりが平等強さのはりになっていることを示せ．また自由端 B のたわみを求めよ．ただし，$nb_1 = b_0$，$b_0 h_0^3/12 = I_0$ とし，はりの縦弾性係数を E とする．

4.83 ばねに作用する荷重が 3.6 kN である鋼製車両ばねを製作する．鋼板の幅 64 mm，厚さ 6.0 mm，長さ 760 mm，許容応力 180 MPa とするとき，何枚の板が必要か．また，縦弾性係数を 206 GPa として，このときの中央のたわみを計算せよ．

第5章 長柱の座屈

5.1 安定なつり合いと不安定なつり合い

物体のつり合い状態には，**安定なつり合い** (stable equilibrium) 状態と**不安定なつり合い** (unstable equilibrium) 状態とがある．これらの違いは，**図 5.1** に示す谷と山にたとえられる．安定なつり合い状態とは，ボールが谷底にある場合である．外乱によってボールの位置が左右に動いたとしても，ボールはもとにあった谷底の平衡位置に戻る．逆に，不安定なつり合い状態とは，ボールが山の頂上にある場合である．奇跡的につり合い状態を保っているとしても，何らかの外乱によってボールの位置が左右に少しでも動くと，もはやつり合い状態を保てない．

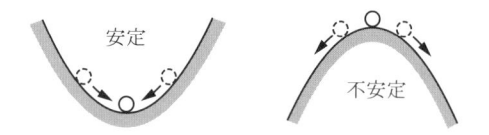

図 5.1 安定なつり合い状態と不安定なつり合い状態

これまで扱ってきた，軸荷重を受ける棒，ねじり荷重を受ける軸，曲げ荷重を受けるはりはすべて安定なつり合い状態にある．安定なつり合い状態では，荷重と変形量が 1 対 1 に対応する．荷重の値に対して変形量が一意に定まり，荷重が増えると，それに比例して変形量も増す．これに対して，荷重と変形量との対応が 1 対多となる状態が不安定なつり合い状態である．

中心軸方向に圧縮荷重を受ける棒状部材を**柱** (column) という．柱が太短いとき，圧縮荷重が大きくなると柱は圧縮破壊する．細長い柱では，圧縮荷重であるにもかかわらず，ある条件下では曲げ変形が生じて破損する．前者を**短柱** (short column)，後者を**長柱** (long column) という．

長柱が不安定なつり合い状態にあり，何らかの原因でそのつり合い状態が崩れ，突然に横方向にたわんで破損する現象を長柱の**座屈** (buckling) という．このような不安定現象は，長柱だけではなく，圧縮荷重を受ける薄板，外圧あるいはねじり荷重を受ける薄肉円筒や薄肉球殻にも起こる．

5.2 一端固定他端自由の長柱

5.2.1 偏心圧縮荷重による変形

図 5.2 に示すように，上端面において圧縮荷重 P が図心から e だけ偏心した位置に作用している，長さ l の柱を考える．片持はりと同様に，中心線に沿って長手方向に x 軸をとり，偏心方向を z 軸とする．柱の任意断面には z 軸の負の方向に凸に変形させる曲げ内偶力が作用するから，柱は図のような曲げ変形を起こす．上端でのたわみを $u_{\max}$，固定端から距離 x の位置でのたわみを u とすると，この仮想断面に生じる曲げモーメントは

$$M = -P(u_{\max} + e - u)$$

と表される．これまで扱ってきたはりの問題では，曲げモーメントを変形前の状態で計算した．それは仮想断面と荷重作用点との距離が変形の前後で変化することを無視しているためである．ところが長柱ではその距離の変化を無視できない．

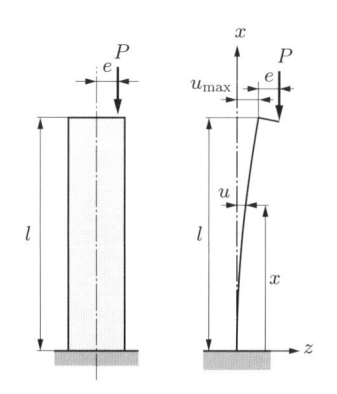

図 5.2 偏心圧縮荷重を受ける長柱

柱の圧縮変形は曲げ変形と比べて十分に小さいので，曲げ変形だけを考える．柱の曲げ剛性を EI_y とすると，たわみ曲線の微分方程式は

$$\frac{d^2 u}{dx^2} = \frac{P}{EI_y}(u_{\max} + e - u) \tag{5.1}$$

となる．ここで，$P/EI_y = a^2$ とおくと，上式は

$$\frac{d^2 u}{dx^2} + a^2 u - a^2(u_{\max} + e) = 0 \tag{5.2}$$

と書ける．この定数係数 2 階線形微分方程式の一般解は

$$u = C_1 \sin ax + C_2 \cos ax + (u_{\max} + e) \tag{5.3}$$

である．ここで，C_1 および C_2 は定数であり，それらは初期条件 $x = 0$ で $u = 0$，$du/dx = 0$ から決定でき，それぞれ

$$C_1 = 0, \quad C_2 = -(u_{\max} + e)$$

となる．よって，特殊解

$$u = (u_{\max} + e)(1 - \cos ax) \tag{5.4}$$

を得る．定数 $u_{\max}$ は，$x = l$ で $u = u_{\max}$ の条件から決定でき，

$$u_{\max} = e\frac{1 - \cos al}{\cos al} \tag{5.5}$$

となる．これを式 (5.4) に代入することにより，たわみの式

$$u = e\frac{1 - \cos ax}{\cos al} \tag{5.6}$$

を得る．

式 (5.5) で計算される荷重 P と最大たわみ $u_{\max}$ の関係を図 5.3 に示す．荷重の大きさと最大たわみは比例しない．また，偏心量が小さいほど，荷重の増加に対する最大たわみの増加量が急変する．

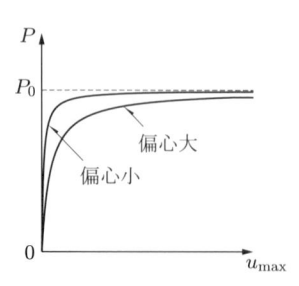

図 5.3 偏心荷重と最大たわみ

式 (5.5) より，$\cos al = 0$ のとき $u_{\max} \to \infty$ となる．そのときの荷重は

$$al = (2n + 1)\frac{\pi}{2} \quad (n = 0, 1, 2, \cdots)$$

より，

$$P_n = (2n + 1)^2 \frac{\pi^2 EI_y}{4l^2} \quad (n = 0, 1, 2, \cdots) \tag{5.7}$$

である．強度計算上は $n = 0$ のときの荷重がもっとも重要であり，

$$P_0 = \frac{\pi^2 EI_y}{4l^2} \tag{5.8}$$

である．

5.2.2 座屈荷重

図 5.2 の一端固定他端自由の柱において，偏心量が $e = 0$ の場合を考える．柱が曲げ変形を起こしたとき，曲がった方向に対応する断面二次モーメントを I とすると，たわみの式 (5.4) は，

$$u = u_{\max}(1 - \cos ax)$$

となる．ただし，$a = \sqrt{P/EI}$ である．上式において，$x = l$ で $u = u_{\max}$ より，

$$u_{\max} \cos al = 0$$

でなければならない．これは次の二つの解が存在することを表している．

$$\begin{cases} \cos al \neq 0 \text{ のとき} \quad u_{\max} = 0 \\ \cos al = 0 \text{ のとき} \quad u_{\max} = \text{不定} \end{cases}$$

$\cos al = 0$ となるのは，圧縮荷重が

$$P_n = (2n + 1)^2 \frac{\pi^2 EI}{4l^2} \quad (n = 0, 1, 2, \cdots)$$

のときであり，このうちもっとも小さいのは

$$P_0 = \frac{\pi^2 EI}{4l^2}$$

である．これらの荷重は $e \neq 0$ の場合と等しい．

荷重と最大たわみの関係を**図 5.4** に示す．荷重が P_0 に達するまでは，$u_{\max} = 0$ で，柱は曲げ変形を起こさず短くなるだけで，安定なつり合い状態である．荷重が P_0 であるときは不安定なつり合い状態で，$u_{\max}$ はどのような値でもとることができる．ただし，たわみ曲線の微分方程式はたわみが十分に小さいときしか成り立たないから，この解は $u_{\max}$ が小さい場合にのみ有効である．実際には変形が進む途中で塑性変形や破壊が起こる．また，上記の計算では荷重 P_0 で $u_{\max} = 0$ を保つことも可能であるが，それはむしろ奇跡的な状態であり，通常は断面寸法や材質の不均一さのために

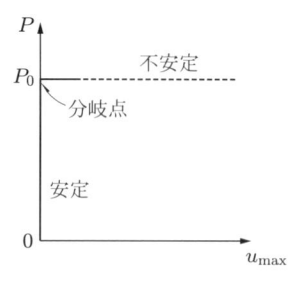

図 5.4　荷重と最大たわみ

$u_{\max} \neq 0$ の曲げ変形が起こる.

荷重 P_0 のときに柱を何らかの方法で支えておき,さらに荷重を増加させると,柱は再び安定なつり合い状態となり,$u_{\max} = 0$ となる.さらに荷重を増加させると,荷重が P_1 のときに再び不安定なつり合い状態になる.柱に不安定な曲げ変形が起こったときの変形の様子を図 5.5 に示す.

不安定状態となる荷重のもっとも小さい値を**座屈荷重** (buckling load) といい,P_{cr} で表す.すなわち,

$$P_{cr} = \frac{\pi^2 E I_{\min}}{4l^2}$$

である.もっとも小さい荷重で座屈が起こるのは,断面二次モーメントが最小となる方向,すなわち,もっとも曲がりやすい方向である[†1].たとえば,図 5.6 に示すように,断面の幅 b が高さ h よりも大きい長方形断面の長柱では,$I_{\min} = I_y = bh^3/12$ であるから,もっとも小さい荷重で座屈が起こるのは断面二次モーメントが I_y となる方向であり,たわみは z 方向に起こる.

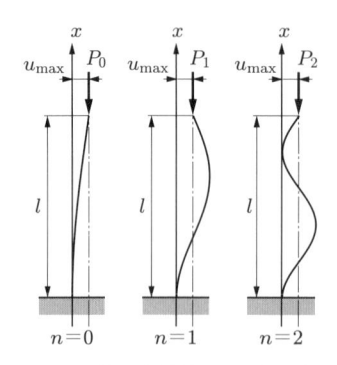

図 5.5　一端固定他端自由の柱の座屈

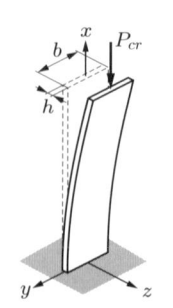

図 5.6　長方形断面長柱の座屈

---

†1 7.6.3 項および下巻 1.3 節参照.

　不安定状態で部材を使用することはできないから，座屈荷重が使用荷重よりも大きくなるように設計する．座屈荷重を大きくするには，柱の長さ l を小さくすること，最小断面二次モーメント $I_{\min}$ を大きくすることが有効である．材料については縦弾性係数 E で決まるから，圧縮強さあるいは引張強さや降伏点の大きい材料を使用しても縦弾性係数が変わらなければ，座屈に対する強度を高めることにはならない．

演習問題

5.1 微分方程式 (5.2) の一般解が，式 (5.3) となることを示せ．

5.2 長さが $1.5\,\mathrm{m}$ で，断面が長方形 ($20\,\mathrm{mm} \times 40\,\mathrm{mm}$) の一端固定他端自由の柱がある．縦弾性係数を $206\,\mathrm{GPa}$ として，座屈荷重 P_{cr} を求めよ．

5.3 長さ $1.2\,\mathrm{m}$ の一端固定他端自由の柱がある．断面が直径 $25\,\mathrm{mm}$ の円形断面である場合の座屈荷重 P_{cr} を求めよ．次に，外径 $30\,\mathrm{mm}$ の同じ長さの円筒に換えた場合，同じ座屈荷重になるためには肉厚をいくらにすればよいか．また，このときの質量は何 % 減少するか．ただし，材料の縦弾性係数を $206\,\mathrm{GPa}$ とする．

5.3　オイラーの公式

　両端での支持条件が異なる長柱に対しても，座屈荷重をたわみ曲線の微分方程式から求められる．ここでは，その結果のみを示す．

　両端回転自由の長柱が座屈したとき，その変形の様子は**図 5.7** (a) のようになる．このときの座屈荷重は

$$P_{cr} = \frac{\pi^2 E I_{\min}}{l^2}$$

である．

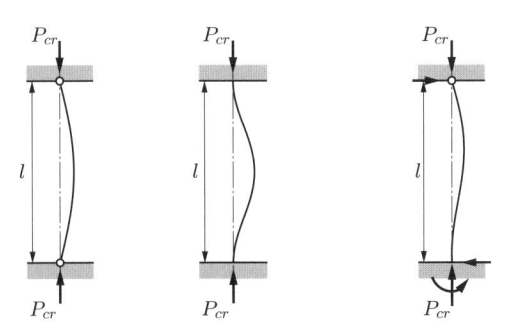

（a）両端回転自由　　（b）両端固定　　（c）一端固定他端回転自由

図 5.7　種々の長柱の座屈

両端固定の長柱が座屈したとき，その変形の様子は図 5.7 (b) のようになる．このときの座屈荷重は

$$P_{cr} = 4\frac{\pi^2 EI_{\min}}{l^2}$$

である．

一端固定他端回転自由の長柱が座屈したとき，その変形の様子は図 5.7 (c) のようになる．座屈後にも上端と下端とが一直線上にあるとすると，横荷重を加える必要があり，ほかの長柱のような余弦関数のたわみ曲線とはならない．このときの座屈荷重は

$$P_{cr} = 2.046\frac{\pi^2 EI_{\min}}{l^2} \fallingdotseq 2\frac{\pi^2 EI_{\min}}{l^2}$$

である．

柱の座屈荷重は，次のようにまとめることができる．

$$\boxed{P_{cr} = i\frac{\pi^2 EI_{\min}}{l^2}} \tag{5.9}$$

ここで，i は端末の支持条件で与えられる端末条件係数で，その値は**表 5.1** に示すとおりである．上式を**オイラー**[†2]**の公式** (Euler's formula) という．

表 5.1　端末条件係数 i の値

一端固定他端自由	1/4
両端回転自由	1
両端固定	4
一端固定他端回転自由	2

座屈応力は

$$\sigma_{cr} = \frac{P_{cr}}{A} = i\frac{\pi^2 EI_{\min}}{Al^2}$$

となる．ここで，$k = \sqrt{I_{\min}/A}$ とおくと，

$$\sigma_{cr} = i\pi^2 E\left(\frac{k}{l}\right)^2 \tag{5.10}$$

†2 Leonhard Euler, 1707〜1783, スイス

と書ける. この k を **断面二次半径** (radius of gyration of area) といい, 長さの次元をもつ. また, $\lambda = l/k$ とおくと,

$$\sigma_{cr} = i\frac{\pi^2 E}{\lambda^2} \tag{5.11}$$

となる. λ を **細長比** (slenderness ratio) という. λ は座屈に対する柱の形状を表す無次元量である.

　柱を圧縮したとき, 圧縮でつぶれる柱は短柱, 座屈する柱は長柱と分類される. これらの分類は, 細長比 λ で判断できる. 境目となる細長比を λ_0, 圧縮での降伏応力を σ_c として, 短柱の圧縮降伏応力および長柱の座屈応力と細長比 λ との関係を図 5.8 に示す. $\lambda < \lambda_0$ ならば圧縮破損を起こす短柱, $\lambda > \lambda_0$ ならば座屈を起こす長柱である. $\sigma_{cr} = \sigma_c$ とおくことにより, λ_0 は

$$\lambda_0 = \pi\sqrt{\frac{iE}{\sigma_c}} \tag{5.12}$$

と求められる.

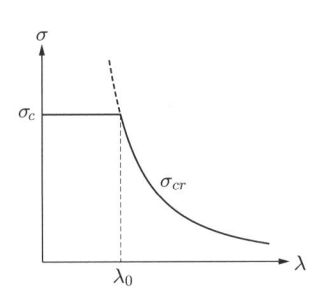

図 5.8　短柱の圧縮破損と長柱の座屈

演習問題

5.4 長さ 1.5 m, 両端回転自由の鋳鉄製円柱に軸圧縮荷重 400 kN が作用するとき, 荷重を安全に支えるために必要な直径をオイラーの公式により定めよ. ただし, 材料の縦弾性係数を 98 GPa, 安全率を 5 とする.

5.5 シリンダの最高総圧力 80 kN, 長さ 1.5 m の軟鋼製連結棒を作製したい. 連結棒を円柱とするとき, 必要な直径を計算せよ. ただし, 安全率を 5, 縦弾性係数を 206 GPa とし, 連結棒は両端回転自由の柱とする.

5.6 直径 d の円形断面をもつ長さ l の軟鋼棒の両端を, 間隔が不変である剛体壁で, 回転自由に支持する. 棒を一様に加熱するとき, 棒が座屈するのは温度上昇が何度になったときか. オイラーの公式を用いて求めよ. ただし, 棒の縦弾性係数を E, 線膨張係数を α とする.

5.7 図5.9に示すトラスの点Cに鉛直荷重 $P = 50$ kN が作用する．部材BCは縦弾性係数206 GPaの軟鋼製中実丸棒，部材ACはワイヤである．オイラーの公式を用いて，部材BCの直径を計算せよ．ただし，$l = 3.0$ m，$h = 1.5$ m で，安全率を3とする．

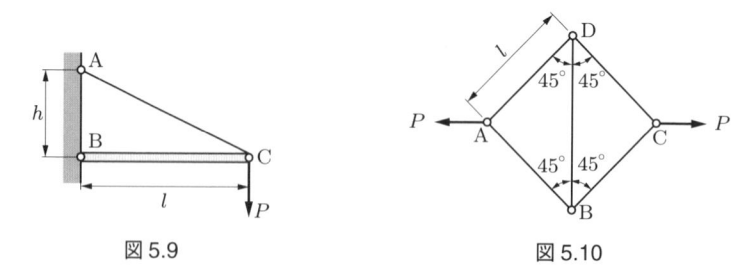

図5.9　　　　　　　　　　図5.10

5.8 図5.10に示すように，曲げ剛性 EI が等しい棒をピン結合したトラスABCDに引張荷重 P を加える．部材BDが座屈するときのトラスの引張荷重をオイラーの公式により求めよ．

5.9 図5.11に示すように，曲げ剛性 EI が等しい棒をピン結合した左右対称のトラスの点Dに鉛直荷重 P を加える．部材ACおよびBCが座屈するときのトラスの鉛直荷重をオイラーの公式により求めよ．

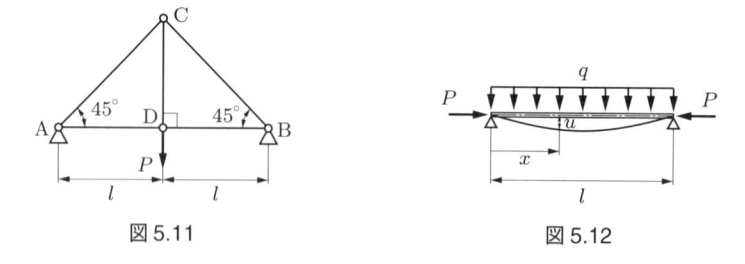

図5.11　　　　　　　　　　図5.12

5.10 図5.12に示すように，両端が回転支持されたはりに等分布荷重 q と軸圧縮荷重 P が作用している．はりの長さを l，曲げ剛性を EI_y として，最大たわみと座屈荷重を求めよ．

5.11 長さが l で一端固定他端自由の軟鋼製の柱がある．断面は 40 mm $\times 30$ mm の長方形で，縦弾性係数は 206 GPa である．次の各問に答えよ．

(1) 自由端に 100 kN の軸圧縮荷重を加えたとき，この柱が座屈しないで耐えうる最大長さをオイラーの公式より求めよ．

(2) できるだけ大きな荷重に耐えうるためには，棒の長さをいくら以下にすればよいか．ただし，この柱の圧縮応力が材料の降伏点 245 MPa になるまではオイラーの公式を適用できるとする．

5.12 圧縮降伏点が 300 MPa，縦弾性係数が 206 GPa の材料で，両端回転自由の柱を作製したい．オイラーの公式が適用できる細長比はいくら以上か．

5.4 座屈の実験式

実際には，λ_0 を境に柱の破損様式が明確に区別できるわけではない．λ_0 付近の柱についての強度評価に対して，いくつかの実験式が提案されている．それらを以下で説明する．

5.4.1 ランキンの式

細長比が λ_0 付近であるとき，座屈応力 σ_R が次式で与えられると考える．

$$\frac{1}{\sigma_R} = \frac{1}{\sigma_c} + \frac{1}{\sigma_{cr}} \tag{5.13}$$

この式によると，λ が十分小さいときは $\sigma_c \ll \sigma_{cr}$ なので $\sigma_R \fallingdotseq \sigma_c$ となり，λ が十分大きいときは $\sigma_c \gg \sigma_{cr}$ なので $\sigma_R \fallingdotseq \sigma_{cr}$ となる．上式にオイラーの式 (5.11) を代入すると，

$$\sigma_R = \frac{\sigma_c}{1 + \sigma_c \dfrac{\lambda^2}{i\pi^2 E}}$$

となる．

上式で計算される σ_R は実験値よりも低い値となるため，次のように式を修正する．

$$\sigma_R = \frac{\sigma_0}{1 + a\dfrac{\lambda^2}{i}} \tag{5.14}$$

これを**ランキン[†3] の式** (Rankine's formula) という．式 (5.14) をグラフで表すと，**図 5.13** のようになる．ここで，σ_0 および a は，上式が実験結果に合うように定められた定数である．ランキンの式における定数 σ_0 と a を**表 5.2** に示す．

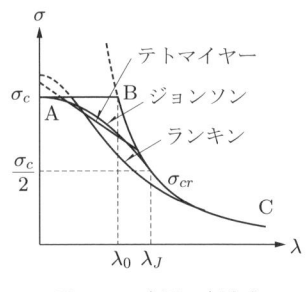

図 5.13　座屈の実験式

表 5.2　ランキンの式の定数とその適用範囲

材料	σ_0 [MPa]	a	$\lambda/\sqrt{i}$
軟鋼	333	1/7500	< 90
硬鋼	481	1/5000	< 85
鋳鉄	549	1/1600	< 80
木材	49	1/750	< 60

[†3] William John Macquorn Rankine, 1820〜1872, イギリス

5.4.2 ジョンソンの式

図 5.13 の点 A を頂点とし，オイラーの公式による曲線に接する放物線を仮定すると，a を定数として，

$$\sigma_J = \sigma_c - a\lambda^2$$

と表すことができる．両曲線の接点を求めるために，$\sigma_J = \sigma_{cr}$ とおき，λ を消去すると，2 次方程式

$$\sigma_{cr}^2 - \sigma_c\sigma_{cr} + ai\pi^2 E = 0$$

を得る．両曲線が接するためには，この 2 次方程式が σ_{cr} について重根をもたなければならないから，その条件として，

$$\sigma_c^2 - 4ai\pi^2 E = 0$$

でなければならない．これから定数 a が定まるから，求めるべき放物線の式として，

$$\sigma_J = \sigma_c - \frac{\sigma_c^2}{4i\pi^2 E}\lambda^2 \tag{5.15}$$

を得る．これを**ジョンソンの式** (Johnson's formula) という．

両曲線の接点において，

$$\sigma_J = \frac{\sigma_c}{2}, \quad \lambda_J = \sqrt{\frac{2i\pi^2 E}{\sigma_c}} = \sqrt{2}\lambda_0 \tag{5.16}$$

である．$\lambda < \lambda_J$ のときはジョンソンの式を用い，$\lambda > \lambda_J$ のときはオイラーの公式を用いる．

5.4.3 テトマイヤーの式

両端回転自由の長柱に対する実験結果に基づいて，座屈応力を直線近似した

$$\sigma_T = \sigma_0(1 - a\lambda) \tag{5.17}$$

が提案されている．これを**テトマイヤー**[†4] **の式** (Tetmajer's formula) という．上式をグラフで表すと，図 5.13 のようになる．テトマイヤーの式における定数 σ_0 と a，およびその適用範囲を**表 5.3** に示す．

---

†4 Ludwig von Tetmajer, 1850～1905, スロバキア

表 5.3　テトマイヤーの式の定数とその適用範囲

材料	σ_0 [MPa]	a	λ
軟鋼	304	1/272	10～105
硬鋼	328	1/540	～89
木材	28.7	1/160	1.8～100

演習問題

5.13 長さ 8.0 m，内径 160 mm，外径 220 mm の両端固定の鋳鉄製中空円柱の座屈応力を，ランキンの式を用いて計算せよ．

5.14 断面が 150 mm × 170 mm の長方形で，長さが 2.0 m の両端回転自由の木柱に加えることができる最大圧縮荷重を計算せよ．ただし，安全率を 5 とし，オイラーの公式とランキンの式のいずれか適切な式を用いることとする．

5.15 軸圧縮荷重 100 kN が作用する長さ 1.5 m の両端回転自由の軟鋼製円柱の直径を，ジョンソンの式を用いて計算せよ．また，そのときの細長比 λ とオイラーの公式との境界 λ_J を計算せよ．ただし，円柱の降伏点を 210 MPa，縦弾性係数を 206 GPa，安全率を 8 とする．

5.16 軸圧縮荷重 400 kN が作用する長さ 2.0 m の両端回転自由の硬鋼製円柱の直径を，テトマイヤーの式を用いて計算せよ．また，そのときの細長比 λ を計算せよ．ただし，安全率を 5 とする．

第6章 不静定問題

6.1 不静定問題

部材に生じる応力や変形を計算するためには，仮想断面に作用する内力・内偶力を求める必要がある．そのためには荷重および偶力荷重のほかに，反力・反偶力が既知でなければならない．内力・内偶力あるいは反力・反偶力が，静力学のつり合い条件，すなわち力のつり合いとモーメントのつり合い，

$$\sum F_x = 0, \quad \sum F_y = 0, \quad \sum F_z = 0 \quad \left(\sum \boldsymbol{F} = 0 \right) \tag{6.1}$$

$$\sum M_x = 0, \quad \sum M_y = 0, \quad \sum M_z = 0 \quad \left(\sum \boldsymbol{M} = 0 \right) \tag{6.2}$$

だけで解けるとき，その問題を**静定問題** (statically determinate problem)，静力学のつり合い条件だけでは解けないとき，その問題を**不静定問題** (statically indeterminate problem) という．不静定問題では，静的なつり合い条件式の数よりも未知数の数が多い．不足する式の数が n 個であるとき，その状態を n 次の不静定といい，その問題を n 次の不静定問題という．不足する式を補うためには，部材がどのように変形するかを考え，その条件を式で表現すればよい．

軸荷重が作用する棒における初歩的な不静定問題はすでに第 1 章で扱った．ここでは，ねじり荷重と曲げ荷重を含めて，不静定問題のもっとも一般的な解法を示す．

6.2 剛性壁で拘束された棒

軸荷重を受ける棒の両端が固定されているとき，棒の全長は変化しない．また，ねじり偶力荷重を受ける軸がその両端で固定されているときは，軸の両端面間のねじれ角はゼロでなければならない．いずれの場合も棒や軸の両端面間では変形が生じ，応力が作用している．

例題6.1 図6.1に示すように，両端で固定された段付棒 AB の段付部 C に軸荷重 P が作用している．棒の各部に生じる応力を求めよ．ただし，棒の縦弾性係数を E，AC部の断面積を A_1，長さを l_1，CB部の断面積を A_2，長さを l_2 とする．

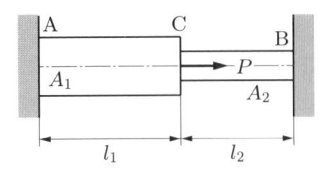

図6.1　軸荷重が作用する両端固定段付棒

解答 図6.2に示すように，段付棒が壁から受ける反力を，それぞれ R_A，R_B とする．力のつり合いから，

$$R_A + R_B = P \tag{1}$$

である．静力学のつり合い条件において，二つの未知数 (R_A と R_B) に対して条件式は一つである．すなわち式が一つ不足している．この問題を解くために棒の変形を考える．AC部およびCB部の伸びを，それぞれ λ_1，λ_2 とすると，棒の全長は不変であるから，

$$\lambda_1 + \lambda_2 = 0 \tag{2}$$

となる．ここで，図6.3に示すように，仮想断面 X に生じる軸力を N_1，仮想断面 Y に生じる軸力を N_2 とすると，

$$N_1 = R_A, \quad \lambda_1 = \frac{N_1 l_1}{EA_1}, \quad N_2 = R_A - P, \quad \lambda_2 = \frac{N_2 l_2}{EA_2}$$

である．これらを用いて，式 (1)，(2) の連立方程式を解くと，

$$R_A = \frac{A_1 l_2}{A_1 l_2 + A_2 l_1} P, \quad R_B = \frac{A_2 l_1}{A_1 l_2 + A_2 l_1} P$$

となり，各部の軸力は

$$N_1 = \frac{A_1 l_2}{A_1 l_2 + A_2 l_1} P, \quad N_2 = -\frac{A_2 l_1}{A_1 l_2 + A_2 l_1} P$$

となる．よって，各部の応力は次のようになる．

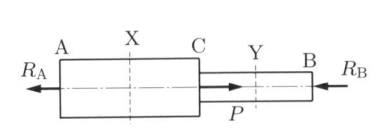

図6.2　両端固定段付棒に作用する反力

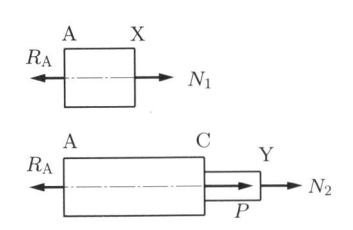

図6.3　仮想断面に作用する軸力

$$\sigma_1 = \frac{N_1}{A_1} = \frac{l_2 P}{A_1 l_2 + A_2 l_1}, \quad \sigma_2 = \frac{N_2}{A_2} = -\frac{l_1 P}{A_1 l_2 + A_2 l_1}$$

AC 部には引張応力が，CB 部には圧縮応力が作用する．

[別解]　上記の解答では軸力 N_2 は負となる．すなわち，実際に作用している向きは図6.3とは逆向きで，N_2 は圧縮力である．もしも N_2 を実際の向きで考え，λ_2 を縮みとして，式 (2) を $\lambda_1 = \lambda_2$ とすれば，$N_2 = A_2 l_1 P/(A_1 l_2 + A_2 l_1)$ を得る．

例題 6.2　図6.4 に示すように，両端で固定された丸軸 AB の中間点 C にねじり偶力荷重 Q が作用している．軸の各部に生じる応力と点 C でのねじれ角を求めよ．ただし，軸のせん断弾性係数を G，断面二次極モーメントを I_p，極断面係数を Z_p とする．

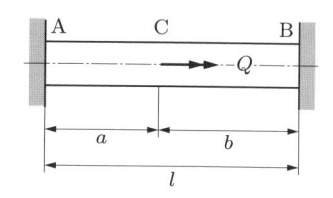

図6.4　ねじり偶力荷重が作用する両端固定丸軸

解答　図6.5 に示すように，丸軸が壁から受ける反偶力を，それぞれ J_A，J_B とする．モーメントのつり合いから，

$$J_A + J_B = Q \tag{1}$$

である．AC 間および CB 間のねじれ角を，それぞれ φ_1，φ_2 とすると，両端面間でのねじれ角はゼロであるから，

$$\varphi_1 + \varphi_2 = 0 \tag{2}$$

となる．ここで，図6.6 に示すように，仮想断面 X に生じるねじりモーメントを T_1，仮想断面 Y に生じるねじりモーメントを T_2 とすると，

$$T_1 = J_A, \quad \varphi_1 = \frac{T_1 a}{G I_p}, \quad T_2 = J_A - Q, \quad \varphi_2 = \frac{T_2 b}{G I_p}$$

となる．これらを用いて，式 (1)，(2) の連立方程式を解くと，

$$J_A = \frac{b}{l} Q, \quad J_B = \frac{a}{l} Q$$

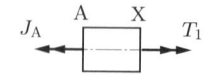

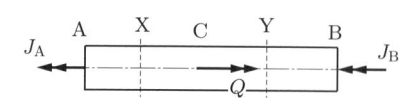

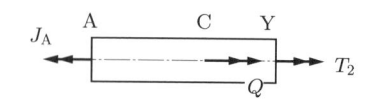

図6.5　両端固定丸軸に作用する反偶力　　図6.6　仮想断面に作用するねじりモーメント

となる．よって，各部に生じるねじり応力は次のようになる．

$$\tau_1 = \frac{T_1}{Z_p} = \frac{bQ}{lZ_p}, \quad \tau_2 = \frac{T_2}{Z_p} = -\frac{aQ}{lZ_p}$$

点 C のねじれ角は次のようになる．

$$\varphi_{\mathrm{C}} = \varphi_1 = \frac{abQ}{lGI_p}$$

演習問題

6.1 図 6.7 に示すように，両端固定丸棒の点 C に軸荷重 $P = 30\,\mathrm{kN}$ を加える．丸棒の許容応力が $120\,\mathrm{MPa}$ であるとき，必要な丸棒の直径 d を計算せよ．

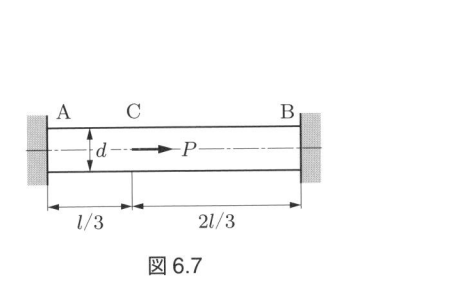

図 6.7　　　　　　　　　　　　図 6.8

6.2 図 6.8 のように両端を固定した段付棒 (縦弾性係数 E) の 2 箇所の変断面部で軸荷重 $P = 540\,\mathrm{kN}$ が作用する．棒の許容応力を $140\,\mathrm{MPa}$ とするとき，断面積 A_c をいくらにすればよいか．ただし，$A_a = 4A_c$，$A_b = 2A_c$，$a = 2c$，$b = 1.5c$ とする．

6.3 図 6.9 に示すように，断面が一様であるが面 C で異種の材料が結合された丸軸 AB が，両端で剛性壁に固定され，面 C にねじり偶力荷重 Q を受けている．AC 間と CB 間に生じる最大ねじり応力を等しくするためには，AC の長さ a をどのようにすればよいか．ただし，部材 AC および CB のせん断弾性係数をそれぞれ G_1，G_2 とする．

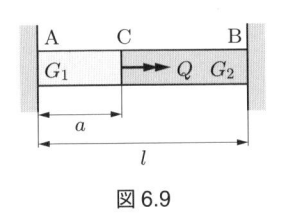
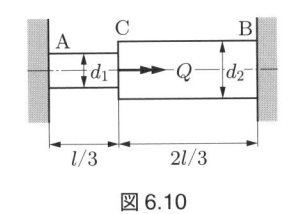

図 6.9　　　　　　　　　　　　図 6.10

6.4 図 6.10 に示すように，両端固定の段付丸軸の段付部にねじり偶力荷重 Q を加える．固定端 A および B に生じる反偶力を求めよ．

6.3 組み合わせ棒

2種類以上の部材が組み合わされ，軸荷重が作用する棒状部材を**組み合わせ棒** (compound rod) という．組み合わせ棒は典型的な不静定構造であり，仮想断面に生じる軸力を求めることが解法のポイントとなる．不足する式を補うために，その構造や荷重の加わり方に応じて変形条件を考えなければならない．

例題 6.3 図 6.11 に示すように，長さが等しい棒と円筒が，中心軸が一致するように配置され，両端が剛性板に結合されている．この組み合わせ棒に軸荷重 P が作用するとき，棒および円筒に生じる応力と組み合わせ棒の伸びを求めよ．ただし，棒の縦弾性係数を E_1，断面積を A_1，円筒の縦弾性係数を E_2，断面積を A_2 とする．

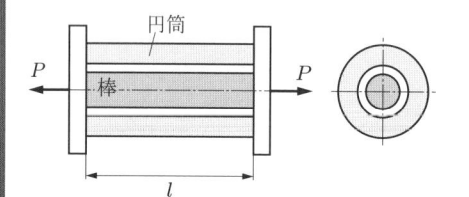

図 6.11　軸荷重を受ける組み合わせ棒　　　図 6.12　仮想断面に生じる軸力

解答 図 6.12 に示すように，棒に生じる軸力を N_1，伸びを λ_1，円筒に生じる軸力を N_2，伸びを λ_2 とする．棒を仮想断面で切断し，力のつり合いを考えると，

$$N_1 + N_2 = P \tag{1}$$

となる．両者の伸びは等しいから，次のようになる．

$$\lambda_1 = \lambda_2 \tag{2}$$

ここで，

$$\lambda_1 = \frac{N_1 l}{E_1 A_1}, \quad \lambda_2 = \frac{N_2 l}{E_2 A_2}$$

である．式 (1)，(2) の連立方程式を解くと，

$$N_1 = \frac{E_1 A_1}{E_1 A_1 + E_2 A_2} P, \quad N_2 = \frac{E_2 A_2}{E_1 A_1 + E_2 A_2} P$$

となる．よって，棒に生じる応力 σ_1 と円筒に生じる応力 σ_2 は

$$\sigma_1 = \frac{N_1}{A_1} = \frac{E_1 P}{E_1 A_1 + E_2 A_2}, \quad \sigma_2 = \frac{N_2}{A_2} = \frac{E_2 P}{E_1 A_1 + E_2 A_2}$$

で，組み合わせ棒の伸びは次のようになる．

$$\lambda = \frac{Pl}{E_1 A_1 + E_2 A_2}$$

例題 6.4　図 6.13 に示すように，長さ l の鋼線に引張荷重 P を加える．この状態で鋼線の周囲にコンクリートを流し込み，硬化させる．コンクリートが完全に固まった後に，加えていた荷重 P を除去する．このとき，両者に生じている応力を求めよ．ただし，鋼線の縦弾性係数を E_1，断面積を A_1，コンクリートの縦弾性係数を E_2，断面積を A_2 とする．

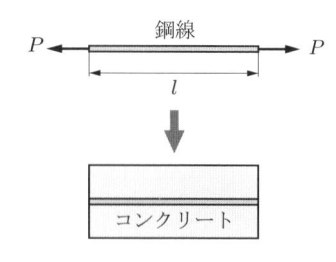

図 6.13　プレストレスト・コンクリート

解答　鋼線およびコンクリートの変形を考えるために，左端を基準として，右端までの長さを調べる．図 6.14 に示すように，鋼線は引張荷重 P によって λ だけ伸びていたが，コンクリートと結合していないならば，除荷後の長さは l に戻る．コンクリートは $l + \lambda$ の長さで固められており，鋼線と結合していないならば，除荷後の長さは $l + \lambda$ である．実際には両者は結合されているので，両者の長さは等しく，図の破線で示す平衡位置にあると考える．すなわち，鋼線はコンク

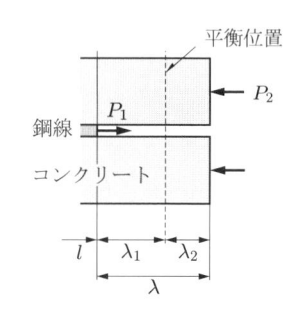

図 6.14　鋼線とコンクリートの変形

リートに結合されていることで，除荷時に自然長に戻ることを阻止する引張荷重をコンクリートから受ける．コンクリートは除荷時に鋼線に引きずられ短くなるので，圧縮荷重を受けて縮んでいると考える．鋼線に作用する引張荷重を P_1，伸びを λ_1，コンクリートに作用する圧縮荷重を P_2，縮みを λ_2 とすると，

$$P_1 = P_2, \quad \lambda_1 + \lambda_2 = \lambda$$

となる．ここで，

$$\lambda = \frac{Pl}{E_1 A_1}, \quad \lambda_1 = \frac{P_1 l}{E_1 A_1}, \quad \lambda_2 = \frac{P_2 l(1 + \lambda/l)}{E_2 A_2} \fallingdotseq \frac{P_2 l}{E_2 A_2}$$

である．これらの式から，

$$P_1 = P_2 = \frac{E_2 A_2 P}{E_1 A_1 + E_2 A_2}$$

となる．よって，各部材の応力は次のようになる．

$$\sigma_1 = \frac{P_1}{A_1} = \frac{E_2 A_2 P}{A_1 (E_1 A_1 + E_2 A_2)} \quad \text{(引張り)}$$

$$\sigma_2 = \frac{P_2}{A_2} = \frac{E_2 P}{E_1 A_1 + E_2 A_2} \quad \text{(圧縮)}$$

例題 6.4 のように作成され，無負荷の状態で応力が作用しているコンクリートを**プレストレスト・コンクリート** (prestressed concrete) という．コンクリートは圧縮に強く，引張りに弱い．圧縮強度は，引張強度の 10〜13 倍程度にもなる．荷重負荷によって生じる応力が引張りとなる部材にプレストレスト・コンクリートを用いると，無負荷状態で作用している圧縮応力によってコンクリートの引張強度を見かけ上，向上させることができる．鋼線は逆に，見かけ上，引張強度が低下するが，鋼線の引張強度はコンクリートの引張強度よりも十分に高い．

プレストレスト・コンクリートに生じる応力のほか，熱応力や組み立て不良による応力など，物体に外力が作用せず，また温度も常温で，なおかつ物体内部に残存している応力を**残留応力** (residual stress) という．残留応力を正しく評価できないと，予想外の事故や損傷が起こる場合がある．逆に，うまく工夫すれば，強度の向上に利用することができる．

● 演習問題

6.5 図 6.15 に示すように，長さの等しい 3 本の棒を剛性天井からつるし，下端に剛性板を取り付ける．剛性板に鉛直荷重 P を加えたとき，剛性板を水平に保つためには，P をどの位置に加えたらよいか．荷重の位置 x を求めよ．ただし，棒 AB，CD，EF の断面積を，それぞれ A_1，A_2，A_3，縦弾性係数を E_1，E_2，E_3 とする．

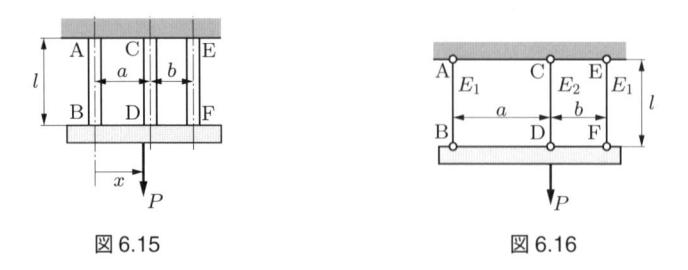

図 6.15　　　　　　　　図 6.16

6.6 図 6.16 に示すように，断面積 A と長さ l が等しい 3 本の鋼線 AB，CD，EF を間隔 a，b をおいて剛性天井からつるし，その下端に剛性板を取り付ける．中央の鋼線 CD の直下の剛性板に荷重 P を鉛直下向きに加えるとき，各鋼線に生じる応力を求めよ．ただし，鋼線 AB，EF の縦弾性係数を E_1，鋼線 CD の縦弾性係数を E_2 とする．

6.7 図 6.17 のように，断面積 A_1，縦弾性係数 E_1，ねじのピッチ p の軟鋼製ボルトに，長さ l，断面積 A_2，縦弾性係数 E_2 の黄銅製で円筒形のブッシュが取り付けてある．ナットをブッシュに接触させてから，さらに n 回転させたとき，ボルトとブッシュに生じる応力を求めよ．ただし，$np \ll l$ とする．

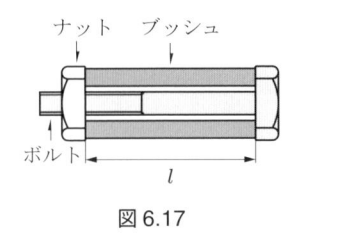

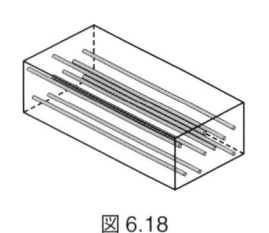

図 6.17

図 6.18

6.8 図 6.18 に示すような繊維強化複合材料がある．繊維は棒の端から端まで貫いており，その方向はすべて棒の長手方向にそろっている．また，繊維の配置は断面内で偏りがなく，一様と見なせるとする．棒の長さを l，繊維の総断面積を A_f，縦弾性係数を E_f，母材（プラスチック）の断面積を A_p，縦弾性係数を E_p とする．また，繊維の体積含有率を c，母材の体積含有率を $1-c$ とする．この複合材料の長手方向に引張荷重 P を加えるとき，複合材料としての縦弾性係数 $\bar{E} = \bar{\sigma}/\varepsilon$ を求めよ．ただし，$\bar{\sigma}$ は複合材料としての見かけの応力 $\bar{\sigma} = P/(A_f + A_p)$ である．

6.9 図 6.19 に示すように，断面積が等しく，材質が異なる丸棒 AB，CD が一端を壁に固定されて一直線上に配置されている．端 B と C のすき間は δ である．丸棒 AB に軸方向の荷重を加えて端 B が C に届くまで丸棒 AB を伸ばし，端 B と C を接合する．その後，丸棒 AB に加えていた軸荷重を取り除いたとき，丸棒 AB と CD に生じる応力を求めよ．ただし，丸棒 AB と CD の縦弾性係数を，それぞれ E_1，E_2 とする．

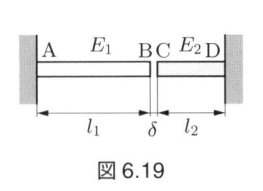

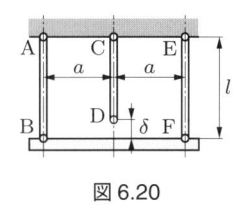

図 6.19

図 6.20

6.10 図 6.20 に示すように，等間隔に配置された 3 本の鋼製棒 AB，CD，EF で剛体棒を水平につり下げる．鋼製棒の長さ，断面積，縦弾性係数はそれぞれ等しく，それらを l，A，E とする．この構造を組み立てるとき，棒 CD が所定寸法より δ $(\delta \ll l)$ だけ短いことがわかった．これを無理に組み立てるとき，各鋼製棒に生じる応力を求めよ．

6.11 図 6.21 のように机上の点に荷重 P が作用するとき，4 本の足に生じる応力を求めよ．ただし，机の上板および床は剛体とし，4 本の足は材質が等しく，断面積はいずれも A とする．また，足の両端は回転自由に上板および床に結合されており，足には

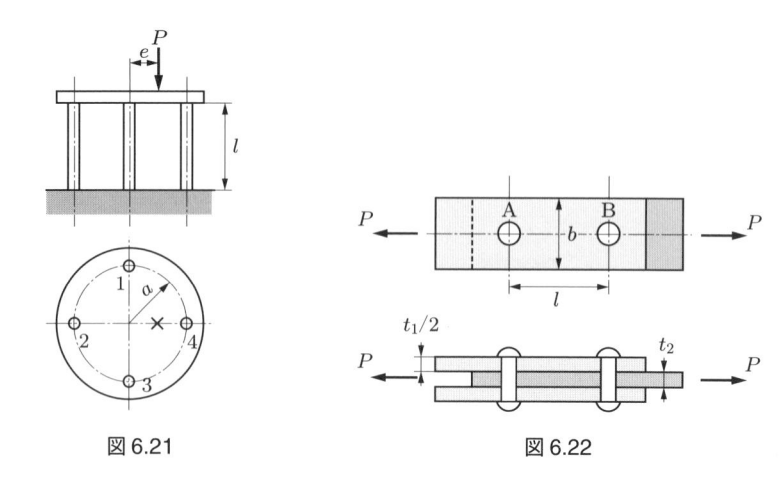

図 6.21　　　　　　　　　図 6.22

圧縮荷重のみが作用し，座屈していないとする．

6.12 図 6.22 に示すように，厚さ $t_1/2$，幅 b，縦弾性係数 E_1 の 2 枚の板の間に，厚さ t_2，幅 b，縦弾性係数 E_2 の板を挟み，図示の位置に剛性リベット A, B でこれらを止める．この板に引張荷重 P が作用するとき，リベット A, B に作用するせん断応力を求めよ．ただし，リベットの直径を d とし，$d \ll l$ とする．

6.4　不静定トラス

　複数の棒状部材の端点を滑節で組み合わせた静定トラスに生じる応力と荷重点変位については，2.6 節で学習した．不静定構造のトラスでは，節点変位を考えることによって不足する式を補うことが必要である．

> **例題 6.5**　図 6.23 に示すような，3 本の部材 AD, BD, CD で構成される左右対称なトラスにおいて，点 D に鉛直荷重 P が作用するとき，各部材に生じる応力と点 D の変位 u を求めよ．ただし，部材 AD, BD の縦弾性係数を E_1，断面積を A_1，部材 CD の弾性係数を E_2，断面積を A_2 とする．
>
> **解答**　部材 AD, BD に作用する引張荷重を P_1，部材 CD に作用する引張荷重を P_2 とする．このとき，ピン D に作用する力は図 6.24 のようになる．力のつり合いから，

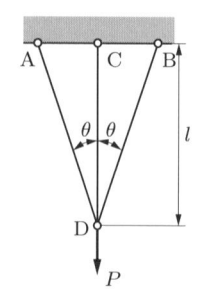

図 6.23　不静定トラス

$$2P_1 \cos\theta + P_2 = P$$

である．部材 AD, BD の伸びを λ_1，部材 CD の伸びを λ_2 とすると，ピン D は**図 6.25**のように，鉛直下方へ変位する．このとき，λ_1 と λ_2 の間には，

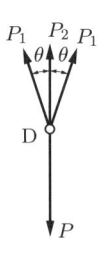

図 6.24 ピン D に作用する力

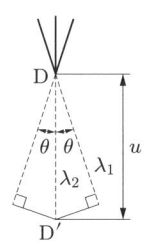

図 6.25 各部材の伸びと点 D の変位

$$\lambda_1 = \lambda_2 \cos\theta$$

の関係が成り立つ. ここで,

$$\lambda_1 = \frac{P_1(l/\cos\theta)}{E_1 A_1}, \quad \lambda_2 = \frac{P_2 l}{E_2 A_2}$$

である. これらの式から,

$$\sigma_1 = \frac{P_1}{A_1} = \frac{E_1 P \cos^2\theta}{2E_1 A_1 \cos^3\theta + E_2 A_2}$$

$$\sigma_2 = \frac{P_2}{A_2} = \frac{E_2 P}{2E_1 A_1 \cos^3\theta + E_2 A_2}$$

となる. 点 D の変位は次のようになる.

$$u = \lambda_2 = \frac{Pl}{2E_1 A_1 \cos^3\theta + E_2 A_2}$$

例題 6.6 図 6.26 に示すように, 剛体棒 AB が左端 A で鉛直壁にピン結合され, 2 本のワイヤで水平につられている. 点 B に鉛直荷重を加えるとき, ワイヤ BD, CD に生じる応力を求めよ. ただし, 両ワイヤの縦弾性係数および断面積は等しく, それぞれ, E, A とする.

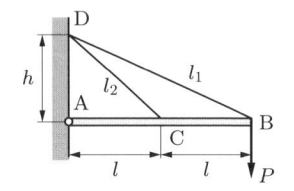

図 6.26 ワイヤで水平につられた剛体棒

解答 $\angle DBA = \theta_1$, $\angle DCA = \theta_2$ とすると, $\sin\theta_1 = h/l_1$, $\sin\theta_2 = h/l_2$ である. ワイヤ BD, CD に作用する引張荷重を, それぞれ P_1, P_2 とすると, 点 A 周りのモーメントのつり合いから,

$$2P_1 l \sin\theta_1 + P_2 l \sin\theta_2 = 2Pl$$

となる. 剛体棒 AB は点 A を中心に時計回りに回転する. 剛体棒とワイヤが連結されていないときのワイヤの伸びを, それぞれ λ_1, λ_2 とすると, 剛体棒の変位とワイヤの伸び

は図 6.27 で示す幾何学的関係にあるから，

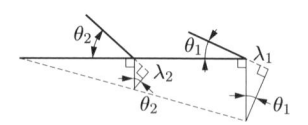

$$\frac{\lambda_1}{\sin\theta_1} = 2\frac{\lambda_2}{\sin\theta_2}$$

と表すことができる．これらの式から，両ワイヤに生じる
応力は次のようになる．

図 6.27　剛体棒の変位と
ワイヤの伸び

$$\sigma_1 = \frac{4l_1 l_2^3 P}{Ah(l_1^3 + 4l_2^3)}, \quad \sigma_2 = \frac{2l_1^3 l_2 P}{Ah(l_1^3 + 4l_2^3)}$$

[補足]　剛体棒 AB には点 A で鉛直方向反力 R_V と水平方向反力 R_H が作用する．剛体
棒に関して未知の力は，R_V，R_H，P_1，P_2 の4個で，静的なつり合い条件は，鉛直方向
の力のつり合い，水平方向の力のつり合い，モーメントのつり合いの3個であり，1次の
不静定である．ワイヤの応力を求めるだけであれば，鉛直方向の力のつり合い式と水平方
向の力のつり合い式を用いる必要がない．

演習問題

6.13 図 6.28 に示すように，長さ L_3 の剛体棒 AB が一端 A で壁にピン結合され，点 C，
D で2本のワイヤで天井から水平につられている．剛体棒の点 B に鉛直荷重 P を加
えたとき，両ワイヤに生じる応力を求めよ．ただし，両ワイヤの断面積と縦弾性係数
は等しく，それぞれ A，E とする．

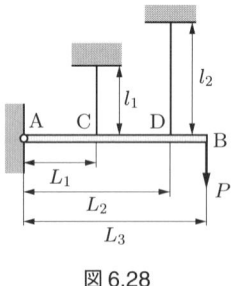

図 6.28

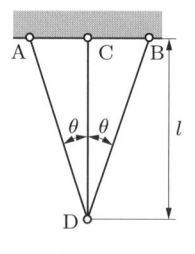

図 6.29

6.14 図 6.29 に示すような3本の部材 AD，BD，CD で構成される左右対称なトラスを
作製しようとしたところ，部材 CD が設計寸法よりも δ ($\delta \ll l$) だけ短くなってしま
い，自然長では点 D で結合できなかった．部材 CD を引き伸ばして点 D で無理矢理
に結合させたとき，除荷後に各部材に生じている応力を求めよ．ただし，部材 AD，
BD の縦弾性係数を E_1，断面積を A_1，部材 CD の弾性係数を E_2，断面積を A_2 と
する．

6.15 図 6.30 に示すように，材質と断面積が等しい棒 AC，BC で組まれたトラスがある．
$\angle\mathrm{ACB} = 90°$ で，$\angle\mathrm{BAC} = \theta$ とする．また，点 C は鉛直方向に移動できないように

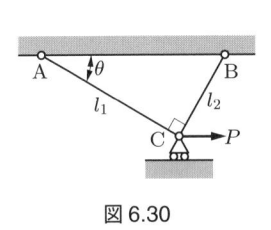

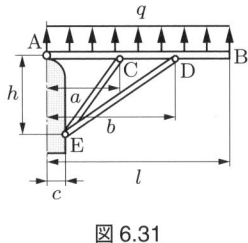

図 6.30　　　　　　　　　　　　図 6.31

拘束されている．点 C を右へ u だけ移動させるのに必要な力 P を求めよ．ただし，各棒の断面積を A，縦弾性係数を E，棒 AC と BC の長さをそれぞれ l_1, $l_2 = l_1 \tan\theta$ とする．

6.16 図 6.31 は飛行機の翼が一様な揚力 q（等分布荷重と見なす）を受けている状態を示している．翼は剛体で，一端が機体にピン結合してある．支柱 EC および ED の断面積と縦弾性係数は等しいとする．$q = 1.2\,\mathrm{kN/m}$, $h = 2.0\,\mathrm{m}$, $a = 2.0\,\mathrm{m}$, $b = 3.5\,\mathrm{m}$, $c = 0.5\,\mathrm{m}$, $l = 5.0\,\mathrm{m}$ であるとき，支柱 EC および ED に作用する引張荷重を計算せよ．

6.17 図 6.32 に示すように，重量 W，一辺の長さ a の立方体が天井からワイヤでつり下げられている．立方体上面の各頂点を A, B, C, D，対角線 AC, BD の交点を E とする．ワイヤ AF, BF, CF, DF の長さは a で，ワイヤ EF, FG は一直線上にある．立方体は剛体であるとして，各ワイヤに作用する荷重を求めよ．ただし，すべてのワイヤの材質・太さは同じである．

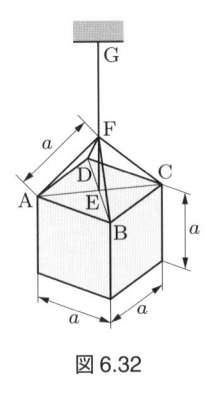

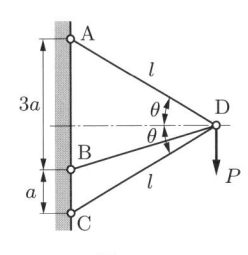

図 6.32　　　　　　　　　　　　図 6.33

6.18 断面積 $500\,\mathrm{mm}^2$，縦弾性係数 $206\,\mathrm{GPa}$ の 3 本の棒を図 6.33 のように結合する．点 D に鉛直荷重 $P = 50\,\mathrm{kN}$ を加えるとき，各棒に生じる応力と点 D の鉛直変位，水平変位を計算せよ．ただし，$l = 2.0\,\mathrm{m}$, $a = 0.5\,\mathrm{m}$, $\theta = 30°$ とする．

6.5 熱応力

物体には温度の上昇・下降に伴って膨張・収縮する性質がある．すでに 2.4 節で学習したように，材料の線膨張係数を α とすると，温度変化によるひずみ ε_t と温度変化 Δt には正比例の関係があり，

$$\varepsilon_t = \alpha \Delta t \tag{6.3}$$

である．棒の長さが l であるとき，温度変化による棒の伸びは

$$\lambda_t = \int_0^l \varepsilon_t \, dx = \int_0^l \alpha \Delta t \, dx \tag{6.4}$$

である．とくに，温度変化が棒全体にわたって一様であるときは，

$$\lambda_t = \alpha \Delta t l \tag{6.5}$$

となる．

熱応力に関する簡単な問題はこれまでにも取り上げてきたが，ここでは不静定問題という立場から考える．

例題 6.7 図 6.34 に示すように，長さが等しい棒と円筒が中心軸が一致するように配置され，両端が剛性板に結合されている．この組み合わせ棒の温度が均等に Δt だけ上昇したとき，棒および円筒に生じる応力を求めよ．ただし，棒の縦弾性係数を E_1，断面積を A_1，線膨張係数を α_1，円筒の縦弾性係数を E_2，断面積を A_2，線膨張係数を α_2 とし，$\alpha_1 > \alpha_2$ とする．

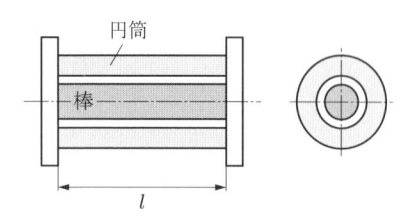
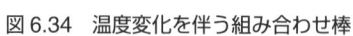
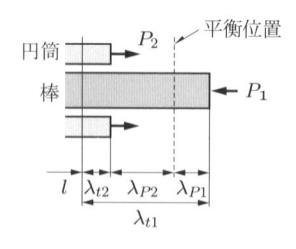

図 6.34　温度変化を伴う組み合わせ棒　　図 6.35　温度変化による棒と円筒の伸び

解答　温度変化による伸びを考えるために，右の剛性板を取り外し，左端を基準として，温度上昇後の長さを調べる．図 6.35 に示すように，棒は温度上昇によって λ_{t1} だけ伸び，円筒は λ_{t2} だけ伸びたとする．実際には両者は剛性板に結合されているので，両者の伸びは等しく，図の破線で示す平衡位置にあると考える．すなわち，棒は長さ $l + \lambda_{t1}$ の状態から λ_{P1} だけ圧縮され，円筒は長さ $l + \lambda_{t2}$ の状態からさらに λ_{P2} だけ引っ張られている．

棒に生じる圧縮荷重を P_1，円筒に生じる引張荷重を P_2 とすると，力のつり合いから，

$$P_1 = P_2 \tag{1}$$

となる．また，両者の長さを考えると，

$$\lambda_{t1} - \lambda_{P1} = \lambda_{t2} + \lambda_{P2} \tag{2}$$

となる．ここで，

$$\lambda_{t1} = \alpha_1 \Delta t l, \quad \lambda_{P1} = \frac{P_1 l(1 + \lambda_{t1}/l)}{E_1 A_1} \fallingdotseq \frac{P_1 l}{E_1 A_1}$$

$$\lambda_{t2} = \alpha_2 \Delta t l, \quad \lambda_{P2} = \frac{P_2 l(1 + \lambda_{t2}/l)}{E_2 A_2} \fallingdotseq \frac{P_2 l}{E_2 A_2}$$

である．式 (1)，(2) で構成される連立方程式を解くと，

$$P_1 = P_2 = (\alpha_1 - \alpha_2)\Delta t \frac{E_1 A_1 E_2 A_2}{E_1 A_1 + E_2 A_2}$$

となる．よって，各部材の応力は次のようになる．

$$\sigma_1 = \frac{P_1}{A_1} = (\alpha_1 - \alpha_2)\Delta t \frac{E_1 E_2 A_2}{E_1 A_1 + E_2 A_2} \quad （圧縮）$$

$$\sigma_2 = \frac{P_2}{A_2} = (\alpha_1 - \alpha_2)\Delta t \frac{E_1 A_1 E_2}{E_1 A_1 + E_2 A_2} \quad （引張り）$$

例題 6.8　図 6.36 に示すように，両端が固定された長方形断面はりに対して，その下面での温度変化が Δt，上面での温度変化が $-\Delta t$ となるような，z 方向に直線状の温度分布を与えたとき，下面および上面に生じる熱応力を求めよ．ただし，はりの線膨張係数を α，縦弾性係数を E とする．

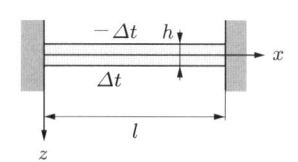

図 6.36　高さ方向に一様な温度分布をもつ固定はり

解答　温度分布がないときのはりの長さを l とする．はりが両端で固定されていないと考えたとき，はり下面の長さは $\alpha \Delta t l$ だけ長くなり，上面は $\alpha \Delta t l$ だけ短くなる．この結果，はりは図 6.37 に示すように円弧状に変形する．このときの曲率半径を R_t，円弧の中心角を θ，また長方形断面の高さを h とすると，

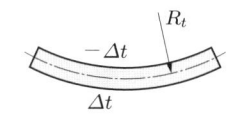

図 6.37　はりの変形

$$\frac{(R_t + h/2)\theta}{R_t \theta} = \frac{l + \alpha \Delta t l}{l} \quad \therefore \frac{1}{R_t} = \frac{2\alpha \Delta t}{h}$$

となる．一方，直線棒の両端に z 方向に凸となる偶力荷重 Q を加えたとき，棒の仮想断面に生じる曲げモーメントは M である．このときも直線棒は円弧状に変形する．この曲率半径を R_M，はりの断面二次モーメントを I_y とすると，式 (4.4) より，

$$\frac{1}{R_M} = \frac{M}{EI_y}$$

が成り立つ．両端で固定され，z 方向に一様な温度分布をもつはりが直線のままであるためには，

$$\frac{1}{R_t} + \frac{1}{R_M} = 0$$

でなければならないから，

$$M = -\frac{2EI_y\alpha\Delta t}{h}$$

を得る．したがって，座標 z における応力は次のようになる．

$$\sigma = \frac{M}{I_y}z = -\frac{2E\alpha\Delta t}{h}z$$

これより，下面 $(z = h/2)$ および上面 $(z = -h/2)$ に生じる熱応力は

$$\sigma_{z=h/2} = -E\alpha\Delta t, \quad \sigma_{z=-h/2} = E\alpha\Delta t$$

となる．はりの下面では圧縮応力，上面では引張応力である．

演習問題

6.19 図 6.38 に示すように，長さ l_1，断面積 A_1 の部分と，長さ l_2，断面積 A_2 の部分からなる段付棒の両端を剛性壁に固定した後，温度を一様に Δt だけ高めた．段付棒に生じる熱応力を求めよ．ただし，棒の縦弾性係数を E，線膨張係数を α とする．

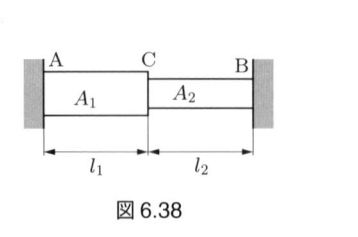

図 6.38

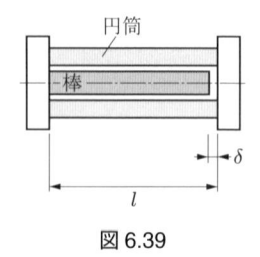

図 6.39

6.20 図 6.39 に示すように，丸棒と円筒がそれらの中心線が一致するように配置され，左端で剛性板に結合されている．右端では，円筒は剛性板に結合されているが，丸棒は結合されておらず，温度 t_1 のとき，すき間 δ がある．温度 t_1 のときの円筒の長さは

l で，$\delta \ll l$ である．また，丸棒と円筒の縦弾性係数，断面積，線膨張係数は，それぞれ E_1，E_2，A_1，A_2，α_1，α_2 であり，$\alpha_1 > \alpha_2$ である．組み合わせ棒を一様に加熱し，両者に熱応力が生じているとき，両者の熱応力を求めよ．ただし，加熱後の温度を t_2 とする．

6.21 図 6.40 に示すように，鋼の角棒で銅の角棒を挟んで一体になるように溶接してある．温度が $t_1 = 15°\mathrm{C}$ から $t_2 = 100°\mathrm{C}$ まで一様に上昇したとき，鋼および銅に生じる熱応力を計算せよ．ただし，角棒の寸法は図に示すとおりで，$h_s = 10\,\mathrm{mm}$，$h_c = 15\,\mathrm{mm}$ とする．また，鋼および銅の線膨張係数および縦弾性係数は，それぞれ $\alpha_s = 11.2 \times 10^{-6}\,/°\mathrm{C}$，$\alpha_c = 16.7 \times 10^{-6}\,/°\mathrm{C}$，$E_s = 206\,\mathrm{GPa}$，$E_c = 126\,\mathrm{GPa}$ である．

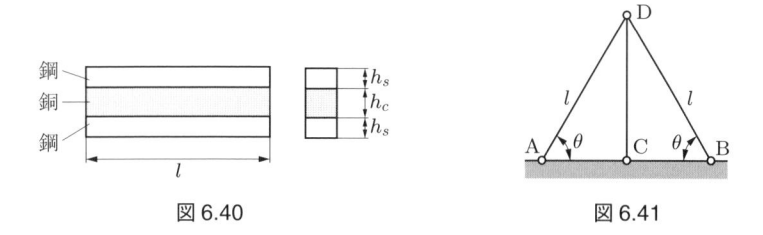

図 6.40　　　　　　　　　　図 6.41

6.22 図 6.41 に示すような左右対称なトラスがある．中央の棒 CD の温度を Δt だけ一様に上昇させたとき，各部材に生じる応力を求めよ．ただし，棒 AD および BD の縦弾性係数を E_1，断面積を A_1，長さを l，棒 CD の縦弾性係数を E_2，断面積を A_2，線膨張係数を α とする．また，$\angle \mathrm{DAC} = \angle \mathrm{DBC} = \theta$ とする．

6.6　不静定はり

はりに鉛直方向の荷重が作用するとき，支持支点（回転支点および回転移動支点）には鉛直方向の反力が生じ，固定支点には鉛直方向の反力と鉛直面内の反偶力が生じる．したがって，一端を固定支点で他端を支持支点で支持される一端固定他端支持はりでは，合計 3 個の反力・反偶力が作用する．両端を固定支点で支持される固定はりでは合計 4 個，3 個の支持支点で支えられる連続はりでは合計 3 個の反力が生じる．はりに対する静的なつり合い条件は，鉛直方向の力のつり合いと鉛直面内でのモーメントのつり合いの計 2 条件であるから，反力・反偶力が合わせて 3 個以上であるときは不静定となる．これらのはりを**不静定はり** (statically indeterminate beam) という．

不足する式を補うために，はりの変形を考えるが，たわみ曲線の微分方程式を解く過程で積分定数が新たな未知数として現れる．未知数を決定するために補うべき式の数は，不静定次数と積分定数の個数の合計になる．

例題 6.9 図 6.42 に示すように，長さ l の一端固定他端支持はりに等分布荷重 q が作用している．このはりの最大たわみを求めよ．ただし，はりの曲げ剛性を EI_y とする．

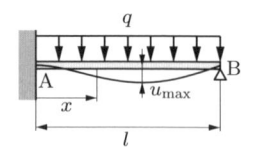

図 6.42 等分布荷重が作用する一端固定他端支持はり

解答 図 6.43 に示すように，固定端 A に生じる反力を R_A，反偶力を J_A，支持支点 B に生じる反力を R_B とする．鉛直方向の力のつり合いとモーメントのつり合いから，

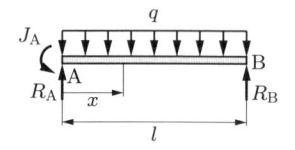

図 6.43 反力と反偶力

$$R_A + R_B = ql \tag{1}$$

$$J_A + R_B l = \frac{1}{2}ql^2 \tag{2}$$

となる．反力と反偶力を合わせて 3 個の未知数があり，静的なつり合い条件式が 2 個であるから，このはりは 1 次の不静定である．左端 A から距離 x の位置で，

$$M = -J_A + R_A x - \frac{1}{2}qx^2$$

$$\frac{d^2u}{dx^2} = -\frac{1}{EI_y}\left(-J_A + R_A x - \frac{1}{2}qx^2\right)$$

$$\theta = -\frac{1}{EI_y}\left(-J_A x + \frac{1}{2}R_A x^2 - \frac{1}{6}qx^3 + C_1\right)$$

$$u = -\frac{1}{EI_y}\left(-\frac{1}{2}J_A x^2 + \frac{1}{6}R_A x^3 - \frac{1}{24}qx^4 + C_1 x + C_2\right)$$

となる．2 個の積分定数が新たな未知数として現れたので，未知数は合計 5 個である．2 個の静的なつり合い条件のほかに，3 個の境界条件が必要である．たわみ曲線が満たすべき境界条件は，$x = 0$ で $\theta = 0$ かつ $u = 0$，$x = l$ で $u = 0$ の 3 個である．これらの条件から $C_1 = C_2 = 0$，および

$$-\frac{1}{2}J_A + \frac{1}{6}R_A l - \frac{1}{24}ql^2 = 0 \tag{3}$$

を得る．式 (1)，(2)，(3) の連立方程式を解くと，

$$R_A = \frac{5}{8}ql, \quad R_B = \frac{3}{8}ql, \quad J_A = \frac{1}{8}ql^2$$

となる．これらをたわみ角とたわみの式に代入すると，次のようになる．

$$\theta = \frac{q}{48EI_y}x(8x^2 - 15lx + 6l^2)$$

$$u = \frac{q}{48EI_y}x^2(2x^2 - 5lx + 3l^2)$$

$\theta = 0$ とおくと，$x = (15 - \sqrt{33})l/16 = 0.578l$ でたわみが最大となることがわかる．これをたわみの式に代入すると，次のように求められる．

$$u_{\max} = 0.00542\frac{ql^4}{EI_y}$$

例題 6.10 図 6.44 に示すように，長さ l の固定はりの中間点 C に集中荷重 P が作用している．両固定支点に生じる反力と反偶力を求めよ．ただし，水平方向の反力は無視する[†1]．

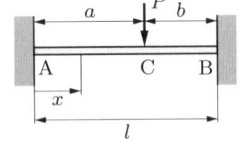

図 6.44 集中荷重が作用する
固定はり

解答 図 6.45 に示すように，固定支点 A および B に作用する反力と反偶力を，それぞれ R_A，J_A，R_B，J_B とする．鉛直方向の力のつり合いとモーメントのつり合いから，

$$R_A + R_B = P, \quad J_A + R_Bl = J_B + Pa$$

である．AC 間 $(0 \le x \le a)$ で，

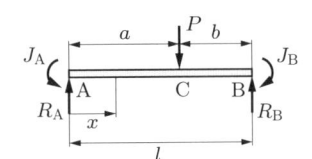

図 6.45 反力と反偶力

$$\frac{d^2u_1}{dx^2} = -\frac{1}{EI_y}(-J_A + R_Ax)$$

$$\theta_1 = -\frac{1}{EI_y}\left(-J_Ax + \frac{1}{2}R_Ax^2 + C_1\right)$$

$$u_1 = -\frac{1}{EI_y}\left(-\frac{1}{2}J_Ax^2 + \frac{1}{6}R_Ax^3 + C_1x + C_2\right)$$

となり，CB 間 $(a \le x \le l)$ で，

$$\frac{d^2u_2}{dx^2} = -\frac{1}{EI_y}\{-J_A + R_Ax - P(x - a)\}$$

$$\theta_2 = -\frac{1}{EI_y}\left\{-J_Ax + \frac{1}{2}R_Ax^2 - \frac{1}{2}P(x - a)^2 + C_3\right\}$$

$$u_2 = -\frac{1}{EI_y}\left\{-\frac{1}{2}J_Ax^2 + \frac{1}{6}R_Ax^3 - \frac{1}{6}P(x - a)^3 + C_3x + C_4\right\}$$

[†1] AB 間の距離が不変であれば，変形後のはりのたわみ曲線に沿う長さは l よりもわずかに長くなっている．はりがもとの長さに戻ろうとする反作用で，はりは固定支点から引張りの反力を受けるが，この水平反力は鉛直反力と比較して十分に小さい．

となる．境界条件は，$x = 0$ で $\theta_1 = 0$ および $u_1 = 0$，$x = l$ で $\theta_2 = 0$ および $u_2 = 0$，$x = a$ で $\theta_1 = \theta_2$ および $u_1 = u_2$ の6個である．2個のつり合い条件と6個の境界条件とから8個の未知定数を決定すると，次のようになる．

$$C_1 = C_2 = C_3 = C_4 = 0$$

$$R_A = \frac{b^2(3a+b)}{l^3}P, \quad R_B = \frac{a^2(a+3b)}{l^3}P, \quad J_A = \frac{ab^2}{l^2}P, \quad J_B = \frac{a^2b}{l^2}P$$

演習問題

6.23 例題 6.9 のはりについて，曲げモーメント図を描け．ただし，$R_A = 5ql/8$，$R_B = 3ql/8$，$J_A = ql^2/8$ である．

6.24 図 6.46 に示すように，全長が $2l$ で左右対称な連続はりに等分布荷重 q が作用している．曲げモーメント図を描け．

図 6.46   図 6.47

6.25 図 6.47 に示すように，全長にわたって等分布荷重 q が作用する固定はりについて，曲げモーメント図を描け．

6.26 図 6.48 に示すような一端固定他端支持はりがある．$|M_A| = M_C$ となるのは a がいくらのときか．

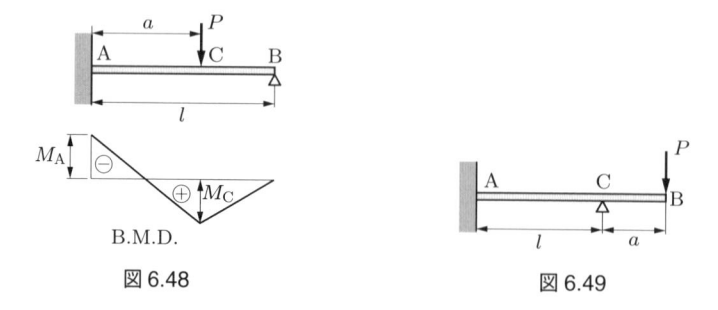

図 6.48   図 6.49

6.27 図 6.49 に示すはりについて，支点 C に作用する反力および点 B のたわみを求めよ．ただし，はりの曲げ剛性を EI_y とする．

6.28 図 6.50 に示すように，長さ l の固定はり AB に $q = q_0 x/l$ の三角形分布荷重が作用している．両固定支点に生じる反力 R_A，R_B，反偶力 J_A，J_B を求めよ．

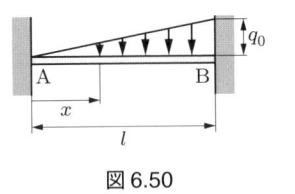

図 6.50

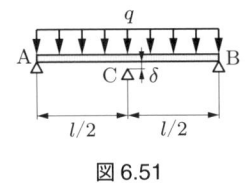

図 6.51

6.29 図 6.51 に示すような単純支持はり AB がある．支点の反力を軽減するために，はり
の中央に第 3 の支点を設ける．ただし，中央の支点 C は両端の支点よりも δ だけ下
がった位置にある．はりに等分布荷重 q が作用し，はりが支点 C に接しているとき，
各支点に生じる反力を求めよ．ただし，はりの曲げ剛性を EI_y とする．

第7章 重ね合わせの原理

7.1 問題の分割・単純化

　1次元における材料力学の諸問題は，仮想断面に作用する内力（軸力・せん断力）および内偶力（ねじり内偶力・曲げ内偶力）を求めることに帰着できる．これら4種類を単独に扱う問題が材料力学の基本問題であるといえる[†1]．たとえ複雑な問題であっても，適切に分割すれば，単純な基本問題の組み合わせであると考えることができる．分割・単純化の方法には，力の分解・置き換えによる方法と，部材の分割による方法とがある．

　分割・単純化された問題はそれぞれ単独で解けばよい．単独で得られた解から本来の複雑な問題の解を構築する方法には，問題の性質によって，いくつかの方法がある．次節以降では重ね合わせの原理を用いる方法を述べる．

7.1.1 力の分解・置き換えによる問題の分割・単純化の例

(1) 片持はり

　図7.1に示すように，片持はりが自由端で，その軸方向に対して斜め方向の集中荷重 P を受けている場合を考える．荷重を軸方向（水平方向）の荷重 P_H と軸線に対して垂直方向（鉛直方向）の荷重 P_V に分解すれば，この片持はりの応力や変形を求める問題は，軸荷重だけが作用する基本問題と，曲げ荷重だけが作用する基本問題の二つに分割して考えることができる．

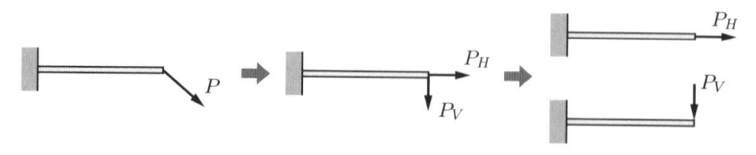

図7.1　自由端に斜め方向の集中荷重を受ける片持はりに対する問題の分割

---

†1 曲げ荷重が作用するはりの問題では，仮想断面に作用するせん断力による応力と変形を無視する．

(2) 単純支持はり

図 7.2 に示すように，左端を回転支点で，右端を回転移動支点で支持された単純支持はりが，はりの中央でその軸方向に対して斜め方向の集中荷重 P を受けている場合を考える．回転支点とは，回転ができるが，左右および前後・上下に移動できない支点で，回転移動支点とは，回転および左右方向への移動ができるが，前後・上下に移動できない支点である．荷重を，軸方向（水平方向）の荷重 P_H と，軸線に対して垂直方向（鉛直方向）の荷重 P_V に分解すれば，この単純支持はりの応力や変形を求める問題は，軸荷重だけが作用する基本問題と，曲げ荷重だけが作用する基本問題の二つに分割して考えることができる．

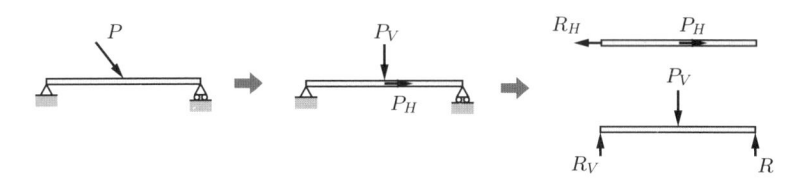

図 7.2　斜め方向の集中荷重を受ける単純支持はりに対する問題の分割

(3) 偏心圧縮荷重を受ける短柱

3.2 節で述べたように，荷重をその作用線上から移動させたとき，移動距離に応じた大きさの偶力を考えることによって力学的効果を置き換えることができる．

図 7.3 に示すように，上端面で図心から距離 e だけ偏心した位置に圧縮荷重 P が作用している短柱を考える．曲げ変形が十分に小さいならば[†2]，荷重を図心上の軸圧縮荷重 P と偶力荷重 $Q = Pe$ に置き換えることで，この短柱の応力や変形を求める問題は，軸圧縮荷重だけが作用する基本問題と，偶力荷重だけが作用する基本問題の二つに分割して考えることができる．

(4) ベルト伝動軸

図 7.4 に示すように，二つのベルト車が取り付けられ，張力側と緩み側からそれぞれ荷重が作用する伝動軸を考える．それぞれの荷重を軸の中心線を通る偶力荷重 $Q_1 = (P_1 - P_2)r_1$ および $Q_2 = (P_3 - P_4)r_2$ と，中心線に垂直な集中荷重 $P_1 + P_2$ および $P_3 + P_4$ に置き換えれば，この軸の応力や変形を求める問題は，偶力荷重だけが作用する軸のねじり問題と，集中荷重が作用するはりの二つの曲げ問題の，計 3 個の基本問題に分割して考えることができる．

[†2] 曲げ変形が大きい長柱では，5.1 節で学習したように，仮想断面に生じる曲げモーメントに対する曲げ変形の影響を考慮しなければならない．

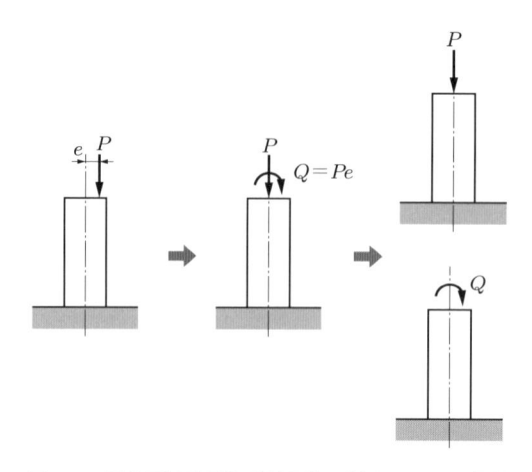

図 7.3　偏心圧縮荷重を受ける柱に対する問題の分割

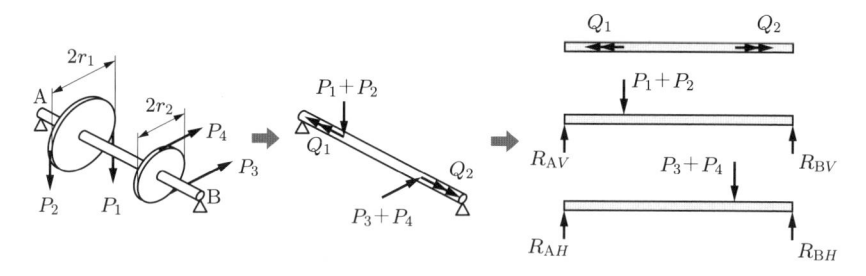

図 7.4　二つのベルト車をもつ伝動軸に対する問題の分割

7.1.2　部材の分割による問題の分割・単純化の例

(1)　L 形片持はり (1)

　図 7.5 に示すように，鉛直面内で直角に曲がった L 形の細長い片持はりの自由端に水平荷重が作用している．はりを屈折部で仮想的に切断し，2 本の直線部材に分割して考える．水平部材の切断面には軸力 N と曲げ内偶力 M が作用している．それらの大きさは，力の置き換えから，$N = P$, $|M| = Pa$ である[†3]．これらを荷重と同様に扱い，さらに別々に扱うことによって，水平部材は，右端に引張荷重 P を受ける棒と，曲げ偶力荷重 $Q = Pa$ を受ける片持はりの，二つの基本問題で考えることができる．作用反作用の法則から，鉛直部材の切断面には大きさ P のせん断力 F と大きさ Pa の曲げ内偶力 $|M|$ が作用している．これらについても外力と同様に扱い，切断面を基準に変形を考えるならば，せん断力を反力 $R = P$, 曲げ内偶力を反偶力 $J = Pa$ と見なすことによって，鉛直部材を片持はりに置き換えることができる．

---

†3 曲げ内偶力の符号を考慮すれば，この内偶力は負である．

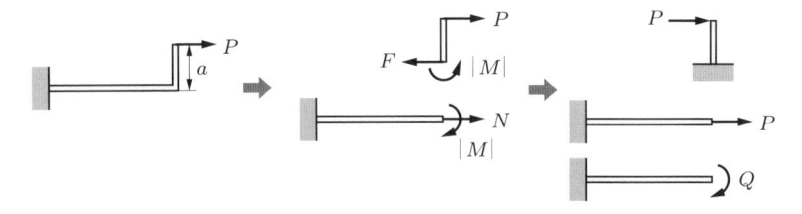

図7.5 鉛直面内のL形片持はりに対する問題の分割

(2) L形片持はり (2)

図7.6 に示すように，水平面内で直角に曲がったL形の細長い片持はりの自由端に鉛直荷重が作用している．はりを屈折部で仮想的に切断し，2本の直線部材に分割して考える．切断面には図のようなせん断力 F，ねじり内偶力 T，曲げ内偶力 M が作用している．力の置き換えおよび作用・反作用の法則から，それらの大きさは $F = P$，$T = M = Pb$ である．長さ a の部材については，せん断力を曲げ荷重 P，ねじり内偶力をねじり偶力荷重 Q と見なす．長さ b の部材については，せん断力を反力 R，曲げ内偶力を反偶力 J と見なす．このようにして，L形片持はりの問題は，自由端に集中荷重を受ける二つの片持ちはりと，ねじり偶力荷重を受ける軸の，計3個の基本問題に分割できる．

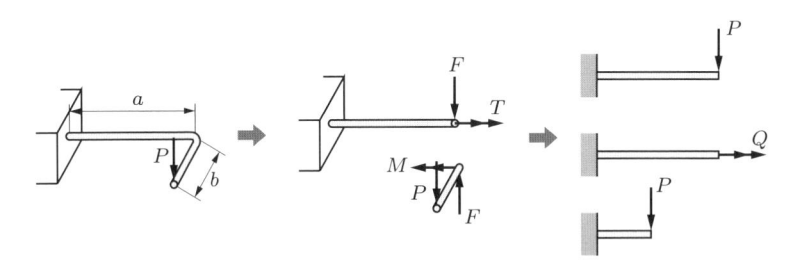

図7.6 水平面内のL形片持はりに対する問題の分割

(3) U形部材

図7.7 に示すように，2箇所で直角に曲げられたU形部材の両端に互いに向き合う荷重 P が作用している．はりを屈折部で仮想的に切断し，3本の直線部材に分割すると，横向き部材は上下対称な2本の片持はりと見なすことができる．縦向き部材には，両端で圧縮荷重 P と曲げ偶力荷重 $Q = Pl$ が作用していると考えることができる．したがって，U形部材の問題は，計4個の基本問題から構成されると考えることができる．さらに，両端に曲げ偶力荷重が作用する長さ a の棒状部材は，長さ $a/2$ の片持はりあるいは支点反力が $R = 0$ である長さ a の単純支持はりのどちらでも解くことができる．

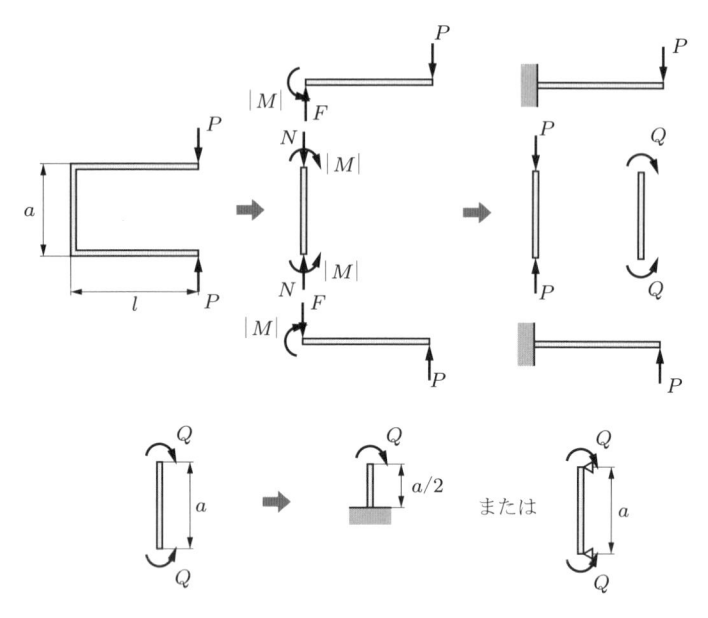

図 7.7　U 形部材に対する問題の分割

演習問題

7.1 図 **7.8** に示すような鉛直面内に L 形に曲がった片持はりがある．自由端に集中荷重 $P = 20\,\mathrm{kN}$ がはたらくとき，AB 部に関するせん断力図と曲げモーメント図を描け．ただし，$l_1 = 2.0\,\mathrm{m}$，$l_2 = 1.0\,\mathrm{m}$，$\theta = 45°$，$\angle \mathrm{ABC} = 90°$ とする．

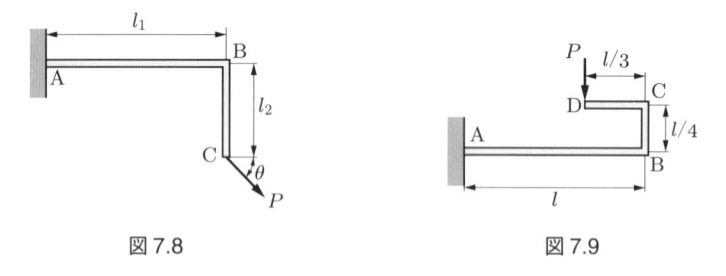

図 7.8　　　　　　　　　　　　　　　図 7.9

7.2 図 **7.9** に示すように，点 B および点 C で直角に曲がった片持はりがある．はりを点 B で分割して，AB 部だけを考えるとき，AB 部に関する曲げモーメント図を描け．

7.3 図 **7.10** に示すように，断面形状，寸法，材質が等しい 2 本の柱 AB，CD の下端を固定して鉛直に立てる．上端にロープ AEC をかけ，このロープの中点 E に鉛直荷重 P を加える．また，柱は FG および HI のロープで引っ張られ，それらの張力は T である．$\angle \mathrm{CAE} = \alpha$，$\angle \mathrm{GFB} = \beta$ とする．この左右対称な構造において，柱の下端に生じる軸力と曲げモーメントを求めよ．

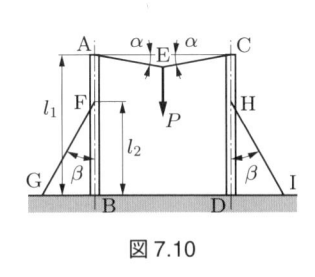

図 7.10

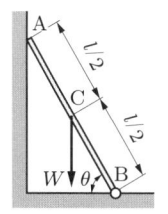

図 7.11

7.4 図 7.11 に示すように，長さ $l = 1.5\,\mathrm{m}$ の棒の一端 B を床にピン結合し，他端 A を滑らかな（摩擦がない）壁に立てかけたところ，床との傾きは $\theta = 60°$ であった．棒の中央 C に鉛直荷重 $W = 5.0\,\mathrm{kN}$ を加える．点 A，B，C に作用する力を，棒の軸方向と，それに直角な方向に分解するとき，軸方向の力 P_A，P_B，P_C，および軸と直角方向の力 F_A，F_B，F_C を計算せよ．

7.2 静定はり

複雑な問題は，それを二つあるいはそれ以上の基本問題に分割することによって，別々に取り扱うことができる．材料力学で扱う多くの場合では，求めるべき問題の解は分割された問題の解の和となる．これを**重ね合わせの原理** (principle of super-position) という．

たとえば，**図 7.12** に示すように，長さ l，曲げ剛性 EI_y の片持はりに，自由端で集中荷重 P と全長にわたって等分布荷重 q の 2 種類の荷重が作用しているとする．このはりの最大たわみを求めるために，**図 7.13** に示すように，自由端に集中荷重 P が作用する第 1 問題と，全長にわたって等分布荷重 q が作用する第 2 問題に分割し，別々に考える．それぞれの基本問題における最大たわみは

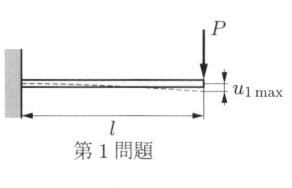

第 1 問題

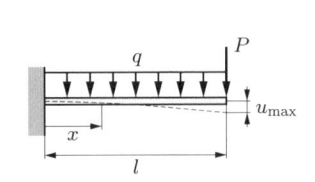

図 7.12 集中荷重と等分布荷重が作用する片持はり

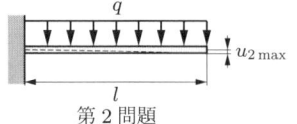

第 2 問題

図 7.13 荷重の分割

$$u_{1\max} = \frac{Pl^3}{3EI_y}, \quad u_{2\max} = \frac{ql^4}{8EI_y}$$

であることがわかっている．これらを用いると，重ね合わせの原理から，求めるべき問題の最大たわみは次のようになる．

$$u_{\max} = u_{1\max} + u_{2\max} = \frac{Pl^3}{3EI_y} + \frac{ql^4}{8EI_y}$$

たわみ曲線の微分方程式を用いて，図 7.12 のはりの最大たわみを求めると，次のようになる．固定端から距離 x の仮想断面で，曲げモーメントは

$$M = -P(l-x) - \frac{1}{2}q(l-x)^2$$

である．たわみ曲線の微分方程式から，

$$\frac{d^2u}{dx^2} = -\frac{M}{EI_y} = \frac{1}{EI_y}\left\{P(l-x) + \frac{q}{2}(l-x)^2\right\}$$

$$\theta = \frac{1}{EI_y}\left\{-\frac{P}{2}(l-x)^2 - \frac{q}{6}(l-x)^3 + C_1\right\}$$

$$u = \frac{1}{EI_y}\left\{\frac{P}{6}(l-x)^3 + \frac{q}{24}(l-x)^4 + C_1x + C_2\right\}$$

となり，$x = 0$ で，$\theta = 0$，$u = 0$ より，

$$C_1 = \frac{Pl^2}{2} + \frac{ql^3}{6}, \quad C_2 = -\frac{Pl^3}{6} - \frac{ql^4}{24}$$

を得る．したがって，

$$u_{\max} = u_{x=l} = \frac{1}{EI_y}(C_1l + C_2) = \frac{Pl^3}{3EI_y} + \frac{ql^4}{8EI_y}$$

となる．このように，計算のスタートとなる曲げモーメントが第 1 問題と第 2 問題の和で与えられる．その後のたわみ角とたわみの計算においても，P と q の積で与えられる項は存在せず，P を含む項と q を含む項がそれぞれ独立したまま計算が進んでゆき，各計算段階で重ね合わせの原理が成り立つ．

はりの基本問題について，たわみ角とたわみを巻末の付表 6 および 7 (329 ページ) に示す．本章では，この表を利用してはりの問題を解いてゆくことを考える．

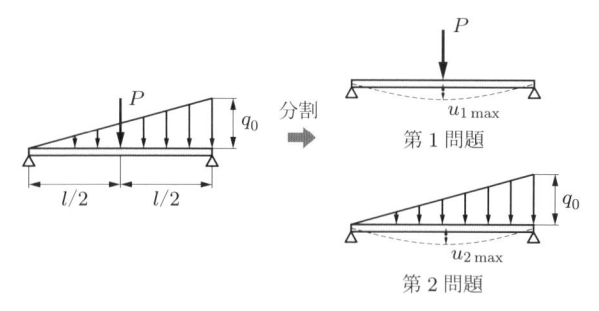

図 7.14 集中荷重と三角形分布荷重が作用する単純支持はり

図 7.13 の基本問題では，ともに自由端で最大たわみとなり，その位置は図 7.12 の求めるべき問題において最大たわみが生じる位置と等しい．しかしながら，**図 7.14** に示す例では，各基本問題において最大たわみの生じる位置が異なるため，

$$u_{\max} \neq u_{1\max} + u_{2\max}$$

であり，最大たわみに関しては重ね合わせの原理は成り立たない．ただし，この場合でも左端からの距離が同じ位置において，$u = u_1 + u_2$ である．

例題 7.1 図 7.15 に示すように，スパン l の単純支持はりに，中央での集中荷重 P と全長にわたっての等分布荷重 q が作用している．重ね合わせの原理を用いて，はりに生じる最大たわみを求めよ．ただし，はりの曲げ剛性を EI_y とする．

解答 付表 7 (329 ページ) に示すはりの基本解を用いて，重ね合わせの原理から，次のようになる．

$$u_{\max} = \frac{Pl^3}{48EI_y} + \frac{5ql^4}{384EI_y}$$

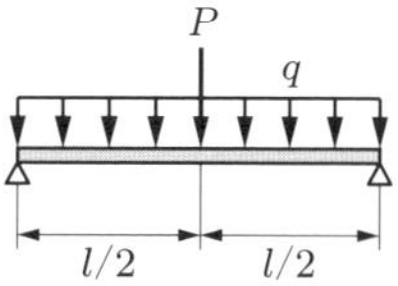

図 7.15 集中荷重と等分布荷重が作用する単純支持はり

例題 7.2 図 7.16 に示すように，片持はりの自由端 B に P_1，中間点 C に P_2 の集中荷重が作用している．重ね合わせの原理を用いて，はりに生じる最大たわみを求めよ．ただし，はりの曲げ剛性を EI_y とする．

解答 図 7.17 に示すように，二つの荷重を別々に考える．第 1 問題における最大たわみは，付表 6 (329 ページ) に示すはりの基本解から，

$$u_{1\max} = \frac{P_1 l_1^3}{3EI_y}$$

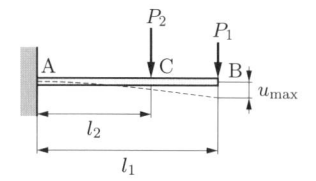

図 7.16 二つの集中荷重が作用する片持はり

である．第2問題において，CB間では曲げモーメント
がはたらかないから，この部分は変形せずに傾くだけで
ある．したがって，点Cでのたわみをu_{2C}，たわみ角を
θ_{2C}とすると，第2問題の最大たわみは，近似的に，

$$u_{2\max} = u_{2C} + \theta_{2C}(l_1 - l_2)$$
$$= \frac{P_2 l_2^3}{3EI_y} + \frac{P_2 l_2^2}{2EI_y}(l_1 - l_2)$$

と表される．よって，求めるべき問題の最大たわみは，
重ね合わせの原理から，次のようになる．

$$u_{\max} = u_{1\max} + u_{2\max}$$
$$= \frac{P_1 l_1^3}{3EI_y} + \frac{P_2 l_2^3}{3EI_y} + \frac{P_2 l_2^2}{2EI_y}(l_1 - l_2)$$

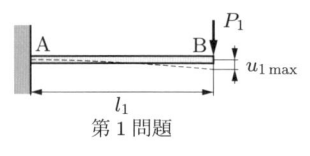

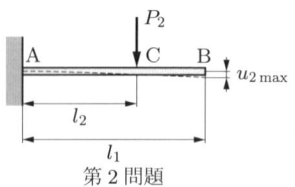

図7.17　荷重の分割

例題7.3 図7.18に示すように，長さl_1，l_2と比較して断
面寸法が十分に小さいL形片持はりの自由端Cに鉛直荷
重Pが作用する．重ね合わせの原理を用いて，自由端Cの
鉛直変位を求めよ．ただし，はりの曲げ剛性をEI_yとし，
AB部に生じる圧縮力による変形とBC部に生じるせん断
力による変形を無視する．

解答 図7.19に示すように，点BでL形はりを切断し，
鉛直部材ABの第1問題と水平部材BCの第2問題に分割
する．第1問題の鉛直部材では，自由端Bにおいて，圧縮
荷重Pと偶力荷重$Q = Pl_2$が作用する．自由端Bのたわ
み角をθ_{1B}とすると，付表6 (329ページ)に示すはりの基
本解から，

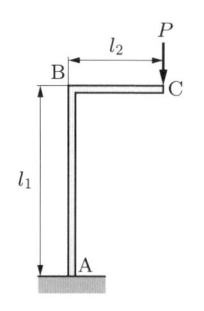

図7.18　鉛直荷重が作用する
L形片持はり

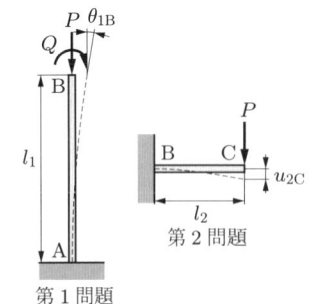

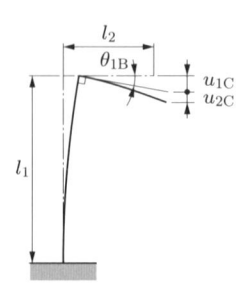

図7.19　L形片持はりの分割　　　　図7.20　L形片持はりのたわみ

$$\theta_{1B} = \frac{Ql_1}{EI_y} = \frac{Pl_1l_2}{EI_y}$$

である．図 7.20 に示すように，このたわみ角によって，L 形はりの点 C は u_{1C} だけ鉛直下方に移動したとすると，

$$u_{1C} = \theta_{1B}l_2 = \frac{Pl_1l_2^2}{EI_y}$$

となる．一方，第 2 問題における点 C のたわみは

$$u_{2C} = \frac{Pl_2^3}{3EI_y}$$

である．よって，L 形はりにおける点 C の鉛直変位は次のようになる．

$$u_C = u_{1C} + u_{2C} = \frac{Pl_2^2}{3EI_y}(3l_1 + l_2)$$

演習問題

7.5 図 7.21 に示すような，CB 間に等分布荷重が作用する片持はりについて，最大たわみを求めよ．ただし，はりの曲げ剛性を EI_y とする．

図 7.21　　　　　　　　　　　　　　図 7.22

7.6 図 7.22 に示すように，AC 間と CB 間で断面二次モーメントがそれぞれ I_1, I_2 である段付はりが，自由端 B に集中荷重 P を受けている．最大たわみを求めよ．ただし，はりの縦弾性係数を E とする．

7.7 図 7.23 に示すような水平面内に L 形に曲がった片持はりがある．自由端に鉛直荷重 P がはたらくとき，荷重点のたわみを求めよ．ただし，はりの曲げ剛性を EI_y，ねじり剛性を GI_p とする．

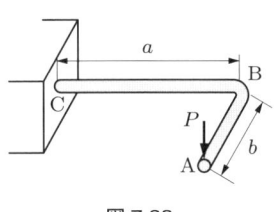

図 7.23

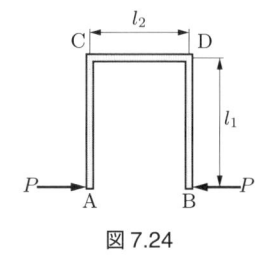

図 7.24

7.8 図 7.24 に示すように，棒の両端 A と B に荷重を加えるとき，AB 間の距離の変化 δ を求めよ．ただし，CD 部の圧縮による縮みは無視し，棒の曲げ剛性を EI_y とする．

7.9 図 7.25 に示すように，単純支持はりに中央で q_0 となる三角形分布荷重が作用している．はりの曲げ剛性を EI_y として，最大たわみを求めよ．

図 7.25　　　　　　　　　　　図 7.26

7.10 図 7.26 に示すように，全長にわたって等分布荷重 q を受ける突出しはりがある．右端 C のたわみを求めよ．ただし，はりの曲げ剛性を EI_y とする．

7.11 等分布荷重 q を受ける長さ l の単純支持はりの中央が，図 7.27 に示すようにばね定数 k のばねで支えられているとき，はりの中央におけるたわみを求めよ．ただし，はりの曲げ剛性を EI_y とする．

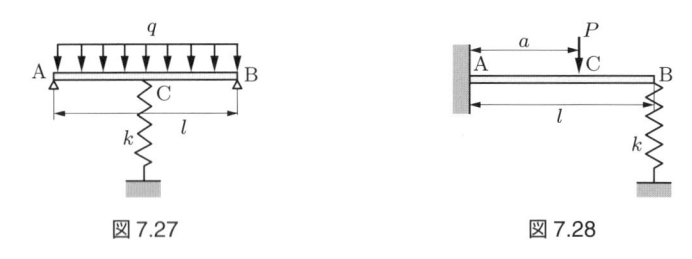

図 7.27　　　　　　　　　　　図 7.28

7.12 図 7.28 に示すように，片持はり AB が一端 B でばね定数 k のばねで支持されている．点 C に荷重 P を加えた場合の点 B のたわみを求めよ．ただし，はりの曲げ剛性を EI_y とする．

7.3　不静定はり

　不静定はりは，片持はりまたは単純支持はりに置き換えることによって，重ね合わせの原理を用いて解くことができる．

例題 7.4　図 7.29 に示すように，一端固定他端支持はりに等分布荷重 q が作用している．各支点に生じる反力と反偶力を求めよ．

解答　固定端 A に生じる反力を R_A，反偶力を J_A，支点 B に生じる反力を R_B とする．鉛直方向の力のつり合いと，点 A でのモーメントのつり合いから，

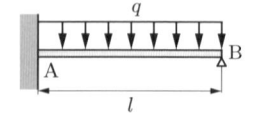

図 7.29　等分布荷重を受ける一端固定他端支持はり

$$R_A + R_B = ql, \quad J_A + R_B l = \frac{1}{2}ql^2$$

となる．これは 1 次の不静定問題である．不足する 1 個の式を重ね合わせの原理を用いて作成する．図 7.30 に示すように，支点 B を取り外し，二つの片持はりで考える．第 1 問題は等分布荷重 q が作用する片持はり，第 2 問題は自由端 B に大きさ R_B の鉛直上向きの集中荷重 P が作用する片持はりとする．二つの片持はりにおけるたわみ曲線を重ね合わせたとき，もとの一端固定他端支持はりのたわみ曲線と等しくなるためには，支点 B において，たわみの大きさが

$$u_B = u_{1B} - u_{2B} = 0$$

でなければならない．ここで，付表 6 (329 ページ) に示すはりの基本解から，

$$u_{1B} = \frac{ql^4}{8EI_y}, \quad u_{2B} = \frac{Pl^3}{3EI_y} = \frac{R_B l^3}{3EI_y}$$

となる．これらの式から，次のようになる．

$$R_A = \frac{5}{8}ql, \quad R_B = \frac{3}{8}ql, \quad J_A = \frac{1}{8}ql^2$$

このとき，点 A の反力と反偶力については次式が成り立っている．

$$R_A = R_{1A} + R_{2A}, \quad J_A = J_{1A} + J_{2A}$$

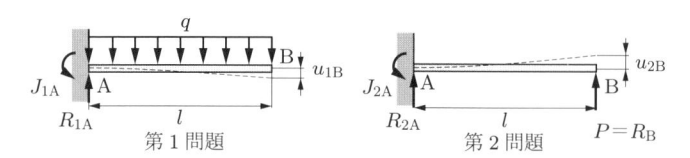

図 7.30　片持はりに置き換える解法

[別解]　図 7.31 に示すように，固定支点 A を支持支点に置き換え，二つの単純支持はりで考える．第 1 問題は等分布荷重 q が作用する単純支持はり，第 2 問題は支点 A に大きさ J_A の反時計回りの偶力荷重 Q が作用する単純支持はりとする．このとき，支点 A において，たわみ角の大きさは

$$\theta_A = \theta_{1A} - \theta_{2A} = 0$$

でなければならない．ここで，付表 7 (329 ページ) に示すはりの基本解から，

$$\theta_{1A} = \frac{ql^3}{24EI_y}, \quad \theta_{2A} = \frac{Ql}{3EI_y} = \frac{J_A l}{3EI_y}$$

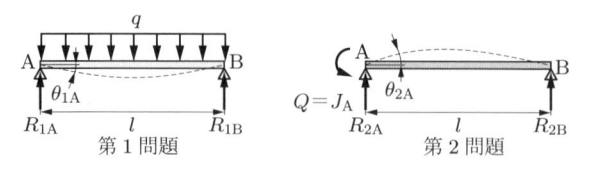

図 7.31　単純支持はりに置き換える解法

となる．これより，次のようになる．

$$J_A = \frac{1}{8}ql^2$$

このとき，両支点の反力については次式が成り立っている．

$$R_A = R_{1A} + R_{2A}, \quad R_B = R_{1B} + R_{2B}$$

例題 7.5　図 7.32 に示すように，固定はり AB の中
間点 C に集中荷重 P が作用している．固定端 A お
よび B に生じる反力と反偶力を求めよ．

解答　固定はりにおける鉛直方向の力のつり合いと
モーメントのつり合いとから，

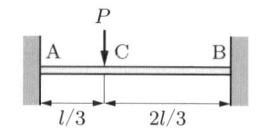

図 7.32　集中荷重を受ける固定はり

$$R_A + R_B = P, \quad J_A = J_B - R_B l + \frac{1}{3}Pl$$

となる．これは 2 次の不静定問題である．不足する 2 個の式を重ね合わせの原理を用い
て作成することを考える．図 7.33 に示すように，3 種の単純支持はりで考える．ただし，
$Q_A = J_A$，$Q_B = J_B$ である．これらのたわみ曲線を重ね合わせたとき，もとの固定はり

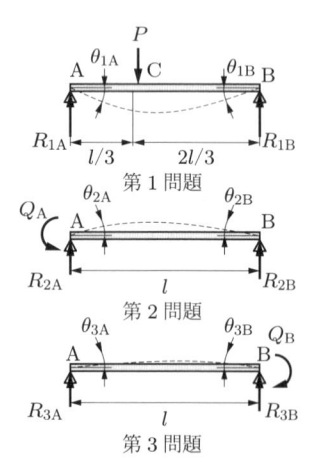

図 7.33　単純支持はりに置き換える解法

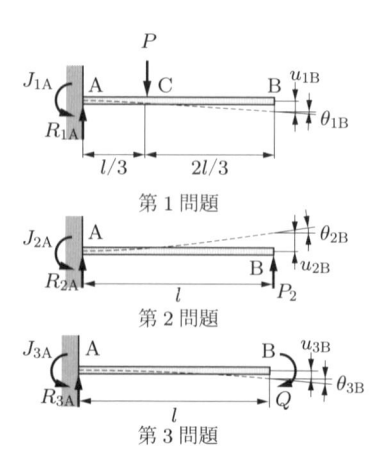

図 7.34　片持ちはりに置き換える解法

のたわみ曲線と等しくなるためには，両支点におけるたわみ角の大きさが

$$\theta_A = \theta_{1A} - \theta_{2A} - \theta_{3A} = 0, \quad \theta_B = \theta_{1B} - \theta_{2B} - \theta_{3B} = 0$$

でなければならない．付表 7 (329 ページ) から，点 C に集中荷重 P が作用する単純支持はりにおける各支点のたわみ角は

$$\theta_{1A} = \frac{5Pl^2}{81EI_y}, \quad \theta_{1B} = \frac{4Pl^2}{81EI_y}$$

となる．支点に偶力荷重が作用する単純支持はりにおける各支点のたわみ角は

$$\theta_{2A} = \frac{Q_A l}{3EI_y}, \quad \theta_{2B} = \frac{Q_A l}{6EI_y}, \quad \theta_{3A} = \frac{Q_B l}{6EI_y}, \quad \theta_{3B} = \frac{Q_B l}{3EI_y}$$

となる．これらから，次のようになる．

$$J_A = \frac{4}{27}Pl, \quad J_B = \frac{2}{27}Pl, \quad R_A = \frac{20}{27}P, \quad R_B = \frac{7}{27}P$$

[別解] 図 7.34 に示す 3 種の片持はりの重ね合わせで考えることによって，不足する 2 個の式を作成する．ただし，$P_2 = R_B$，$Q = J_B$ である．これらのたわみ曲線を重ね合わせたとき，もとの固定はりのたわみ曲線と等しくなるためには，支点 B において，

$$\theta_B = \theta_{1B} - \theta_{2B} + \theta_{3B} = 0, \quad u_B = u_{1B} - u_{2B} + u_{3B} = 0$$

でなければならない．付表 6 (329 ページ) に示すはりの基本解から，

$$\theta_{1B} = \frac{P(l/3)^2}{2EI_y}, \quad u_{1B} = \frac{P(l/3)^3}{3EI_y} + \frac{P(l/3)^2}{2EI_y}\frac{2l}{3}$$

$$\theta_{2B} = \frac{P_2 l^2}{2EI_y}, \quad u_{2B} = \frac{P_2 l^3}{3EI_y}, \quad \theta_{3B} = \frac{Ql}{EI_y}, \quad u_{3B} = \frac{Ql^2}{2EI_y}$$

となる．これらから，次のようになる．

$$J_B = \frac{2}{27}Pl, \quad R_B = \frac{7}{27}P$$

例題 7.6 図 7.35 に示すように，両端と中央点で支持された連続はりに等分布荷重 q が作用している．各支点に生じる反力を求めよ．

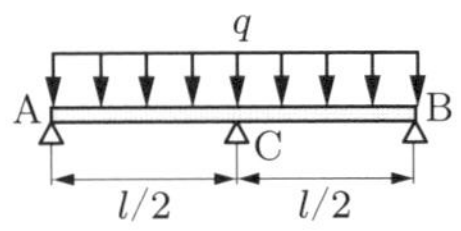

解答 はりの対称性またはモーメントのつり合いから，$R_A = R_B$ である．また，鉛直方向の力のつり合いから，

$$R_A + R_B + R_C = ql$$

図 7.35 等分布荷重が作用する連続はり

である．1 次の不静定問題であるから，不足する 1 個の式を重ね合わせの原理を用いて作成する．図 **7.36** に示すように，中央支点 C を取り外した単純支持はりと，中央支点 C に鉛直上向きの集中荷重 $P = R_\mathrm{C}$ が作用する単純支持はりの重ね合わせで考える．これらのたわみ曲線を重ね合わせたとき，もとの連続はりのたわみ曲線と等しくなるためには，支点 C におけるたわみの大きさが

$$u_\mathrm{C} = u_\mathrm{1C} - u_\mathrm{2C} = 0$$

でなければならない．ここで，付表 7 (329 ページ) から，

$$u_\mathrm{1C} = \frac{5ql^4}{384EI_y}, \quad u_\mathrm{2C} = \frac{Pl^3}{48EI_y}$$

となり，これらから，次のようになる．

$$R_\mathrm{A} = R_\mathrm{B} = \frac{3}{16}ql, \quad R_\mathrm{C} = \frac{5}{8}ql$$

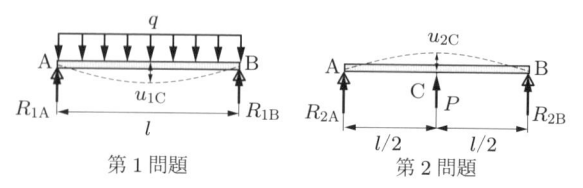

図 **7.36**　単純支持はりに置き換える解法

演習問題

7.13 図 **7.37** に示すように，一端固定他端支持はりの中央に集中荷重 P を加える．はりが直径 100 mm の丸棒で，$l = 2.0$ m，材料の許容応力 80 MPa であるとき，P の大きさはいくらまで許されるか．

図 7.37　　　　　　　　　　　　　図 7.38

7.14 図 **7.38** に示すはりについて，支点 B に生じる反力を求めよ．

7.15 図 **7.39** に示すように，スパン l の固定はり AB の中点 C にばね定数 k のばね CD を取り付けてある．このはりに等分布荷重 q が作用するとき，中点 C のたわみを求めよ．ただし，はりの曲げ剛性を EI_y とする．

7.16 図 **7.40** に示すように，鉛直面内で L 形に曲がったはり ABC が，点 A で固定され，点 B で支持（左右に移動可）されている．点 C に水平荷重 P を加えたとき，支点 B

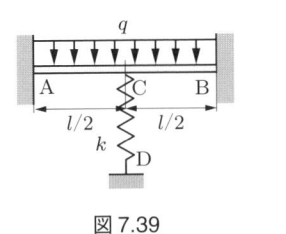

図 7.39

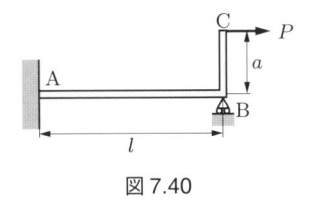

図 7.40

に生じる反力を求めよ.

7.17 図 7.41 に示すように,長さが $l = 600$ mm で,断面の幅が 10 mm,高さが $h = 20$ mm である長方形断面はり AB が,点 A で固定され,点 B で支持(左右に移動可)されている.はりの上面での温度変化が $\Delta t = 30$°C,下面での温度変化が $-\Delta t = -30$°C となるような,高さ方向に直線状の温度分布を与えたとき,支点 B に生じる反力を計算せよ.ただし,はりの縦弾性係数を 206 GPa,線膨張係数を 11.2×10^{-6} /°C とする.

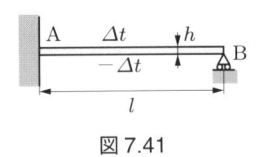

図 7.41

7.18 図 7.42 に示すように,スパン l_1 の単純支持はり AB の中央点 C の鉛直上方から長さ l_2 のロープ DE がつり下げられ,ロープの下端とはりとは δ だけ離れている.はりの中央点 C を押し上げ,ロープの下端 E とはりの中央点 C を結合し,結合した状態で押し上げていた力を解放する.このとき,ロープ DE に生じる引張力を求めよ.ただし,はりの縦弾性係数を E_1,断面二次モーメントを I_y,ロープの縦弾性係数を E_2,断面積を A とする.

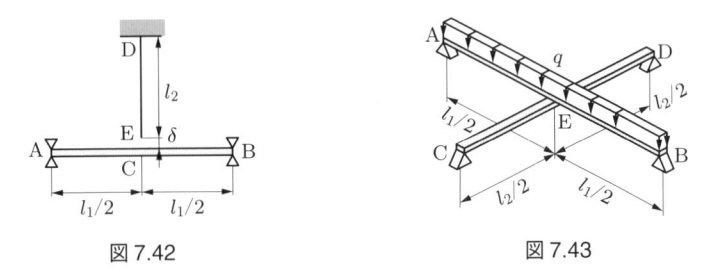

図 7.42

図 7.43

7.19 図 7.43 に示すように,スパン l_1 の単純支持はり AB の中央下面と,これに直交するスパン l_2 の単純支持はり CD の中央上面が接している二重単純支持はりがある.上の単純支持はり AB の全長に等分布荷重 q を加えるとき,中央点 E のたわみを求めよ.ただし,はり AB および CD の曲げ剛性を,それぞれ $E_1 I_1$,$E_2 I_2$ とする.

7.4　連続はり

　複雑な連続はりでは，例題 7.6 に示した中間支点を取り外して単純支持はりに置き換える解法よりも，次に示す解法のほうがはるかに扱いやすい．

　任意の連続はりについて，次のように記号を定める．たとえば，支点が 4 個の連続はりでは図 7.44 のようになる．支点番号を左から 0，1，2，3，$\cdots$，各支点の反力を R_0，R_1，R_2，R_3，$\cdots$，支点間距離を l_0，l_1，l_2，$\cdots$ とする．この連続はりを支点の位置で仮想的に切断したとき，仮想断面に作用している曲げモーメントを，それぞれ M_1，M_2，$\cdots$ とする．仮想断面のせん断力は無視する．あるいは各支点の反力と相殺されると考えてもよい．また，各支点の反力は，R_1' と R_1'' のように分けられるとする．このとき $R_1 = R_1' + R_1''$ などである．

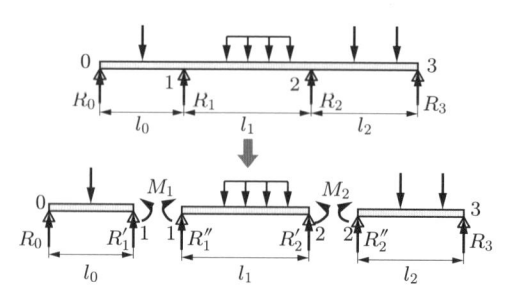

図 7.44　連続はりの切断

　図 7.45 に示すように，第 $n-1$，n，$n+1$ 番目の支点をもつ，隣り合う二つの単純支持はりについて考える．左右の単純支持はりのたわみ曲線を考え，左の単純支持はりにおける支点 n のたわみ角を I_n'，右の単純支持はりにおける支点 n のたわみ角を I_n'' とする．ただし，I_n' と I_n'' はともに大きさだけを表し，符号を考慮しないものとする．支点 n で仮想的に切断せずに連続はりとして考えた場合，二つの単純支持は

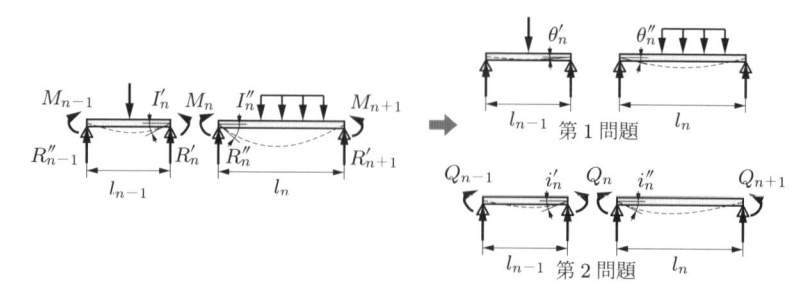

図 7.45　三モーメントの定理

りにおけるたわみ曲線は滑らかにつながっていなければならないから,

$$I'_n = -I''_n \tag{7.1}$$

でなければならない.

I'_n と I''_n を重ね合わせの原理で求めるために, 図 7.45 に示すように, 荷重だけが作用する第 1 問題と, 偶力荷重だけが作用する第 2 問題とを考える. ただし, 第 2 問題における偶力荷重は, はりの基本問題を利用するために仮想断面の曲げ内偶力を偶力荷重と見なしたものである. 第 1 問題および第 2 問題における支点 n のたわみ角を, それぞれ θ'_n, θ''_n, i'_n, i''_n とすると, 重ね合わせの原理から, 次のようになる.

$$I'_n = \theta'_n + i'_n, \quad I''_n = \theta''_n + i''_n \tag{7.2}$$

また, 第 2 問題については付表 7 (329 ページ) に示すはりの基本解が利用でき,

$$i'_n = \frac{l_{n-1}}{6EI_y}(Q_{n-1} + 2Q_n), \quad i''_n = \frac{l_n}{6EI_y}(2Q_n + Q_{n+1}) \tag{7.3}$$

である. これらの式から, 次式を得る.

$$\boxed{l_{n-1}Q_{n-1} + 2(l_{n-1} + l_n)Q_n + l_nQ_{n+1} = -6EI_y(\theta'_n + \theta''_n)} \tag{7.4}$$

これをクラペイロン[†4] の**三モーメントの定理** (three-moment theorem) という.

連続はりについて, 鉛直方向の力のつり合い式とモーメントのつり合い式を考えれば, n 個の支点をもつ連続はりの不静定次数は $n-2$ である. すなわち, 連続はりの不静定次数は中間支点の数に等しい. 各中間支点に着目して式 (7.4) を立てることができるから, これらの式を連立させることで連続はりの問題を解くことができる.

図 7.46 に示すように, 右端を固定され, 左端およびいくつかの中間点を支持支点で支えられたはりを考える. 固定端の支点番号を n とし, これを支持支点に置き換え, 第 $n-1$ 番目と第 n 番目の支点間を単純支持はりで考えると, $I'_n = 0$ でなければならないから, 式 (7.2) および式 (7.3) から, 次式が成り立つ.

$$l_{n-1}Q_{n-1} + 2l_{n-1}Q_n = -6EI_y\theta'_n \tag{7.5}$$

ただし, Q_n は固定端の反偶力を単純支持はりの偶力荷重と見なしたものである.

---

†4 Benoît Paul Émile Clapeyron, 1799〜1864, フランス

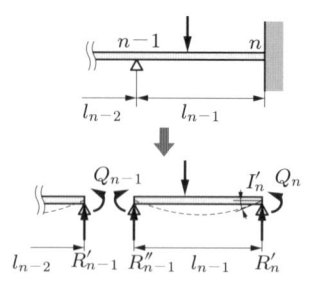

図7.46　固定支点と複数の支持支点をもつはり

例題 7.7　図 7.47 に示すように，3 個の支点をもつ，全長 $2l$ の連続はりに二つの集中荷重が作用している．各支点に生じる反力を求めよ．

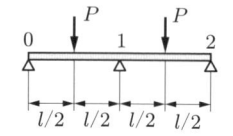

図 7.47　二つの集中荷重が作用する連続はり

解答　鉛直方向の力のつり合いと，モーメントのつり合いまたは対称性から，

$$R_0 + R_1 + R_2 = 2P, \quad R_0 = R_2$$

となる．**図 7.48** に示すように，中間支点 1 ではりを仮想的に切断し，二つの単純支持はりに置き換える．支点 1 に作用する曲げモーメントを Q_1 とすると，$n = 1$ に対する三モーメントの定理から，

$$l_0 Q_0 + 2(l_0 + l_1)Q_1 + l_1 Q_2 = -6EI_y(\theta_1' + \theta_1'')$$

となる．ここで，

$$\theta_1' = \theta_1'' = \frac{Pl^2}{16EI_y}, \quad Q_0 = Q_2 = 0, \quad l_0 = l_1 = l$$

である．よって，次のようになる．

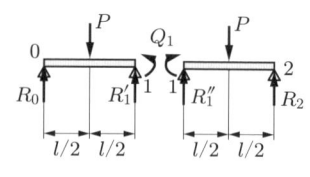

図 7.48　連続はりの切断

$$Q_1 = -\frac{3}{16}Pl$$

図 7.48 に示す左の単純支持はりについて，鉛直方向の力のつり合いとモーメントのつり合いから，

$$R_0 + R_1' = P, \quad R_1' l + Q_1 = \frac{1}{2}Pl$$

となる．これより，$R_0 = 5P/16$，$R_1' = 11P/16$ となる．同様に，右の単純支持はりについて，$R_2 = 5P/16$，$R_1'' = 11P/16$ となる．したがって，次のようになる．

$$R_0 = R_2 = \frac{5}{16}P, \quad R_1 = R_1' + R_1'' = \frac{11}{8}P$$

● 演習問題

7.20 図 7.49 に示す連続はりがある．三モーメントの定理を用いて，各支点の反力を求め
よ．

7.21 図 7.50 に示す連続はりがある．三モーメントの定理を用いて，各支点の反力を求め
よ．また，曲げモーメント図を描け．

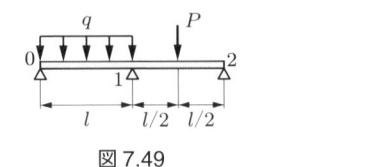

図 7.49

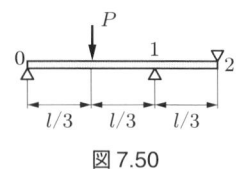

図 7.50

7.22 図 7.51 に示すように，連続はりの中間スパンに等分布荷重 q が作用するとき，はり
に生じる最大曲げモーメントを求めよ．

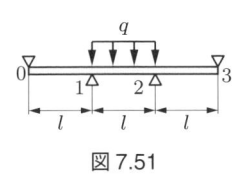

図 7.51

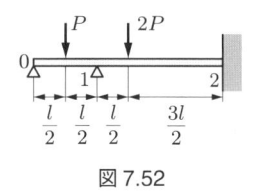

図 7.52

7.23 図 7.52 に示すように，左端 0 および中間点 1 が回転支持され，右端 2 が固定された
はりに，それぞれ P，$2P$ の集中荷重が作用している．せん断力図と曲げモーメント
図を描け．

7.5 軸力と曲げ内偶力の重ね合わせ

部材の仮想断面に作用する内力・内偶力には，軸力 N，せん断力 F，ねじり内偶力
T，曲げ内偶力 M の 4 種類がある．これらのうちの二つ以上が同時に作用する場合
の応力を計算するには，内力・内偶力をそれぞれ独立に考えればよい．ただし，独立
に考えることで得られた応力について重ね合わせの原理が成り立つのは，それぞれの
応力が同じ仮想断面内の同じ位置で同じ方向または逆方向に作用している場合だけで
ある．

7.5.1 重ね合わせの原理が成り立つ例

(1) 軸力 N と曲げ内偶力 M が作用する棒

図 7.53 に示すように，長方形断面棒の仮想断面に引張りの軸力 N と正の曲げ内偶
力 M が作用している場合を考える．このとき，仮想断面には軸力 N による応力と曲

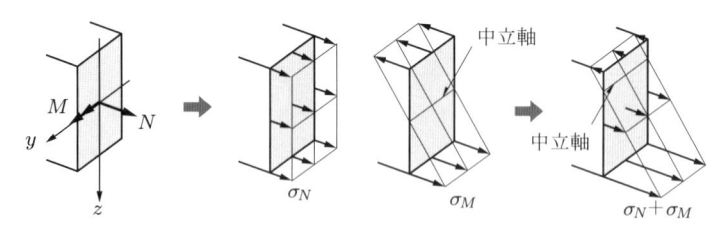

図 7.53　軸力 N と曲げ内偶力 M が作用する棒の応力

げ内偶力 M による応力が生じている．軸力による引張応力 $\sigma_N = N/A$ は仮想断面全体に一様に分布している．曲げ応力は z 座標に依存し，$(M/I_y)z$ である．その最大値は $\sigma_M = M/Z$ で，中立軸は $z = 0$ の y 軸上にある．これら2種類の応力はどちらも垂直応力であり，同じ仮想断面の同じ位置においてどちらも仮想断面の法線方向を向いているので，座標 z において $\sigma = N/A + (M/I_y)z$ が成り立つ．その最大値は，仮想断面の底辺において $\sigma_{\max} = \sigma_N + \sigma_M$ である．$z = 0$ の y 軸上では $\sigma = \sigma_N$ である．上辺においては $\sigma = \sigma_N - \sigma_M$ であり，図のように $\sigma_N < \sigma_M$ の場合は $|\sigma_N - \sigma_M|$ の圧縮応力となる．

(2)　せん断力 F とねじり内偶力 T が作用する棒

　図 7.54 に示すように，円形断面棒の仮想断面にせん断力 F とねじり内偶力 T が作用している場合を考える．せん断力 F による応力 $\tau_F = F/A$ は，仮想断面内のすべての位置で z 軸の正方向を向いているとする．ねじり内偶力 T による応力 $(T/I_p)r$ は，大きさが中心からの距離 r に比例し，丸棒の中心軸周りに回転する方向に作用している．その最大値は $\tau_T = T/Z_p$ で，断面の外周上に生じる．これら2種類のせん断応力が同じ方向を向くのは点 A のみで，この位置での応力は $\tau_T + \tau_F$ であり，逆方向を向くのは点 B のみで，この位置での応力は $|\tau_T - \tau_F|$ である．また，y 軸上では τ_F と $(T/I_p)r$ が z 軸の正方向または負方向に向いているので同様の加算が成り立つ．仮想断面内のほかの位置では，2種類の応力のはたらく方向が斜めに交差するので，それらの大きさだけの加算・減算では合成した応力を求めることができない．

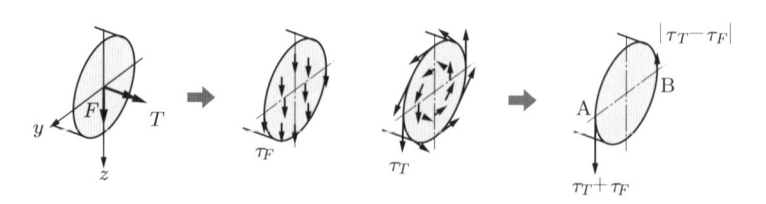

図 7.54　せん断力 F とねじり内偶力 T が作用する棒の応力

7.5.2 重ね合わせの原理を適用できない例

(1) 曲げ内偶力 M とねじり内偶力 T が作用する棒

図 7.55 に示すように，円形断面棒の仮想断面に曲げ内偶力 M とねじり内偶力 T が作用している場合を考える．曲げ内偶力 M による応力は垂直応力であり，仮想断面の法線方向を向いている．ねじり内偶力 T による応力はせん断応力であり，仮想断面の接線方向にある．これら 2 種類の応力は断面内のどの位置においても同じ方向を向くことはない．したがって，それらの大きさだけの加算・減算では合成した応力を求めることができない．

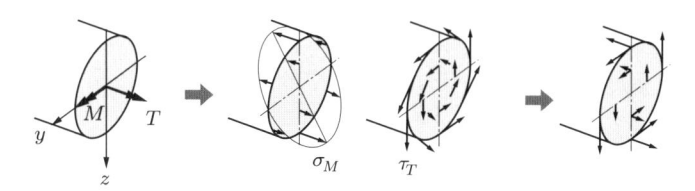

図 7.55 曲げ内偶力 M とねじり内偶力 T が作用する棒の応力

(2) 軸力 N とせん断力 F が作用する棒

図 7.56 に示すように，棒の仮想断面に軸力 N とせん断力 F が作用している場合を考える．これらによる応力はそれぞれ垂直応力とせん断応力であるから，これら 2 種類の応力は互いに直交した方向に作用する．したがって，それらの大きさだけの単純な加算・減算では合成した応力を求めることができない．

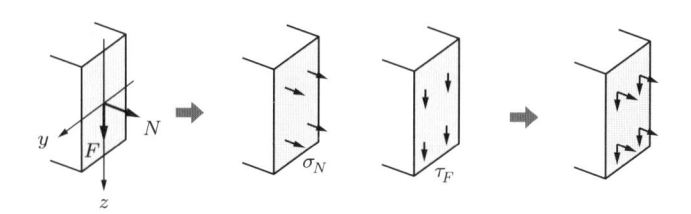

図 7.56 軸力 N とせん断力 F が作用する棒の応力

例題 7.8 図 7.57 のような正方形断面の曲り棒に偏心軸圧縮荷重 $P = 10\,\text{kN}$ が作用するとき，仮想断面 X に生じる最大引張応力と最大圧縮応力を計算せよ．ただし，$a = 50\,\text{mm}$，$e = 100\,\text{mm}$ とする．

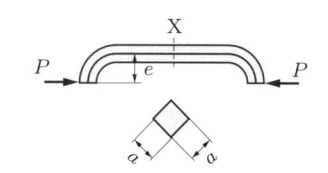

図 7.57 偏心軸圧縮荷重を受ける曲り棒

解答 仮想断面 X には，図 7.58 の方向に軸力と曲げ内偶力が作用する．これらについて，大きさだけを考えると，

$$N = P, \quad M = Pe$$

である．軸力による圧縮応力と曲げ内偶力による曲
げ応力は，それぞれ

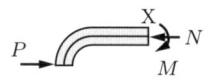

図7.58　軸力 N と曲げ内偶力 M（作用する方向を示した場合）

$$\sigma_N = \frac{N}{A} = \frac{P}{a^2} = 4.0 \text{ MPa},$$

$$\sigma_M = \frac{M}{Z} = \frac{Pe}{\sqrt{2}a^3/12} = 67.9 \text{ MPa}$$

となる．よって，最大引張応力と最大圧縮応力は次のようになる．

$$\sigma_{t\text{max}} = \sigma_M - \sigma_N = 63.9 \text{ MPa}, \quad \sigma_{c\text{max}} = \sigma_M + \sigma_N = 71.9 \text{ MPa}$$

[別解]　仮想断面 X に対して図7.59のように yz
座標をとり，軸力と曲げ内偶力を正の向きに記入す
る．これらについて，符号を考慮すると，

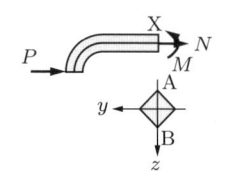

図7.59　軸力 N と曲げ内偶力 M（正の方向に作用すると仮定した場合）

$$N = -P, \quad M = -Pe$$

となる．最大引張応力は点 A $(z = -a/\sqrt{2})$ に生
じる．

$$\sigma_{t\text{max}} = \frac{N}{A} + \frac{M}{I_y}z = \frac{-P}{a^2} + \frac{-Pe}{a^4/12}\left(-\frac{a}{\sqrt{2}}\right)$$

$$= 63.9 \text{ MPa}$$

最大圧縮応力は点 B $(z = a/\sqrt{2})$ に生じる．

$$\sigma_{c\text{max}} = \frac{N}{A} + \frac{M}{I_y}z = \frac{-P}{a^2} + \frac{-Pe}{a^4/12}\frac{a}{\sqrt{2}} = -71.9 \text{ MPa}$$

例題7.9　2枚の異種金属角棒を貼り合わせたバ
イメタルを片持はりとする．両角棒を貼り合わせ
たときの両棒の長さは等しく，それを l とする．
また，両棒の断面寸法は等しく，幅を b，高さを
h とする．このバイメタルが Δt だけ一様に温め
られ，図7.60に示すように円弧状に変形してい
るとき，自由端のたわみ u_{max} と，材料 ① の下

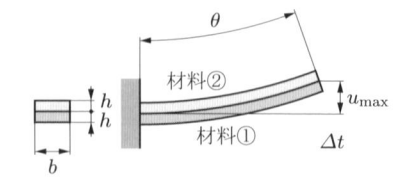

図7.60　バイメタルの変形

面および材料 ② の上面に生じている応力を求めよ．ただし，両部材の曲率半径は断面の
高さ h と比べて十分に大きいとする．また，材料 ① および材料 ② の縦弾性係数および線
膨張係数はそれぞれ E_1, α_1, E_2, α_2 で，$\alpha_1 > \alpha_2$ であるとする．

解答　もしも両角棒が貼り合わせられていないならば，両棒は真っ直ぐなまま，それぞれ
$\alpha_1 \Delta t l$, $\alpha_2 \Delta t l$ だけ伸びる．両角棒が貼り合わせられていて円弧状に変形しているときの，

材料①中央面の曲率半径を R_1, 材料②中央面の曲率半径を R_2 とすると, これらは独立ではなく,

$$R_1 = R_2 + h \tag{1}$$

でなければならない. また, 材料①の上面と材料②の下面の円弧の長さはお互いに等しい. この条件は, 変形した円弧の中心角が両棒に対して等しいと言い換えられる. 材料①, ②のそれぞれの中央面における円弧の長さを l_1, l_2, 円弧の中心角を θ とすると,

$$\theta = \frac{l_1}{R_1} = \frac{l_2}{R_2} \tag{2}$$

である. これらの変形の条件から, 材料①には曲げ内偶力と圧縮の軸力が作用し, 材料②には曲げ内偶力と引張りの軸力が作用する. 図7.61 に示すように, これらをそれぞれ M_1, N_1, M_2, N_2 とする. 任意の仮想断面で軸力の総和はゼロでなければならないから, $N_1 = N_2$ である. これを N とする. また, 任意の仮想断面で偶力の総和はゼロでなければならないから,

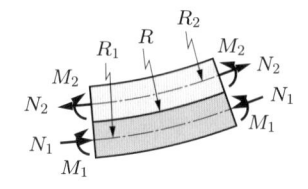

図7.61 バイメタルに作用する曲げ内偶力と軸力

$$M_1 + M_2 - Nh = 0 \tag{3}$$

である. 3個の未知数 N, M_1, M_2 に対して, 式 (1), (2), (3) の連立方程式を解けばよい. ここで,

$$l_1 = l\left(1 + \alpha_1 \Delta t - \frac{N}{E_1 A}\right), \quad l_2 = l\left(1 + \alpha_2 \Delta t + \frac{N}{E_2 A}\right)$$

である. ただし, A は両角棒の断面積である.

式 (1) と式 (2) から, $1/R_1 = (l_1 - l_2)/l_1 h$, $1/R_2 = (l_1 - l_2)/l_2 h$ となる. 曲げ内偶力が作用したときの曲率半径は, もとの長さ l の角棒に曲げ内偶力による変形だけを考えたときも, 温度変化と軸力で長さが l_1 および l_2 になった角棒に曲げ内偶力が作用したときの変形を考えたときも変わらないので, 式 (4.4) から,

$$\frac{1}{R_1} = \frac{M_1}{E_1 I}, \quad \frac{1}{R_2} = \frac{M_2}{E_2 I}$$

である. ただし, I は各材料の中央面上幅方向の軸に関する断面二次モーメントである. これらから, 次のようになる.

$$M_1 = E_1 I \frac{l_1 - l_2}{l_1 h}, \quad M_2 = E_2 I \frac{l_1 - l_2}{l_2 h}$$

ここで, $l_1 = l(1 + \varepsilon_1)$, $l_2 = l(1 + \varepsilon_2)$ とおくと, $\varepsilon_1 \ll 1$, $\varepsilon_2 \ll 1$ より,

$$\frac{l_1 - l_2}{l_1} = \frac{\varepsilon_1 - \varepsilon_2}{1 + \varepsilon_1} \fallingdotseq (\varepsilon_1 - \varepsilon_2)(1 - \varepsilon_1) \fallingdotseq \varepsilon_1 - \varepsilon_2$$

$$\frac{l_1 - l_2}{l_2} = \frac{\varepsilon_1 - \varepsilon_2}{1 + \varepsilon_2} \fallingdotseq (\varepsilon_1 - \varepsilon_2)(1 - \varepsilon_2) \fallingdotseq \varepsilon_1 - \varepsilon_2$$

と近似できる. よって,

$$M_1 = \frac{E_1 I}{h}(\varepsilon_1 - \varepsilon_2) = \frac{h}{12 E_2}\{(\alpha_1 - \alpha_2)\Delta t E_1 E_2 bh - N(E_1 + E_2)\}$$

$$M_2 = \frac{E_2 I}{h}(\varepsilon_1 - \varepsilon_2) = \frac{h}{12 E_1}\{(\alpha_1 - \alpha_2)\Delta t E_1 E_2 bh - N(E_1 + E_2)\}$$

となる. これらを式 (3) に代入すると,

$$N = \frac{(\alpha_1 - \alpha_2)\Delta t(E_1 + E_2)E_1 E_2 bh}{(E_1 + E_2)^2 + 12 E_1 E_2}$$

を得る. よって, 各材料に作用する曲げモーメントは

$$M_1 = \frac{(\alpha_1 - \alpha_2)\Delta t E_1^2 E_2 bh^2}{(E_1 + E_2)^2 + 12 E_1 E_2}, \quad M_2 = \frac{(\alpha_1 - \alpha_2)\Delta t E_1 E_2^2 bh^2}{(E_1 + E_2)^2 + 12 E_1 E_2}$$

となり, これらから, 変形後の曲率半径は

$$R = \frac{1}{2}(R_1 + R_2) = \frac{1}{2}\left(\frac{E_1 I}{M_1} + \frac{E_2 I}{M_2}\right) = \frac{h\{(E_1 + E_2)^2 + 12 E_1 E_2\}}{12(\alpha_1 - \alpha_2)\Delta t E_1 E_2}$$

で, バイメタル自由端における中央面のたわみ (上方向) は

$$u_{\max} = R(1 - \cos\theta) \fallingdotseq \frac{l^2}{2R} = \frac{6(\alpha_1 - \alpha_2)\Delta t l^2 E_1 E_2}{h\{(E_1 + E_2)^2 + 12 E_1 E_2\}}$$

となる[†5]. 材料 ① 下面と材料 ② 上面に生じる応力は次のようになる.

$$\sigma_1 = \frac{N}{A} + \frac{M_1}{I}\frac{h}{2} = \frac{(\alpha_1 - \alpha_2)\Delta t(7 E_1 + E_2)E_1 E_2}{(E_1 + E_2)^2 + 12 E_1 E_2}$$

$$\sigma_2 = \frac{N}{A} - \frac{M_2}{I}\frac{h}{2} = \frac{(\alpha_1 - \alpha_2)\Delta t(E_1 - 5 E_2)E_1 E_2}{(E_1 + E_2)^2 + 12 E_1 E_2}$$

[**別解**]　両部材の曲率半径が断面の高さ h と比べて十分に大きいことから, $R_1 \fallingdotseq R_2 \fallingdotseq R$ と近似する. もう一つの変形の条件を, 材料 ① と材料 ② の接合面での長さ (ひずみ) が等しいこと, すなわち,

---

†5 数学公式 $\cos x = 1 - \dfrac{x^2}{2!} + \dfrac{x^4}{4!} - \dfrac{x^6}{6!} + \cdots \quad (-\infty < x < \infty)$

$$l\left(1 + \alpha_1 \Delta t - \frac{N}{E_1 A} - \frac{h}{2R}\right) = l\left(1 + \alpha_2 \Delta t + \frac{N}{E_2 A} + \frac{h}{2R}\right)$$

とする．この式と式 (3) から N と R を決定する．

演習問題

7.24 図 7.62 に示すように，直径 12 mm，長さ $l = 300$ mm の丸棒が左端 A で水平に固定されている．右端 B に水平方向から角度 $\theta = 15°$ だけ傾いた方向に荷重 $P = 200$ N を加えるとき，棒に生じる最大引張応力を求めよ．

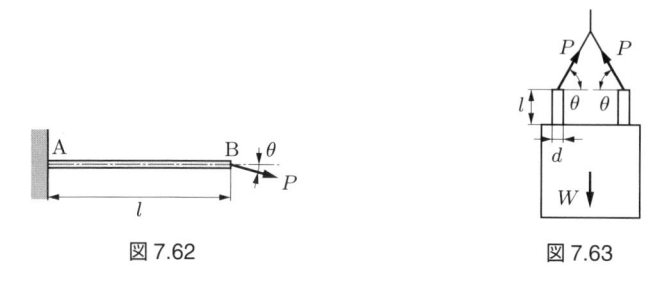

図 7.62　　　　　図 7.63

7.25 図 7.63 に示すように，重さ $W = 10$ kN の物体に長さ $l = 50$ mm，直径 $d = 30$ mm の 2 本の丸棒が左右対称な位置に取り付けてある．棒の先端にロープを結び付け，この物体を持ち上げたとき，ロープの角度が $\theta = 60°$ であった．棒に生じる最大引張応力を求めよ．

7.26 図 7.64 に示すように，厚さ t，幅 b の長方形断面棒の中央部に，半径 r の半円切欠きがある．棒の両端に軸荷重 P が作用するとき，断面 X に生じる最大引張応力を求めよ．

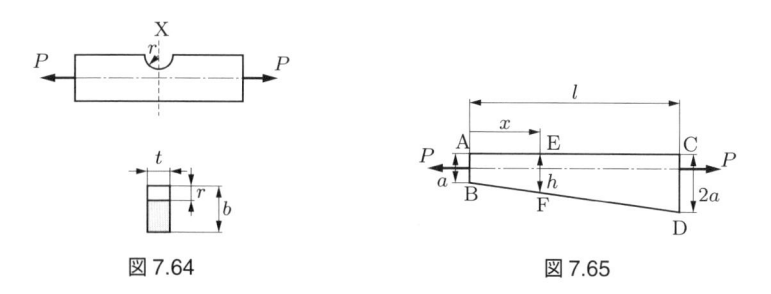

図 7.64　　　　　図 7.65

7.27 図 7.65 に示すように，厚さ t，長さ l，断面の高さ h が左端で a，右端で $2a$ となる長方形断面の台形板がある．板の左端面 AB の図心を通り，上辺 AC に平行な線上に引張荷重 P を加えるとき，板に生じる最大引張応力を求めよ．

7.28 図 7.66 に示すようなフレームの先端 C に鉛直荷重 $P = 30$ kN が作用している．BC の距離は $l = 150$ mm である．断面 AB は T 形で，その寸法は $t = 20$ mm，$b =$

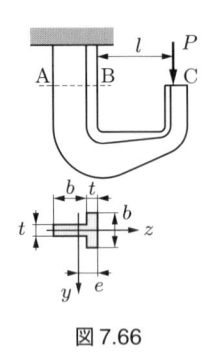

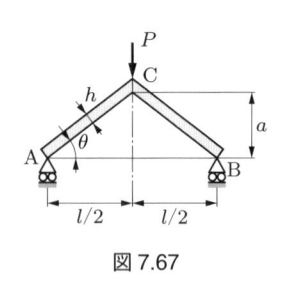

図 7.66　　　　　　　　　　　　　　図 7.67

60 mm で，図心の位置は $e = 30$ mm，y 軸に関する断面二次モーメントは $I_y = 1.36 \times 10^6$ mm^4 である．断面 AB に生じる最大引張応力および最大圧縮応力を計算せよ．

7.29 図 7.67 に示すように，中央点 C で折り曲げられた角棒 ACB が，両端で支持され，点 C に鉛直荷重 $P = 200$ kN を受けている．両支点は上下方向に移動できないが，左右方向には移動できる．角棒の寸法は，断面が幅 200 mm，高さ $h = 300$ mm の長方形で，長さは $l = 4.8$ m，$a = 1.8$ m である．角棒に生じる最大圧縮応力を計算せよ．

7.6　非対称曲げ

7.6.1　2 方向の曲げ内偶力が作用するはりの応力

　長方形断面はりの仮想断面において，対称軸を y，z とする座標軸をとる．仮想断面に y 軸周りの曲げ内偶力 M_y と z 軸周りの曲げ内偶力 M_z が同時に作用する場合を考える．これらの偶力による応力はともに垂直応力であり，それらを合成した応力は，同じ仮想断面の同じ位置におけるそれぞれの応力の和で与えられる．図 7.68 に示すように，それぞれの曲げ内偶力が単独で作用した場合に生じる曲げ応力の最大値を σ_1，σ_2 とすれば，合成した応力の最大値は $\sigma_1 + \sigma_2$ である．

　図 7.69 に示すように，円形断面はりの仮想断面において M_y と M_z が同時に作用する場合を考える．これらの偶力による応力はともに垂直応力であり，それらを合成

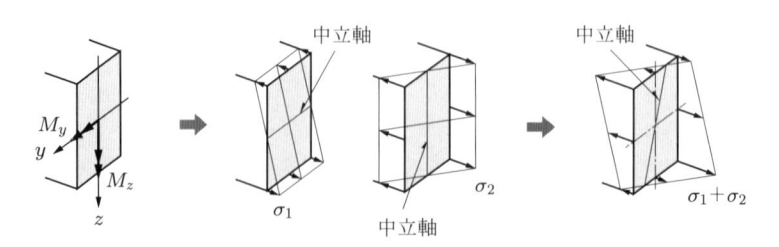

図 7.68　2 方向の曲げ内偶力が作用する長方形断面はりの応力

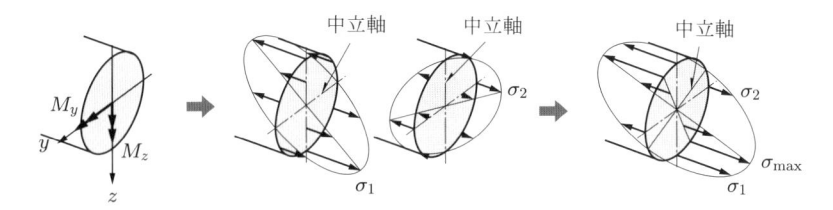

図 7.69　2 方向の曲げ内偶力が作用する円形断面はりの応力

した応力は，同じ仮想断面の同じ位置におけるそれぞれの応力の和で与えられる．ただし，最大応力はそれぞれの曲げ内偶力が単独で作用した場合に生じる曲げ応力の最大値 $\sigma_1 = M_y/Z$ および $\sigma_2 = M_z/Z$ の和ではない．

7.6.2　モーメントのベクトル

図 7.70 に示すように，xy 平面内で点 A を作用点として力 $\boldsymbol{F}$ が作用しているとする．座標原点 O から点 A までの距離を r，OA 方向に対する力 $\boldsymbol{F}$ のなす角を θ とすると，z 軸周りの力のモーメントの大きさは

$$M = r\sin\theta \cdot F \quad \text{または} \quad M = r \cdot F\sin\theta \tag{7.6}$$

である．また，その回転方向は z 軸の正方向に右ねじが進むときのねじの回転方向である．このように，力のモーメントは大きさと方向をもつ物理量であるが，数学的には次のように考えると理解できる．ベクトル $\overrightarrow{\mathrm{OA}}$ を位置ベクトル $\boldsymbol{r}$ とすると，大きさおよび方向は，$\boldsymbol{r}$ と $\boldsymbol{F}$ の外積で表現できる，すなわち，

$$\boldsymbol{M} = \boldsymbol{r} \times \boldsymbol{F} \tag{7.7}$$

である．この約束に従えば，力のモーメントはベクトル量として扱うことができる．ただし，材料力学では力のベクトルとモーメントのベクトルを区別するために，モーメントのベクトルは二重矢印で表すのが慣例である．

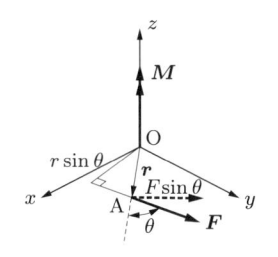

図 7.70　モーメントのベクトル

偶力のモーメントについても，まったく同様に扱うことができる．原点 O を作用点として，力 **F** と向きが逆で大きさが等しいもう一つの力を作用させると，この偶力のモーメントについても，その大きさと方向が上式で与えられる．ただし，偶力のモーメントについては回転の中心が定まらない．

たとえば，偶力荷重が作用してねじられる丸棒を**図 7.71** のように表示してきたのは，この約束に従っているからである．

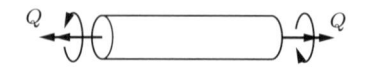

図 7.71　ねじり偶力荷重の表示

例題 7.10　**図 7.72** に示すように，円形断面片持はりの自由端に y 方向の集中荷重 P_y と z 方向の集中荷重 P_z が作用している．はりに生じる最大曲げ応力を求めよ．ただし，はりの長さを l，直径を d とする．

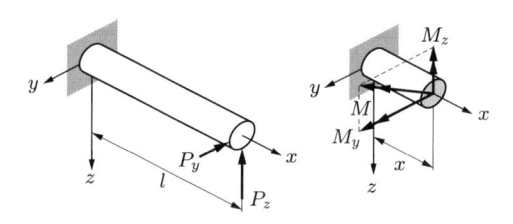

図 7.72　2 方向の集中荷重が作用する片持はり

解答　固定端から距離 x の仮想断面において，荷重 P_y による曲げモーメント M_z と，荷重 P_z による曲げモーメント M_y は，それぞれ

$$M_z = P_y(l - x), \quad M_y = P_z(l - x)$$

の大きさとなる．これらのモーメントはベクトル量であり，直交する二つのベクトルとして合成ができる．合成した曲げモーメントの大きさは

$$M = \sqrt{M_z^2 + M_y^2} = \sqrt{P_y^2 + P_z^2}\,(l - x)$$

であり，$x = 0$ の固定端で，

$$M_{\mathrm{max}} = \sqrt{P_y^2 + P_z^2}\,l$$

となる．円形断面ではどの方向に対しても断面係数は $Z = \pi d^3/32$ であるから，はりに生じる最大曲げ応力は，次のようになる．

$$\sigma_{\max} = \frac{M_{\max}}{Z} = \frac{32\sqrt{P_y^2 + P_z^2}\,l}{\pi d^3}$$

[別解] 自由端面上の荷重を合成すると，合成した荷重の大きさは

$$P = \sqrt{P_y^2 + P_z^2}$$

となる．この合成した荷重による曲げモーメントは，固定端から距離 x の仮想断面で，

$$M = P(l - x) = \sqrt{P_y^2 + P_z^2}\,(l - x)$$

である．

7.6.3 断面の主軸

任意の平面図形に対して図心を原点とする座標軸をとる．このとき，断面二次モーメントが最大・最小となる軸があり，これらは互いに直交する[†6]．これらの軸を**断面の主軸** (principal axis of cross section) といい，このときの断面二次モーメント $I_{\max}$ および $I_{\min}$ を**断面主二次モーメント** (principal moment of inertia of area) という．対称軸をもつ平面図形では対称軸が断面の主軸になる．

たとえば，**図 7.73** (a) に示すような $h > b$ の長方形断面では，$I_{\max} = I_y = bh^3/12$，$I_{\min} = I_z = b^3 h/12$ である．また，$b = h$ の正方形断面では $I_{\max} = I_{\min}$ となり，主軸の方向は定まらず，任意の方向で断面二次モーメントは等しい．図 (b) の円形断面でも $I_{\max} = I_{\min} = \pi d^4/64$ であり，主軸の方向は定まらない．図 (c)，(d) の I 形断面および山形断面では，$I_{\max} = I_y$，$I_{\min} = I_z$ である．

巻末の付表 5 (327 ページ) に示した I_y および $I_{y'}$ は断面主二次モーメントである．

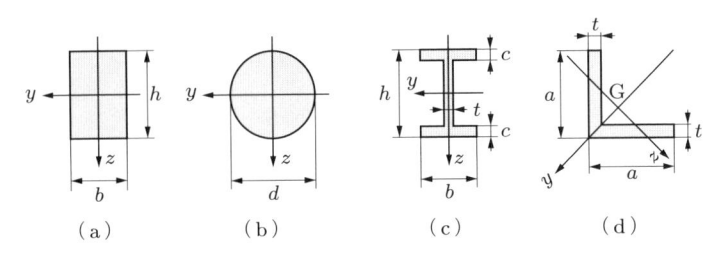

（a） （b） （c） （d）

図 7.73 種々の断面図形における断面の主軸

[†6] 詳細は下巻第 1 章で述べる．

7.6.4 非対称曲げ

　これまで扱ってきたはりの曲げ問題では，荷重の作用線方向に対して，はりの断面形状が左右対称であるとしてきた．この場合，対称軸は断面の主軸であり，荷重の作用線はこの主軸上にある．このような曲げを**対称曲げ** (symmetrical bending) という．ここでは，合成した曲げ内偶力の作用線が断面の主軸上にない場合を考える．このような曲げを**非対称曲げ** (unsymmetrical bending) という．2方向から曲げ荷重が作用する場合や，**図 7.74** に示すように，荷重の作用線が図心を通るものの，作用線が断面の主軸上にない場合などがある．断面形状が対称軸をもたなくても，合成した曲げ内偶力の作用線が断面の主軸上にあれば，それは対称曲げである．

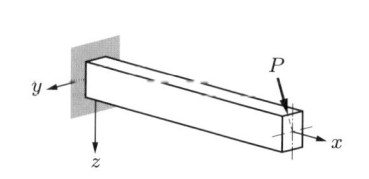

図 7.74　主軸以外の方向への曲げ荷重を受ける長方形断面片持はり

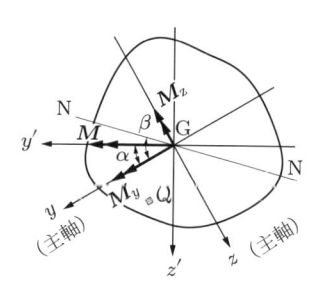

図 7.75　非対称曲げ

　図 7.75 に示すように，はりの仮想断面に，図心を通る曲げ内偶力 $\boldsymbol{M}$ が作用しているとする．この曲げ内偶力ベクトルの方向を y' 軸とし，図心を通り，y' 軸に直交する軸を z' とする．また，y' と断面の主軸 y とのなす角は α であるとする．

　曲げ内偶力 $\boldsymbol{M}$ を断面の主軸 y および z 方向に分解すると，それぞれの曲げモーメントの大きさは

$$M_y = M \cos\alpha, \quad M_z = M \sin\alpha$$

である．曲げモーメントの正負は，座標軸の正方向に凸に変形するときの曲げモーメントを正とすることが約束されている[7]．したがって，図の方向にベクトルが向いているとき，合成した曲げ内偶力 $\boldsymbol{M}$ は z' 軸の正方向に凸になる変形を起こすので正である．同様に，分解した曲げ内偶力 $\boldsymbol{M}_y$ および $\boldsymbol{M}_z$ もともに正である．

　断面内の任意の点 Q(y, z) における応力は，重ね合わせの原理より，

$$\sigma = \frac{M_y}{I_y}z + \frac{M_z}{I_z}y \tag{7.8}$$

---

[7] 4.2.1 項参照.

で与えられる.

　上式で与えられる応力の分布について，さらに詳しく検討する．$\sigma = 0$ とおき，中立軸を求めると，

$$M\left(\frac{\cos\alpha}{I_y}z + \frac{\sin\alpha}{I_z}y\right) = 0 \quad \therefore z = -y\frac{I_y}{I_z}\tan\alpha$$

となる．ここで，

$$\frac{I_y}{I_z}\tan\alpha = \tan\beta \tag{7.9}$$

とおくと，中立軸の式は

$$z = -y\tan\beta \tag{7.10}$$

と書ける．図 7.75 上に中立軸を直線 NN で示す．このように，非対称曲げでは曲げ内偶力の軸 y' と中立軸とは一致しない．$\alpha = \beta$ となるのは次のいずれかの場合だけである.

　① $\alpha = 0$　…曲げ内偶力の方向が主軸と一致（対称曲げ）

　② $I_y = I_z$　…円，正方形など（すべての方向が主軸となる断面形状）

$\sin\alpha = \tan\alpha\cos\alpha = (I_z/I_y)\tan\beta\cos\alpha$ を用いると，応力の式 (7.8) は

$$\sigma = M\left(\frac{z}{I_y}\cos\alpha + \frac{y}{I_z}\sin\alpha\right) = \frac{M}{I_y}\frac{\cos\alpha}{\cos\beta}(z\cos\beta + y\sin\beta)$$

と表される．ここで，$z\cos\beta + y\sin\beta = \eta$ とおくと，

$$\sigma = \frac{M}{I_y}\frac{\cos\alpha}{\cos\beta}\eta \tag{7.11}$$

となる．応力分布を図 7.76 に示す．点 Q の座標 (y, z) に依存するのは η のみで，仮想断面内では M，I_y，α，β は定数である．また，図に示すように，η は中立軸 NN から点 Q までの距離を表している．したがって，応力は中立軸からの距離 η に比例する．ひずみは応力に比例するから，引張応力が大きい場所では大きく伸び，圧縮応力が大きい場所では大きく縮む．よって，仮想断面近傍の x 方向の微小長さ部分は中立軸 NN を中心に円弧状に変形する．非対称曲げでは，α の方向に曲げようとしても，実際に曲がってゆく方向は β の方向である．

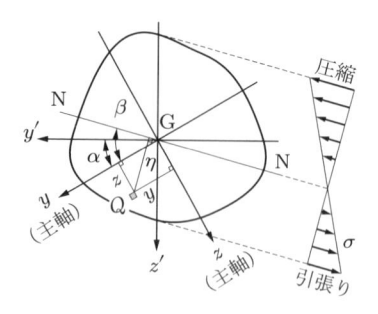

図 7.76 非対称曲げにおける応力分布

例題 7.11 図 7.77 に示すように，等辺山形鋼で作製された長さ $l = 1000\,\mathrm{mm}$ の片持はりがある．はりの自由端に，図心 G を通って z' 方向へ集中荷重 $P = 3.0\,\mathrm{kN}$ を加えるとき，はりに生じる最大引張応力と最大圧縮応力を計算せよ．ただし，$I_y = 2.87 \times 10^6\,\mathrm{mm}^4$，$I_z = 0.74 \times 10^6\,\mathrm{mm}^4$，$a = 100\,\mathrm{mm}$，$t = 10\,\mathrm{mm}$，$e = 28.7\,\mathrm{mm}$ である．

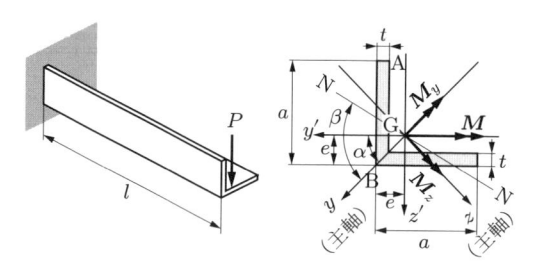

図 7.77 自由端に集中荷重を受ける等辺山形鋼製の片持はり

解答 固定端で，

$$M = -Pl, \quad M_y = -Pl\cos\alpha, \quad M_z = -Pl\sin\alpha$$

であり，断面内の任意の点で，

$$\sigma = \frac{M_y}{I_y}z + \frac{M_z}{I_z}y = \frac{-Pl\cos\alpha}{I_y}z + \frac{-Pl\sin\alpha}{I_z}y$$

である．$\sigma = 0$ とおくと，

$$z = -y\frac{I_y}{I_z}\tan\alpha$$

となり，中立軸の角度は

$$\tan\beta = \frac{I_y}{I_z}\tan\alpha = 3.873 \quad \therefore \beta = 75.5°$$

となる．最大引張応力は点 A で生じる．点 A の y' 座標と z' 座標は，$y' = e - t = 18.7\,\mathrm{mm}$, $z' = -(a - e) = -71.3\,\mathrm{mm}$ であるから，次のようになる．

$$y = y' \cos\alpha + z' \sin\alpha = -37.2\,\mathrm{mm}, \quad z = -y' \sin\alpha + z' \cos\alpha = -63.6\,\mathrm{mm}$$

最大圧縮応力は点 B で生じる．点 B の y' 座標と z' 座標は，$y' = e = 28.7\,\mathrm{mm}$, $z' = e = 28.7\,\mathrm{mm}$ であるから，次のようになる．

$$y = y' \cos\alpha + z' \sin\alpha = 40.6\,\mathrm{mm}, \quad z = -y' \sin\alpha + z' \cos\alpha = 0$$

よって，最大引張応力と最大圧縮応力は次のようになる．

$$\sigma_{t\mathrm{max}} = 154\,\mathrm{MPa}, \quad \sigma_{c\mathrm{max}} = -116\,\mathrm{MPa}$$

演習問題

7.30 図 7.78 に示すように，直径 20 mm の丸棒をスパン $l = 800\,\mathrm{mm}$ で支持し，棒の中央に y, z 方向にそれぞれ $P_y = 300\,\mathrm{N}$, $P_z = 400\,\mathrm{N}$ の集中荷重を加える．棒に生じる最大応力を計算せよ．

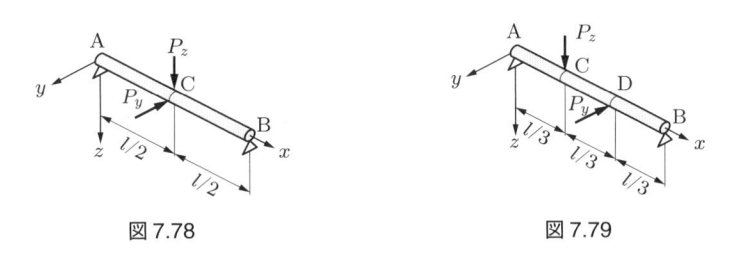

図 7.78   図 7.79

7.31 図 7.79 に示すように，断面が直径 70 mm の円形で，長さ $l = 1.8\,\mathrm{m}$ の単純支持はりがある．点 C に z 方向の荷重 $P_z = 3.0\,\mathrm{kN}$, 点 D に y 方向の荷重 $P_y = 4.2\,\mathrm{kN}$ が作用する．仮想断面 C および D に生じる曲げ応力を計算せよ．

7.32 図 7.80 に示すように，スパン $l = 3.0\,\mathrm{m}$ の単純支持はりが中央に $P = 10\,\mathrm{kN}$ の集中荷重を受けている．はりの断面は幅 $b = 100\,\mathrm{mm}$, 高さ $h = 150\,\mathrm{mm}$ の長方形であり，荷重 P の作用線は，図に示すように，断面の主軸 z と角 $\alpha = 15°$ だけ傾いている．はりに生じる最大引張応力を計算せよ．

7.33 図 7.81 に示すように，長さ $l = 2.0\,\mathrm{m}$ の片持はりに等分布荷重 $q = 3.0\,\mathrm{kN/m}$ が作用している．はりは溝形鋼で，断面の主軸 z と荷重方向 z' は角 $\alpha = 3°$ だけ傾いている．溝形鋼の断面主二次モーメントは $I_y = 4.240 \times 10^6\,\mathrm{mm}^4$, $I_z = 0.618 \times 10^6\,\mathrm{mm}^4$, 断面の寸法は $B = 65\,\mathrm{mm}$, $H = 125\,\mathrm{mm}$, $e_1 = 19\,\mathrm{mm}$, $e_2 = 46\,\mathrm{mm}$ である．以下の各問に答えよ．

(1) 中立軸と y 軸のなす角 β を計算せよ．

(2) はりに生じる最大引張応力と最大圧縮応力を計算せよ．

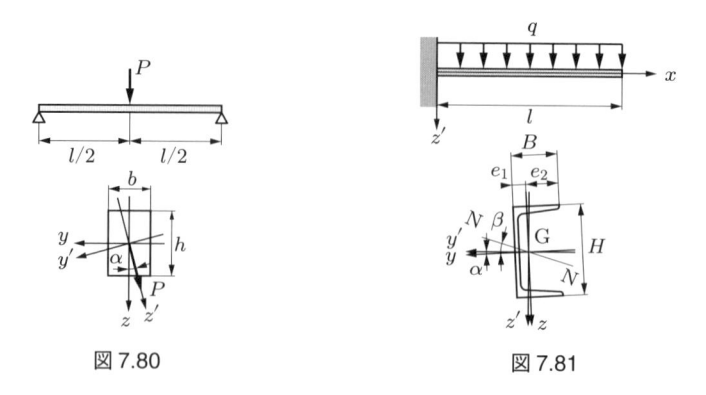

図7.80　　　　　　　　　　　図7.81

7.34 図 7.82 (a) に示す Z 形鋼を長さ 1000 mm の片持はりとする. 図 (b) に示すように, この片持はりの自由端に図心 G を通る鉛直荷重 $P = 2.0\,\text{kN}$ を加える. 以下の各問に答えよ. ただし, 断面の諸元は, $h = 100\,\text{mm}$, $b_1 = 60\,\text{mm}$, $b_2 = 70\,\text{mm}$, $t_1 = 7.0\,\text{mm}$, $t_2 = 9.0\,\text{mm}$, $e_1 = 52.3\,\text{mm}$, $e_2 = 63.4\,\text{mm}$, $\alpha = 32.46°$, $I_y = 3.727 \times 10^6\,\text{mm}^4$, $I_z = 0.394 \times 10^6\,\text{mm}^4$ とする.

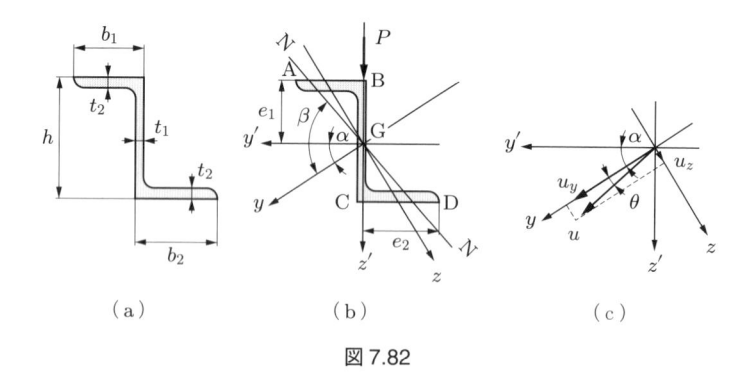

（a）　　　　　　　（b）　　　　　　　（c）

図 7.82

(1) 中立軸の角度 β を計算せよ.

(2) 最大引張応力が生じる点の座標 (y, z) を計算せよ.

(3) 最大引張応力を計算せよ.

(4) 左右対称断面片持はりの自由端において, 断面の主軸方向に荷重 P を加えたときのたわみは $u = Pl^3/3EI$ である. この式と図 (c) を参考にして, 自由端のたわみ u とその方向 θ を計算せよ. ただし, Z 形鋼の縦弾性係数を 206 GPa とする.

7.35 図 7.83 に示すように, 長方形断面棒に偏心軸荷重 $P = 90\,\text{kN}$ が作用する. 棒の断面寸法は $b = 150\,\text{mm}$, $h = 200\,\text{mm}$, 荷重の作用点位置は $e_y = 30\,\text{mm}$, $e_z = 30\,\text{mm}$ である. 棒に生じる最大引張応力および最大圧縮応力を計算せよ.

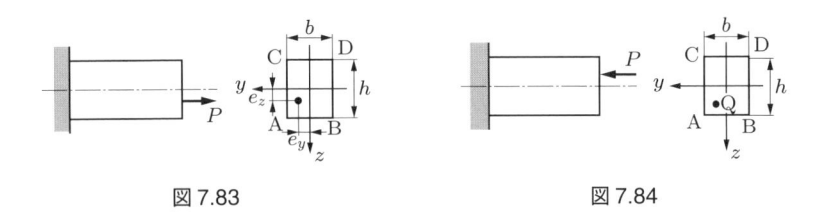

図 7.83 図 7.84

7.36 図 7.84 に示すように，長方形断面棒に偏心軸圧縮荷重が作用する．任意の仮想断面内の任意の点 $Q(y, z)$ において，応力が引張りとならないためには荷重の作用点が端面のどの領域に作用していなければならないか．その領域[8]を図示せよ．ただし，棒の断面寸法を b, h とする．

7.7 密巻きコイルばね

　線径 d，コイル半径 R，つる巻き角 α のコイルばねに圧縮荷重 P が作用しているとする．このとき，任意の仮想断面には，図 7.85 に示すように，内力 $\boldsymbol{B}$ と内偶力 $\boldsymbol{C}$ が作用している．それらの大きさは，$B = P$，$C = PR$ である．

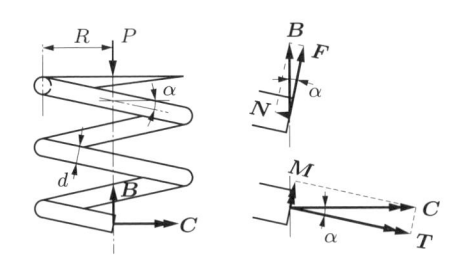

図 7.85　コイルばねの仮想断面に生じる内力と内偶力

　内力 $\boldsymbol{B}$ を仮想断面の法線方向と接線方向に分解したベクトルが，それぞれ軸力 $\boldsymbol{N}$ およびせん断力 $\boldsymbol{F}$ であり，それらの大きさは

$$N = P \sin\alpha, \quad F = P \cos\alpha \tag{7.12}$$

である．内偶力 $\boldsymbol{C}$ を仮想断面の法線方向と接線方向に分解したベクトルが，それぞれねじり内偶力 $\boldsymbol{T}$ および曲げ内偶力 $\boldsymbol{M}$ であり，それらの大きさは

$$M = PR \sin\alpha, \quad T = PR \cos\alpha \tag{7.13}$$

である．

---

[8] このように，断面に圧縮応力または引張応力だけが作用するような荷重作用点の領域を**核** (core, kernel) という．

　コイルばねの仮想断面には，これらの内力・内偶力による応力が作用する．コイルが密巻きのときは，$\sin\alpha \ll \cos\alpha$ より，$N \ll F$，$M \ll T$ となる．よって，軸力 N と曲げモーメント M による応力は無視できる．せん断力 F による応力を τ_F，ねじりモーメント T による断面内の最大せん断応力を τ_T とすると，

$$\tau_F = \frac{F}{A} = \frac{4P\cos\alpha}{\pi d^2}, \quad \tau_T = \frac{T}{Z_p} = \frac{16PR\cos\alpha}{\pi d^3}$$

となる．**図 7.86** に示すように，τ_F と τ_T はコイル内側の点 B で同じ向き，外側の点 A で逆向きになる．したがって，点 B でせん断応力は最大となり，

$$\tau_{\max} = \tau_F + \tau_T = \frac{16PR\cos\alpha}{\pi d^3}\left(1 + \frac{d}{4R}\right) \tag{7.14}$$

となる．もしも，$d/R \ll 1$ ならば，

$$\tau_{\max} \fallingdotseq \frac{16PR\cos\alpha}{\pi d^3} \tag{7.15}$$

と近似でき，ねじり応力 τ_T で表される．さらに，$\cos\alpha \fallingdotseq 1$ を用いると，次のようになる．

$$\tau_{\max} \fallingdotseq \frac{16PR}{\pi d^3} \tag{7.16}$$

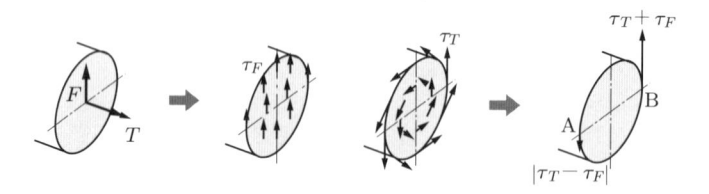

図 7.86　密巻きコイルばねの仮想断面に生じる応力

　$d/R \ll 1$ の密巻きコイルばねの軸方向変位は，せん断力による変位を無視して，以下のように求められる．中心角 $d\theta$ で切り取られる微小長さ $R\,d\theta$ のコイルを考える．その両端に作用しているねじりモーメント T によるねじれ角を $d\varphi$ とする．このとき，コイルの中心線上では，**図 7.87** に示すように，$du = R\,d\varphi$ の変位が生じる．ここで，

$$d\varphi = \frac{TR\,d\theta}{GI_p} = \frac{32PR^2\cos\alpha}{G\pi d^4}\,d\theta \fallingdotseq \frac{32PR^2}{G\pi d^4}\,d\theta$$

である．コイルの巻き数を n とすると，巻き角は $2\pi n$ であるから，コイルの軸方向変位 u は

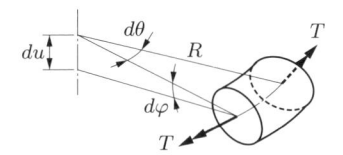

図 7.87　コイルばねの微小長さ部分のねじれ角と中心線上の変位

$$u = \int_0^{2\pi n} R\frac{32PR^2}{G\pi d^4}\,d\theta = \frac{64nPR^3}{Gd^4} \tag{7.17}$$

となる. 線径 d が小さく, コイル半径 R が大きいコイルほど, 変位 u が大きくなる. また, ばね定数は次のように表される.

$$k = \frac{P}{u} = \frac{Gd^4}{64nR^3} \tag{7.18}$$

演習問題

7.37 素線の直径 $d = 8.0\,\text{mm}$, コイル半径 $R = 40\,\text{mm}$ の密巻きコイルばねに 200 N の圧縮荷重が作用する. $d/R \ll 1$ の近似を用いた場合と, 用いない場合とについて, コイルばねに生じる最大せん断応力を計算せよ. ただし, つる巻き角 α は十分に小さく, $\cos\alpha \fallingdotseq 1$ と近似できるものとする.

7.38 線径 12 mm, コイル半径 200 mm, 巻き数 10 の密巻きコイルばねに軸荷重 50 N が作用するとき, 素線に生じる最大せん断応力とコイルの軸方向変位を計算せよ. ただし, 線材のせん断弾性係数を 80 GPa とする.

7.39 図 7.88 に示すように, コイル半径が巻き角 θ に比例するらせん形コイルばねに圧縮荷重 P が作用している. ばねの中心軸方向の縮み u を求めよ. ただし, 総巻き数を

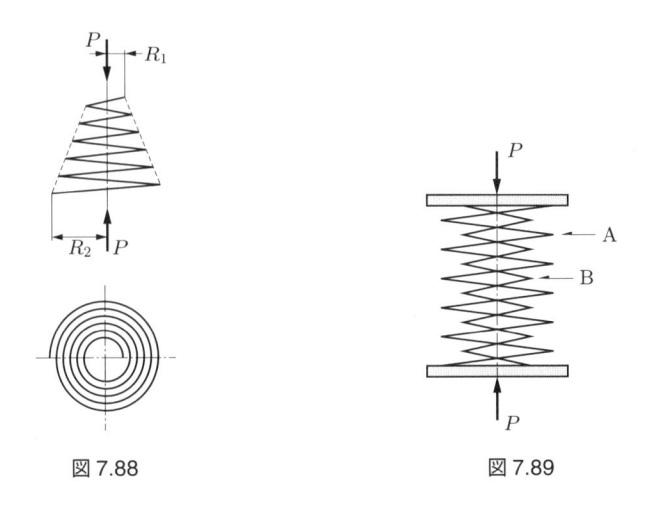

図 7.88   図 7.89

n, 線径を d, コイルの最小半径を R_1, 最大半径を R_2 とし, 巻き角 θ における半径は, $R = R_1 + (R_2 - R_1)\theta/2\pi n$ で与えられるものとする. また, つる巻き角 α は十分に小さく, $\cos\alpha \fallingdotseq 1$ と近似できるものとする.

7.40 線径 $15\,\mathrm{mm}$ の同じ素線で作られた二つの密巻きコイルばね A, B がある. 両コイルの巻き数および長さは等しく, コイル A の半径は $100\,\mathrm{mm}$, コイル B の半径は $60\,\mathrm{mm}$ である. 図 **7.89** に示すように, コイル A の中にコイル B を入れ, 中心軸を一致させて並べる. この組み合わせコイルに軸圧縮荷重 $P = 400\,\mathrm{N}$ が作用するとき, それぞれのコイルに生じる最大せん断応力を計算せよ.

第8章　多軸応力

8.1　2方向に垂直応力が作用する板

8.1.1　2方向に引張荷重が作用する板

　せん断荷重が作用する一部の部材を除けば，これまで扱ってきた部材形状は棒状であった．棒・軸・はり・柱などの棒状部材では，その応力と変形を計算するために，棒の中心線に垂直な仮想断面に生じる内力（軸力およびせん断力）と内偶力（ねじり内偶力および曲げ内偶力）を考えた．たとえば，**図 8.1** (a) に示すように，棒に引張荷重 P が作用する場合を考える．このとき仮想断面には，図 (b) に示すように，荷重 P と大きさが等しい軸力 N がその図心にはたらいている．軸力は仮想的な力であり，実際には図 (c) のように仮想断面全体にわたって一様に分布した力，すなわち垂直応力 σ が作用している．垂直応力 σ の方向は仮想断面の法線方向であり，その大きさは仮想断面の面積を A とすると，$\sigma = N/A = P/A$ である．

　図 8.2 (a) に示すように，互いに直交する2方向に引張荷重 P_x および P_y を受ける板を考える．板に生じる応力は，図 (b)，(c) のように仮想断面 X および Y をそれぞれ独立に考えることによって求められ，それぞれの仮想断面に生じている垂直応力は

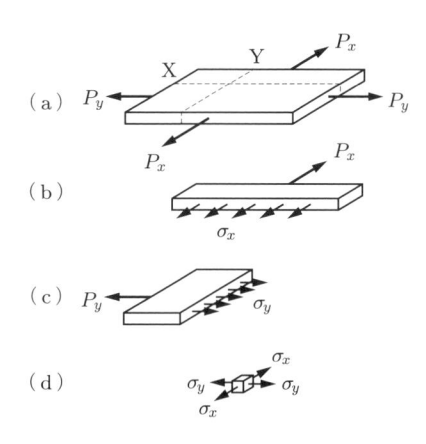

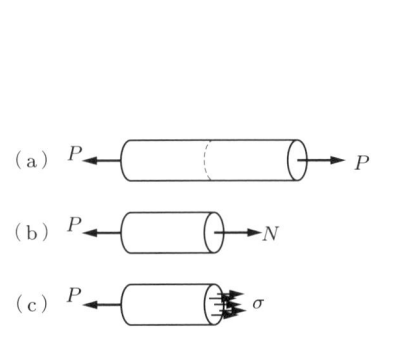

図 8.1　引張荷重を受ける棒の仮想断面に
　　　　生じる軸力と垂直応力

図 8.2　2方向に引張荷重を受ける板の応力

$\sigma_x = P_x/A_x$，および $\sigma_y = P_y/A_y$ である．ただし，A_x および A_y はそれぞれ仮想断面 X および Y の面積である．

　応力を計算するためには仮想断面を考える必要があるが，2次元または3次元の応力状態を把握するためには，複数の仮想断面を独立に想像するよりも図 8.2 (d) に示すような直方体で立体的に考えたほうが便利である．このように，部材の一部を切り取ったものを体積要素という．角棒や平板の場合であれば，直角座標系で切り取られる直方体の体積要素を考えることが便利である．しかしながら，丸棒や円板あるいは球であれば，円柱座標系または球座標系で切り取られる体積要素を考えたほうが都合がよい．

8.1.2 内圧が作用する薄肉球殻

　内半径に比べて肉厚が十分に小さい球殻を**薄肉球殻** (thin-walled spherical shell) という．これに液体や気体による内圧が作用するとき，体積要素には 2 方向に垂直応力が作用し，それらの大きさは等しい．

　図 8.3 に示すような，球殻の中心を座標原点とする球座標系を用いる．**図 8.4** に示すように，球殻に対して子午線 ($\varphi = $ 一定) と緯線 ($\theta = $ 一定) で切り取られる体積要素を考え，子午線方向の応力を σ_θ，緯線方向の応力を σ_φ とする．ただし，対称性より $\sigma_\theta = \sigma_\varphi$ であり，位置に依存しないことは自明である．球殻の内半径を r，肉厚を t，内圧を p とする．球殻の赤道面に仮想断面を考えると，内圧 p による z の正方向への総圧力は

$$\int_0^{\pi/2} \int_0^{2\pi} p\cos\theta r^2 \sin\theta \, d\varphi \, d\theta = \pi r^2 p$$

である．すなわち，総圧力は球内面の赤道面への投影面積 πr^2 と圧力 p との積で表される．一方，σ_θ によって生じる z の負方向への内力は，$t/r \ll 1$ を考慮して，

$$\{\pi(r+t)^2 - \pi r^2\}\sigma_\theta \fallingdotseq 2\pi r t \sigma_\theta$$

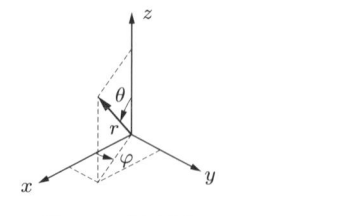

図 8.3　球座標系

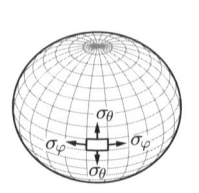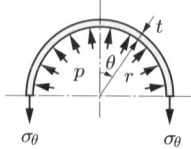

図 8.4　薄肉球殻

となり，これらのつり合いから，

$$\sigma_\theta = \frac{rp}{2t} \tag{8.1}$$

を得る．$t/r \ll 1$ であるので，球殻に生じる応力は内圧 p よりはるかに大きい．

8.1.3 内圧が作用する薄肉円筒

内半径に比べて肉厚が十分に小さい円筒を**薄肉円筒** (thin-walled cylindrical shell) という．この容器に液体や気体による内圧が作用する場合の応力を，円筒の中心軸を z とする円柱座標系で考える．図 8.5 に示すように，円筒の厚さをもち，$\theta = $ 一定の 2 面と $z = $ 一定の 2 面で切り取られる体積要素を考えると，この体積要素には σ_θ と σ_z の 2 方向に引張応力が作用する．

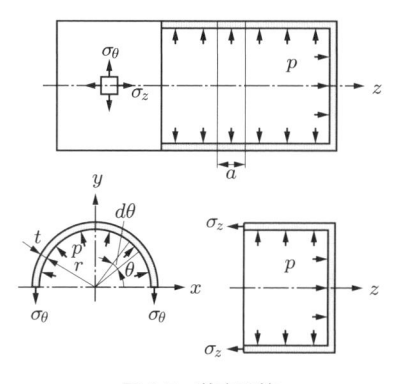

図 8.5 薄肉円筒

円筒の内半径を r，肉厚を t，内圧を p とする．図 8.5 に示すように，円筒を軸方向と直角に切断したとすれば，軸方向の力のつり合い式は

$$\pi r^2 p = \{\pi(r+t)^2 - \pi r^2\}\sigma_z$$

となる．$t/r \ll 1$ を用いると，上式から，

$$\sigma_z = \frac{rp}{2t} \tag{8.2}$$

を得る．次に，軸方向と直角に幅 a で切断し，さらに x 軸に沿ってリングを半分に切断する．このとき，y 方向の力のつり合い式は

$$\int_0^\pi p\sin\theta\, ar\, d\theta = 2at\sigma_\theta$$

となり，これより，

$$\sigma_\theta = \frac{rp}{t} \tag{8.3}$$

を得る．したがって，$\sigma_\theta = 2\sigma_z$ の関係がある．

　円周方向応力 σ_θ は，次のように計算することもできる．図 8.6 に示すように，z 方向の長さ a，周方向の角度 $\Delta\theta$ で切り取られた体積要素を考える．内圧 p による y 方向の総圧力は

$$\int_{-\Delta\theta/2}^{\Delta\theta/2} p\cos\alpha\, ar\, d\alpha = 2p\sin\left(\frac{\Delta\theta}{2}\right)ar$$

となる．一方，σ_θ による y の負方向に作用する力は $2\sigma_\theta \sin(\Delta\theta/2)at$ である．これらのつり合いから，切り取った体積要素の大きさ a および $\Delta\theta$ に関係なく，$\sigma_\theta = pr/t$ が得られる．

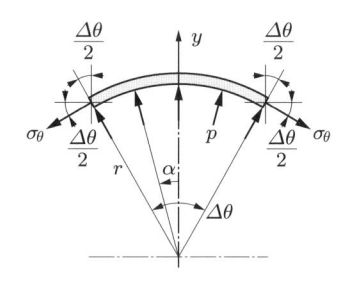

図 8.6　$\Delta\theta$ で切り取られた薄肉円筒の体積要素

演習問題

8.1 内径 6.0 m，肉厚 5.0 mm の薄肉球殻容器に内圧 1.0 気圧が作用するとき，球殻に生じる応力を計算せよ．

8.2 内径 1500 mm の円筒容器に内圧 1.5 MPa が作用するとき，肉厚をいくらにすればよいか．ただし，材料の許容応力を 50 MPa とする．

8.3 航空機の胴体を内径 9.0 m の薄肉円筒と考える．上空での外気圧が 0.3 気圧，客室が 1.0 気圧とする．材料の許容応力を 30 MPa として，円筒の肉厚を計算せよ．

8.4 図 8.7 に示すように，長さ $a = 400$ mm，幅 $b = 300$ mm，厚さ 5.0 mm の平板に，$P_x = 300$ kN，$P_y = 100$ kN の一様な引張荷重を加える．σ_x，σ_y を計算せよ．

8.5 図 8.8 に示すように，内半径 r，肉厚 t，軸方向の高さ h の薄肉円輪 $(t \ll r)$ が，その中心軸 O の周りを一定の角速度 ω で回転しているとき，円輪に生じる応力と内半径の増加量を求めよ．ただし，円輪の密度を ρ とする．

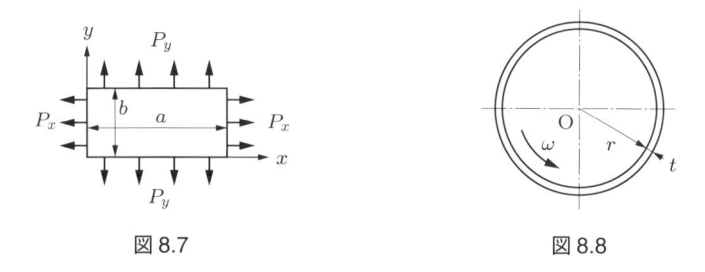

図 8.7   図 8.8

8.6 図 8.9 に示す水力発電所において，上水面からの落差は $h = 150\,\mathrm{m}$，導水管の内径は 1200 mm である．管の許容応力を 60 MPa として，管の肉厚を計算せよ．ただし，水の密度を $1.0 \times 10^3\,\mathrm{kg/m^3}$，重力加速度を $9.80\,\mathrm{m/s^2}$ とする．

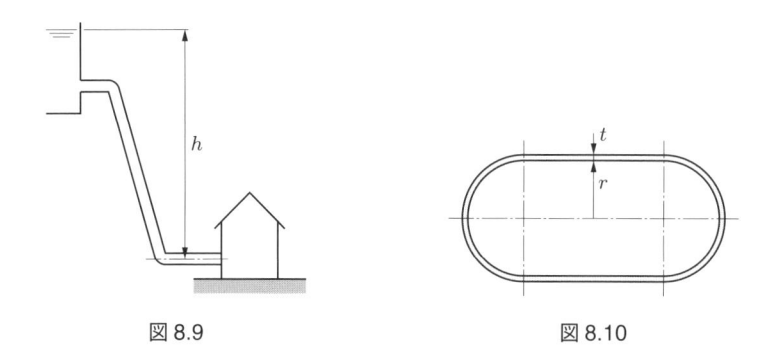

図 8.9   図 8.10

8.7 図 8.10 に示すような鋼製の薄肉タンクがある．タンクの両端は半球形で，胴部は円筒形である．タンクの内半径が $r = 250\,\mathrm{mm}$，肉厚 $t = 2.0\,\mathrm{mm}$，許容応力が 60 MPa であるとき，作用しうる内圧を計算せよ．

8.2 多軸応力状態

8.2.1 微小体積要素

応力分布が一様でなく，体積要素を取り出す位置やその大きさによって応力値が変化するときは，その体積要素の体積および表面積は無限に小さいと考えなければならない．この体積要素を微小体積要素という．これまでの仮想断面の考え方では，仮想断面内で応力の大きさと方向が変化していると考えた．微小体積要素の考え方では，体積要素の各面の応力は面内で一定とするが，物体内における微小体積要素の位置によって応力の大きさと方向が異なると考える．たとえば，棒がねじり荷重や曲げ荷重を受ける場合，ねじり応力および曲げ応力は，それぞれ $\tau = (T/I_p)r$ および $\sigma = (M/I_y)z$ で与えられた．このような場合，座標 r または z に微小体積要素を考え，そ

の要素の座標によって応力の大きさと方向が変化すると考える.

微小体積要素には偶力が作用しない. 応力が作用する面が無限に小さいので, その面の応力は一定と考えることができるからである. したがって, 応力は面の図心に作用していると考える.

8.2.2 多軸応力状態

物体に何らかの外力が作用しているとき, 一般に, 物体内の微小直方体には**図 8.11**に示すような応力が作用している. 応力は表面と裏面で一対であり, 面の法線方向に作用する垂直応力が 3 個, 接線方向に作用するせん断応力が 6 個ある. 垂直応力とせん断応力の添字は, その応力が作用している面とその方向を表す. 垂直応力の場合, たとえば, 法線が x 軸方向で応力の作用方向も x 軸方向である垂直応力を σ_x と書く. せん断応力の第 1 添字は作用している面を, 第 2 添字は応力の作用方向を表している. したがって τ_{xy} は, 法線が x 軸方向である面[†1] に作用し, 応力の作用方向が y 方向であるようなせん断応力を表す. また, 図に示した応力はすべてその正方向に矢印を記入している. すなわち, 応力の符号は次のように定義される. 面の外向き法線の方向と応力の作用方向が, いずれも座標軸の正または負の方向であるときを正, どちらかが正でもう一方が負のときを負とする.

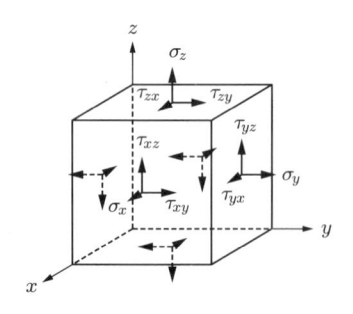

図 8.11　多軸応力状態

これまで仮想断面で考えてきたような比較的単純な応力状態では, 応力の作用方向, すなわち引張り・圧縮のどちらになるかや, せん断の方向を仮定して, 計算では応力の大きさだけを考えればよかった. しかしながら, 応力の作用方向が微小体積要素の位置で変化することを想定すると, つねに上記のように応力を正方向にとって計算を進めるほうが合理的であり, 計算結果が負値となる場合は圧縮応力あるいは逆向きのせん断応力が作用していると判断する. そのため, 多軸応力状態における応力および

---

†1 法線が x 軸方向である面を「x 面」といい, 法線が x の正方向となる面を「正の x 面」, 法線が x の負方向となる面を「負の x 面」という.

変形の計算では，符号を伴う数値として応力およびひずみを表現し，絶対値では表現しない．

　物体内の微小直方体に作用する 3 次元の応力は，しばしば，次のように 3 行 3 列の行列で表現される．

$$\begin{pmatrix} \sigma_x & \tau_{xy} & \tau_{xz} \\ \tau_{yx} & \sigma_y & \tau_{yz} \\ \tau_{zx} & \tau_{zy} & \sigma_z \end{pmatrix} \tag{8.4}$$

ここで，行は作用する面の法線方向に，列は応力の方向に対応する．3 次元の応力状態を想定しているとき，「応力」という言葉はこの行列全体を意味し，個々の垂直応力やせん断応力は「応力成分」とよばれる．1 種類の応力成分だけが作用している状態を**単軸応力** (uniaxial stress) 状態といい，2 種類以上の応力成分が作用している応力状態を**多軸応力** (multiaxial stress) 状態という．多軸応力状態の特別な場合である，xyz のいずれか 1 方向への応力成分がすべてゼロである状態 (たとえば $\sigma_z = \tau_{xz} = \tau_{yz} = \tau_{zx} = \tau_{zy} = 0$) を**平面応力** (plain stress) 状態という．前節で示した例は，すべて平面応力状態である．

8.2.3　せん断応力の対称性

　図 8.12 に示すような，一様な**純粋せん断** (pure shear) の応力状態を考える．純粋せん断とは，τ_{xy} と τ_{yx} がゼロでなく，ほかのすべての応力成分がゼロである応力状態である．直方体が有限の大きさをもち，その各辺の長さを a, b, c （厚さ）とする．このとき，相対する面には同じ大きさのせん断応力が作用しており，x 方向および y 方向の力のつり合いが成り立っている．z 軸周りのモーメントのつり合い式は

$$2\tau_{xy}bc\frac{a}{2} = 2\tau_{yx}ac\frac{b}{2}$$

となる．左辺が反時計回り，右辺が時計回りのモーメントの大きさである．この式から，$\tau_{xy} = \tau_{yx}$ が成り立つ．ほかのせん断応力についても同様の関係式が得られる．

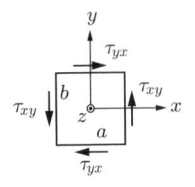

図 8.12　純粋せん断

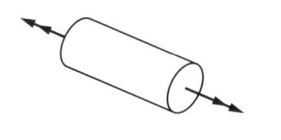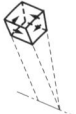

図 8.13　ねじり偶力荷重を受ける軸の応力

それらをまとめると，

$$\tau_{xy} = \tau_{yx}, \quad \tau_{yz} = \tau_{zy}, \quad \tau_{zx} = \tau_{xz} \tag{8.5}$$

である．体積要素の大きさを無限に小さくしてゆくと，上式はどのような応力状態でも成り立つ．式 (8.5) は式 (8.4) の応力が対称行列であることを示しており，**せん断応力の対称性** (symmetry) または**共役性** (conjugation) とよばれる．微小体積要素に作用する応力成分は全部で 9 個存在するが，このうち独立な成分は最大で 6 個である．

　純粋せん断の応力状態となる典型的な例は，ねじり偶力荷重を受ける軸である．軸の中心線に垂直な仮想断面にはねじり応力が生じているが，円柱座標系で切り取られる微小体積要素を考えると，せん断応力の対称性から，この体積要素は**図 8.13** のような純粋せん断の応力状態にある．

　図 8.14 に示す長方形断面片持はりの応力状態を考える．これまでのように仮想断面で考えると，左端から距離 x の仮想断面には $M = -P(l - x)$ の曲げモーメントと $F = P$ のせん断力が作用している．長方形断面の幅を b，高さを h とすると，曲げ応力は

$$\sigma_x = \frac{M}{I_y}z = \frac{-12P(l - x)z}{bh^3}$$

である．これを微小体積要素で考えると，図 8.14 の各点[†2] A〜E における曲げ応力 σ_x は**図 8.15** のようになる．z 座標が負の領域で引張応力，正の領域で圧縮応力となり，中立面上の $z = 0$ では $\sigma_x = 0$ である．仮想断面全体におけるせん断応力の平均値は $\tau_{\mathrm{mean}} = F/A$ である．図 8.14 の各点 A〜E におけるせん断応力 τ_{xz} は，その位

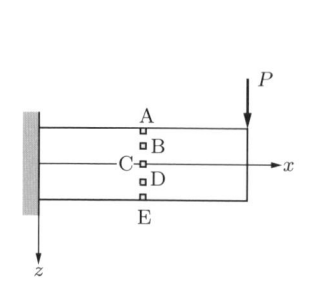

図 8.14　自由端に集中荷重を受ける片持はり

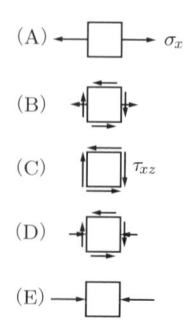

図 8.15　微小体積要素に生じる応力

[†2] 無限に小さい微小体積要素を「点」と表現する．

置によって大きさが異なり，図 8.15 のようになる[†3]．そのおおよその様子は次のように，せん断応力の対称性を考えることによって理解できる．はりの上面と下面では摩擦力のような外力は存在しない[†4]．したがって，点 A の直方体上面および点 E の直方体下面にはせん断応力がはたらかない．せん断応力の対称性から，点 A および点 E では直方体の側面 (法線が x 軸方向の面) でもせん断応力はゼロである．仮想断面の平均としては $\tau_{\mathrm{mean}} = F/A$ であるから，中央の点 C でせん断応力がこれより大きくなることが予想できる．

　長方形断面はりの対称曲げでは，はり内部の微小直方体はその位置に関係なく xz 面内の平面応力状態であり，$z = 0$ の位置では曲げ応力が $\sigma_x = 0$ となるから純粋せん断の応力状態，$z = \pm h/2$ で $\tau_{xz} = 0$ の単軸応力状態となる．

　円形断面はりの仮想断面に生じるせん断応力は，z 方向の成分だけでなく，y 方向にも成分をもっている．**図 8.16** に示すように，外周に極座標で切り取られる微小体積要素を考える．外周面には外力がはたらいていないから，図に示す 6 種類のせん断応力のうち，外周面上の τ_{rx} および $\tau_{r\theta}$ はゼロでなければならない．また，せん断応力の対称性から，τ_{xr} および $\tau_{\theta r}$ もゼロでなければならない．したがって，外周のせん断応力は，極座標で，$\tau_{x\theta} = \tau_{\theta x}$ だけが作用しており，$\tau_{x\theta}$ を直角座標で考えると，τ_{xz} だけでなく τ_{xy} も存在する．

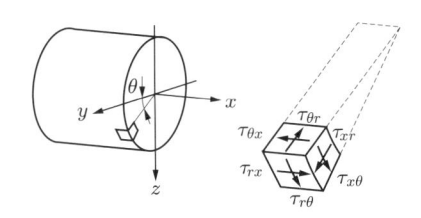

図 8.16　円形断面はり外周部のせん断応力

演習問題

8.8 物体内の直方体要素が，**図 8.17** に示すような一様な平面応力状態にある．せん断応力の対称性（共役性）$\tau_{xy} = \tau_{yx}$ を証明せよ．

8.9 **図 8.18** に示すように，長方形断面の L 形片持はりが自由端に集中荷重を受けている．直角座標系で切り取られる A〜E の各微小体積要素について，応力成分を図示せよ．応力の矢印は正の方向ではなく，実際に作用している方向に図示せよ．また，点 D$(l/3, -h/4)$，点 E$(l/3, h/4)$ における応力を求めよ．

[†3] この計算方法は下巻 2.2 節参照．
[†4] 荷重が作用せず，支持もされていない面を「自由表面」という．

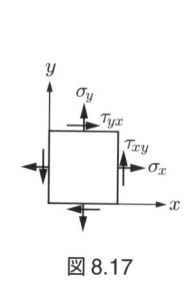

図 8.17

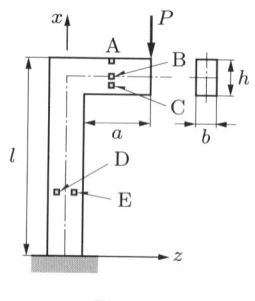

図 8.18

8.10 図 8.19 に示すように，断面が幅 b，高さ h の長方形で，長さが l の片持はりに対して，固定端を原点とする直角座標系 xyz をとる．はりの自由端に，x 方向の荷重 P_x，y 方向の荷重 P_y，z 方向の荷重 P_z がそれぞれ図の方向に作用し，それらの大きさが同じ程度であるとき，座標 $(x, y, z) = (l/3, -b/3, -h/3)$ における微小体積要素の応力状態を図示せよ．ただし，応力の矢印は正の方向ではなく，実際に作用している方向に記入せよ．また，この微小体積要素に生じる垂直応力を求めよ．

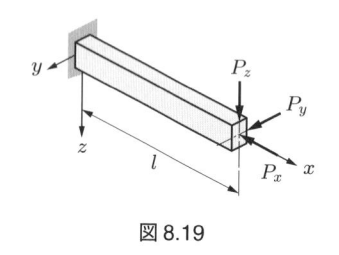

図 8.19

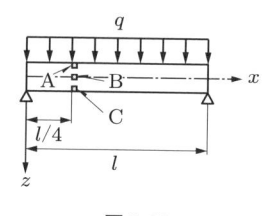

図 8.20

8.11 図 8.20 に示すように，断面が幅 b，高さ h の長方形で，長さが l である単純支持はりに等分布荷重 q が作用している．各点 A〜C の微小体積要素について，応力成分を図示せよ．ただし，応力の矢印は正の方向ではなく，実際に作用している方向に図示せよ．また，これらの微小体積要素に生じる曲げ応力 σ_x を求めよ．

8.12 図 8.21 に示すように，肉厚 t の薄肉回転体の容器に内圧 p が作用するとき，任意の位置にある微小体積要素には，図のように 2 方向の垂直応力が作用している．以下の各問に答えよ．

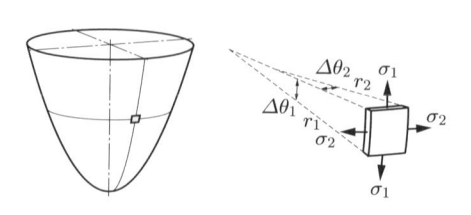

図 8.21

(1) この微小体積要素について，次式が成り立つことを示せ.

$$\frac{\sigma_1}{r_1} + \frac{\sigma_2}{r_2} = \frac{p}{t}$$

(2) 容器が $r_1 = r_2 = r$，$\sigma_1 = \sigma_2$ の球殻であるとき，応力 $\sigma_2 = \sigma_\theta$ が式 (8.1) となることを示せ.

(3) 容器が $r_1 \to \infty$，$r_2 = r$ の円筒であるとき，応力 $\sigma_2 = \sigma_\theta$ が式 (8.3) となることを示せ.

8.13 図 8.22 に示すように，円すい形の薄肉容器に密度 ρ の液体を入れて鉛直につり下げる．容器の頂角を 2θ，肉厚を t，液面の高さを h とする．子午線方向応力および円周方向応力の最大値を求めよ．ただし，重力加速度を g とする.

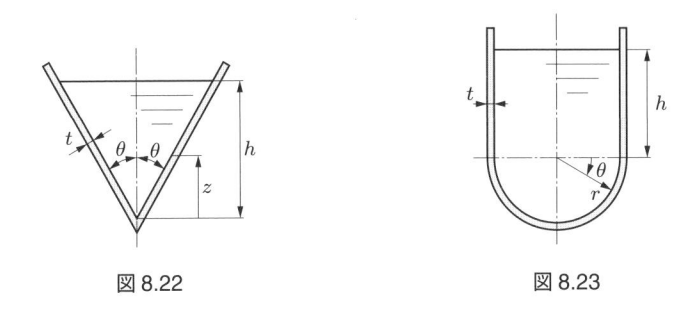

図 8.22　　　　　　　　　　　図 8.23

8.14 図 8.23 に示すように，内半径 r，肉厚 t の薄肉半球殻と，同じ肉厚の薄肉円筒とによって作製された容器に密度 ρ の液体を入れて鉛直につり下げる．液面の高さが $r + h$ であるとき，半球殻の角 θ の位置における子午線方向応力および円周方向応力を求めよ．ただし，重力加速度を g とする.

8.3　応力 – ひずみ関係式

8.3.1　微小体積要素の変形とひずみ

　図 8.24 に示すように，長さ l，直径 d の丸棒が軸荷重を受けて一様に変形しているとする．軸方向を x とする座標系をとり，x 方向および y 方向の長さの変化量をそれぞれ λ_x，λ_y とする．軸荷重が引張りのときは $\lambda_x > 0$，$\lambda_y < 0$，軸荷重が圧縮のときは $\lambda_x < 0$，$\lambda_y > 0$ である．このとき，垂直ひずみは

$$\varepsilon_x = \frac{\lambda_x}{l}, \quad \varepsilon_y = \frac{\lambda_y}{d}$$

で与えられる.

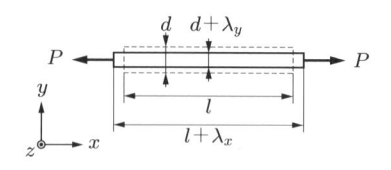

図 8.24 軸荷重による棒の一様な変形

物体の変形が一様でないとき，垂直ひずみは微小体積要素における寸法変化率の極限値で定義される．**図 8.25** に示すように，物体内にある微小直方体を考える．微小直方体の各辺は座標軸 x, y, z に平行であるとし，その長さを Δx, Δy, Δz とする．物体に荷重を加えると，この微小直方体は移動すると同時に変形する．直方体の各頂点 A, B, C, D は，それぞれ A′, B′, C′, D′ に移動し，各辺の長さが $\Delta\lambda_x$, $\Delta\lambda_y$, $\Delta\lambda_z$ だけ増加したとする．このとき，垂直ひずみは次式で定義される．

$$\varepsilon_x = \lim_{\Delta x \to 0} \frac{\Delta\lambda_x}{\Delta x}, \quad \varepsilon_y = \lim_{\Delta y \to 0} \frac{\Delta\lambda_y}{\Delta y}, \quad \varepsilon_z = \lim_{\Delta z \to 0} \frac{\Delta\lambda_z}{\Delta z} \tag{8.6}$$

x 方向の垂直ひずみ ε_x とは，変形前に x 軸に平行であった線分 AB の長さの変化率であり，変形後の線分 A′B′ は x 軸に平行であるとは限らない．棒の変形を 1 次元で考えた場合，上の極限値を微分形式で $\varepsilon = d\lambda/dx$ と表した[†5].

変形前の直方体では，頂点 A, B, C は xy 平面と平行な面内にあり，$\angle\mathrm{CAB} = \pi/2$ である．**図 8.26** に示すように，$\angle\mathrm{CAB}$ が $\angle\mathrm{C'A'B'}$ に変化したとき，せん断ひずみ

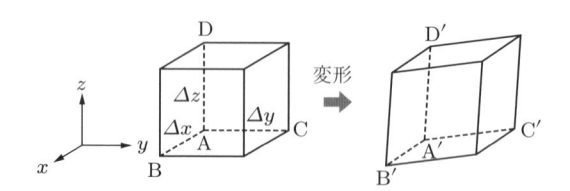

図 8.25 微小直方体の変形

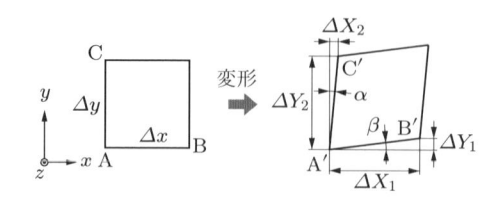

図 8.26 せん断ひずみ

---

†5 2.2 節参照．このような表示形式の詳細については，下巻 4.1 節で述べる．

γ_{xy} は角変化 $\alpha + \beta$ の極限値である. 頂点 A' と B' の相対的な位置を ΔX_1, ΔY_1, 頂点 A' と C' の相対的な位置を ΔX_2, ΔY_2 とすると, 角 α および β が十分に小さいならば, $\alpha \fallingdotseq \tan\alpha = \Delta X_2/\Delta Y_2$, $\beta \fallingdotseq \tan\beta = \Delta Y_1/\Delta X_1$ であり, せん断ひずみ γ_{xy} は次式で求められる.

$$\gamma_{xy} = \lim_{\Delta x, \Delta y \to 0}\left(\frac{\Delta X_2}{\Delta Y_2} + \frac{\Delta Y_1}{\Delta X_1}\right) \tag{8.7}$$

変形後の頂点 A', B', C' を含む平面は xy 平面に平行であるとは限らない. せん断ひずみの添字 xy は, 変形前に各頂点 A, B, C を含む平面が xy 平面に平行であることを意味しているだけであり, その順序には無関係である. すなわち, $\gamma_{xy} = \gamma_{yx}$ である. $\gamma_{yz} = \gamma_{zy}$, $\gamma_{zx} = \gamma_{xz}$ も同様に定義される[†6].

8.3.2　ポアソン比

　一様に弾性変形している丸棒について, 2.3.4 項でポアソン比を定義した. ここでは微小体積要素を考え, またひずみの符号を考慮してポアソン比を再定義する.

　物体内部に直角座標系 xyz で切り取られる微小直方体を考える. この微小直方体が $\sigma_x \neq 0$, $\sigma_y = \sigma_z = \tau_{yz} = \tau_{zx} = \tau_{xy} = 0$ の単軸応力状態にあるとき, 微小直方体は**図 8.27** に示すように変形する. $\sigma_x > 0$（引張応力）のときは $\varepsilon_x > 0$, $\varepsilon_y < 0$, $\varepsilon_z < 0$ である. 逆に, $\sigma_x < 0$（圧縮応力）のときは $\varepsilon_x < 0$, $\varepsilon_y > 0$, $\varepsilon_z > 0$ である. ε_y および ε_z は ε_x に比例する. 負荷方向の垂直ひずみ ε_x に対する直交方向の垂直ひずみ ε_y および ε_z の比に負符号を付けた

$$\nu = -\frac{\varepsilon_y}{\varepsilon_x} = -\frac{\varepsilon_z}{\varepsilon_x} \tag{8.8}$$

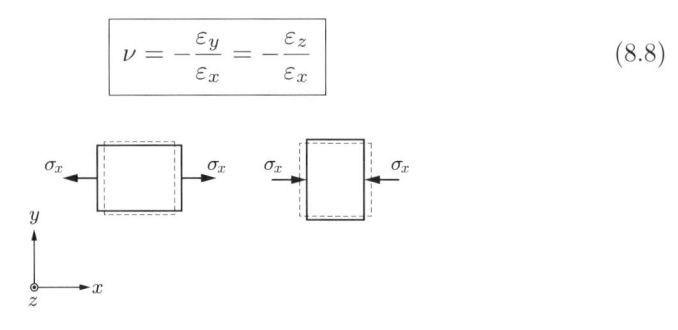

図 8.27　単軸応力状態における微小直方体の変形

[†6] せん断ひずみの微分形式表示についても, 垂直ひずみと同様に, 下巻 4.1 節で述べる.

を**ポアソン比** (Poisson's ratio) とする．ポアソン比は弾性係数の一種で，$0 \leqq \nu < 0.5$ の範囲の値である[†7]．ポアソン比が正であることは，式 (8.8) において，ε_x と，ε_y および ε_z が逆符号となることから容易に理解できる．各種金属材料の弾性係数を巻末の付表 2 (325 ページ) に示す．多くの金属材料のポアソン比は，0.3 前後である．ポアソン比がゼロに近い値となる材料には，コルクや発泡スチロールなどの多孔質材料があり，0.5 に近い値となる材料には天然ゴムがある．

縦弾性係数 E，せん断弾性係数 G，ポアソン比 ν の間には，

$$G = \frac{E}{2(1 + \nu)} \tag{8.9}$$

の関係が成り立つ[†8]．

例題 8.1　丸棒に引張荷重を加えるとき，体積変化が起こらないとすれば，この材料のポアソン比はいくらか．

解答　丸棒の中心線を z 軸とする円柱座標系 $r\theta z$ を考え，中心軸方向の垂直ひずみを ε_z，半径方向の垂直ひずみを ε_r とする．変形前の丸棒の長さを l，直径を d とすると，題意から，

$$\frac{\pi}{4}d^2 l(1 + \varepsilon_r)^2(1 + \varepsilon_z) = \frac{\pi}{4}d^2 l$$

となる．これを展開して，高次の微小項を消去すると，上の条件は次のように近似できる．

$$2\varepsilon_r + \varepsilon_z = 0$$

このとき，ポアソン比は次のようになる．

$$\nu = -\frac{\varepsilon_r}{\varepsilon_z} = 0.5$$

8.3.3　応力 – ひずみ関係式

直角座標系で切り取られた微小体積要素に σ_x の単軸応力が作用したとき，各方向の垂直ひずみは $\varepsilon_x = \sigma_x/E$，$\varepsilon_y = \varepsilon_z = -\nu\varepsilon_x = -\nu\sigma_x/E$ である．同様に，σ_y の単軸応力が作用したとき，各方向の垂直ひずみは $\varepsilon_y = \sigma_y/E$，$\varepsilon_x = \varepsilon_z = -\nu\varepsilon_y = -\nu\sigma_y/E$ である．重ね合わせの原理から，多軸応力状態におけるフックの法則 (Hooke's law) は，次のように与えられる．

[†7] 理論上は $-1 < \nu < 0.5$ であり，特殊な物質でポアソン比が負になるものもある．

[†8] この式の証明と，ポアソン比が $\nu < 0.5$ となる理由については下巻 4.4 節で述べる．

$$\varepsilon_x = \frac{1}{E}\{\sigma_x - \nu(\sigma_y + \sigma_z)\} \tag{8.10a}$$

$$\varepsilon_y = \frac{1}{E}\{\sigma_y - \nu(\sigma_z + \sigma_x)\} \tag{8.10b}$$

$$\varepsilon_z = \frac{1}{E}\{\sigma_z - \nu(\sigma_x + \sigma_y)\} \tag{8.10c}$$

$$\gamma_{yz} = \frac{\tau_{yz}}{G}, \quad \gamma_{zx} = \frac{\tau_{zx}}{G}, \quad \gamma_{xy} = \frac{\tau_{xy}}{G} \tag{8.10d}$$

これを**一般化フックの法則**または**一般化されたフックの法則** (generalized Hooke's law) あるいは**応力 – ひずみ関係式** (stress-strain relation) という. 垂直ひずみはせん断応力に影響されず, せん断ひずみは垂直応力に影響されない.

応力 – ひずみ関係式は, 円柱座標系と球座標系においても同様の形式になる. 円柱座標系における応力 – ひずみ関係式は次式で与えられる.

$$\varepsilon_r = \frac{1}{E}\{\sigma_r - \nu(\sigma_\theta + \sigma_z)\} \tag{8.11a}$$

$$\varepsilon_\theta = \frac{1}{E}\{\sigma_\theta - \nu(\sigma_z + \sigma_r)\} \tag{8.11b}$$

$$\varepsilon_z = \frac{1}{E}\{\sigma_z - \nu(\sigma_r + \sigma_\theta)\} \tag{8.11c}$$

$$\gamma_{\theta z} = \frac{\tau_{\theta z}}{G}, \quad \gamma_{zr} = \frac{\tau_{zr}}{G}, \quad \gamma_{r\theta} = \frac{\tau_{r\theta}}{G} \tag{8.11d}$$

球座標系における応力 – ひずみ関係式は次式で与えられる.

$$\varepsilon_r = \frac{1}{E}\{\sigma_r - \nu(\sigma_\theta + \sigma_\varphi)\} \tag{8.12a}$$

$$\varepsilon_\theta = \frac{1}{E}\{\sigma_\theta - \nu(\sigma_\varphi + \sigma_r)\} \tag{8.12b}$$

$$\varepsilon_\varphi = \frac{1}{E}\{\sigma_\varphi - \nu(\sigma_r + \sigma_\theta)\} \tag{8.12c}$$

$$\gamma_{\theta\varphi} = \frac{\tau_{\theta\varphi}}{G}, \quad \gamma_{\varphi r} = \frac{\tau_{\varphi r}}{G}, \quad \gamma_{r\theta} = \frac{\tau_{r\theta}}{G} \tag{8.12d}$$

8.3.4 棒の 3 次元的な変形

(1) 自重による棒の変形

図 8.28 (a) に示すような, 剛性天井からつり下げられている長さ l の棒について自重による変形を考える. 図 (a) の棒では固定端近傍で単軸応力状態とはならないから,

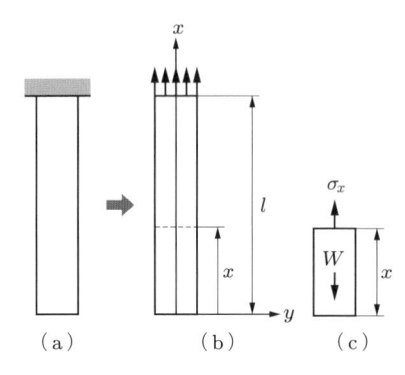
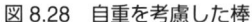

図 8.28　自重を考慮した棒

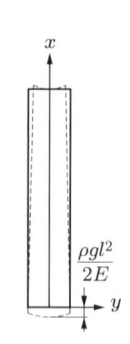

図 8.29　自重による棒の変形

この棒の3次元的変形を求めることは非常に難しい．そこで，この問題を図 (b) のように置き換え，棒の上端で変形が拘束されないとする．

図 8.28 (b) のように直角座標系 xyz をとる．図 (c) に示すように，下端から距離 x の仮想断面を考える．棒の断面積を A，密度を ρ，重力加速度を g とすると，仮想断面以下の自重は $W = \rho g A x$ となる．力のつり合いから，

$$\sigma_x A - W = 0$$

である．よって，この断面での応力は

$$\sigma_x = \rho g x$$

となる．この応力は仮想断面全体に一様に分布しており，ほかの応力成分は棒内部のいかなる点においてもゼロである．この応力によって棒は伸びるが，同時に細くなる．座標 x が大きくなるほど応力 σ_x が大きくなるから，棒は上部ほど細くなる．

図 8.29 に棒の変形の様子を示す[†9]．せん断応力は棒内のすべての点でゼロであるから，上下面と側面のなす角は変形後も $\pi/2$ である．

(2)　曲げ内偶力を受けるはりの変形

図 8.30 に示すように，断面が長方形のはりが曲げ内偶力 M を受けて対称面内で曲げられる場合の変形を考える．曲げ応力は

$$\sigma_x = \frac{M}{I_y} z$$

[†9] 図では長さ方向の変形よりも幅方向の変形を大きな比率で描き，上部ほど細くなることと上下端面が放物面になることを強調している．

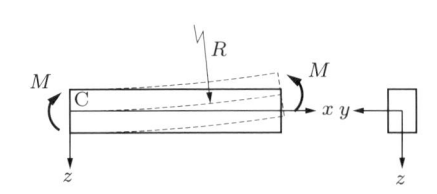

図 8.30 単純曲げを受けるはり

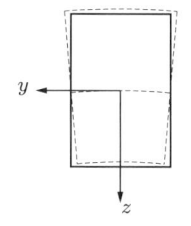

図 8.31 単純曲げを受けるはりの断面の変形
($x = 0$ の断面)

であり，ほかの応力成分はすべてゼロである．z 座標が正の領域では x 方向の引張応力となるから，y 方向と z 方向には細くなる．また，z 座標が大きくなるほど引張応力が大きくなるから，y 方向と z 方向にはより細くなる．逆に，z 座標が負の領域では x 方向に圧縮され，y 方向と z 方向に膨らむ．

変形後の断面形状を**図 8.31** に示す．$y = $ 一定 の線は破線で示したように傾く．せん断応力ははり内のすべての点でゼロであるから，上下面と側面のなす角は変形後も $\pi/2$ である．

演習問題

8.15 角棒が長手方向に一様な引張応力 σ_x を受けるとき，単位体積あたりの体積増加率 $\Delta V/V$ はいくらか．ただし，角棒の縦弾性係数を E，ポアソン比を ν とする．

8.16 立方体が静水圧 $\sigma_x = \sigma_y = \sigma_z = -p$ を受けるとき，体積増加率 $\Delta V/V$ を求めよ．ただし，縦弾性係数を E，ポアソン比を ν とする．

8.17 角棒の長手方向に圧縮荷重 P が作用する．角棒の縦弾性係数を E，ポアソン比を ν，断面積 (yz 平面) を A として，以下の各問に答えよ．

   (1) **図 8.32** (a) に示すように，角棒の変形が拘束されていないとき，垂直応力 σ_x，σ_y，σ_z，垂直ひずみ ε_x，ε_y，ε_z を求めよ．

   (2) 図 (b) に示すように，角棒が z 方向に変形できないように拘束されているとき，垂直応力 σ_x，σ_y，σ_z，垂直ひずみ ε_x，ε_y，ε_z を求めよ．

   (3) 図 (b) のように圧縮される場合，見かけ上の縦弾性係数 $E' = \sigma_x/\varepsilon_x$ を求めよ．

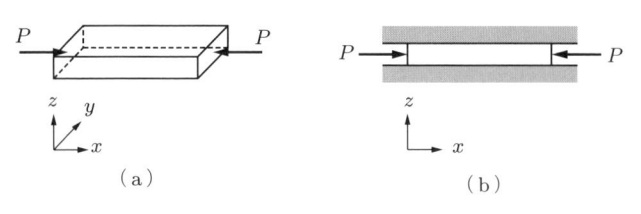

(a)   (b)

図 8.32

8.18 図 8.33 に示すように，立方体が剛性のくぼみの中にちょうどいっぱいに入れられ，上面に圧力 p を受けるとき，くぼみの内面が立方体の側面に及ぼす圧力 q を求めよ．ただし，立方体のポアソン比を ν とする．また，立方体の重心を原点として，図のように直角座標系 xyz をとるものとする．

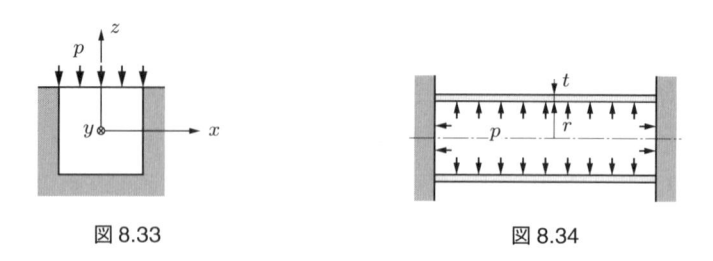

図 8.33　　　　　　　　　　図 8.34

8.19 図 8.34 に示すように，内半径 r，肉厚 t の薄肉円管が壁に固定されている．この円管に内圧 p を加えるとき，円管中央部における軸方向応力 σ_z および円周方向応力 σ_θ を求めよ．ただし，円管の縦弾性係数を E，ポアソン比を ν とする．

8.20 図 8.35 に示すように，上下二つの枠には幅 a，深さ $a/2$ の角溝が掘られている．一辺の長さが a である正方形断面の鋼製角柱を，上下で挟まれた角溝に通し，上下の枠をボルトで締め付ける．この角柱に両端から圧縮荷重 P を加えたとき，角柱はその断面寸法を変えることができない．このときボルトに生じる引張応力 σ を求めよ．ただし，枠の幅を b，ボルトの直径を d，角柱のポアソン比を ν とする．

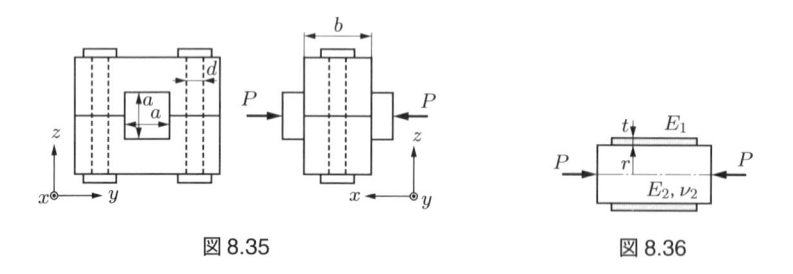

図 8.35　　　　　　　　　　図 8.36

8.21 図 8.36 に示すように，内半径 r，肉厚 t の薄肉円管の内側に中実丸棒がちょうどいっぱいにはめ込まれている．中実丸棒に圧縮荷重 P を加えるとき，薄肉円管に生じる円周方向応力 $\sigma_{\theta 1}$，中実丸棒に生じる円周方向応力 $\sigma_{\theta 2}$ を求めよ．ただし，薄肉円管の縦弾性係数を E_1，中実丸棒の縦弾性係数を E_2，ポアソン比を ν_2 とする．また，中実丸棒の側面に外圧 p が作用するときの円周方向応力 $\sigma_{\theta 2}$ と半径方向応力 σ_{r2} は，$\sigma_{\theta 2} = \sigma_{r2} = -p$ である．

8.22 内半径 r_1，外半径 r_2，密度 ρ の厚さ一様な円板が，板に垂直な中心軸の周りに角速度 ω で回転している．円板の縦弾性係数を E，ポアソン比を ν とする．円柱座標系 $r\theta z$ を用いると，座標 r において遠心力による応力は

$$\sigma_r = \frac{3+\nu}{8}\rho\omega^2\left(r_1^2 + r_2^2 - \frac{r_1^2 r_2^2}{r^2} - r^2\right)$$

$$\sigma_\theta = \frac{3+\nu}{8}\rho\omega^2\left(r_1^2 + r_2^2 + \frac{r_1^2 r_2^2}{r^2} - \frac{1+3\nu}{3+\nu}r^2\right)$$

で与えられる．また，$\sigma_z = 0$ である．以下の各問に答えよ．

(1) ε_z を求めよ．

(2) 変形した円板の板厚はどのようになるか．回転軸を含む平面で切断した断面図を描け．

8.4 主応力と主軸

図 8.11 に示したように，応力成分はその作用面の方向とはたらいている方向とによって表示される．すなわち，応力成分の値は座標系に依存する．いま，**図 8.37** に示すように，座標系 xyz の方向に向いた直方体に応力が作用しているとする．この状態から，座標系と直方体を任意の方向に回転させたときの新しい座標系を $x'y'z'$ とする．言い換えると，荷重を受けている物体から新しい座標系 $x'y'z'$ の方向に向いた直方体を仮想的に切り出したとする．回転した直方体における応力成分の値は座標系 xyz での応力成分とは異なった値をとり，

$$\begin{pmatrix} \sigma_{x'} & \tau_{x'y'} & \tau_{x'z'} \\ \tau_{y'x'} & \sigma_{y'} & \tau_{y'z'} \\ \tau_{z'x'} & \tau_{z'y'} & \sigma_{z'} \end{pmatrix}$$

と表される．これらの値はもとの座標系での値よりも大きい可能性がある．したがって，任意に定められた座標系で応力成分の値がすべて求められたとしても，その部材が降伏を起こすかどうか，あるいは破壊するかどうかを判断することはできない．

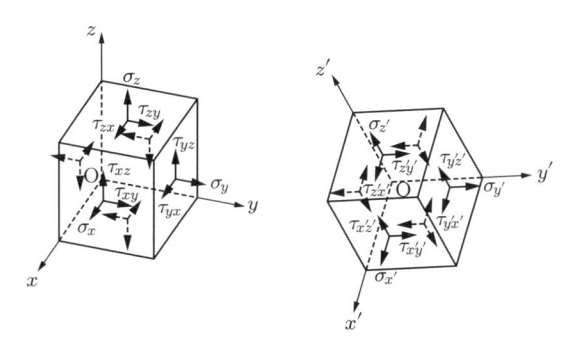

図 8.37　座標系と直方体の回転による応力値の変化

図 8.38 に示すように，座標系 $x'y'z'$ を任意の方向に回転させ，それに合わせて直方体の向きを変化させていったとき，直方体の 6 面すべてにせん断応力が作用していない向きが存在する．この直方体に作用している 3 個の垂直応力を**主応力** (principal stress) といい，値が大きい順に σ_1, σ_2, σ_3 と記す．ある点における座標系の回転に対して，σ_1 は垂直応力の最大値であり，σ_3 は最小値である．主応力が作用する面を**主応力面** (principal plane of stress) または**応力の主面**，その法線を**主応力軸** (principal axis of stress) または**応力の主軸**という．座標系を任意に回転したとき，その座標軸 $x'y'z'$ が主応力軸であるならば，この座標系での応力状態は

$$\begin{pmatrix} \sigma_1 & 0 & 0 \\ 0 & \sigma_2 & 0 \\ 0 & 0 & \sigma_3 \end{pmatrix}$$

となっている．

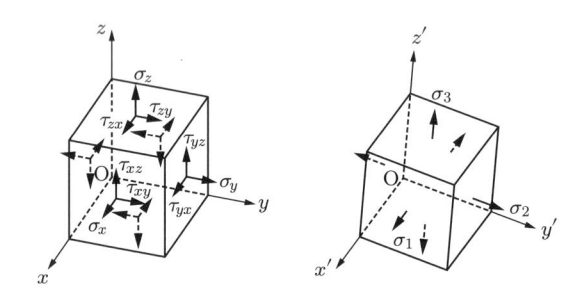

図 8.38　主応力と主応力軸

　座標系によって応力値が異なることを示すために，**図 8.39** (a) のような棒が引張荷重 P を受ける場合の斜断面 X$'$ の応力を考える．断面 X の外向き法線を x 軸，断面 X$'$ の外向き法線を x' 軸とし，これらのなす角を θ とする．断面 X の面積を A とすると，この断面での応力 σ_x は

$$\sigma_x = \frac{P}{A}$$

である．棒を断面 X$'$ で切断したとき，この断面に生じる内力は $B = P$ であるから，内力 B の x', y' 方向の分力，すなわち軸力 N とせん断力 F は，それぞれ

$$B_{x'} = N = P\cos\theta, \quad B_{y'} = F = -P\sin\theta$$

となる．断面 X$'$ の断面積は $A' = A/\cos\theta$ であるから，断面 X$'$ での垂直応力 $\sigma_{x'}$ とせん断応力 $\tau_{x'y'}$ は

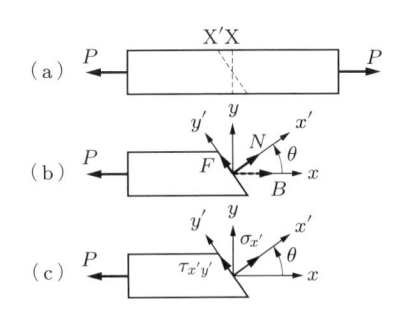

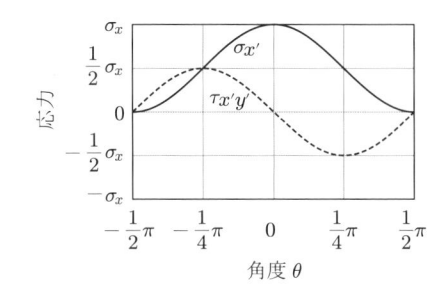

図 8.39　引張荷重を受ける棒の斜断面の応力　　図 8.40　斜断面の角度による応力の変化

$$\sigma_{x'} = \frac{N}{A'} = \frac{P}{A}\cos^2\theta = \sigma_x\cos^2\theta = \frac{1}{2}\sigma_x + \frac{1}{2}\sigma_x\cos 2\theta \tag{8.13a}$$

$$\tau_{x'y'} = \frac{F}{A'} = -\frac{P}{A}\sin\theta\cos\theta = -\frac{1}{2}\sigma_x\sin 2\theta \tag{8.13b}$$

となる．応力は点に作用しているのではなく面に作用しているので，ベクトルである B, N, F のようには合成・分解ができず，面の方位によっても大きさが変化する[10]．角度 θ による応力の変化を図 8.40 に示す．

式 (8.13) および図 8.40 から次のことがわかる．垂直応力 $\sigma_{x'}$ が最大となるのは $\theta = 0$ のときであり，その値は $\sigma_{x'\mathrm{max}} = \sigma_x$ である．またこのとき $\tau_{x'y'} = 0$ である．したがって，σ_x は最大主応力 σ_1 である．せん断応力 $\tau_{x'y'}$ が最大となるのは $\theta = -45°$ のときであり，その値は $\tau_{x'y'\mathrm{max}} = \sigma_x/2$ である．また $\theta = 45°$ のとき，せん断応力は最小値 $\tau_{x'y'\mathrm{min}} = -\sigma_x/2$ をとるが，その絶対値は $\tau_{x'y'\mathrm{max}}$ と等しい．せん断応力の符号は座標系に対する応力の方向を表しているだけであるから，$\tau_{x'y'\mathrm{max}}$ と $\tau_{x'y'\mathrm{min}}$ は強度計算上では等価である．

演習問題

8.23 断面の幅が 50 mm，高さが 100 mm の長方形である 2 本の木製角棒が，角 $\theta = 50°$ で接着されている．この角棒に引張荷重 $P = 200\,\mathrm{kN}$ が作用するとき，接着部に作用する垂直応力 $\sigma_{x'}$ とせん断応力 $\tau_{x'y'}$ を計算せよ．

8.24 ベルトを接着剤で図 8.41 (a) のように突き合わせて接着し，引張試験を行ったところ，ベルトの破断強さの 1/16 の応力で接着部から破断した．そこで，ベルトを斜めに切り，再び同じ接着剤で接着することにした．ベルトが接着部から破断しないためには，図 (b) の角度 θ を何度以上にすればよいか．ただし，接着部は垂直応力のみで

---

[10] 数学や物理学で，スカラー量とベクトル量について学んできた．そのほかにテンソル量があり，応力は 2 階のテンソルである．また弾性係数は 4 階のテンソルである．スカラーを 0 階のテンソル，ベクトルを 1 階のテンソルともいう．

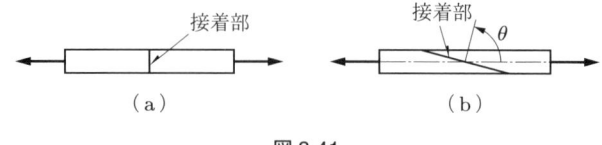

図 8.41

分離破断し，せん断応力は影響ないとする．また，角度 θ の範囲は，$0° \leqq \theta < 90°$ とする．

8.5 破壊と破損の条件

部材に大きな荷重を加えたとき，その部材が二つあるいはそれ以上に分離することを破断という．このうち，とくに亀裂の発生と成長によって破断する現象を破壊という．疲労破壊はこの現象を観察できる典型的な例であるが，金属材料の静的引張試験による破断もまた，微視的に見れば亀裂の発生と瞬間的な成長に起因しているので，破壊とよばれることがある．このように，破断と破壊は現象をどのようなスケールで捉えるかに依存することがある．一方，破断には至らなくても構造物・機械部品としての機能を失う場合を破損という．弾性状態を要求される部材では，塑性変形の開始が弾性破損である．長柱が座屈を起こして塑性変形した場合も破損である．

単軸応力状態では，降伏点や引張強さを基準として強度計算を行ってきた．単軸応力状態での材料試験で得られたこれらの材料強度から，多軸応力状態における部材の安全性を評価するために，いくつかの学説が提案されている．ここでは，多軸応力状態における弾性変形を前提とした強度設計と安全性評価に利用されているもっとも代表的な学説を紹介する．

8.5.1 最大主応力説

最大主応力説 (maximum principal stress theory) はランキン[11] によって提案された説で，脆性材料の引張分離破壊に対して用いられる．部材内に生じる最大主応力 σ_1 がその材料の限界値すなわち引張強さに達すると破壊すると考える．引張強さを σ_B で表すと，

$$\sigma_1 = \sigma_B \tag{8.14}$$

である．この条件式はほかの主応力 σ_2, σ_3 には依存しないことを表している．

---

[11] William John Macquorn Rankine, 1820〜1872, イギリス (前出 123 ページ)

8.5.2 最大せん断応力説

最大せん断応力説 (maximum shear stress theory) は延性材料の破損（降伏）に対して用いられ，**トレスカ**[†12] の降伏条件 (Tresca yield criterion) ともよばれる．単軸静的引張試験における降伏点を σ_S とすると，前節で示したように $-45°$ 方向に最大せん断応力 $\tau_S = \sigma_S/2$ が生じている．また，絶対値だけを考えるならば，この大きさのせん断応力は $45°$ 方向にも生じている．多軸応力状態において，物体内に生じる最大せん断応力がせん断降伏点 τ_S に達したときに降伏が起こると考える．すなわち，

$$\boxed{\tau_{\max} = \tau_S} \tag{8.15}$$

である．多軸応力状態における最大せん断応力の値を主応力で表すと，$\tau_{\max} = (\sigma_1 - \sigma_3)/2$ となることが証明できる．したがって，上式は

$$\sigma_1 - \sigma_3 = \sigma_S \tag{8.16}$$

と書ける．

8.5.3 せん断ひずみエネルギー説

せん断ひずみエネルギー説 (shearing strain energy theory) は延性材料の破損（降伏）に対して用いられ，**ミーゼス**[†13] の降伏条件 (von Mises yield criterion) ともよばれる．最大せん断応力説とせん断ひずみエネルギー説はともに延性材料の破損（降伏）に対して用いられる条件であるが，多軸応力状態では後者のほうが計算が簡単であるため，より多く用いられる．また，後者のほうが実験結果とよく一致するといわれている．しかし，最大せん断応力説には，考え方が単純で理解しやすいこと，強度設計として安全側に見積もることになるという利点もある．

物体内に蓄えられるひずみエネルギーは，体積変化によるひずみエネルギー U_v と，形状変化（せん断ひずみ）によるひずみエネルギー U_d とに分けられる．このせん断ひずみエネルギー U_d がある限界値に達したときに降伏が起こると考えると，次の条件式が得られる[†14]．

$$(\sigma_1 - \sigma_2)^2 + (\sigma_2 - \sigma_3)^2 + (\sigma_3 - \sigma_1)^2 = 2\sigma_S^2 \tag{8.17}$$

ここで，ミーゼスの**相当応力** (equivalent stress)

[†12] Henri Édouard Tresca, 1814〜1885, フランス
[†13] Richard von Mises, 1883〜1953, ウクライナ
[†14] 下巻 8.5 節参照.

$$\bar{\sigma} = \sqrt{\frac{1}{2}\{(\sigma_1 - \sigma_2)^2 + (\sigma_2 - \sigma_3)^2 + (\sigma_3 - \sigma_1)^2\}} \tag{8.18}$$

を用いると，上式は

$$\bar{\sigma} = \sigma_S \tag{8.19}$$

と書ける[†15].

8.5.4 破壊と破損の例

(1) 一軸引張り

断面積 A の棒が中心軸方向に引張荷重 P を受ける場合を考える．

棒の材質が脆性材料であるならば，中心軸に垂直な断面で破断する．これは最大主応力説である．棒に生じる最大主応力は $\sigma_1 = P/A$ であり，この応力が破壊の原因となるからである．

一方，棒の材質が**図 8.42** の応力－ひずみ線図となるような延性材料であるならば，破断面は**図 8.43** のようなカップアンドコーン型となる．これは最大せん断応力説により説明できる．このとき，**図 8.44** に示すように，荷重負荷方向に対して $-45°$ の角をなす面でせん断応力は最大値 $\tau_{\max} = P/2A$ をとる．このせん断応力がせん断降伏点に達したとき，最大せん断応力の方向にすべることにより降伏が生じ，塑性変形はせん断応力の増加とともに進行する．カップアンドコーン型破面はこのような変形過程の結果である．このような一軸引張りにおいて，延性材料に対しても主応力 σ_1 と降伏点 σ_S から降伏の条件を判断してきたのは，式 (8.16) が単軸応力状態では $\sigma_1 = \sigma_S$ に帰着するからである．

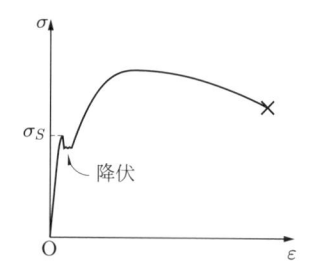

図 8.42 軟鋼の応力 ひずみ線図

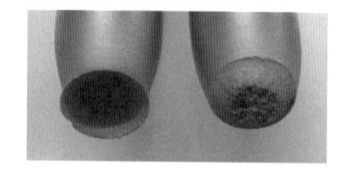

図 8.43 カップアンドコーン型破面 (SS400)

[†15] コンピュータ応力解析の市販アプリケーションソフトでは，この相当応力 $\bar{\sigma}$ を計算結果として表示するものがある．機械設計では，その対象が延性材料製の部品で，条件が塑性変形を起こさないことである場合が多い．このような場合では，多軸応力状態での強度評価法や相当応力に関する知識がなくても，単軸応力状態での強度評価法と同じように，式 (8.19) によって評価が可能である．

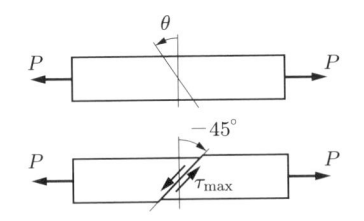

図 8.44 最大せん断応力方向へのすべり

(2) ねじり

丸棒がねじりモーメント T を受ける場合を考える．このとき，ねじり応力の最大値は $\tau_{\max} = T/Z_p$ である．

丸棒の材質が脆性材料であるならば，最大主応力説により棒の破壊を評価できる．図 8.45 に示すように，ねじり偶力荷重を受ける丸軸の外表面に微小体積要素を考え，丸軸の長手方向を x 軸とする．このとき，最大主応力は法線方向が x 軸と $-45°$ となる面に生じ，その値は $\sigma_1 = T/Z_p$ である．この最大主応力が式 (8.14) を満たすとき，棒は破壊し，その破面はらせん面になる．図 8.46 にねずみ鋳鉄 FC150 のねじり破面を示す．

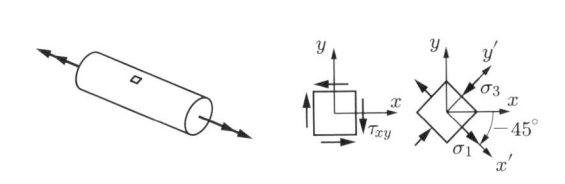

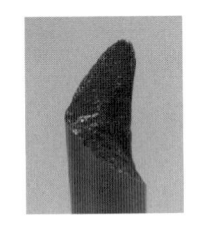

図 8.45 軸のねじりにおける主応力　　図 8.46 FC150 のねじり破面

丸棒が延性材料であるならば，最大せん断応力説により破断を評価できる．軸にねじり偶力荷重を加えたとき，軸の中心線を法線とする仮想断面では，図 8.47 に示すように，ねじり応力は面を回転させる方向にはたらき，その大きさは中心軸からの距離に比例する．軸の外周で $\tau_{\max} = \tau_S$ となるとき，すべりが発生し始め，ねじりモー

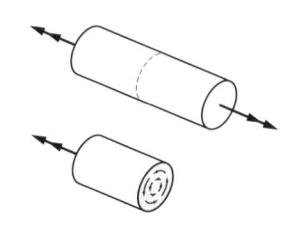

図 8.47 ねじり応力　　図 8.48 SS400 のねじり破面　　図 8.49 A5052 のねじり破面

メントの増加とともに塑性変形が進行する．最終的には，中心軸に対して垂直な面で破断する．**図 8.48** に一般構造用圧延鋼材 SS400 のねじり破面を，**図 8.49** にアルミニウム合金 A5052 のねじり破面を示す．

● 演習問題

8.25 せん断降伏点 400 MPa の材料でできた直径 10 mm の丸棒を圧縮するとき，限界荷重を最大せん断応力説により求めよ．

8.26 内半径 580 mm の薄肉円筒に内圧 0.8 MPa が作用する．最大主応力説および最大せん断応力説により，円筒の肉厚を決定せよ．ただし，材料の許容引張応力を 80 MPa，許容せん断応力を 50 MPa とする．

8.27 延性材料に $\sigma_1 = -\sigma_3 = \tau$，$\sigma_2 = 0$ の応力状態を保ったまま，負荷応力 τ を増加させてゆく．降伏が起こるときの τ の値を，最大せん断応力説およびせん断ひずみエネルギー説のそれぞれで求めよ．ただし，単軸静的引張試験における材料の降伏点を σ_S とする．

8.6 主応力と最大せん断応力

8.6.1 回転における応力の座標変換

前述のように，多軸応力状態にある部材の強度評価を行うには，主応力あるいは最大せん断応力を計算する必要がある．応力またはひずみが2次元状態であるときの主応力について述べる．すでに学習したように，曲げを受けるはりやねじりを受ける軸では部材表面で応力が最大となる．多軸応力の場合でも，部材表面で応力が最大となることが多く，しかも部材の自由表面は平面応力状態である．したがって，ここで扱う主応力の計算は2次元の単純化された場合ではあるが，強度設計上きわめて重要である[†16]．

応力成分の値は座標系に依存する．座標系の2次元的な回転によって，応力がどのように変化するかを調べることから始める．

図 8.50 に示すように，座標系 xyz から z 軸を中心にして角度 θ だけ回転した座標系 $x'y'z'$ への座標変換を考える．座標系 xyz での点 P の座標を (x, y, z)，座標系 $x'y'z'$ での座標を (x', y', z') とすると，座標系 xyz から座標系 $x'y'z'$ への座標変換は

$$x' = x\cos\theta + y\sin\theta$$

$$y' = -x\sin\theta + y\cos\theta$$

$$z' = z$$

[†16] 3次元の応力状態における主応力の計算法は，下巻 8.2 節で述べる．

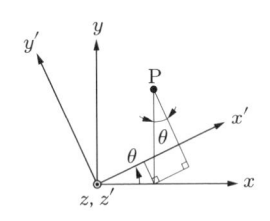

図 8.50 座標系の回転

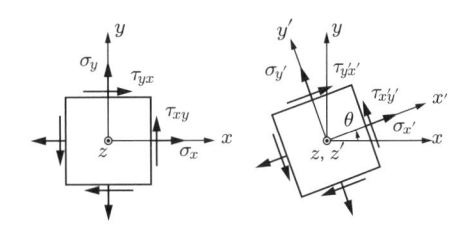

図 8.51 回転における応力の座標変換

で与えられる．上式を行列の形に書き改めると，

$$
\begin{pmatrix} x' \\ y' \\ z' \end{pmatrix} = \begin{pmatrix} \cos\theta & \sin\theta & 0 \\ -\sin\theta & \cos\theta & 0 \\ 0 & 0 & 1 \end{pmatrix} \begin{pmatrix} x \\ y \\ z \end{pmatrix} \tag{8.20}
$$

となる．この式はある点の座標変換を表していると同時に，位置ベクトルの座標変換でもある．

応力は9個の成分をもつ3行3列の行列であるから，上式のようには座標変換できない．図 8.51 に示すような応力の座標変換は

$$
\begin{aligned}
&\begin{pmatrix} \sigma_{x'} & \tau_{x'y'} & \tau_{x'z'} \\ \tau_{y'x'} & \sigma_{y'} & \tau_{y'z'} \\ \tau_{z'x'} & \tau_{z'y'} & \sigma_{z'} \end{pmatrix} \\
&= \begin{pmatrix} \cos\theta & \sin\theta & 0 \\ -\sin\theta & \cos\theta & 0 \\ 0 & 0 & 1 \end{pmatrix} \begin{pmatrix} \sigma_x & \tau_{xy} & \tau_{xz} \\ \tau_{yx} & \sigma_y & \tau_{yz} \\ \tau_{zx} & \tau_{zy} & \sigma_z \end{pmatrix} \begin{pmatrix} \cos\theta & -\sin\theta & 0 \\ \sin\theta & \cos\theta & 0 \\ 0 & 0 & 1 \end{pmatrix}
\end{aligned} \tag{8.21}
$$

で与えられる[17]．すなわち，左から式 (8.20) の変換行列を掛け，右から転置した行列を掛けることにより，3行3列の行列は座標変換される．せん断応力の対称性を用いて上式を展開すると，

$$
\sigma_{x'} = \frac{1}{2}(\sigma_x + \sigma_y) + \frac{1}{2}(\sigma_x - \sigma_y)\cos 2\theta + \tau_{xy}\sin 2\theta \tag{8.22a}
$$

$$
\sigma_{y'} = \frac{1}{2}(\sigma_x + \sigma_y) - \frac{1}{2}(\sigma_x - \sigma_y)\cos 2\theta - \tau_{xy}\sin 2\theta \tag{8.22b}
$$

$$
\sigma_{z'} = \sigma_z \tag{8.22c}
$$

$$
\tau_{y'z'} = \tau_{z'y'} = -\tau_{zx}\sin\theta + \tau_{yz}\cos\theta \tag{8.22d}
$$

[17] 下巻 8.2 節参照.

$$\tau_{z'x'} = \tau_{x'z'} = \tau_{zx}\cos\theta + \tau_{yz}\sin\theta \tag{8.22e}$$

$$\tau_{x'y'} = \tau_{y'x'} = -\frac{1}{2}(\sigma_x - \sigma_y)\sin 2\theta + \tau_{xy}\cos 2\theta \tag{8.22f}$$

となる.

　座標系 $x'y'z'$ からさらに $\pi/2$ だけ回転した座標系 $x''y''z''$ を考える. この座標系における応力は, 式 (8.22) の θ に $\theta + \pi/2$ を代入することにより, 次のようになる.

$$\sigma_{x''} = \sigma_{y'}, \quad \sigma_{y''} = \sigma_{x'}, \quad \sigma_{z''} = \sigma_{z'} \tag{8.23a}$$

$$\tau_{y''z''} = -\tau_{z'x'}, \quad \tau_{z''x''} = \tau_{y'z'}, \quad \tau_{x''y''} = -\tau_{x'y'} \tag{8.23b}$$

上式の関係は図 8.52 から理解されるであろう. 座標系 $x'y'z'$ と座標系 $x''y''z''$ における両立方体はまったく同じものであり, これら二つの座標系は同じ応力状態を表現している.

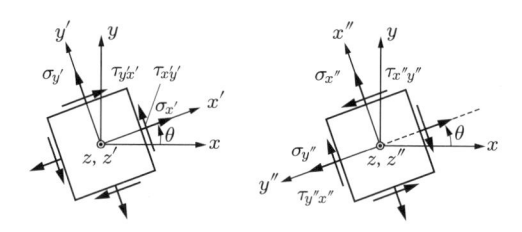

**図 8.52　角度 θ だけ回転した座標系 $x'y'z'$ と角度 $\theta + \pi/2$ だけ回転した座標系 $x''y''z''$
における応力状態**

　座標系 xyz において, $\sigma_z = \tau_{yz} = \tau_{zx} = 0$ の平面応力状態では, 応力の座標変換式 (8.22) は

$$\sigma_{x'} = \frac{1}{2}(\sigma_x + \sigma_y) + \frac{1}{2}(\sigma_x - \sigma_y)\cos 2\theta + \tau_{xy}\sin 2\theta \tag{8.24a}$$

$$\sigma_{y'} = \frac{1}{2}(\sigma_x + \sigma_y) - \frac{1}{2}(\sigma_x - \sigma_y)\cos 2\theta - \tau_{xy}\sin 2\theta \tag{8.24b}$$

$$\tau_{x'y'} = -\frac{1}{2}(\sigma_x - \sigma_y)\sin 2\theta + \tau_{xy}\cos 2\theta \tag{8.24c}$$

および $\sigma_{z'} = \tau_{y'z'} = \tau_{z'x'} = 0$ となる. すなわち, 平面応力状態においても, $\sigma_{x'}$, $\sigma_{y'}$, $\tau_{x'y'}$ の式は式 (8.22) と何ら変わらない.

　応力の座標変換が式 (8.21) のような形になることを数学的に示すには, 高度な数学的知識が必要である. しかしながら, 展開された応力の座標変換式は力のつり合い

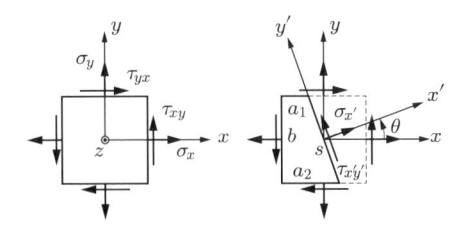

図 8.53　平面応力状態における斜断面の応力

から導くことができる．簡単のために $\sigma_z = \tau_{yz} = \tau_{zx} = 0$ の一様な平面応力状態を考える．**図 8.53** の左側に示すような有限の大きさをもつ直方体を，右側の図のように法線 x' が x 軸と角 θ をなす面で切断する．斜面の垂直応力を $\sigma_{x'}$，せん断応力を $\tau_{x'y'}$，斜面の長さを s とし，x 方向の長さを a_1 および a_2 とする．y, z 方向の長さをそれぞれ b, c とすると，x 方向および y 方向の力のつり合い式は

$$\sigma_{x'} \cos\theta sc - \tau_{x'y'} \sin\theta sc - \sigma_x bc + \tau_{yx} a_1 c - \tau_{yx} a_2 c = 0$$

$$\sigma_{x'} \sin\theta sc + \tau_{x'y'} \cos\theta sc + \sigma_y a_1 c - \sigma_y a_2 c - \tau_{xy} bc = 0$$

となる．ここで，

$$a_1 + a_2 = a, \quad a_2 - a_1 = s\sin\theta, \quad b = s\cos\theta$$

およびせん断応力の対称性を用いると，力のつり合い式は直方体の大きさに関係なく，

$$\sigma_{x'} \cos\theta - \tau_{x'y'} \sin\theta = \sigma_x \cos\theta + \tau_{xy} \sin\theta$$

$$\sigma_{x'} \sin\theta + \tau_{x'y'} \cos\theta = \sigma_y \sin\theta + \tau_{xy} \cos\theta$$

となる．この連立方程式を $\sigma_{x'}$ と $\tau_{x'y'}$ について解くと，

$$\sigma_{x'} = \frac{1}{2}(\sigma_x + \sigma_y) + \frac{1}{2}(\sigma_x - \sigma_y)\cos 2\theta + \tau_{xy}\sin 2\theta \tag{8.25a}$$

$$\tau_{x'y'} = -\frac{1}{2}(\sigma_x - \sigma_y)\sin 2\theta + \tau_{xy}\cos 2\theta \tag{8.25b}$$

となり，式 (8.24) と等しいことが示される．直方体を無限に小さくすると，上式はどのような応力状態でも成り立つ．

8.6.2　平面応力における主応力

　座標系 xyz において，$\sigma_z = \tau_{yz} = \tau_{zx} = 0$ の平面応力状態を考える．図 8.51 に示したような，座標系 xyz から z 軸を中心にして角度 θ だけ回転した座標系 $x'y'z'$ で

の応力状態を考える．垂直応力 $\sigma_{x'}$ とせん断応力 $\tau_{x'y'}$ は，式 (8.25) であることが導かれている．図 8.54 に例示するように，式 (8.25) で計算される $\sigma_{x'}$ と $\tau_{x'y'}$ の値は角度 θ に伴って変化してゆく．このように，応力成分の値は面の方位に依存するので，前節で示したように，強度評価のためには主応力を求めなければならない．

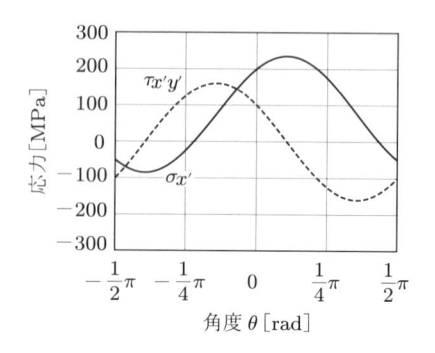

図 8.54　回転角 θ に伴う応力の変化 ($\sigma_x = 200\,\text{MPa}$, $\sigma_y = -50\,\text{MPa}$, $\tau_{xy} - 100\,\text{MPa}$)

応力 σ_x，σ_y，τ_{xy} が既知であるとして，主応力の値とその方向を求める．3 個の主応力が存在するが，z 面のせん断応力が $\tau_{zx} = \tau_{zy} = 0$ であるから，この面の垂直応力 $\sigma_z = 0$ は主応力のうちの 1 個であり，z 軸は 3 個の主応力軸のうちの 1 個である．残る 2 個の主応力軸は xy 面内にある．主応力はせん断応力がゼロとなる面に作用する垂直応力であるから，$\tau_{x'y'} = 0$ とおくと，座標軸 x' が主応力軸となる角度 θ が得られる．すなわち，

$$\tan 2\theta = \frac{2\tau_{xy}}{\sigma_x - \sigma_y} \tag{8.26}$$

である．この式を満たす角度 θ は $0 \leqq \theta \leqq \pi$ の範囲で 2 個ある．これらのうちの 1 個を θ_n とすると，残りの 1 個は $\theta_n + \pi/2$ である．すなわち，座標の回転角が $\theta = \theta_n$ であるとき，$\tau_{x'y'} = 0$ であり，また同時に $\tau_{y'x'} = 0$ である．このときの $\sigma_{x'}$ と $\sigma_{y'}$ が主応力である．式 (8.25) において，$d\sigma_{x'}/d\theta = 0$ とおくと，式 (8.26) を得る．すなわち，主応力は $\sigma_{x'}$ の極値である．これらのことは例示した図 8.54 でも確認できる．

回転角が $\theta = \theta_n$ または $\theta = \theta_n + \pi/2$ のときの $\sigma_{x'}$ は

$$\sigma_{x'} = \frac{1}{2}(\sigma_x + \sigma_y) \pm \frac{1}{2}\sqrt{(\sigma_x - \sigma_y)^2 + 4\tau_{xy}^2} \tag{8.27}$$

である．複号は $\theta = \theta_n$ のとき正，$\theta = \theta_n + \pi/2$ のとき負である．$\theta = \theta_n$ のときの $\sigma_{y'}$ の値は，$\sigma_{x'}$ の式に $\theta = \theta_n + \pi/2$ を代入した値となるから，上式の複号に負を

とった値である．したがって，平面応力状態における 3 個の主応力のうちの 2 個の値は

$$\frac{1}{2}(\sigma_x + \sigma_y) \pm \frac{1}{2}\sqrt{(\sigma_x - \sigma_y)^2 + 4\tau_{xy}^2} \tag{8.28}$$

で与えられる．また，先に述べたように，残り 1 個の主応力は $\sigma_z = \sigma_{z'} = 0$ である．これら 3 個の主応力は，値が大きいものから順に σ_1，σ_2，σ_3 と記される．

8.6.3 最大せん断応力

任意の応力状態において，3 個の主応力 σ_1，σ_2，σ_3 の値とその方向が既知であるとして，主応力軸に座標系 $x'y'z'$ をとる．図 8.55 に示すように，z' 軸を中心にして角度 θ' だけ回転した座標系 $x''y''z''$ への座標変換を考える．このとき，せん断応力 $\tau_{x''y''}$ は，式 (8.25b) を書き改めることにより，

$$\tau_{x''y''} = -\frac{1}{2}(\sigma_1 - \sigma_2)\sin 2\theta' \tag{8.29}$$

となる．$\sigma_1 \neq \sigma_2$ であるとき，$d\tau_{x''y''}/d\theta' = 0$ とおくことにより，$\tau_{x''y''}$ が最大または最小となる角度が $\theta' = \pm\pi/4$ であることがわかる．式 (8.29) から，$\theta' = -\pi/4$ のとき $\tau_{x''y''\mathrm{max}}$ であり，$\theta' = \pi/4$ のとき $\tau_{x''y''\mathrm{min}}$ である．それらの値はそれぞれ

$$\tau_{x''y''\mathrm{max}} = \frac{1}{2}(\sigma_1 - \sigma_2), \quad \tau_{x''y''\mathrm{min}} = -\frac{1}{2}(\sigma_1 - \sigma_2) \tag{8.30}$$

で与えられる．せん断応力の符号は座標軸の方向によって決められるものであり，上式は図 8.56 に示すようにまったく同じ応力状態を表現している．

同様に，y' 軸を中心とする回転と x' 軸を中心とする回転を考えると，最大せん断応力はそれぞれ

$$\tau_{z''x''\mathrm{max}} = \frac{1}{2}(\sigma_1 - \sigma_3), \quad \tau_{y''z''\mathrm{max}} = \frac{1}{2}(\sigma_2 - \sigma_3) \tag{8.31}$$

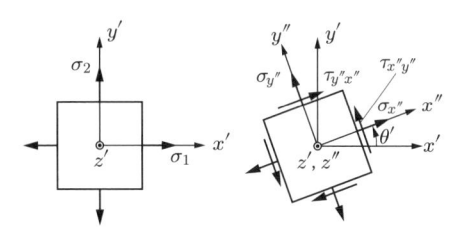

図 8.55　主軸からの応力の座標変換（回転）

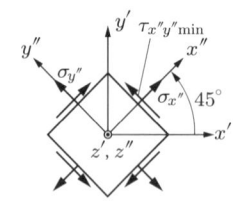

図 8.56 最大せん断応力と最小せん断応力

となる．$\sigma_1 > \sigma_2 > \sigma_3$ であるから，これら 3 個の最大値のうちもっとも大きい値は

$$\tau_{\max} = \frac{1}{2}(\sigma_1 - \sigma_3) \tag{8.32}$$

である．これまでの計算では，一つの主軸を中心とした回転を考えてきたが，任意の回転を考えたとしても，最大せん断応力は上式で与えられる[18]．

演習問題

8.28 直角座標系 xyz において，微小直方体要素が $\sigma_x = 30\,\mathrm{MPa}$，$\sigma_y = 60\,\mathrm{MPa}$，$\tau_{xy} = 40\,\mathrm{MPa}$ の平面応力状態にあるとき，z 軸を中心として角 $\theta = 30°$ だけ回転した座標系 $x'y'z'$ における応力 $\sigma_{x'}$，$\sigma_{y'}$，$\tau_{x'y'}$ を計算せよ．

8.29 正方形板の面内に $\sigma_x = 100\,\mathrm{MPa}$，$\sigma_y = -80\,\mathrm{MPa}$ が作用している．$\theta = 45°$ の対角面に生じる垂直応力とせん断応力を計算せよ．

8.30 $\sigma_z = \tau_{yz} = \tau_{zx} = 0$ の平面応力状態において，z 軸を中心として角 θ だけ回転した座標系 $x'y'z'$ における応力に対して $J_1 = \sigma_{x'} + \sigma_{y'}$，$J_2 = \sigma_{x'}\sigma_{y'} - \tau_{x'y'}^2$ とおくとき，J_1 および J_2 の値は座標系に依存しない (θ に無関係である) ことを示せ．

8.31 直径 $14\,\mathrm{mm}$ の丸棒に引張荷重 $12\,\mathrm{kN}$ とねじり偶力荷重 $20\,\mathrm{N \cdot m}$ を加えるとき，棒に作用する最大主応力と最大せん断応力を計算せよ．

8.32 平面応力状態にある弾性体内の微小直方体において，$\sigma_x = 100\,\mathrm{MPa}$，$\sigma_y = 50\,\mathrm{MPa}$，$\tau_{xy} = -80\,\mathrm{MPa}$ が与えられているとき，3 個の主応力と最大せん断応力を計算せよ．

8.33 $\sigma_x \neq 0$，$\sigma_y = 0$，$\tau_{xy} \neq 0$ の平面応力状態において，最大せん断応力説とせん断ひずみエネルギー説のそれぞれに対する降伏の条件式を，σ_x，τ_{xy}，単軸静的引張における材料の降伏点 σ_S で表せ．

8.34 図 8.57 に示すように，水平面内に L 形に曲がった片持ちはりの自由端に鉛直荷重 $P = 150\,\mathrm{N}$ が作用している．はりの断面形状は直径 $d = 25\,\mathrm{mm}$ の円形で，各部の長さは $a = 400\,\mathrm{mm}$，$b = 200\,\mathrm{mm}$ である．はりに生じる最大主応力と最大せん断応力を計算せよ．

---

[18] 下巻 8.3 節参照．

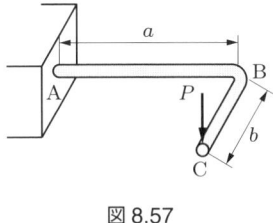

図 8.57

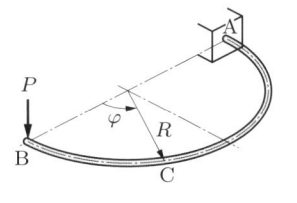

図 8.58

8.35 図 8.58 に示すように，半径 R の半円弧状のはりが一端 A で固定され，水平に保持されている．はりの断面は直径 d の円形である．また，点 B から水平方向に角度 φ の点を C とする．自由端 B に鉛直荷重 P を加えるとき，以下の各問に答えよ．ただし，$d \ll R$ であり，せん断力による応力は十分に小さいとする．

    (1) 点 C における最大主応力 σ_{C1} と最大せん断応力 τ_{Cmax} を求めよ．

    (2) 最大せん断応力説を用いて，はりが降伏しない最小直径を求めよ．ただし，はりの許容せん断応力を τ_a とする．

8.7　モールの応力円

8.7.1　モールの応力円

前節で得られた結果は，**モール**[19] の応力円 (Mohr's stress circle) を用いることによって図式的に理解することができる．この表示法を用いると，応力状態を把握することが容易であり，数式を暗記することなく主応力を求めることができる．

$\sigma_z = \tau_{yz} = \tau_{zx} = 0$ の平面応力状態を考える．このとき，座標系 xyz から z 軸を中心にして角度 θ だけ回転した座標系 $x'y'z'$ への座標変換は式 (8.25) であった．これらの式から θ を消去すると，

$$\left\{\sigma_{x'} - \frac{1}{2}(\sigma_x + \sigma_y)\right\}^2 + \tau_{x'y'}^2 = \frac{1}{4}(\sigma_x - \sigma_y)^2 + \tau_{xy}^2 \tag{8.33}$$

を得る．座標系 xyz における応力 σ_x，σ_y，τ_{xy} が既知ならば，法線が x' となる面に作用する垂直応力 $\sigma_{x'}$ とせん断応力 $\tau_{x'y'}$ は角度 θ に関係なく上式を満たさなければならない．**図 8.59** に示すように，上式は $\sigma_{x'}$ と $\tau_{x'y'}$ の座標軸上で中心 $((\sigma_x + \sigma_y)/2, 0)$，半径 $\sqrt{(\sigma_x - \sigma_y)^2/4 + \tau_{xy}^2}$ の円を表している．すなわち，$\sigma_{x'}$ と $\tau_{x'y'}$ はこの円の円周上の座標で表される．

---

[19] Christian Otto Mohr, 1835~1918，ドイツ

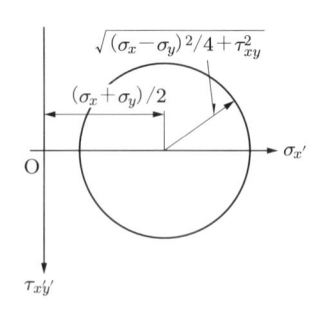

図 8.59 モールの応力円

8.7.2 応力円の描き方と利用法

図 8.60 に示すもっとも一般的な平面応力状態について，モールの応力円の描き方とその利用法を説明する．なお，この例では $\sigma_x > \sigma_y > 0$，$\tau_{xy} > 0$ とする．

モールの応力円を描く手順は次のとおりである．この手順によって，**図 8.61** のような円が描ける．

(1) 横軸に $\sigma_{x'}$，縦軸下向きに $\tau_{x'y'}$ をとる．

(2) $\theta = 0$ のときの法線が x' である面に作用する応力 $(\sigma_{x'}, \tau_{x'y'}) = (\sigma_x, \tau_{xy})$ を点 A とする．

(3) $\theta = \pi/2$ のときの法線が x' である面に作用する応力 $(\sigma_{x'}, \tau_{x'y'}) = (\sigma_y, -\tau_{xy})$ を点 B とする．

(4) 線分 AB を直径とする円を描く．

図 8.61 のような応力円になる場合，点 D と点 E の $\sigma_{x'}$ 座標がそれぞれ主応力 σ_1 と σ_2 である．もしも点 E が原点 O よりも左にあるならば，点 O が $\sigma_2 = 0$ であり，点 E が σ_3 である．さらに，点 D が原点 O よりも左にあるならば，点 O が $\sigma_1 = 0$ であり，点 D が σ_2，点 E が σ_3 である．

点 D および E ではせん断応力がゼロである．すなわち，主応力面ではせん断応力ははたらかない．さらに，点 D と E のなす角は $2\theta = \pi$ である．すなわち，主応力の方向の角度差は $\pi/2$ であり，主応力軸は直交する．また，応力円の中心 C は必

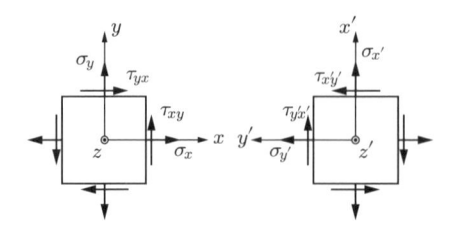

図 8.60 $\theta = 0$ および $\theta = \pi/2$ での平面応力状態

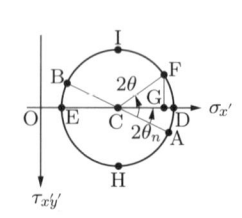

図 8.61 モールの応力円

ず横軸 $\sigma_{x'}$ 上にあるから，せん断応力の最大値 (点 H) と最小値 (点 I) の大きさは等しい．

主応力の値は，円の中心点の座標と半径から次のように計算できる．

$$\sigma_1 = \overline{OD} = \overline{OC} + \overline{CD} = \frac{1}{2}(\sigma_x + \sigma_y) + \frac{1}{2}\sqrt{(\sigma_x - \sigma_y)^2 + 4\tau_{xy}^2} \quad (8.34a)$$

$$\sigma_2 = \overline{OE} = \overline{OC} - \overline{CE} = \frac{1}{2}(\sigma_x + \sigma_y) - \frac{1}{2}\sqrt{(\sigma_x - \sigma_y)^2 + 4\tau_{xy}^2} \quad (8.34b)$$

これらの主応力は前節で導いた式 (8.28) と一致している．また，もう 1 個の主応力は $\sigma_3 = \sigma_z = \sigma_{z'} = 0$ である．線分 AC を斜辺とする直角三角形を考えると，主応力軸の方向 θ_n は

$$\tan 2\theta_n = \frac{2\tau_{xy}}{\sigma_x - \sigma_y} \quad (8.35)$$

となり，式 (8.26) と一致する．

任意の角度 θ だけ回転した座標系 $x'y'z'$ での x' 面上の応力は，点 A から反時計回りに 2θ だけ回った点 F の座標で表される．点 F から横軸 $\sigma_{x'}$ に垂線を下ろし，その交点を点 G とすると，

$$\sigma_{x'} = \overline{OG} = \overline{OC} + \overline{CF}\cos(2\theta - 2\theta_n)$$

$$= \frac{1}{2}(\sigma_x + \sigma_y) + \frac{1}{2}(\sigma_x - \sigma_y)\cos 2\theta + \tau_{xy}\sin 2\theta \quad (8.36a)$$

$$\tau_{x'y'} = -\overline{FG} = -\overline{CF}\sin(2\theta - 2\theta_n)$$

$$= -\frac{1}{2}(\sigma_x - \sigma_y)\sin 2\theta + \tau_{xy}\cos 2\theta \quad (8.36b)$$

となり，すでに導いた式 (8.25) と一致する．

最大せん断応力 $\tau_{x'y'\text{max}}$ および最小せん断応力 $\tau_{x'y'\text{min}}$ は，それぞれ応力円の点 H，点 I における $\tau_{x'y'}$ 座標で表され，その大きさは円の半径に等しい．したがって，

$$\tau_{x'y'\text{max}} = \frac{1}{2}\sqrt{(\sigma_x - \sigma_y)^2 + 4\tau_{xy}^2} = \frac{1}{2}(\sigma_1 - \sigma_2)$$

$$\tau_{x'y'\text{min}} = -\frac{1}{2}\sqrt{(\sigma_x - \sigma_y)^2 + 4\tau_{xy}^2} = -\frac{1}{2}(\sigma_1 - \sigma_2)$$

である．これらの式もまた式 (8.30) と一致する．上式は xy 面内の回転におけるせん断応力の最大値であり，物体内に生じる最大せん断応力は式 (8.32) であることに注意しなければならない．もしも点 E が原点 O よりも左にあり，点 D が原点 O よりも右に

あるならば，上式は

$$\tau_{x'y'\text{max}} = \frac{1}{2}\sqrt{(\sigma_x - \sigma_y)^2 + 4\tau_{xy}^2} = \frac{1}{2}(\sigma_1 - \sigma_3) \tag{8.37}$$

となり，物体内に生じる最大せん断応力 τ_{max} を与える．

8.7.3　応力円の例

(1)　一軸引張り

直角座標系 xyz において，$\sigma_x = \sigma_1$, $\sigma_y = 0 = \sigma_2$, $\sigma_z = 0 = \sigma_3$, $\tau_{yz} = \tau_{zx} = \tau_{xy} = 0$ とする．このときのモールの応力円は**図 8.62** のようになる．

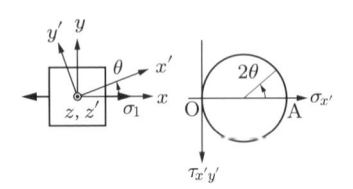

図 8.62　一軸引張りの応力円

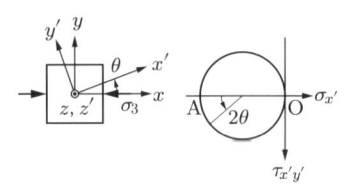

図 8.63　一軸圧縮の応力円

(2)　一軸圧縮

$\sigma_x = \sigma_3$, $\sigma_y = 0 = \sigma_1$, $\sigma_z = 0 = \sigma_2$, $\tau_{yz} = \tau_{zx} = \tau_{xy} = 0$ とする．このときのモールの応力円は**図 8.63** のようになる．

(3)　純粋せん断 (1)

$\sigma_x = \sigma_y = 0$, $\sigma_z = 0 = \sigma_2$, $\tau_{xy} \neq 0$, $\tau_{yz} = \tau_{zx} = 0$ とする．このときのモールの応力円は**図 8.64** のようになる．

(4)　純粋せん断 (2)

$\sigma_x = \sigma = \sigma_1$, $\sigma_y = -\sigma = \sigma_3$, $\sigma_z = 0 = \sigma_2$, $\tau_{yz} = \tau_{zx} = \tau_{xy} = 0$ とする．このときのモールの応力円は**図 8.65** のようになる．応力円の半径と中心座標は図 8.64 と

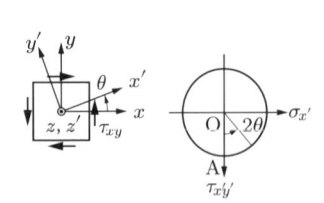

図 8.64　純粋せん断の応力円 (1)

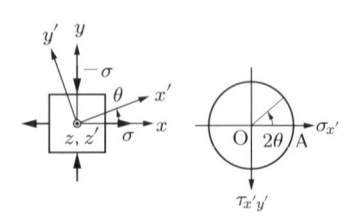

図 8.65　純粋せん断の応力円 (2)

同じであるが，$\theta = 0$ の位置が異なっている．この応力状態は，$\theta = -\pi/4$ から見ると，純粋せん断の応力状態である．

(5)　薄肉球殻

内圧が作用する薄肉球殻に生じる応力状態を考える．球殻の表面に，面の法線方向を z とする局所的な直角座標系 xyz をとると，$\sigma_x = \sigma_y = rp/2t = \sigma_1 = \sigma_2$，$\sigma_z = 0 = \sigma_3$，$\tau_{yz} = \tau_{zx} = \tau_{xy} = 0$ である．このときのモールの応力円は**図 8.66** のようになる．xy 面内で座標軸 $x'y'$ を回転させても，$\sigma_{x'}$ と $\sigma_{y'}$ の値は変化しないから，応力円は半径ゼロの円，すなわち点になる．ただし，もう 1 個の主応力は $\sigma_z = \sigma_3 = 0$ であるから，x 軸または y 軸を中心に座標系を回転させたときにできる応力円は図の破線である．よって，薄肉球殻に生じる最大せん断応力は $\tau_{\mathrm{max}} = (\sigma_1 - \sigma_3)/2 = \sigma_x/2 = rp/4t$ である．

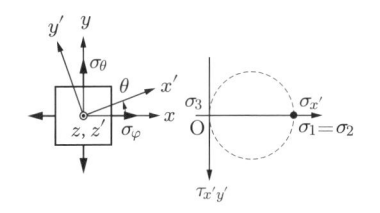
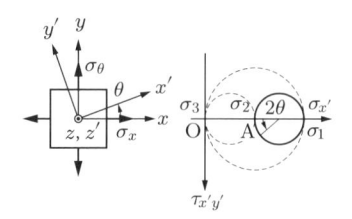

図 8.66　薄肉球殻の応力円　　　　　　図 8.67　薄肉円筒の応力円

(6)　薄肉円筒

円筒の表面に，円筒の軸方向を x，面の法線方向を z とする局所的な直角座標系 xyz を考える．$\sigma_x = rp/2t = \sigma_2$，$\sigma_y = \sigma_\theta = rp/t = \sigma_1$，$\sigma_z = \sigma_r = 0 = \sigma_3$，$\tau_{yz} = \tau_{zx} = \tau_{xy} = 0$ である．このときのモールの応力円は**図 8.67** のようになる．

演習問題

8.36 物体内の微小直方体要素が，$\sigma_x = 100\,\mathrm{MPa}$，$\sigma_y = 20\,\mathrm{MPa}$，$\tau_{xy} = 30\,\mathrm{MPa}$ の平面応力状態にある．次の各問に答えよ．

    (1)　モールの応力円を描け．

    (2)　主応力 σ_1，σ_2，σ_3 を計算せよ．

    (3)　最大主応力と x 軸との角度 θ_n を計算せよ．

    (4)　$\tau_{x'y'\mathrm{max}}$ を計算せよ．

    (5)　最大せん断応力 τ_{max} を計算せよ．

8.37 図 8.14 の各点 A〜E に作用している応力状態について，モールの応力円の概略を描け．

8.38 図 8.68 に示すように，スパン l の単純支持はりの中央に集中荷重 P が作用する．はりの断面は幅 b，高さ $h = l/10$ の長方形で，はりの任意の点で平面応力状態であるとする．点 A$(l/10, h/5)$ および点 B$(4l/10, h/5)$ における応力状態をモールの応力円で表せ．ただし，せん断力が F である仮想断面に作用するせん断応力 τ_{xz} は，座標 z において，次式で与えられる．

$$\tau_{xz} = \frac{3F}{2bh}\left\{1 - \left(\frac{2z}{h}\right)^2\right\}$$

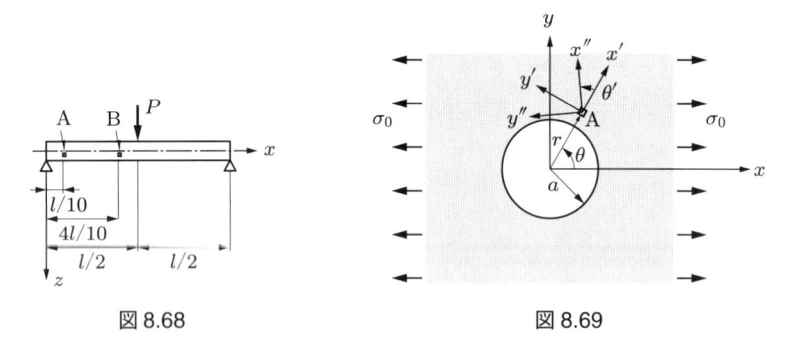

図 8.68　　　　　　　　　　　　　　　　図 8.69

8.39 図 8.69 に示すように，半径 a の円孔をもつ平板に一様な引張応力 σ_0 が作用している．平板の長さと幅は円孔の半径と比べて十分に大きいとする．このとき，円孔の中心から距離 r，応力方向から角 θ の位置での応力は次式で与えられる．

$$\sigma_r = \frac{\sigma_0}{2}\left\{1 - \frac{a^2}{r^2} + \left(1 + \frac{3a^4}{r^4} - \frac{4a^2}{r^2}\right)\cos 2\theta\right\}$$

$$\sigma_\theta = \frac{\sigma_0}{2}\left\{1 + \frac{a^2}{r^2} - \left(1 + \frac{3a^4}{r^4}\right)\cos 2\theta\right\}$$

$$\tau_{r\theta} = -\frac{\sigma_0}{2}\left(1 - \frac{3a^4}{r^4} + \frac{2a^2}{r^2}\right)\sin 2\theta$$

以下の各問に答えよ．

(1) $r = 4a/3$，$\theta = 60°$ の点 A について，σ_r，σ_θ，$\tau_{r\theta}$ を求めよ．

(2) 点 A に，r 方向を x' とする局所的な直角座標系をとる．x' 軸から角 θ' 回転した直角座標系 $x''y''$ に関して，モールの応力円を描け．

(3) 点 A における主応力とその方向を求めよ．

8.8 曲げとねじりの組み合わせ

重ね合わせの原理を用いた組み合わせ荷重下での応力の計算方法は，すでに第7章で学習した．しかし，丸棒が曲げとねじりを受ける組み合わせ荷重では重ね合わせの原理を利用できなかった．この場合，丸棒は平面応力状態にあり，主応力または最大せん断応力を計算する必要がある．

図 8.70 (a) に示すように，丸軸に曲げモーメント M とねじりモーメント T が作用する場合を考える．軸の上方から見た上面上の微小体積要素に，軸方向を x，鉛直上方を z とする局所的な座標系 xyz をとると，この微小体積要素は図 (b) に示すような平面応力状態にある．このとき，曲げ応力 σ_x とねじり応力 τ_{xy} はそれぞれ

$$\sigma_x = \frac{M}{Z}, \quad \tau_{xy} = \frac{T}{Z_p} \tag{8.38}$$

である．ここで，断面係数 Z と極断面係数 Z_p は，直径 d の中実丸軸，および外径 d_2，内径 d_1 の中空丸軸に対して，それぞれ

$$Z = \begin{cases} \dfrac{\pi d^3}{32} \\ \dfrac{\pi(d_2^4 - d_1^4)}{32 d_2} \end{cases}, \quad Z_p = \begin{cases} \dfrac{\pi d^3}{16} \\ \dfrac{\pi(d_2^4 - d_1^4)}{16 d_2} \end{cases} \tag{8.39}$$

であり，$Z_p = 2Z$ が成り立つ．主応力方向を図 (c) に示すように θ_n とすると，応力状態は図 (d) の応力円で表すことができる．ここで，点 A は法線が x 軸である面に作用する応力を，点 B は法線が y 軸である面に作用する応力を表している．応力円からわかるように，主応力は $\sigma_1 > \sigma_2 = 0 > \sigma_3$ である．

主応力 $\sigma_{1,3}$ は

$$\sigma_{1,3} = \frac{1}{2}(\sigma_x \pm \sqrt{\sigma_x^2 + 4\tau_{xy}^2}) = \frac{1}{2Z}(M \pm \sqrt{M^2 + T^2}) \tag{8.40}$$

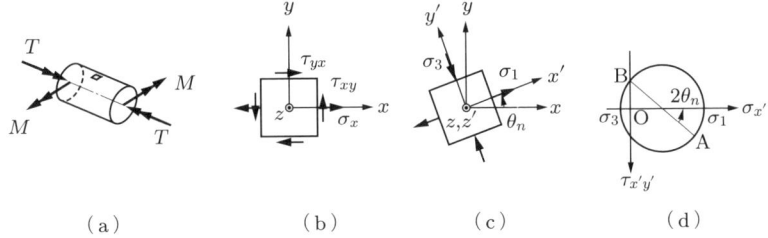

(a)　　　　　(b)　　　　　(c)　　　　　(d)

図 8.70　丸軸の曲げとねじりの組み合わせにおける応力状態と応力円

となる. ここで,

$$M_e = \frac{1}{2}(M + \sqrt{M^2 + T^2})$$

(8.41)

とおくと, 最大主応力 σ_1 は

$$\sigma_1 = \frac{M_e}{Z}$$

(8.42)

で与えられる. M_e を**相当曲げモーメント** (equivalent bending moment) という. 相当曲げモーメントを用いると, 曲げだけを受けるはりの曲げ応力を求める公式 (4.8) とまったく同じ形式で最大主応力 σ_1 を求めることができる. 軸が脆性材料で作製されているならば, 最大主応力説に従い, 上式が強度計算に用いられる.

最大せん断応力 $\tau_{\max}$ は

$$\tau_{\max} = \frac{1}{2}(\sigma_1 - \sigma_3) = \frac{1}{Z_p}\sqrt{M^2 + T^2}$$

(8.43)

となる. ここで,

$$T_e = \sqrt{M^2 + T^2}$$

(8.44)

とおくと,

$$\tau_{\max} = \frac{T_e}{Z_p}$$

(8.45)

を得る. T_e を**相当ねじりモーメント** (equivalent twisting moment) という. 相当ねじりモーメント T_e は, ねじりだけを受ける軸のねじり応力を求める公式 (3.17) とまったく同じ形式で最大せん断応力を計算するために導入される. 軸が延性材料で作製されているならば, 最大せん断応力説に従い, 上式が強度計算に用いられる.

演習問題

8.40 直径 24 mm の丸軸に, 曲げモーメント 30 N·m とねじりモーメント 45 N·m が同時に作用している. 丸軸に生じる最大主応力と最大せん断応力を計算せよ.

8.41 図 8.71 に示すように, 直径 $d = 25$ mm の丸軸 AB の両端を軸受で支持し, スパン $l = 800$ mm の中央に直径 $D = 360$ mm の車を固定し, これによって $W = 800$ N の荷重を巻き上げる. 軸に生じる最大主応力と最大せん断応力を計算せよ.

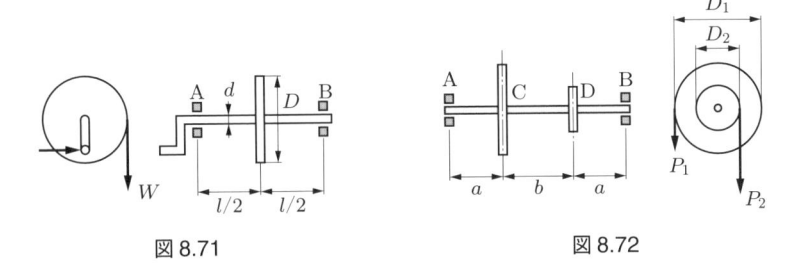

図 8.71 図 8.72

8.42 図 8.72 に示すように，両端を軸受によって支えられた丸軸 AB がある．点 C, D には車が取り付けられ，それぞれ図示の方向に $P_1 = 250\,\text{N}$, $P_2 = 500\,\text{N}$ が作用する．$a = 150\,\text{mm}$, $b = 200\,\text{mm}$, $D_1 = 250\,\text{mm}$, $D_2 = 125\,\text{mm}$ であるとき，最大せん断応力説を用いて軸の直径を定めよ．ただし，軸の許容せん断応力を $40\,\text{MPa}$ とする．

8.43 図 8.73 に示すように，両端を軸受によって支えられた丸軸 AB がある．右端 B にねじり偶力荷重 $Q = 2.5\,\text{kN·m}$ の動力を与え，点 C と点 D のプーリに動力を伝達する．両プーリの直径は $1.0\,\text{m}$，引張り側と緩み側の張力は，それぞれ $P_1 = 3.5\,\text{kN}$, $P_1' = 0.5\,\text{kN}$, $P_2 = 2.5\,\text{kN}$, $P_2' = 0.5\,\text{kN}$ である．また，プーリの位置は $a = 1.0\,\text{m}$, $b = 2.0\,\text{m}$ である．最大主応力説と最大せん断応力説のそれぞれの場合について，軸の直径を定めよ．ただし，軸の許容垂直応力を $120\,\text{MPa}$，許容せん断応力を $70\,\text{MPa}$ とし，軸およびプーリの自重は無視する．

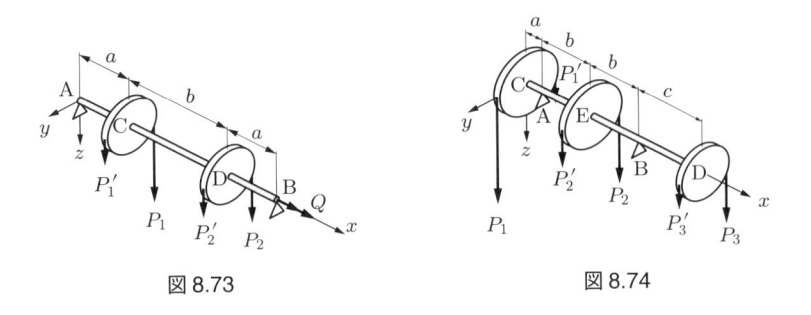

図 8.73 図 8.74

8.44 図 8.74 に示すように，中間点 A および B で軸受によって支えられた丸軸 CD がある．左端 C，支点間中央の点 E，右端 D にはプーリが取り付けられ，それらの直径はそれぞれ $D_1 = D_2 = 900\,\text{mm}$, $D_3 = 750\,\text{mm}$ で，引張り側と緩み側の張力は，それぞれ $P_1 = 4.4\,\text{kN}$, $P_1' = 0.9\,\text{kN}$, $P_2 = 3.3\,\text{kN}$, $P_2' = 0.3\,\text{kN}$, $P_3 = 0.7\,\text{kN}$, $P_3' = 0.1\,\text{kN}$ である．また，プーリの位置は $a = 250\,\text{mm}$, $b = 750\,\text{mm}$, $c = 1000\,\text{mm}$ である．最大主応力説と最大せん断応力説のそれぞれの場合について，軸の直径を定めよ．ただし，軸の許容垂直応力を $120\,\text{MPa}$，許容せん断応力を $55\,\text{MPa}$ とし，軸およびプーリの自重は無視する．

8.45 重さ $W = 2.0\,\mathrm{kN}$, 直径 $D = 700\,\mathrm{mm}$ のベルト車を**図 8.75** のように $l = 400\,\mathrm{mm}$ で支持し, 水平方向にベルトを掛けてある. その張力は, 引張り側で $10\,\mathrm{kN}$, 緩み側で $2.0\,\mathrm{kN}$ である. 最大せん断応力説を用いて軸径 d を定めよ. ただし, 軸の許容せん断応力を $80\,\mathrm{MPa}$ とする.

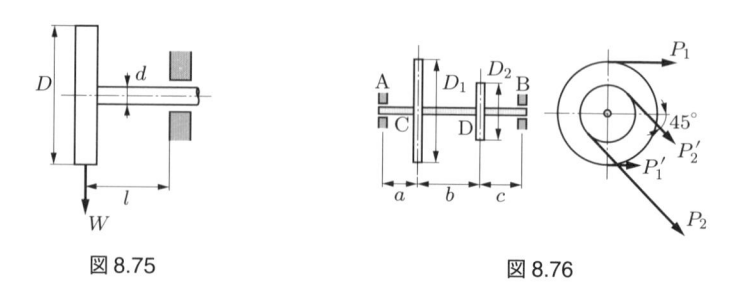

図 8.75　　　　　　　　　図 8.76

8.46 **図 8.76** に示すように, 両端を軸受によって支えられた丸軸 AB がある. 点 C, D にそれぞれベルト車が取り付けられ, その位置は $a = 250\,\mathrm{mm}$, $b = 450\,\mathrm{mm}$, $c = 300\,\mathrm{mm}$ である. 点 C のベルト車は直径 $D_1 = 900\,\mathrm{mm}$, 重さ $W_1 = 750\,\mathrm{N}$ で, ベルトは水平に掛かっている. 点 D のベルト車は直径 $D_2 = 500\,\mathrm{mm}$, 重さ $W_2 = 600\,\mathrm{N}$ で, ベルトは水平方向から $45°$ の下向きに掛かっている. 点 C のベルト車に電動機で $120\,\mathrm{rpm}$ の回転を与え, 点 D のベルト車に $5.0\,\mathrm{kW}$ の動力を伝達している. ベルトの引張り側の張力 P_1, P_2 は, それぞれ緩み側の張力 P_1', P_2' の 2 倍である. 最大せん断応力説を用いて軸の直径を定めよ. ただし, 軸の許容せん断応力を $40\,\mathrm{MPa}$ とする.

第9章 ひずみエネルギー

9.1 ひずみエネルギー

9.1.1 ひずみエネルギー

外力が物体に変形の仕事をしたとき，この仕事の一部は物体内にエネルギーとして蓄えられる．このとき物体が蓄えているエネルギーを**ひずみエネルギー** (strain energy)，または**弾性ひずみエネルギー** (elastic strain energy) という．

(1) 軸荷重によるひずみエネルギー

一様断面棒に引張荷重を加えたとき，比例限度内であれば，**図 9.1** に示すように荷重 P と伸び λ の間には正比例の関係が成り立つ．荷重を徐々に加えてゆき，その最終値が P_0 になったときの伸びを λ_0 とする．このとき外力がなす仕事は

$$W = \int_0^{\lambda_0} P \, d\lambda \tag{9.1}$$

である．ここで，棒の断面積を A，縦弾性係数を E，長さを l とすると，$P = EA\lambda/l$ であるから，上式は

$$W = \frac{EA}{l} \int_0^{\lambda_0} \lambda \, d\lambda = \frac{EA}{2l} \lambda_0^2 = \frac{1}{2} P_0 \lambda_0 \tag{9.2}$$

となる．したがって，外力がなす仕事は $\triangle \mathrm{OAB}$ の面積で表される．

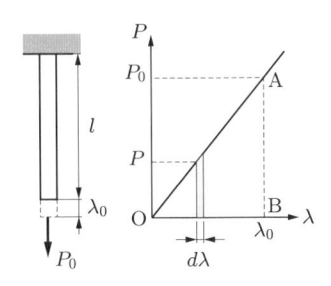

図 9.1 軸荷重による仕事

　外力による仕事 W は損失なくエネルギー U として棒に蓄えられる．記号を改めて，荷重の最終値を P と書けば，ひずみエネルギーは

$$U = \frac{P^2 l}{2EA}$$

(9.3)

である．図 9.1 のような場合では，仮想断面における軸力 N と軸荷重 P に $N = P$ の関係があり，かつ断面も一様であるが，仮想断面の位置によって軸力や断面積が変化する場合では，棒に蓄えられるひずみエネルギーは

$$U = \int_0^l \frac{N^2}{2EA}\, dx$$

(9.4)

となる．

　弾性限度を超えて荷重を増加させたとする．荷重と伸びの関係が**図 9.2** で表される材料に対して，点 A まで荷重を加えたとき，外力がなす仕事は OAB で囲まれる面積で表される．点 A から除荷すると，荷重は OP に平行な AC に沿って減少し，荷重がゼロになったとき，棒はもとの寸法に戻らず，OC の伸びが残る．したがって，除荷によって放出できるエネルギーは △ABC である．言い換えれば，荷重と伸びが点 A にあるとき，棒が蓄えているひずみエネルギーは △ABC である．外力が行った仕事のうち OAC の部分はひずみエネルギーとして蓄えることができず，塑性変形時の熱エネルギーなどとして消費される．弾性限度内であれば，材料の温度変化は無視することができ，外力が行った仕事と材料が蓄えるひずみエネルギーは等しい．

(2)　せん断荷重によるひずみエネルギー

　図 9.3 に示すように，直方体状の物体にせん断荷重 P を加えたとき，せん断変形量が u であったとする．せん断荷重 P はせん断変形量 u に比例するから，外力による仕事は

$$W = \frac{1}{2}Pu$$

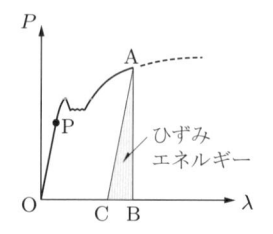

図 9.2　塑性変形時のひずみエネルギー

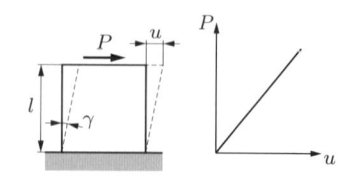

図 9.3　せん断荷重とせん断変形量

である．また，直方体の高さを l，断面積を A，せん断弾性係数を G，せん断ひずみを γ，せん断応力を τ とすると，せん断変形量は $u = l\gamma = l\tau/G = Pl/GA$ で与えられる．$W = U$ より，直方体に蓄えられるひずみエネルギーは

$$U = \frac{P^2 l}{2GA} \tag{9.5}$$

となる．

(3) ねじり偶力荷重によるひずみエネルギー

図 9.4 に示すように，丸軸をねじるとき，ねじり偶力荷重 Q とねじれ角 φ には正比例の関係が成り立つ．よって，外力による仕事は

$$W = \frac{1}{2}Q\varphi$$

で与えられる[†1]．また，軸の長さを l，せん断弾性係数を G，断面二次極モーメントを I_p とすると，ねじれ角は $\varphi = Ql/GI_p$ である．$W = U$ より，丸軸に蓄えられるひずみエネルギーは

$$U = \frac{Q^2 l}{2GI_p} \tag{9.6}$$

となる．

(4) 曲げ偶力荷重によるひずみエネルギー

図 9.5 に示すように，片持はりの自由端に曲げ偶力荷重 Q を加えるとき，Q と自由端のたわみ角 θ には正比例の関係が成り立つ．よって，外力による仕事は

$$W = \frac{1}{2}Q\theta$$

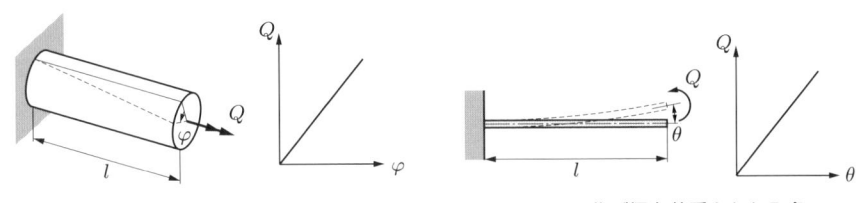

図 9.4 ねじり偶力荷重とねじれ角　　　　図 9.5 曲げ偶力荷重とたわみ角

[†1] 半径 r の円周方向に力 F を作用させ，一定の大きさ F で中心角 φ の円弧状の経路に沿って移動させたときの仕事は $F \cdot r\varphi$ である．ここで力のモーメントは $Q = Fr$ と表せるから，仕事は $Q\varphi$ となる．すなわち，力と距離の積が仕事であることと同様に，モーメントと角の積も仕事である．

で与えられる．また，はりの長さを l，縦弾性係数を E，断面二次モーメントを I_y とすると，自由端のたわみ角は $\theta = Ql/EI_y$ である．$W = U$ より，はりに蓄えられるひずみエネルギーは

$$U = \frac{Q^2 l}{2EI_y} \tag{9.7}$$

となる．図 9.5 の場合では，仮想断面における曲げモーメント M と曲げ偶力荷重 Q に $M = Q$ の関係があり，かつ断面も一様であるが，仮想断面の位置によって曲げモーメントや断面二次モーメントが変化する場合では，はりに蓄えられるひずみエネルギーは

$$U = \int_0^l \frac{M^2}{2EI_y} \, dx \tag{9.8}$$

となる．

各荷重に対するひずみエネルギーの類似性を，巻末の付表 9 (330 ページ) に示す．

9.1.2 ひずみエネルギーにおける重ね合わせの原理

部材の仮想断面に軸力 N，せん断力 F，ねじりモーメント T，曲げモーメント M が作用するとき，それぞれに起因するひずみエネルギーを U_N, U_F, U_T, U_M とすると，部材に蓄えられるひずみエネルギーは，それぞれのエネルギーの和

$$U = U_N + U_F + U_T + U_M \tag{9.9}$$

で与えられる．

任意の仮想断面において，ある内力または内偶力が加算で表されるとき，部材に蓄えられるひずみエネルギーは，それぞれを単独で計算したひずみエネルギーの和にはならない．たとえば，図 9.6 に示すように，縦弾性係数 E，断面積 A，長さ l の棒に引張荷重が作用する場合を考える．引張荷重が P_1 であるとき，および P_2 であるとき，棒に蓄えられるひずみエネルギーは，それぞれ

$$U_1 = \frac{P_1^2 l}{2EA}, \quad U_2 = \frac{P_2^2 l}{2EA}$$

である．この棒に引張荷重 $P_1 + P_2$ が作用するとき，棒に蓄えられるひずみエネルギーは

$$U = \frac{(P_1 + P_2)^2 l}{2EA} \neq U_1 + U_2$$

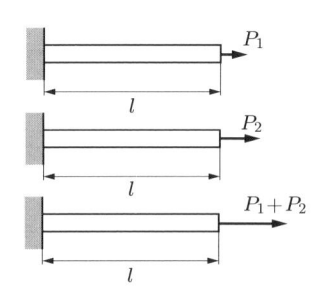

図 9.6　軸荷重が作用する棒

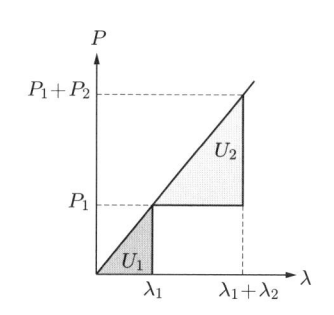

図 9.7　棒に蓄えられるひずみエネルギー

であり，$U_1 + U_2$ よりも $P_1 P_2 l/EA$ だけ大きくなる．このことは，**図 9.7** から容易に理解できる．つまり，P_1 によって変形した状態に P_2 が加わっていくと，その変形に伴って P_1 も仕事をするからである．

図 9.8 に示すように，棒に二つの軸荷重が作用する場合を考える．仮想断面 X に作用する軸力は $N_1 = P_1 + P_2$ であり，二つの軸荷重の加算で表される．また，仮想断面 Y に作用する軸力は $N_2 = P_2$ である．棒の縦弾性係数を E，断面積を A とすると，棒に蓄えられるひずみエネルギーは

$$U = \int_0^a \frac{N_1^2}{2EA}\, dx + \int_a^{a+b} \frac{N_2^2}{2EA}\, dx = \frac{(P_1 + P_2)^2 a}{2EA} + \frac{P_2^2 b}{2EA} \tag{9.10}$$

である．この問題を，**図 9.9** のように，二つの軸荷重をそれぞれ単独に扱えるように分割する．第 1 の問題は棒の中間点 C に引張荷重 P_1 が作用する場合，第 2 の問題は棒の右端 B に引張荷重 P_2 が作用する場合である．それぞれの問題に対して，式 (9.3) でひずみエネルギーを計算し，その和をとると，

$$\frac{P_1^2 a}{2EA} + \frac{P_2^2 (a+b)}{2EA} \tag{9.11}$$

となるが，この値は式 (9.10) とは等しくなく，$P_1 P_2 a/EA$ だけ小さい．図 9.9 に示すように，それぞれ単独の問題のときの点 C と点 B の変位を λ_1，λ_2 とすると，

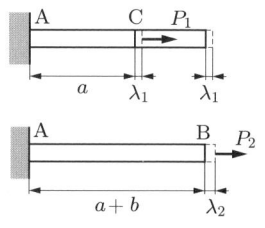

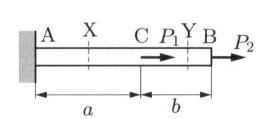

図 9.8　二つの軸荷重が作用する棒

図 9.9　二つの軸荷重を単独で考えたときの棒の伸び

式 (9.11) では，外力による仕事を

$$\frac{1}{2}P_1\lambda_1 + \frac{1}{2}P_2\lambda_2$$

のように，荷重ごとに単独で計算した仕事を加算している．ところが，図 9.8 において，点 C および点 B の変位は，それぞれ

$$\lambda_{\mathrm{C}} = \frac{(P_1 + P_2)a}{EA}, \quad \lambda_{\mathrm{B}} = \frac{(P_1 + P_2)a}{EA} + \frac{P_2 b}{EA}$$

であるから，外力による仕事の正しい値は

$$\frac{1}{2}P_1\lambda_{\mathrm{C}} + \frac{1}{2}P_2\lambda_{\mathrm{B}}$$

である．

演習問題

9.1 スパン l の全長にわたって等分布荷重 q を受ける片持はりに蓄えられるひずみエネルギーを求めよ．ただし，はりの曲げ剛性を EI_y とする．

9.2 図 9.10 (a) に示す丸棒に引張荷重 P を加えたとき，この丸棒に蓄えられるひずみエネルギーを U_{a} とする．図 (b) に示す段付丸棒に引張荷重 P を加えたとき，この段付丸棒に蓄えられるひずみエネルギーを U_{b} とする．両棒に蓄えられるひずみエネルギーの比 $U_{\mathrm{a}}/U_{\mathrm{b}}$ を求めよ．ただし，両棒の材質は等しいとする．

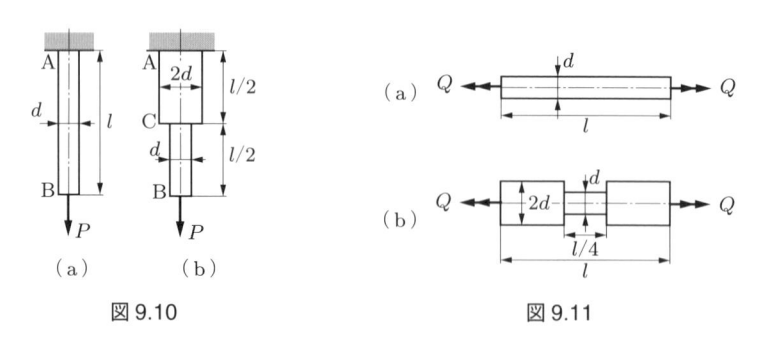

図 9.10 　　　　　　　図 9.11

9.3 図 9.11 (a), (b) に示すように，材質が等しい 2 種類の丸軸に等しいねじり偶力荷重 Q を加えたとき，両軸に蓄えられるひずみエネルギーの比 $U_{\mathrm{a}}/U_{\mathrm{b}}$ を求めよ．

9.4 図 9.12 に示すように，長方形断面の 2 種類の片持はりが自由端に集中荷重を受けている．両者の材質は等しく，断面の高さはともに h である．はり (a) の断面の幅は b_0 で，はり (b) の断面の幅は固定端で b_0，自由端でゼロである．これらのはりに蓄えられるひずみエネルギーの比 $U_{\mathrm{a}}/U_{\mathrm{b}}$ を求めよ．

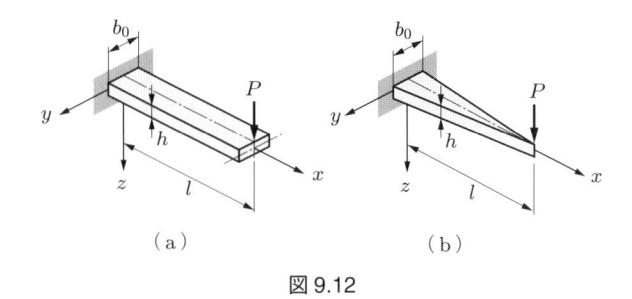

図 9.12

9.5 図 9.13 に示すように，長さ l，曲げ剛性 EI_y の片持はりが自由端 B に集中荷重 P を受け，また全長にわたって等分布荷重 q を受けている．はりに蓄えられるひずみエネルギーを求めよ．

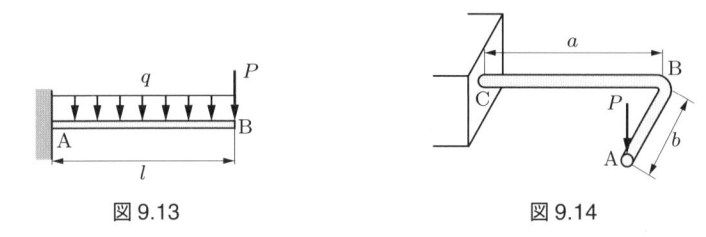

図 9.13　　　　　　　　　図 9.14

9.6 図 9.14 に示すような水平面内に L 形に曲がった片持はりがある．自由端に鉛直荷重 P がはたらくとき，はりに蓄えられるひずみエネルギーを求めよ．ただし，はりの曲げ剛性を EI_y，ねじり剛性を GI_p とする．

9.2　エネルギー保存の法則

　荷重が行った仕事と，物体が蓄えるひずみエネルギーとの間には，**エネルギー保存の法則** (law of energy conservation) が成り立つ．これを用いると，荷重点変位を求めることができる．

> **例題 9.1**　図 9.15 に示すように，長さ l の片持はりの自由端 B に集中荷重 P が作用している．エネルギー保存の法則を用いて，最大たわみを求めよ．ただし，はりの曲げ剛性を EI_y とする．
>
> **解答**　固定端 A から距離 x の仮想断面で，$M = -P(l-x)$ である．はりに蓄えられるひずみエネルギーは

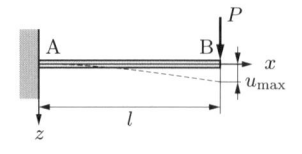

図 9.15　自由端に集中荷重が作用する片持はり

$$U = \int_0^l \frac{M^2}{2EI_y}\,dx = \frac{P^2}{2EI_y}\int_0^l (l-x)^2\,dx = \frac{P^2 l^3}{6EI_y}$$

となる. 最大たわみは荷重作用点に生じるから, 外力によってなされた仕事は

$$W = \frac{1}{2} P u_{\max}$$

であり, エネルギー保存の法則より, $W = U$ である. よって, 次のようになる.

$$u_{\max} = \frac{Pl^3}{3EI_y}$$

例題 9.2 線径 d, コイル半径 R, つる巻き角 α, 巻き数 n のコイルばねに引張荷重 P を加えるとき, エネルギー保存の法則を用いて, コイルの伸びを求めよ. また, コイルが密巻きで, $d/R \ll 1$ であるとき, コイルのばね定数を求めよ. ただし, 線材の縦弾性係数を E, せん断弾性係数を G, $E/G \fallingdotseq 2.6$ とする.

解答 コイルばねの有効長を l とすると, $l = 2\pi nR/\cos\alpha$ である. 図 **9.16** に示すように, コイルの軸線に垂直な仮想断面で,

$$N = P\sin\alpha, \quad F = P\cos\alpha, \quad M = PR\sin\alpha, \quad T = PR\cos\alpha$$

となる[†2]. これらは, 仮想断面の位置によらず一定である. 軸力 N によるひずみエネルギーを U_N, せん断力 F によるひずみエネルギーを U_F, 曲げモーメント M によるひずみエネルギーを U_M, ねじりモーメント T によるひずみエネルギーを U_T とすると,

$$U_N = \frac{N^2 l}{2EA} = \frac{2P^2 l\sin^2\alpha}{E\pi d^2}, \quad U_F = \frac{F^2 l}{2GA} = \frac{2P^2 l\cos^2\alpha}{G\pi d^2}$$

$$U_M = \frac{M^2 l}{2EI_y} = \frac{32P^2 R^2 l\sin^2\alpha}{E\pi d^4}, \quad U_T = \frac{T^2 l}{2GI_p} = \frac{16P^2 R^2 l\cos^2\alpha}{G\pi d^4}$$

となる. コイルばねに蓄えられるひずみエネルギーは次のようになる.

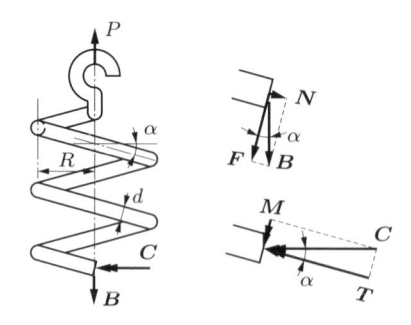

図 9.16　コイルばねの仮想断面に生じる内力と内偶力

---

†2 7.7 節参照.

$$U = U_N + U_F + U_M + U_T$$

$$= \frac{32P^2R^2l\sin^2\alpha}{E\pi d^4}\left\{1 + \frac{1}{16}\left(\frac{d}{R}\right)^2\right\} + \frac{16P^2R^2l\cos^2\alpha}{G\pi d^4}\left\{1 + \frac{1}{8}\left(\frac{d}{R}\right)^2\right\}$$

コイルばねの伸びを δ とすると，外力によってなされた仕事は $W = P\delta/2$ となる．エネルギー保存の法則から，$W = U$ である．よって，コイルばねの伸び δ は

$$\delta = \frac{64PR^2l\sin^2\alpha}{E\pi d^4}\left\{1 + \frac{1}{16}\left(\frac{d}{R}\right)^2\right\} + \frac{32PR^2l\cos^2\alpha}{G\pi d^4}\left\{1 + \frac{1}{8}\left(\frac{d}{R}\right)^2\right\}$$

$$= \frac{128\pi nPR^3\sin^2\alpha}{E\pi d^4\cos\alpha}\left\{1 + \frac{1}{16}\left(\frac{d}{R}\right)^2\right\} + \frac{64\pi nPR^3\cos\alpha}{G\pi d^4}\left\{1 + \frac{1}{8}\left(\frac{d}{R}\right)^2\right\}$$

となる．コイルが密巻きのとき，$\sin\alpha \ll \cos\alpha$ である．また，$E/G \fallingdotseq 2.6$ より，

$$U = \frac{16P^2R^2l\cos^2\alpha}{G\pi d^4}\left\{1 + \frac{1}{8}\left(\frac{d}{R}\right)^2\right\}, \quad \delta = \frac{32PR^2l\cos^2\alpha}{G\pi d^4}\left\{1 + \frac{1}{8}\left(\frac{d}{R}\right)^2\right\}$$

となる．ここで，$\cos\alpha \fallingdotseq 1$ と近似し，さらに $d/R \ll 1$ を用いると，ひずみエネルギーおよび伸びは

$$U = \frac{16P^2R^2l}{G\pi d^4}, \quad \delta = \frac{32PR^2l}{G\pi d^4}$$

で表される．$l = 2\pi nR$ を用いると，コイルのばね定数は次のようになる．

$$k = \frac{P}{\delta} = \frac{G\pi d^4}{32R^2l} = \frac{Gd^4}{64nR^3}$$

演習問題

9.7 スパン $1.8\,\mathrm{m}$ の単純支持はりの中央に集中荷重 $3.0\,\mathrm{kN}$ を加える．はりが直径 $70\,\mathrm{mm}$ の円形断面で，縦弾性係数が $206\,\mathrm{GPa}$ であるとき，エネルギー保存の法則を用いて最大たわみを計算せよ．

9.8 片持はりの自由端に曲げ偶力荷重 $20\,\mathrm{kN\cdot m}$ が作用している．はりの断面は，幅 $40\,\mathrm{mm}$，高さ $80\,\mathrm{mm}$ の長方形で，長さは $1.5\,\mathrm{m}$，縦弾性係数は $206\,\mathrm{GPa}$ である．エネルギー保存の法則を用いて，自由端のたわみ角を計算せよ．

9.9 図 9.17 に示すように，底面の直径が d_2，上面の直径が d_1，高さ h の円すい台に圧縮荷重 P を加える．エネルギー保存の法則を用いて，円すい台の縮みを求めよ．ただし，円すい台の縦弾性係数を E とする．

9.10 図 9.18 に示すように，段付丸軸が左端 A で固定され，右端 C にねじり偶力荷重 Q を受けている．軸のせん断弾性係数を G，AB 部の断面二次極モーメントを I_{p1}，BC

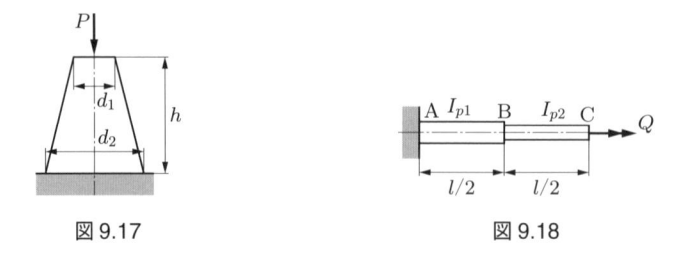

図 9.17　　　　　　　　　　　　　　図 9.18

部の断面二次極モーメントを I_{p2} とする．エネルギー保存の法則を用いて，点 C のね
じれ角を求めよ．

9.3　衝撃荷重

9.3.1　静荷重への換算

　自動車が衝突する場合や，物体が床に落下する場合のように，きわめて短い時間だ
けに作用する荷重を**衝撃荷重** (impact load) という．このとき，瞬間的に大きな荷重
が作用する．たとえば，**図 9.19** に示すように，上皿はかりに上方から重さ W の物体
が落下したとする．このときの見かけ上の瞬間的な最大重さ P は，落下高さに応じ
て，物体の重さ W の数倍から数百倍に達する．はかりは振動しながら，やがて静的
な安定状態になり，本来の重さ W を指し示す．

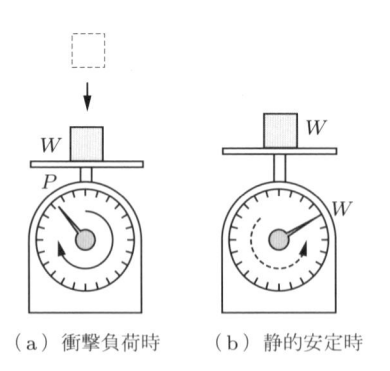

（a）衝撃負荷時　　（b）静的安定時

図 9.19　上皿はかりに作用する衝撃荷重

　衝撃荷重が作用しても，部材の変形が弾性範囲にあれば，この瞬間的最大荷重と等
価な静荷重はエネルギー保存の法則から求めることができる．衝撃荷重を静荷重に換
算できれば，部材に生じる応力と変形は，これまで扱ってきた静荷重と同様の方法で
計算できる．

例題 9.3 図 9.20 に示すように，断面積 A，長さ l の棒の上端 A を剛性天井に鉛直に固定し，下端 B に剛性受け板を取り付ける．重さ W のリング状の物体を高さ h から落下させ，受け板に衝突させる．物体は衝突後も受け板に接触したままとする．このときの衝撃荷重を静荷重に換算せよ．また，棒に生じる応力と伸びを求めよ．ただし，棒の縦弾性係数を E とする．

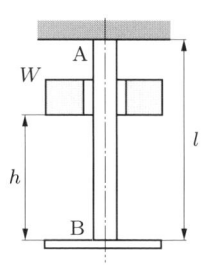

図 9.20　衝撃引張荷重が作用する棒

解答 衝撃荷重による瞬間的な棒の最大伸びを λ とする．また，求めるべき等価な静的荷重を P とする．落下前のおもりがもつ位置エネルギーのすべてが，おもりが受け板に衝突して棒が λ だけ伸びた瞬間に棒が蓄えるひずみエネルギーに変換されると仮定する[†3]．このエネルギーを，同じ伸びを与える静荷重 P によって棒が蓄えるひずみエネルギーに等しいと考えると，

$$W(h + \lambda) = \frac{1}{2}P\lambda$$

となる．ここで，$\lambda = Pl/EA$ であるから，これを上式に代入して，P に関する 2 次方程式を解くと，次のようになる．

$$P = W \pm \sqrt{W^2 + \frac{2EAWh}{l}}$$

ここで，引張荷重 P は正であるから，複号について正符号を選べば，

$$P = W + \sqrt{W^2 + \frac{2EAWh}{l}} = W\left(1 + \sqrt{1 + 2\frac{EA}{Wl}h}\right)$$

となる．棒に生じる応力と伸びは

$$\sigma = \frac{P}{A} = \frac{W}{A}\left(1 + \sqrt{1 + 2\frac{EA}{Wl}h}\right)$$

$$\lambda = \frac{Pl}{EA} = \frac{Wl}{EA}\left(1 + \sqrt{1 + 2\frac{EA}{Wl}h}\right)$$

となる．

[補足] $h = 0$ のとき，$P = 2W$ となる．このことは**図 9.21**から理解できる．衝撃荷重では，重さ W のリング状の物体が受け板に衝突した瞬間から $P = W$ の荷重が作用し，この大きさを保ったまま λ まで伸びる．このとき棒に蓄えられるひずみエネルギーは図

---

†3 実際には，空気抵抗や棒の粘弾性に伴う熱エネルギーへの消失がある．

の長方形部分である．一方，静荷重では荷重がゼロから徐々に増えてゆき，荷重の大きさは伸びに比例する．伸びが λ になったときの荷重は $P = 2W$ であり，この過程で棒に蓄えられるひずみエネルギーは図の三角形部分である．

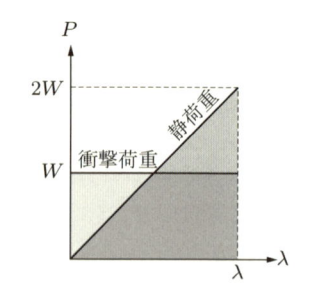

図 9.21　静荷重と衝撃荷重の違い

9.3.2　衝撃強度
(1)　形状による衝撃強度の違い

弾性限度内で考えると，同じ材料で作られた静的強度が等しい部品であっても，形状によって蓄えられるひずみエネルギーは異なる．すなわち衝撃強度が異なる．たとえば，**図 9.22** に示す 2 種類の棒を考える．これらの棒に同じ大きさの静的引張荷重を加えた場合に棒に蓄えられるひずみエネルギーの比は，$U_{\mathrm{a}}/U_{\mathrm{b}} = 8/5$ であり[†4]，(a) の棒のほうがより大きなひずみエネルギーを蓄えることができる．これらの棒に対して，重さ W の物体が高さ h から落下し，棒に衝撃引張荷重が作用する場合を考える．この衝撃引張荷重と等価な静的引張荷重をそれぞれ P_{a}，P_{b}，棒 (a) の断面積を $A = \pi d^2/4$ とすると，

$$P_{\mathrm{a}} = W\left(1 + \sqrt{1 + \frac{2EA}{Wl}h}\right), \quad P_{\mathrm{b}} = W\left(1 + \sqrt{1 + \frac{16EA}{5Wl}h}\right)$$

である．すなわち，P_{a} の方が小さい．

静的強度は，たとえ局所的であったとしても，部品内に生じる最大の応力で決まる．

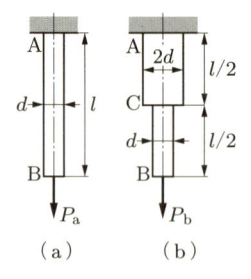

図 9.22　形状による衝撃強度の違い

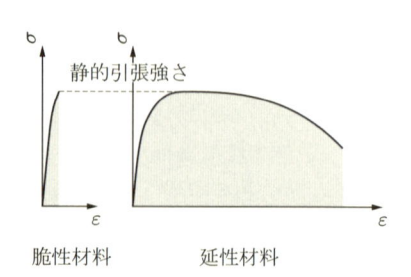

図 9.23　衝撃強度における脆性材料と延性材料の違い

[†4] 9.1 節の演習問題 9.2 参照.

これに対して衝撃強度は，部品全体に蓄えられたひずみエネルギーで決まる．すなわち，より大きな応力が部品全体に一様に分布し，変形ができるだけ大きくなる形状が衝撃に強い形状である．

(2) 材質による衝撃強度の違い

衝撃負荷によって部材に作用する応力が弾性限度を超え，部材が破断するか塑性変形する場合を考える．図 9.23 の応力 – ひずみ線図に示すように，静的引張強さが等しい脆性材料と延性材料があったとする．これらの材料について，試験片を破断させるのに必要な仕事は図の灰色部分の面積で表される．この面積が大きい延性材料のほうが衝撃エネルギーを消費・吸収できる．たとえば自動車では，衝突時に搭乗者を守るために車体が大きく塑性変形することで衝突の瞬間の運動エネルギーを消費・吸収している．ただし，このような静的引張試験の応力 – ひずみ線図によって衝撃強度を考えることは概念的な理解の助けにはなるが，正確な評価はできない．衝撃荷重と静荷重とでは，部材の温度上昇や破断面の形成様式など，破壊や変形の条件が大きく異なるからである．

材質による衝撃強度の違いは，シャルピー衝撃試験またはアイゾット衝撃試験によって評価される．これらの試験法では，衝撃前後における振り子の位置エネルギー差で衝撃強度を表している．すなわち，試験片を破断または屈折させるのに消費された（吸収された）エネルギーである．

演習問題

9.11 単純支持はりの中央に，高さ 150 mm の位置から重さ 100 N の物体を落下させる．このときの衝撃荷重を静荷重に換算せよ．ただし，はりは 50 mm × 50 mm の正方形断面で，スパン $l = 1.0$ m，縦弾性係数 $E = 206$ GPa とする．また，単純支持はりの中央に静荷重 P を加えたとき，はりに蓄えられるひずみエネルギーは $P^2 l^3 / 96 E I_y$，荷重点のたわみは $P l^3 / 48 E I_y$ である．

9.12 図 9.24 に示すように，長方形断面で長さが等しい 2 種類の片持はりがある．両者の材質は等しく，縦弾性係数を E とする．固定端における断面の幅と高さは両はりで等しく，固定端での断面二次モーメントを I_0 とする．はり (a) の断面の幅は長さ方向に一定で，はり (b) の断面の幅は直線的に変化し，自由端でゼロである．これらのはりの自由端に同じ大きさの集中荷重 P を加えたとき，蓄えられるひずみエネルギーはそれぞれ $U_a = P^2 l^3 / 6 E I_0$，$U_b = P^2 l^3 / 4 E I_0$ であり[†5]，自由端のたわみはそれぞれ $u_a = P l^3 / 3 E I_0$，$u_b = P l^3 / 2 E I_0$ である[†6]．重さ W の物体を高さ h から落下させ，

[†5] 9.1 節の演習問題 9.4 参照．
[†6] 4.9 節参照．

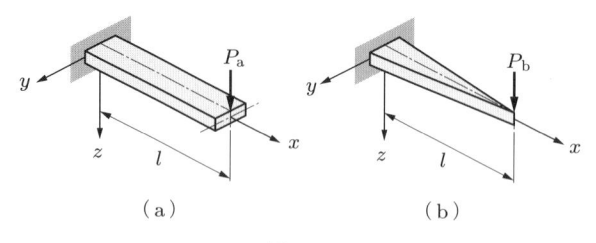

図 9.24

これらのはりの自由端に衝突させたときの衝撃曲げ荷重と等価な集中荷重をそれぞれ P_a, P_b とする. $\sqrt{EI_0 h/Wl^3} \gg 1$ であるとき, 荷重の比 $P_\mathrm{a}/P_\mathrm{b}$ を求めよ.

9.13 図 9.25 に示すように, はずみ車をもつ回転軸に急ブレーキがはたらいて回転が停止したとき, 軸に生じる衝撃ねじり偶力荷重に等価な静的ねじり偶力荷重を求めよ. ただし, 軸のせん断弾性係数を G とし, 軸の運動エネルギーは無視できるものとする. また, はずみ車の質量を m, 半径を R とすると, はずみ車の慣性モーメントは $I = mR^2/2$ であり, 角速度を ω とすると運動エネルギーは $I\omega^2/2$ である.

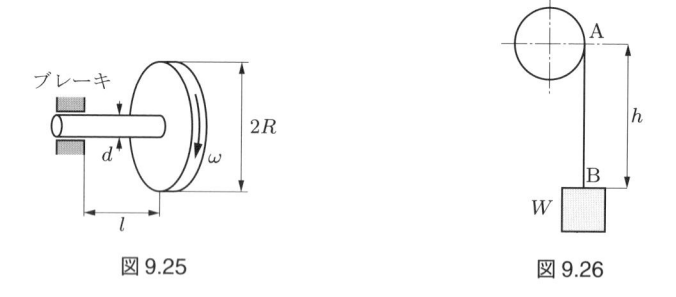

図 9.25　　　　　　図 9.26

9.14 図 9.26 のように, ロープ AB でつるされた重さ $W = 5.0\,\mathrm{kN}$ の物体が, A から自由落下して B の位置に達したとき, ロープの上端を急に止めたとする. ロープに生じる引張応力 σ は静荷重 W を加えたときの応力 σ_0 の何倍になるか. ただし, ロープの断面積を $160\,\mathrm{mm}^2$, 縦弾性係数を $206\,\mathrm{GPa}$ とする.

9.15 図 9.27 に示すように, 断面積 A_1, A_2, 長さ l_1, l_2 の二つの部分 AB, BC からなる段付棒の上端 C を剛性天井に鉛直に固定し, 下端 A に剛性受け板を取り付ける. 重さ W のリング状の物体を高さ h から落下させ, 受け板に衝突させる. このときの衝撃荷重と等価な静的引張荷重を求めよ. ただし, 段付棒の縦弾性係数を E とする.

9.16 図 9.28 に示すように, 断面積 A, 縦弾性係数 E, 長さ l の棒の下端をばね定数 k のコイルばねで支え, 重さ W の物体を高さ h から自由落下させて, 棒の上端に衝突させる. 棒に生じる圧縮応力を求めよ.

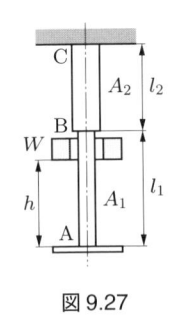

図 9.27

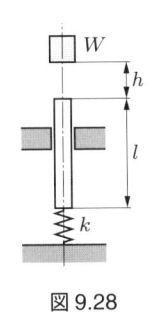

図 9.28

9.4　カスティリアーノの定理

図 9.29 に示すように，ある物体に複数の荷重 P_1, P_2, $\cdots$ が作用し，弾性変形しているとする．このとき物体に蓄えられるひずみエネルギーを U とする．その後，任意の荷重 P_i を ΔP_i だけ増すと，ひずみエネルギーも増加する．このときのひずみエネルギーを $U + \Delta U$ とする．逆に ΔP_i を最初に加えたとき，その作用点で荷重方向へ $\Delta \delta_i$ の変位をしたとする．このとき物体に蓄えられるひずみエネルギーは $(1/2)\Delta P_i \Delta \delta_i$ である．さらに荷重 P_1, P_2, $\cdots$ を加えたとき，P_i の作用点での P_i の方向への変位が δ_i であったとする．このとき，第 i 点におけるひずみエネルギーは**図 9.30** のようになるから[7]，物体全体で蓄えられるひずみエネルギーは $U + \Delta P_i \delta_i + (1/2)\Delta P_i \Delta \delta_i$ である．ひずみエネルギーの最終値は荷重の順序には無関係であるから，

$$U + \Delta U = U + \Delta P_i \delta_i + \frac{1}{2}\Delta P_i \Delta \delta_i$$

とおくことができる．よって，

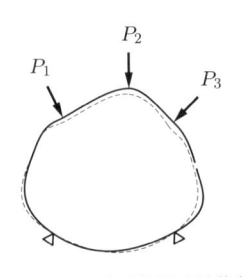

図 9.29　荷重が作用する物体

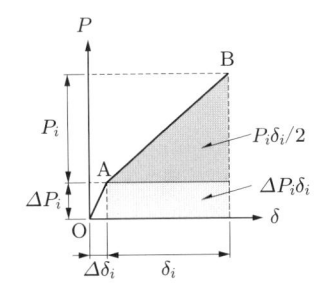

図 9.30　第 i 点のひずみエネルギー

---

†7 δ_i はほかの荷重によっても影響を受けるから，直線 OA の傾きと直線 AB の傾きは異なる．

$$\frac{\Delta U}{\Delta P_i} = \delta_i + \frac{1}{2}\Delta \delta_i$$

となる．ここで，$\Delta P_i \to 0$ の極限を考えると，

$$\boxed{\frac{\partial U}{\partial P_i} = \delta_i} \tag{9.12}$$

を得る．すなわち，ひずみエネルギーの荷重による微分係数は，その荷重の作用点で荷重方向への変位を表す．これを**カスティリアーノ**[†8] **の定理** (Castigliano's theorem) という．同様の式が，ねじり偶力荷重，曲げ偶力荷重に対しても成り立つ．すなわち，ねじり偶力荷重 Q_i の作用点でねじれ角は $\varphi_i = \partial U/\partial Q_i$，曲げ偶力荷重 Q_i の作用点でたわみ角は $\theta_i = \partial U/\partial Q_i$ である．求めたい変位に対して対応する荷重がないときは，**仮想荷重** (virtual load) を加えて変位を求めた後に，加えた仮想荷重がゼロである場合の変位として求めることができる．

弾性体の支持点では変位がゼロであるから，対応する反力または反偶力に対して，

$$\boxed{\frac{\partial U}{\partial R} = 0 \quad \text{または} \quad \frac{\partial U}{\partial J} = 0} \tag{9.13}$$

が成り立つ．これを**最小仕事の定理** (least work theorem) という．この式は，支持点の反力・反偶力はひずみエネルギーを最小とするような値をとることを示している．

例題 9.4 スパン l の単純支持はりの中央に集中荷重 P が作用している．カスティリアーノの定理を用いて，最大たわみを求めよ．ただし，はりの曲げ剛性を EI_y とする．

解答 両支点の反力は $R = P/2$ である．左端から距離 x の仮想断面における曲げモーメントは，$0 \le x \le l/2$ のとき $M = Rx = Px/2$ である．はりに蓄えられるひずみエネルギーは

$$U = 2\int_0^{l/2} \frac{M^2}{2EI_y}\,dx = 2\int_0^{l/2} \frac{P^2 x^2}{8EI_y}\,dx = \frac{P^2 l^3}{96EI_y}$$

となる．最大たわみは荷重作用点に生じる．カスティリアーノの定理から，次のようになる．

$$u_{\max} = \frac{dU}{dP} = \frac{Pl^3}{48EI_y}$$

[†8] Carlo Alberto Castigliano，1847~1884，イタリア

例題 9.5　図 9.31 に示すように，長さ l_1，l_2 と比較して断面寸法が十分に小さい L 形片持はりの自由端 C に鉛直荷重 P が作用する．カスティリアーノの定理を用いて，自由端 C の鉛直変位を求めよ．ただし，はりの曲げ剛性を EI_y とし，AB 部に生じる圧縮力による変形と BC 部に生じるせん断力による変形を無視する[†9]．

解答　点 B に生じる曲げモーメントの大きさは，$|M_{\mathrm{B}}| = Pl_2$ である．点 B から自由端 C に向かって距離 x の仮想断面に生じる曲げモーメントは，$M = -P(l_2 - x)$ である．したがって，L 形はりに蓄えられるひずみエネルギーは

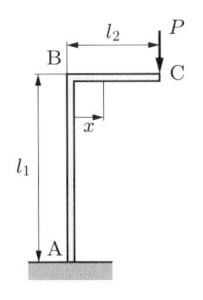

図 9.31　鉛直荷重が作用する L 形片持はり

$$U = U_{\mathrm{AB}} + U_{\mathrm{BC}} = \frac{M_{\mathrm{B}}^2 l_1}{2EI_y} + \int_0^{l_2} \frac{M^2}{2EI_y}\,dx = \frac{P^2 l_1 l_2^2}{2EI_y} + \frac{P^2 l_2^3}{6EI_y}$$

となる．カスティリアーノの定理から，自由端 C の鉛直変位 u_V は次のようになる．

$$u_V = \frac{dU}{dP} = \frac{Pl_2^2}{3EI_y}(3l_1 + l_2)$$

例題 9.6　図 9.32 に示すように，1/4 円弧状の薄肉曲りはりがある．自由端 B に鉛直上方の荷重 P が作用するとき，自由端 B の鉛直変位を求めよ．ただし，断面寸法は曲率半径 R と比較して十分に小さいとし，はりに作用する軸力およびせん断力による変形は無視できるものとする．また，はりの曲げ剛性を EI_y とする．

解答　角度 θ の仮想断面に生じる曲げモーメントは，$|M| = PR\cos\theta$ である[†10]．はりに蓄えられるひずみエネルギーは

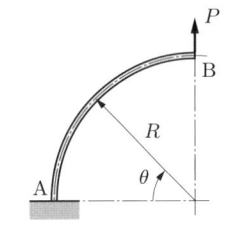

図 9.32　鉛直荷重が作用する 1/4 円弧状の薄肉曲りはり

$$U = \int_0^{\pi/2} \frac{|M|^2}{2EI_y} R\,d\theta = \frac{P^2 R^3}{2EI_y} \int_0^{\pi/2} \cos^2\theta\,d\theta = \frac{\pi P^2 R^3}{8EI_y}$$

となる．カスティリアーノの定理から，自由端 B の鉛直変位 u_V は次のようになる．

$$u_V = \frac{dU}{dP} = \frac{\pi P R^3}{4EI_y}$$

[†9] 7.2 節の例題 7.3 参照．

[†10] 曲りはりにおける曲げモーメントの符号の定義に従えば，この曲げモーメントは負である．下巻 3.1 節参照．

例題 9.7　曲げ剛性 EI_y，スパン l の単純支持はりの全長にわたって等分布荷重 q が作用している．カスティリアーノの定理を用いて，最大たわみを求めよ．

解答　分布荷重では作用点が 1 点に定まらないから，ひずみエネルギーを q で微分しても物理的に意味をなさない．等分布荷重が作用する単純支持はりでは，はりの中央で最大たわみが生じる．そのたわみを求めるには，図 9.33 に示すように，その位置に仮想荷重 P' を加える．ひずみエネルギーをこの仮想荷重で微分す

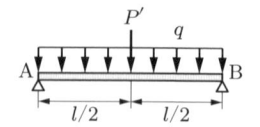

図 9.33　等分布荷重と仮想荷重が作用する単純支持はり

れば，仮想荷重の作用点での仮想荷重の方向への変位，すなわち求めるべき最大たわみが得られる．ただし，最終的には仮想荷重の大きさをゼロとおき，等分布荷重だけが作用するときのたわみとする．

　対称性から，両支点に生じる反力は，$R_A = R_B = (ql + P')/2$ である．左端から距離 x の仮想断面での曲げモーメントは，$0 \leqq x \leqq l/2$ で，

$$M = R_A x - \frac{1}{2}qx^2 = \frac{1}{2}(ql + P')x - \frac{1}{2}qx^2$$

となる．はりに蓄えられるひずみエネルギーは次のようになる．

$$U = 2\int_0^{l/2} \frac{1}{2EI_y}\left\{\frac{1}{2}(ql + P')x - \frac{1}{2}qx^2\right\}^2 dx$$

カスティリアーノの定理から，仮想荷重の作用点での変位は

$$u_{\max} = \frac{dU}{dP'} = 2\int_0^{l/2} \frac{2}{2EI_y}\left\{\frac{1}{2}(ql + P')x - \frac{1}{2}qx^2\right\}\frac{1}{2}x\,dx$$

となる．ここで，$P' = 0$ とおき，積分を計算すると，次のようになる．

$$u_{\max} = \frac{5ql^4}{384EI_y}$$

例題 9.8　図 9.34 に示すように，断面積と弾性係数が等しい 2 本の部材で構成されたトラスの点 C に鉛直荷重 P が作用する．点 C の鉛直変位 u_V と水平変位 u_H を求めよ．ただし，部材の断面積を A，縦弾性係数を E，部材 AC の長さを l，$\angle ACB = \theta$ とする[11]．

解答　図 9.35 (a) に示すように，点 C に水平右向きの仮想荷重 P' を加える．部材 AC，BC に作用する荷重を引張りと仮定し，それぞれ P_1，P_2 とする．このとき，ピン C に作用する荷重は図 (b) のようになる．ピン C について，鉛直方向の力のつり合いと水平方向の力のつり合いを考えると，

---

[11] 2.6 節の例題 2.8 参照.

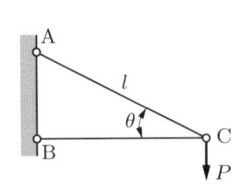

図 9.34 鉛直荷重が作用するトラス

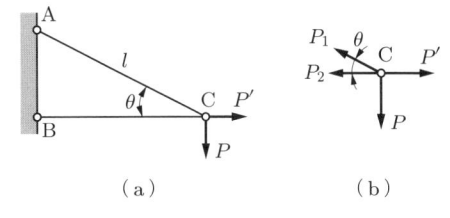

(a)　　　　　　　　(b)

図 9.35 仮想荷重を加えたトラス

$$P_1 \sin \theta = P, \quad P_1 \cos \theta + P_2 = P'$$

となる．これより，

$$P_1 = \frac{P}{\sin \theta}, \quad P_2 = P' - \frac{\cos \theta}{\sin \theta} P$$

となる．トラスに蓄えられるひずみエネルギーは次のようになる．

$$U = U_{\mathrm{AC}} + U_{\mathrm{BC}} = \frac{P_1^2 l}{2EA} + \frac{P_2^2 l \cos \theta}{2EA} = \frac{P^2 l}{2EA} \frac{1}{\sin^2 \theta} + \frac{l \cos \theta}{2EA} \left(P' - \frac{\cos \theta}{\sin \theta} P \right)^2$$

カスティリアーノの定理から，

$$u_V = \frac{\partial U}{\partial P} = \frac{Pl}{EA} \frac{1}{\sin^2 \theta} + \frac{l \cos \theta}{EA} \left(P' - \frac{\cos \theta}{\sin \theta} P \right) \left(-\frac{\cos \theta}{\sin \theta} \right)$$

$$u_H = \frac{\partial U}{\partial P'} = \frac{l \cos \theta}{EA} \left(P' - \frac{\cos \theta}{\sin \theta} P \right)$$

となる．ここで，$P' = 0$ とおくと，次のようになる．

$$u_V = \frac{Pl}{EA} \frac{1 + \cos^3 \theta}{\sin^2 \theta}, \quad u_H = -\frac{Pl}{EA} \frac{\cos^2 \theta}{\sin \theta}$$

P' を右向きに加えたので，u_H の負符号は点 C が左に動くことを表している．

例題 9.9　図 9.36 に示すように，長さ l の一端固定他端支持はりに等分布荷重 q が作用している．最小仕事の定理を用いて，固定端 A に生じる反力 R_{A} と反偶力 J_{A}，および支持支点 B に生じる反力 R_{B} を求めよ[12]．

解答　鉛直方向の力のつり合いと，点 A でのモーメントのつり合いから，

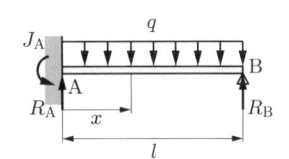

図 9.36 等分布荷重を受ける一端固定他端支持はり

---

[12] 7.3 節の例題 7.4 参照．

$$R_A + R_B = ql, \quad J_A + R_B l - \frac{1}{2}ql^2 = 0 \tag{1}$$

である．静的なつり合い条件だけでは解けない，1次の不静定問題である．固定端 A から距離 x の仮想断面での曲げモーメントは

$$M = R_B(l - x) - \frac{1}{2}q(l - x)^2$$

で，はりに蓄えられるひずみエネルギーは次のようになる．

$$U = \int_0^l \frac{M^2}{2EI_y}\, dx = \frac{1}{2EI_y} \int_0^l \left\{ R_B(l - x) - \frac{1}{2}q(l - x)^2 \right\}^2 dx$$

支持支点 B でたわみは $u_B = 0$ だから，最小仕事の定理より $dU/dR_B = 0$ である．これより R_B を求めると，

$$R_B = \frac{3}{8}ql$$

を得る．これを式 (1) に代入して，次のようになる．

$$R_A = \frac{5}{8}ql, \quad J_A = \frac{1}{8}ql^2$$

[補足]　固定端でのたわみは $u_A = 0$，たわみ角は $\theta_A = 0$ であるから，$dU/dR_A = 0$，または $dU/dJ_A = 0$ を用いてもよい．しかしながら，仮想断面の曲げモーメントを

$$M = -J_A + R_A x - \frac{1}{2}qx^2$$

として，ひずみエネルギーを J_A および R_A の2変数で表し，このひずみエネルギーに対して最小仕事の定理を適用することは誤りである．J_A を定数と見なして，$dU/dR_A = 0$ および式 (1) を用いると，

$$R_A = \frac{3}{4}ql, \quad R_B = \frac{1}{4}ql, \quad J_A = \frac{1}{4}ql^2$$

を得る．また，R_A を定数と見なして，$dU/dJ_A = 0$ および式 (1) を用いると，

$$R_A = \frac{2}{3}ql, \quad R_B = \frac{1}{3}ql, \quad J_A = \frac{1}{6}ql^2$$

を得る．式 (1) で関係づけられているように，R_A，R_B，J_A は互いに独立ではない．正しく計算するためには，ひずみエネルギーをいずれか1個の変数で表し，その変数でひずみエネルギーを微分しなければならない．このように，最小仕事の定理を利用するには，問題の不静定次数とひずみエネルギーの変数として使用する反力・反偶力の数を一致させておかなければならない．

演習問題

9.17 図 9.37 に示すように，長さ l の片持はりの自由端に集中荷重 P と曲げ偶力荷重 Q が作用している．カスティリアーノの定理を用いて，自由端のたわみおよびたわみ角を求めよ．ただし，はりの曲げ剛性を EI_y とする．

図 9.37   図 9.38

9.18 図 9.38 に示すように，左端 A で固定された段付丸棒の中間点 B および右端 C にそれぞれ軸荷重 P_1，P_2 が作用する．カスティリアーノの定理を用いて，点 B および点 C の変位を求めよ．ただし，棒の縦断弾性係数を E，AB 部の直径を d_1，BC 部の直径を d_2 とする．

9.19 片持はりの自由端に集中荷重 P を加える．はりの断面は幅 b，高さ h の長方形で，はりの長さは l である．縦弾性係数とせん断弾性係数の比を $E/G = 2.6$ とする．次の各問に答えよ．

    (1) 任意の断面に生じるせん断力と曲げモーメントの両方を考慮して，カスティリアーノの定理を用いて自由端のたわみを求めよ．ただし，せん断応力は断面に一様に作用すると仮定する．

    (2) どのような条件が成り立つとき，せん断力によるたわみを無視できるか．

9.20 図 9.39 に示すような片持はりがある．はりの断面が幅 $25\,\mathrm{mm}$，高さ $15\,\mathrm{mm}$ の長方形で，$P = 150\,\mathrm{N}$，$q = 200\,\mathrm{N/m}$，$l = 0.4\,\mathrm{m}$ であるとき，カスティリアーノの定理を用いて，自由端 B のたわみを計算せよ．ただし，はりの縦弾性係数を $206\,\mathrm{GPa}$ とする．

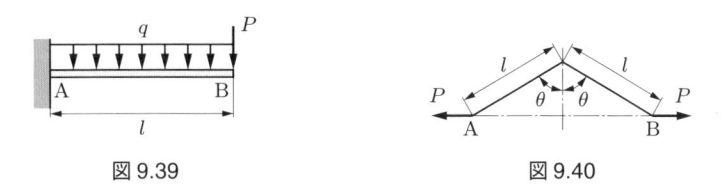

図 9.39   図 9.40

9.21 図 9.40 に示すように，中点で折れ曲がった棒の両端 A，B に水平荷重 P を加えるとき，AB 間の間隔はどれだけ広がるか．カスティリアーノの定理を用いて求めよ．ただし，棒の曲げ剛性を EI_y とし，軸力とせん断力による変形は無視する．

9.22 図 9.41 に示すように，水平面内に半径 R の 1/4 円弧状に曲がった片持はりの自由端に鉛直荷重 P を加える．はりの断面は円形とし，その断面二次モーメントを I_y，断面二次極モーメントを I_p とする．また，はりの縦弾性係数を E，せん断弾性係数を

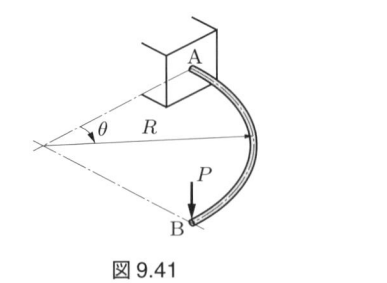

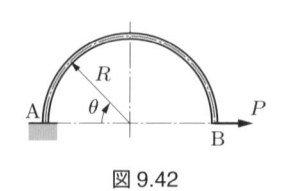

図 9.41　　　　　　　　　　　　　　図 9.42

G とする．カスティリアーノの定理を用いて，自由端 B のたわみを求めよ．ただし，はりに作用するせん断力を無視する．

9.23 図 9.42 に示すような半円状の薄肉曲りはりの自由端 B に水平荷重 P を加えるとき，点 B の水平変位をカスティリアーノの定理を用いて求めよ．ただし，はりの曲げ剛性を EI_y とする．

9.24 図 9.43 に示すように，半径 R の 1/4 円弧部と長さ l の直線部をもつ薄肉曲りはりがある．自由端 C に鉛直荷重 P を加えたときの点 C の鉛直変位をカスティリアーノの定理を用いて求めよ．ただし，はりの曲げ剛性を EI_y とする．

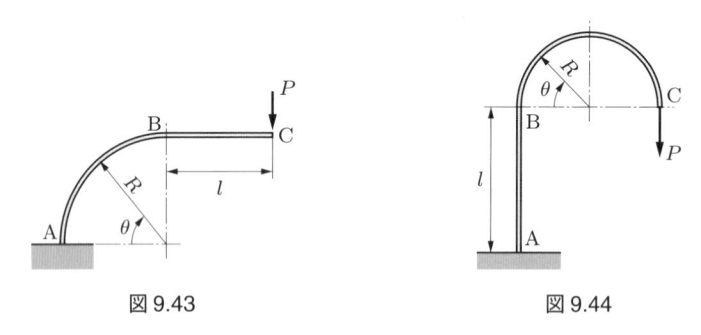

図 9.43　　　　　　　　　　　　　　図 9.44

9.25 図 9.44 のような直線部 AB と半円部 BC からなる細い棒の自由端 C に鉛直荷重 P が作用するとき，カスティリアーノの定理を用いて，点 C の鉛直変位を求めよ．ただし，はりの曲げ剛性を EI_y とし，軸力とせん断力による変形は無視できるものとする．

9.26 図 9.45 に示すような片持はりがある．カスティリアーノの定理を用いて，自由端 B のたわみを求めよ．ただし，はりの曲げ剛性を EI_y とする．

図 9.45　　　　　　　　　　　　　　図 9.46

9.27 図 9.46 に示すように，全長が $4l/3$ で突出し部の長さが $l/3$ である突出しはりが，全長にわたって等分布荷重 q を受けている．カスティリアーノの定理を用いて，右端 B のたわみを求めよ．ただし，はりの曲げ剛性を EI_y とする．

9.28 図 9.47 に示すような $\angle ACB = 90°$ であるトラスの点 C に鉛直荷重 P を加える．部材 AC，BC の断面積を A，縦弾性係数を E とする．カスティリアーノの定理を用いて，点 C の鉛直変位と水平変位を求めよ．

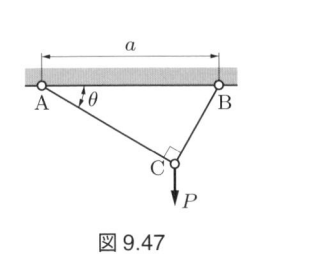

図 9.47

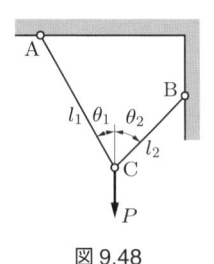

図 9.48

9.29 図 9.48 に示すように，断面積 A と縦弾性係数 E が等しい 2 本の棒 AC，BC を点 C でピン結合し，他端を剛性壁に取り付ける．棒 AC の長さを l_1，棒 BC の長さを l_2 とする．点 C に鉛直荷重 P を加えるとき，カスティリアーノの定理を用いて，点 C の鉛直変位と水平変位を求めよ．ただし，$\theta_1 = 30°$，$\theta_2 = 45°$ であり，計算にあたっては $\sin\theta_1 = 1/2$，$\cos\theta_1 = \sqrt{3}/2$，$\sin\theta_2 = \cos\theta_2 = \sqrt{2}/2$ とせよ．

9.30 図 9.49 に示すはりがある．最小仕事の定理を用いて，支点 C の反力を求めよ．

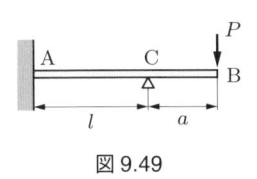

図 9.49

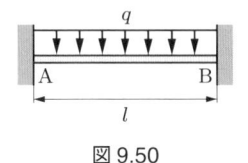

図 9.50

9.31 図 9.50 に示すように，等分布荷重 q を受ける固定はりがある．両固定端に生じる反力および反偶力を求めよ．

9.32 図 9.51 に示す固定はりがある．最小仕事の定理を用いて，両固定端に生じる反力および反偶力を求めよ．

9.33 図 9.52 に示すように，両端を固定された棒の中間点 C にねじり偶力荷重 Q が作用している．最小仕事の定理を用いて，左右の壁に生じる反偶力を求めよ．

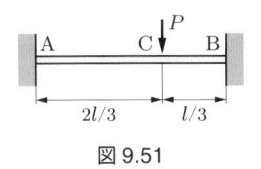

図 9.51

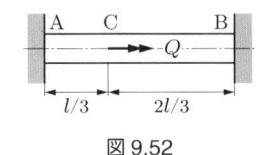

図 9.52

9.5　相反定理

図 9.53 に示すように，ある物体の点 A に荷重 P_1，点 B に荷重 P_2 が作用するとき
のひずみエネルギーを考える．図 (a) に示すように，最初に荷重 P_1 を加えて，次に
荷重 P_2 を加えるとする．荷重 P_1 が作用して物体が変形したとき，点 A での P_1 方
向への変位を δ_{11}，点 B での P_2 方向の変位を δ_{21} とする．この状態からさらに，点
B に荷重 P_2 を加えたとき，P_2 によって生じた点 B での P_2 方向への変位を δ_{22}，点
A での P_1 方向への変位を δ_{12} とする．この状態で，物体に蓄えられるひずみエネル
ギーは

$$U_1 = \frac{1}{2}P_1\delta_{11} + \frac{1}{2}P_2\delta_{22} + P_1\delta_{12} \tag{9.14}$$

である．また，点 A および点 B の変位は

$$\delta_1 = \delta_{11} + \delta_{12}, \quad \delta_2 = \delta_{21} + \delta_{22}$$

になっている．一方，図 (b) に示すように，荷重を加える順序を入れ替えて，最初に
荷重 P_2 を加えて次に荷重 P_1 を加えるとする．初期状態において，点 B に荷重 P_2 を
加えると，点 B における P_2 方向への変位は δ_{22}，点 A での P_1 方向への変位は δ_{12}
である．さらに点 A に荷重 P_1 を加えると，P_1 によって生じた点 A での P_1 方向へ
の変位は δ_{11}，点 B での P_2 方向への変位は δ_{21} である．この状態で，物体に蓄えら
れるひずみエネルギーは

$$U_2 = \frac{1}{2}P_1\delta_{11} + \frac{1}{2}P_2\delta_{22} + P_2\delta_{21} \tag{9.15}$$

である．このとき，点 A および点 B の変位は

$$\delta_1 = \delta_{12} + \delta_{11}, \quad \delta_2 = \delta_{22} + \delta_{21}$$

である．ひずみエネルギーは荷重を加える順序には無関係であるから，$U_1 = U_2$ であ

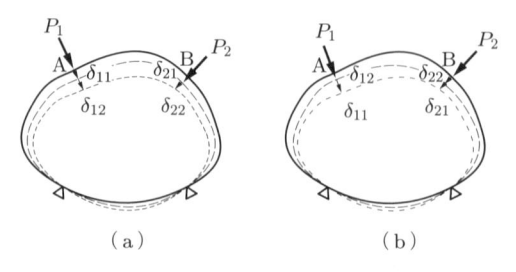

図 9.53　相反定理

る．したがって，

$$\boxed{P_1\delta_{12} = P_2\delta_{21}} \tag{9.16}$$

が成り立たなければならない．これを**相反定理** (reciprocal theorem) または**ベッティ**[†13] **の定理** (Betti's theorem) という．第 1 群の荷重 P_1 と第 2 群の荷重 P_2 は，それぞれ複数であってもよい．また，偶力でもよい．

図 9.53 (a) の問題において，最初に荷重 P_1 を加えたときの点 A および点 B の変位は P_1 に比例するから，

$$\delta_{11} = \alpha_{11}P_1, \quad \delta_{21} = \alpha_{21}P_1$$

と表される．ここで，α_{11} および α_{21} は比例定数である．同様に，図 (b) の問題において，最初に荷重 P_2 を加えたときの点 A および点 B の変位は P_2 に比例する．比例定数 α_{12} および α_{22} を用いて，それぞれの変位は

$$\delta_{12} = \alpha_{12}P_2, \quad \delta_{22} = \alpha_{22}P_2$$

と表される．これらを用いてひずみエネルギーを表すと，

$$U_1 = \frac{1}{2}\alpha_{11}P_1^2 + \frac{1}{2}\alpha_{22}P_2^2 + \alpha_{12}P_1P_2 \tag{9.17a}$$

$$U_2 = \frac{1}{2}\alpha_{11}P_1^2 + \frac{1}{2}\alpha_{22}P_2^2 + \alpha_{21}P_1P_2 \tag{9.17b}$$

となる．$U_1 = U_2$ より，

$$\boxed{\alpha_{12} = \alpha_{21}} \tag{9.18}$$

を得る．これを**マクスウェル**[†14] **の定理** (Maxwell's theorem) という．

図 9.53 において，式 (9.17) の $U_1 = U_2$ を U で表す．このひずみエネルギーを P_1 および P_2 で微分し，マクスウェルの定理 (9.18) を用いると，

$$\frac{\partial U}{\partial P_1} = \alpha_{11}P_1 + \alpha_{12}P_2 = \alpha_{11}P_1 + \alpha_{21}P_2 = \delta_1$$

$$\frac{\partial U}{\partial P_2} = \alpha_{12}P_1 + \alpha_{22}P_2 = \alpha_{21}P_1 + \alpha_{22}P_2 = \delta_2$$

となる．すなわち，カスティリアーノの定理が得られる．

[†13] Enrico Betti, 1823〜1892, *イタリア*
[†14] James Clerk Maxwell, 1831〜1879, *イギリス*

例題 9.10　図 9.54 に示すように，スパン l の一端固定他端支持はりの点 C に集中荷重 P が作用している．相反定理を用いて，支点 B に生じる反力を求めよ．ただし，長さ l，曲げ剛性 EI_y の片持ちはりの自由端に集中荷重 P が作用するとき，たわみ曲線の方程式と最大たわみは，それぞれ次式で与えられる．

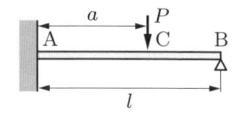

図 9.54　一端固定他端支持はり

$$u = \frac{P}{6EI_y}x^2(3l - x), \quad u_{\max} = \frac{Pl^3}{3EI_y}$$

解答　図 9.55 に示すように，第 1 群の荷重として，一端固定他端支持はりの点 C に荷重 P，支点 B に反力 R_B を考える．第 2 群では，点 B の支点を取り外した片持ちはりを考え，自由端上向きに仮想荷重 P' を加える．相反定理から，

$$P(-u) + R_B u_{\max} = P' \cdot 0$$

が成り立つ．したがって，次のようになる．

$$R_B = \frac{u}{u_{\max}}P = \frac{\dfrac{P'}{6EI_y}a^2(3l - a)}{\dfrac{P'l^3}{3EI_y}}P = \frac{a^2(3l - a)}{2l^3}P$$

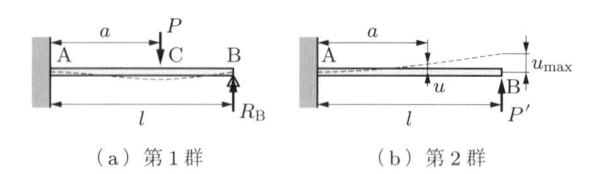

（a）第 1 群　　　　（b）第 2 群

図 9.55　相反定理による解法 1

[別解]　図 9.56 に示すように，第 1 群と第 2 群の双方で点 B の支点を取り外した片持ちはりを考える．第 1 群では点 C に荷重 P，第 2 群では点 B に外力 R_B を考える．相反定理から，

$$P(-u) = R_B(-u_B)$$

（a）第 1 群　　　　（b）第 2 群

図 9.56　相反定理による解法 2

が成り立つ. ただし, はりが一端固定他端支持はりとなるためには, $u_B = u_{\max}$ でなければならない. したがって, 次のようになる.

$$R_B = \frac{u}{u_B}P = \frac{a^2(3l-a)}{2l^3}P$$

演習問題

9.34 図 9.57 に示すように, 長さ l, 曲げ剛性 EI_y の片持はりが, 固定端から距離 $l/3$, $2l/3$ の位置にそれぞれ集中荷重 $2P$, P を受けている. 相反定理を用いて, 自由端 B のたわみを求めよ. (ヒント) 長さ l, 曲げ剛性 EI_y の片持はりの自由端に集中荷重 P が作用するとき, 固定端から距離 x の位置のたわみ u は次式で表される.

$$u = \frac{P}{6EI_y}x^2(3l-x)$$

| 図 9.57 | 図 9.58 |

9.35 図 9.58 に示すように, スパン l, 曲げ剛性 EI_y の単純支持はり AB の左端 A に曲げ偶力荷重 Q を加えるとき, 左端から距離 x の位置でのたわみを相反定理を用いて求めよ. (ヒント) 単純支持はりの左端から距離 x の位置に集中荷重 P を加えたときの左端 A におけるたわみ角 θ_A は, 次式で表される.

$$\theta_A = \frac{P(l-x)(2l-x)x}{6EI_yl}$$

9.36 図 9.59 に示すように, 3 点で支持された連続はり AC の点 D に集中荷重 P が作用している. 相反定理を用いて, 支点 C に生じる反力を求めよ. (ヒント) 長さ l, 曲げ剛性 EI_y の単純支持はりの右端に偶力荷重 Q が作用するとき, 左端から距離 x の位置のたわみ u は次式で表される.

$$u = \frac{Q}{6EI_yl}x(l^2-x^2)$$

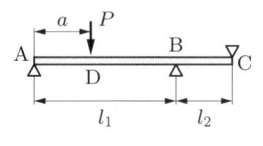

図 9.59

演習問題解答

第2章　引張りと圧縮

2.1 $\sigma = N/A = 65 \times 10^3/20 \times 15 = 217\,\mathrm{N/mm^2} = \boxed{217\,\mathrm{MPa}}$

2.2 $\sigma = \dfrac{N}{A} = \dfrac{40 \times 10^3}{\pi/4 \times (36^2 - 18^2)} = \boxed{52.4\,\mathrm{MPa}}$

2.3 $\sigma \leqq N/A$ より，$d \geqq \sqrt{4N/\pi\sigma} = \boxed{35.7\,\mathrm{mm}}$

2.4 鋼線 AB に加わる引張荷重を P_1，軸力を N とすると，$N = P_1$ である．作用反作用の法則により，剛体棒 CD には点 B で鉛直上向きの力 P_1 が作用する．剛体棒 CD について点 C を中心としたモーメントのつり合いより，$P_1 = aP/b$ となる．したがって，鋼線 AB に生じる引張応力は $\sigma = N/A = aP/bA = \boxed{177\,\mathrm{MPa}}$ となる．

2.5 点 C でのモーメントのつり合いから，$Pl_1 = T\sin\theta l_2$ となる．これより，ワイヤに生じる張力は $T = 927\,\mathrm{N}$，ワイヤに生じる応力は $\sigma = T/A = \boxed{115\,\mathrm{MPa}}$ となる．

2.6 ワイヤが耐えられる力は，$T = 9613\,\mathrm{N}$ となる．上二つの滑車と下二つの滑車の間で水平な仮想断面を考えると，$4T = W$ となる．よって，$W = \boxed{38.4\,\mathrm{kN}}$ となる[†1]．

2.7 ロープの張力を T とすると，おもり C，D に関する運動方程式は，それぞれ

$$m_1 g - T = m_1 a_1, \quad 2T - m_2 g = m_2 a_2$$

となる．ここで，$a_1 = 2a_2$ より，

$$T = \frac{3m_1 m_2}{4m_1 + m_2}g = 126\,\mathrm{N}$$

で，ロープに生じる応力は $\sigma = T/A = \boxed{1.6\,\mathrm{MPa}}$ となる．

2.8 $\sigma = P/A = \boxed{61.115\,\mathrm{MPa}}$，$\sigma_t = P/A_t = \boxed{61.125\,\mathrm{MPa}}$

2.9 $\varepsilon = \lambda/l = \boxed{425 \times 10^{-6}}$，$\sigma = P/A = \boxed{88.419\,\mathrm{MPa}}$，$\sigma_t = P/A_t = \boxed{88.442\,\mathrm{MPa}}$

2.10 $\lambda = \displaystyle\int_0^l \varepsilon\,dx = \boxed{\dfrac{1}{2}al^2 + bl}$

2.11 $\sigma_S = \boxed{271\,\mathrm{MPa}}$，$\sigma_B = \boxed{481\,\mathrm{MPa}}$，$\delta = \boxed{27.2\%}$，$\varphi = \boxed{56.8\%}$

2.12 $E = \sigma/\varepsilon = 50/(240 \times 10^{-6}) = 208 \times 10^3\,\mathrm{MPa} = \boxed{208\,\mathrm{GPa}}$

2.13 $\lambda = Nl/EA$ より，$E = Nl/\lambda A = \boxed{69.2\,\mathrm{GPa}}$

2.14 $\lambda = \varepsilon l = \sigma l/E = \boxed{0.2\,\mathrm{mm}}$

2.15 $\lambda \leqq Nl/EA$ より，$d \geqq \sqrt{4Nl/E\pi\lambda} = \boxed{64.2\,\mathrm{mm}}$

---

†1 安全を考え，四捨五入せずに小数点第 2 位以下を切り捨てている．

2.16　鋼線の長さを l' とすると，$l' = l/\cos\theta = 3133\,\mathrm{mm}$ である．鋼線に作用する引張荷重を P' とすると，$P' = P/\sin\theta = 7.78\,\mathrm{kN}$ となる．よって，鋼線の伸びは，$\lambda = P'l'/EA = 1.05\,\mathrm{mm}$ となる．

2.17　点 B の鉛直変位を δ とすると，鋼線の伸びが $\lambda = a\delta/(a+b) = 1.0\,\mathrm{mm}$ 以下になるように荷重 P の大きさを決めればよい．鋼線に作用する引張荷重を P_1，長さを l とすると，$\lambda = P_1 l/EA$ となる．また，点 A でのモーメントのつり合いから，$P_1 a = P(a+b)$ となる．これらから，次のようになる．

$$P = \frac{a}{a+b}\frac{\lambda}{l}EA = 1.94\,\mathrm{kN}$$

2.18　鋼線 AB，CD に加わる引張荷重をそれぞれ P_1，P_2 とする．図 A.1 に示すように，鋼線の中間において水平線で切り取られる仮想断面を考え，この仮想断面に作用する各鋼線の軸力をそれぞれ N_1，N_2 とする．これらの軸力は，$N_1 = P_1$，$N_2 = P_2$ である．仮想断面から下の部分についての鉛直方向の力のつり合いとモーメントのつり合いから，$N_1 = (b-a)P/b$，$N_2 = aP/b$ を得る．両鋼線の縦弾性係数を E，長さを l とすると，題意より両鋼線の伸びは等しいから，$N_1 l/EA_1 = N_2 l/EA_2$ となる．これらの式から，$a = d_2^2 b/(d_1^2 + d_2^2) = 180\,\mathrm{mm}$ となる．

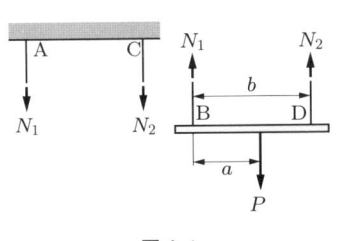

図 A.1

2.19　アルミニウム棒と鋼棒に作用する軸力をそれぞれ N_1，N_2 とすると，力のつり合いと点 B でのモーメントのつり合いから，$N_1 + N_2 = P$，$N_2(a+b) = Pa$ となる．これらから，$N_1 = 24.5\,\mathrm{kN}$，$N_2 = 17.5\,\mathrm{kN}$ となる．それぞれの棒の伸びは，$\lambda_1 = N_1 l_1/E_1 A_1 = 0.868\,\mathrm{mm}$，$\lambda_2 = N_2 l_2/E_2 A_2 = 0.433\,\mathrm{mm}$ となり，点 E の鉛直変位 u は，次のようになる．

$$u = \lambda_2 + (\lambda_1 - \lambda_2)\frac{b}{a+b} = 0.687\,\mathrm{mm}$$

2.20　$\sigma = P/A = 34.6\,\mathrm{MPa}$，$\varepsilon = \sigma/E = 168 \times 10^{-6}$，$\varepsilon_d = \nu\varepsilon = 50.4 \times 10^{-6}$ となる．外径を d_2，内径を d_1 とすると，それらの変化量は $\delta_2 = d_2\varepsilon_d = 2.52\,\mathrm{\mu m}$，$\delta_1 = d_1\varepsilon_d = 2.12\,\mathrm{\mu m}$ となる．

2.21　$\varepsilon = \sigma/E$，$\varepsilon_d = \nu\varepsilon = \nu\sigma/E$ である．もとの直径を d とすると，断面積の変化率は

$$\frac{\Delta A}{A} = \frac{\pi d^2/4 - (\pi d^2/4)(1-\varepsilon_d)^2}{\pi d^2/4} = 2\varepsilon_d - \varepsilon_d^2$$

となる. 高次の微小項を省略すると, $\Delta A/A = 2\varepsilon_d = 2\nu\sigma/E = 0.000943$ となり, よって, 断面積の減少は **0.094%** である.

2.22   レールが自由に伸縮できるとき, 温度上昇によるレールの伸びは $\lambda = \alpha(t_2 - t_1)l = 5.7\,\mathrm{mm}$ である. レールの間隔を δ, レールに生じる圧縮力を P とすると, $\lambda - \delta = Pl/EA$ となる. よって, 熱応力（圧縮応力）は, $\sigma = P/A = E(\lambda - \delta)/l = \mathbf{38.7\,MPa}$ となる.

2.23   加熱時の温度を t_1, 室温を t_2 とする. 棒が自由に伸縮すると仮定したときの伸びは, $\lambda_t = \alpha(t_2 - t_1)l$（負値）である. 加熱後室温に戻ったときに棒に作用している引張荷重の限界を P とすると, そのときの棒の伸びは, $\lambda_P = Pl/EA = \sigma l/E$ となる. $|\lambda_t| \leqq \lambda_P$ より, 次のようになる.

$$-\alpha(t_2 - t_1)l \leqq \frac{\sigma l}{E} \quad \therefore t_1 \leqq t_2 + \frac{\sigma}{\alpha E} = \mathbf{145^\circ C}$$

2.24   (1) $T = 100^\circ\mathrm{C}$ とおく. 温度 $0^\circ\mathrm{C}$ の一端から距離 x の位置での温度は $t = Tx/l$ と表される. 棒全体の伸びは次のようになる.

$$\lambda_t = \int_0^l \alpha t\, dx = \int_0^l \alpha T \frac{x}{l}\, dx = \frac{1}{2}\alpha Tl = \mathbf{0.4125\,mm}$$

(2) 棒が壁から受ける反力を R とすると, この荷重による棒の縮みは $\lambda_R = Rl/EA$ と近似できる. $\lambda_t = \lambda_R$ とおくと, $\sigma = E\lambda_t/l = \mathbf{104\,MPa}$ となる.

2.25   壁がなかったとすると, 加熱による棒の伸びは $\lambda_t = \lambda_{t_1} + \lambda_{t_2} = t(\alpha_1 l_1 + \alpha_2 l_2)$ である. 両棒の断面積を A, 壁から受ける反力を R とすると, R による棒の縮みは

$$\lambda_R = \frac{R(l_1 + \lambda_{t_1})}{E_1 A} + \frac{R(l_2 + \lambda_{t_2})}{E_2 A} \fallingdotseq \frac{R}{A}\left(\frac{l_1}{E_1} + \frac{l_2}{E_2}\right)$$

となる. 加熱した状態で棒の長さが不変であるためには, $\lambda_t = \lambda_R$ でなければならない. これより, 両棒に生じる熱応力は, 次のようになる.

$$\sigma = \frac{R}{A} = \frac{E_1 E_2 t(\alpha_1 l_1 + \alpha_2 l_2)}{E_2 l_1 + E_1 l_2}$$

2.26   許容応力は $\sigma_a = \sigma_m/S = 600/3 = 200\,\mathrm{MPa}$ となる. 設計応力が許容応力に等しいとおくことにより, $d = \sqrt{4N/\pi\sigma_a} = \mathbf{12.6\,mm}$ となる.

2.27   許容応力は $\sigma_a = 100\,\mathrm{MPa}$ となる. 平板の断面の幅を b, 厚さを t とすると, $N/bt = \sigma_a$ より, $t = N/b\sigma_a = \mathbf{4\,mm}$ となる.

2.28   許容応力は $\sigma_a = 180\,\mathrm{MPa}$ となる. $A = N/\sigma_a = 300\,\mathrm{mm}^2$ である. 外径を d, 肉厚を t とおくと, $A = \pi\{d^2 - (d - 2t)^2\}/4$ より, $d = \mathbf{24.1\,mm}$ となる.

2.29   許容応力は $\sigma_a = 100\,\mathrm{MPa}$ となる. $N/A = \sigma_a$ より, 許容荷重は $P = N = \sigma_a A = \mathbf{40\,kN}$ となる.

2.30　$\sigma_w = \sigma_a = E\lambda/l = 172\,\mathrm{MPa}$ より，$S = \sigma_m/\sigma_a = 3.2$

2.31　(1)　$\sigma_w = \sigma_a = \sigma_B/S = 100\,\mathrm{MPa}$ より，$d = \sqrt{4N/\pi\sigma_w} = 22.6\,\mathrm{mm}$

(2)　$\sigma_B = S\sigma_a = S\sigma_d = 340\,\mathrm{MPa}$

2.32　鋳鉄の許容応力は，$\sigma_{a1} = 350/4 = 87.5\,\mathrm{MPa}$ で，直径は $d_1 = \sqrt{4P/\pi\sigma_{a1}} = 29.5\,\mathrm{mm}$ となる．ボルトの許容応力は，$\sigma_{a2} = 420/4 = 105\,\mathrm{MPa}$ で，ボルト 1 本あたりに作用する引張荷重 $P_2 = P/6 = 10\,\mathrm{kN}$ より，直径は $d_2 = \sqrt{4P_2/\pi\sigma_{a2}} = 11.0\,\mathrm{mm}$ となる．

2.33　ボルトの許容応力は $\sigma_a = 800/5 = 160\,\mathrm{MPa}$ で，ボルトの本数を n，直径を d，容器の内径を D とすると，$n\sigma_a\pi d^2/4 = p\pi D^2/4$ となる．これより，$n = D^2 p/d^2\sigma_a = 5.4$ で必要なボルトは **6 本** となる．

2.34　両部材に生じる伸びは等しく，$\lambda = Pl/2EA\sin\theta$ となる．節点 C は**図 A.2** のように移動するから，その鉛直変位は次のようになる．

$$u_V = \frac{\lambda}{\sin\theta} = \frac{Pl}{2EA\sin^2\theta}$$

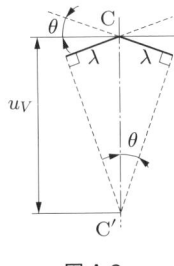
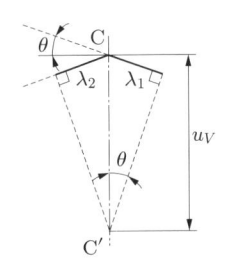

図 A.2　　　　　　　　　　　　　　　図 A.3

2.35　部材 AC に生じる伸びを λ_1，部材 BC に生じる縮みを λ_2 とすると，それらは $\lambda_1 = \lambda_2 = Pl/2EA\sin\theta$ となる．節点 C は**図 A.3** のように移動するから，その鉛直変位は次のようになる．

$$u_V = \frac{\lambda_1}{\sin\theta} = \frac{Pl}{2EA\sin^2\theta} = 1.2\,\mathrm{mm}$$

2.36　部材 AC に生じる引張応力 σ_1 および部材 BC に生じる圧縮応力 σ_2 は，それぞれ

$$\sigma_1 = \frac{P}{A\tan\theta} = 139\,\mathrm{MPa}, \quad \sigma_2 = \frac{P}{A\sin\theta} = 160\,\mathrm{MPa}$$

となる．部材 AC の伸び λ_1 と部材 BC の縮み λ_2 は，それぞれ $\lambda_1 = Pl_2\cos\theta/E_1 A\tan\theta$，$\lambda_2 = Pl_2/E_2 A\sin\theta$ となる．節点 C は**図 A.4** に示すように右下へ移動する．水平変位 u_H と鉛直変位 u_V は，それぞれ次のようになる．

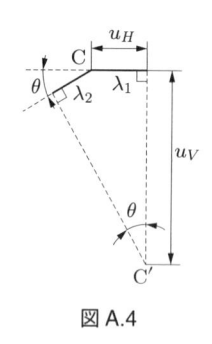

図 A.4

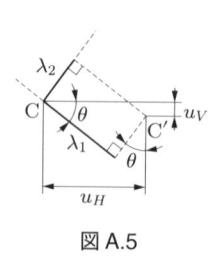

図 A.5

$$u_H = \lambda_1 = \frac{Pl_2 \cos\theta}{E_1 A \tan\theta} = 0.95\,\mathrm{mm}$$

$$u_V = \lambda_2 \sin\theta + \frac{\lambda_1 + \lambda_2 \cos\theta}{\tan\theta} = \frac{Pl_2}{A \sin^2\theta}\left(\frac{\cos^3\theta}{E_1} + \frac{1}{E_2}\right) = 3.2\,\mathrm{mm}$$

2.37 $\sin\theta = l_2/a$, $\cos\theta = l_1/a$ である. 部材 AC に生じる引張応力 σ_1 と部材 BC に生じる圧縮応力 σ_2 は, それぞれ次のようになる.

$$\sigma_1 = \frac{l_1 P}{aA} = 64\,\mathrm{MPa}, \quad \sigma_2 = \frac{l_2 P}{aA} = 48\,\mathrm{MPa}$$

部材 AC の伸び λ_1 と部材 BC の縮み λ_2 は, それぞれ $\lambda_1 = Pl_1^2/EAa$, $\lambda_2 = Pl_2^2/EAa$ となり, 節点 C は**図 A.5** に示すように右下へ移動する. 水平変位 u_H と鉛直変位 u_V は, それぞれ次のようになる.

$$u_H = \lambda_1 \cos\theta + \lambda_2 \sin\theta = \frac{P(l_1^3 + l_2^3)}{EAa^2} = 1.41\,\mathrm{mm}$$

$$u_V = \lambda_1 \sin\theta - \lambda_2 \cos\theta = \frac{Pl_1 l_2(l_1 - l_2)}{EAa^2} = 0.19\,\mathrm{mm}$$

2.38 部材 AC に生じる引張応力 σ_1 と部材 BC に生じる引張応力 σ_2 は, それぞれ

$$\sigma_1 = \frac{P \sin\theta}{A} = 75\,\mathrm{MPa}, \quad \sigma_2 = \frac{P \cos\theta}{A} = 130\,\mathrm{MPa}$$

となる. 両部材の伸びは, $\lambda_1 = \lambda_2 = Pa \sin\theta \cos\theta/EA = 0.631\,\mathrm{mm}$ となる. 節点 C は**図 A.6** に示すように右下へ移動する. 水平変位 u_H と鉛直変位 u_V は, それぞれ次のようになる.

$$u_H = \lambda_1 \cos\theta - \lambda_2 \sin\theta = \frac{Pa \sin\theta \cos\theta(\cos\theta - \sin\theta)}{EA} = 0.23\,\mathrm{mm}$$

$$u_V = \lambda_1 \sin\theta + \lambda_2 \cos\theta = \frac{Pa \sin\theta \cos\theta(\sin\theta + \cos\theta)}{EA} = 0.86\,\mathrm{mm}$$

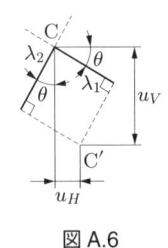

図 A.6

2.39　弾性棒 CD に作用する圧縮荷重を P_1 とすると，剛体棒 AB に関する点 A でのモーメントのつり合いから，$P_1 \cos\theta a = P(a+b)$ となる．弾性棒 CD の縮みを λ，剛体棒 AB の点 B および点 C での鉛直変位をそれぞれ u_B，u_C とすると，$u_\mathrm{C}\cos\theta = \lambda$，$u_\mathrm{B}a = u_\mathrm{C}(a+b)$ となる．また，$\lambda = P_1 a / EA\sin\theta$ である．これらの式から，次のようになる．

$$u_\mathrm{B} = \frac{8(a+b)^2}{\sqrt{3}aEA}P$$

2.40　支点 A，C に生じる鉛直上向きの反力をそれぞれ R_A，R_C とすると，鉛直方向の力のつり合いとモーメントのつり合いから，$R_\mathrm{A} + R_\mathrm{C} = P$，$R_\mathrm{C}2l = Pl\cos\theta$ となる．これらから，$R_\mathrm{A} = 3P/4$，$R_\mathrm{C} = P/4$ となる．P_1，P_2 を圧縮力，P_3 を引張力と仮定すると，ピン B，A，C に作用する力は，それぞれ**図 A.7** のようになる．これらのピンについて，水平方向と鉛直方向の力のつり合いから，$P_1 = \sqrt{3}P/2$，$P_2 = P/2$，$P_3 = \sqrt{3}P/4$ となる．部材 AB，BC の縮みをそれぞれ λ_1，λ_2，部材 AC の伸びを λ_3 とする．**図 A.8** に示すように，点 B で部材 AB と BC が結合されていない場合，部材 AB の先端は B_1' へ，部材 BC の先端は B_2' へ移動する．両者が結合される点は，B_1'，B_2' から立てた法線の交点 B′ である．各部材の縮みおよび伸びは，$\lambda_1 = P_1 l / EA = \sqrt{3}Pl/2EA$，$\lambda_2 = P_2\sqrt{3}l/EA = \sqrt{3}Pl/2EA$，$\lambda_3 = P_3 2l/EA = \sqrt{3}Pl/2EA$ となる．節点 B の水平変位 u_H および u_V は次のようになる．

$$u_H = \lambda_3 + \lambda_2\sin 60° - (\lambda_1 + \lambda_3\sin 30°)\sin 30° = (6+\sqrt{3})\frac{Pl}{8EA}$$

$$u_V = \lambda_2\cos 60° + (\lambda_1 + \lambda_3\sin 30°)\cos 30° = (9+2\sqrt{3})\frac{Pl}{8EA}$$

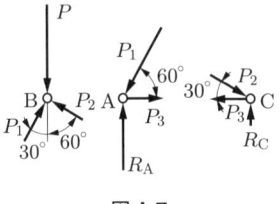

図 A.7

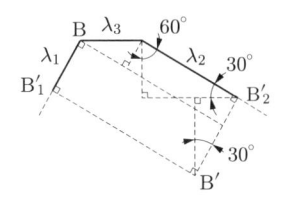

図 A.8

2.41 ケーブル CD に生じる引張力を P_1 とすると，点 B でのモーメントのつり合いから，$P2a = P_1 a \sin 45°$ で，$P_1 = 2\sqrt{2}P$ となる．ケーブル CD の伸びを λ とすると，$\lambda = P_1 l / EA = 2\sqrt{2}Pl/EA$ となる．点 C でケーブルと剛体棒が結合されていないとすると，図 A.9 に示すように，ケーブル CD の先端は C' に移動する．両者の結合点 C'' は，ケーブルおよび剛体棒を，それぞれ点 D，点 B を中心に回転させて両先端が出会う位置である．すなわち，DC' に対して点 C' から立てた法線と，BC に対して点 C から立てた法線との交点が C'' である．このとき，剛体棒の振れ角を θ とすると，$\overline{CC''} = a\theta$ である．図から，$a\theta = \sqrt{2}\lambda$ である．したがって，$\theta = \sqrt{2}\lambda/a = 4Pl/EAa$ となり，点 A の鉛直変位は $u = 2a\theta = 8Pl/EA = 1.83\,\mathrm{mm}$ となる．

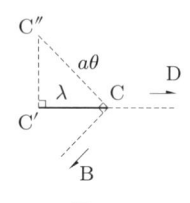

図 A.9

2.42 $\lambda = \dfrac{8Pl_2}{E\pi d_2^2} + \dfrac{4Pl_1}{E\pi d_1^2} = \dfrac{9Pl_1}{2E\pi d_1^2}$

2.43 (1) $\sigma_\mathrm{X} = P/b^2 = 88.9\,\mathrm{MPa}$ (2) $\sigma_\mathrm{Y} = 4P/\pi d^2 = 28.3\,\mathrm{MPa}$

(3) $\sigma_\mathrm{Z} = \dfrac{2P}{3\sqrt{3}a^2} = 77.0\,\mathrm{MPa}$ (4) $\lambda = \dfrac{Pl}{E}\left(\dfrac{1}{b^2} + \dfrac{4}{\pi d^2} + \dfrac{2}{3\sqrt{3}a^2}\right) = 0.141\,\mathrm{mm}$

2.44 直径 d_1 の側から距離 x の位置での直径は，$d = d_1 + (d_2 - d_1)x/l$ である．棒全体の伸びは次のようになる．

$$\lambda = \int_0^l \frac{4P}{E\pi d^2}\,dx = \frac{4Pl}{E\pi d_1 d_2}$$

2.45 $\lambda = \lambda_1 + \lambda_2 = \dfrac{4Pl_1}{\pi d_1^2 E_1} + \dfrac{4Pl_2}{\pi d_2^2 E_2} = 0.53\,\mathrm{mm}$

2.46 大きさ P の圧縮荷重を加えたとき，コンクリートおよび鋳鉄に作用する応力 σ_1，σ_2 は，それぞれ $\sigma_1 = P/a^2$，$\sigma_2 = 4P/\pi d^2$ となる．これらから圧縮荷重の小さい方を選ぶと，$509\,\mathrm{kN}$ となる．

2.47 $\sigma_0 = P/tb_0 = 40\,\mathrm{MPa}$ となる．$\alpha = 1.8$ より，$\sigma_\mathrm{max} = 72\,\mathrm{MPa}$ となる．

2.48 $\sigma_0 = P/tb_0 = 25\,\mathrm{MPa}$ となる．$\alpha = 3.6$ より，$\sigma_\mathrm{max} = 90\,\mathrm{MPa}$ となる．

2.49 $\sigma_0 = P/t(b - d) = 20\,\mathrm{MPa}$ となる．$\alpha = 2.73$ より，$\sigma_\mathrm{max} = 54.6\,\mathrm{MPa}$ となる．

2.50 $N_\mathrm{X} = 500\,\mathrm{N}$，$N_\mathrm{Y} = 300\,\mathrm{N}$，$N_\mathrm{Z} = -100\,\mathrm{N}$

2.51　(1) 力のつり合いから，$P_3 = 8\,\text{kN}$

(2) $\lambda = \dfrac{P_1 a + (P_1 - P_2)b}{EA} = \dfrac{P_1 l - P_2 b}{EA} = 0.766\,\text{mm}$

2.52　$\lambda = \dfrac{2P_1 l_1}{EA} + \dfrac{(P_1 - P_2)l_2}{EA} = 0.58\,\text{mm}$

2.53　AB 間と BC 間の応力を σ_1, σ_2 とすると，それぞれの応力と棒の伸びは次のようになる．

$$\sigma_1 = \frac{P_1 + P_2}{A_1}, \quad \sigma_2 = \frac{P_2}{A_2}, \quad \lambda = \frac{(P_1 + P_2)a}{EA_1} + \frac{P_2 b}{EA_2}$$

2.54　$\lambda = 3Pl_1/E_1 A_1 + Pl_2/E_2 A_2$ より，次のようになる．

$$P = \frac{E_1 A_1 E_2 A_2 \lambda}{3 E_2 A_2 l_1 + E_1 A_1 l_2} \leqq 24.7\,\text{kN}$$

2.55　$\lambda = Pl_1/E_1 A_1 - 2Pl_2/E_2 A_2 + 2Pl_3/E_3 A_3$ より，次のようになる．

$$P = \frac{\lambda}{l_1/E_1 A_1 - 2l_2/E_2 A_2 + 2l_3/E_3 A_3} \leqq 15.6\,\text{kN}$$

2.56　(1) $l = \sigma_{\max}/\rho g = 131\,\text{m}$

(2) $\lambda = Pl/EA + \rho g l^2 / 2E = 0.607\,\text{mm} + 0.00464\,\text{mm}$ である．したがって，自重を考慮したときの伸びは **0.612 mm**，自重を無視したときの伸びは **0.607 mm** となる．

2.57　$\lambda = \dfrac{\rho g a^2}{2E} + \dfrac{\rho g A_1 ab}{EA_2} + \dfrac{\rho g b^2}{2E}$

2.58　棒の上端から距離 x の仮想断面での引張応力は $\sigma = P/A - \rho g x$ である．x が小さいとき σ は正となり引張応力である．逆に x が大きくなると σ は負となり，圧縮応力となる．上式から $\sigma = 0$ となる x を求めると，$x = P/\rho g A = 1.96\,\text{m}$ となる．

2.59　棒の下端から距離 x の位置に仮想断面を考える．この仮想断面における応力は $\sigma = \rho g x/3$ となる．最大応力は棒の上端 $(x = l)$ に生じ，その大きさは $\sigma_{\max} = \rho g l/3$ で，円すい体全体の伸びは $\lambda = \rho g l^2/6E$ となる．

2.60　上面の直径を d，底面の直径を $2d$ とすると，位置 x における直径 d_x は $d_x = dx/l$ である．位置 x で仮想断面を考えると，軸力および圧縮応力は次のようになる．

$$N = \frac{\rho g}{3} \frac{\pi(d_x^2 x - d^2 l)}{4}, \quad \sigma = \frac{1}{3}\rho g\left(x - \frac{l^3}{x^2}\right)$$

応力は**図 A.10** のように変化する．最大圧縮応力は底面 $(x = 2l)$ に生じ，その大きさは $\sigma_{\max} = (7/12)\rho g l$ で，柱全体の縮みは次のようになる．

$$\lambda = \int_l^{2l} \frac{\rho g}{3E}\left(x - \frac{l^3}{x^2}\right) dx = \frac{\rho g l^2}{3E}$$

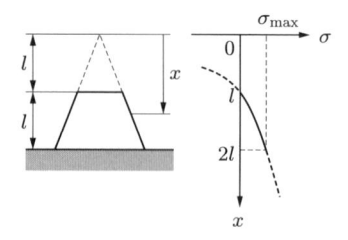

図 A.10

2.61　(1) 力のつり合いから，$A_1\sigma = P + A_1h\rho g$　∴ $A_1 = \boxed{P/(\sigma - \rho gh)}$

(2) 力のつり合いから，$A_2\sigma = A_1\sigma + A_2h\rho g$　∴ $A_2 = \boxed{\sigma P/(\sigma - \rho gh)^2}$

(3) 上問と同様にして，$A_i = \boxed{\sigma^{i-1}P/(\sigma - \rho gh)^i}$

(4) 第 i 段の上面の位置は，$x = hi$ と表すことができるから，この位置での断面積は

$$A_x = \frac{P}{\sigma}\left(\frac{\sigma}{\sigma - \rho gh}\right)^i = \frac{P}{\sigma}\left(1 - \frac{\rho gh}{\sigma}\right)^{-i} - \frac{P}{\sigma}\left(1 - \frac{\rho gh}{\sigma}\right)^{-x/h}$$

と書ける．$h \to 0$ の極限を考えると，

$$A_x = \frac{P}{\sigma}\lim_{h\to 0}\left(1 - \frac{\rho gh}{\sigma}\right)^{-x/h}$$

となる．ここで，$-\rho gh/\sigma = 1/t$ とおくと，$1/h = -(\rho g/\sigma)t$ であり，$h \to 0$ は $t \to -\infty$ となるから，

$$A_x = \frac{P}{\sigma}\lim_{t\to -\infty}\left(1 + \frac{1}{t}\right)^{(\rho g/\sigma)xt} = \frac{P}{\sigma}\lim_{t\to -\infty}\left\{\left(1 + \frac{1}{t}\right)^t\right\}^{(\rho g/\sigma)x}$$

となる．ここで，数学公式

$$\lim_{t\to -\infty}\left(1 + \frac{1}{t}\right)^t = e$$

より，A_x は次のようになる．

$$A_x = \boxed{\frac{P}{\sigma}e^{(\rho g/\sigma)x}}$$

[**別解**]　下端から距離 x の位置と $x + dx$ の位置で棒を仮想的に切断する．断面積を x で A_x，$x + dx$ で $A_x + dA_x$ とする．この部分について，鉛直方向の力のつり合いは，

$$\sigma(A_x + dA_x) = \sigma A_x + \rho g A_x\,dx$$

となる．これより，$dA_x/A_x = (\rho g/\sigma)\,dx$ となり，積分すると

$$\log A_x = \frac{\rho g}{\sigma}x + C \quad \therefore A_x = e^{(\rho g/\sigma)x + C} = C_1 e^{(\rho g/\sigma)x}$$

となる．$x = 0$ で $A_x = P/\sigma$ より，$C_1 = P/\sigma$ である．よって，次のようになる．

$$A_x = \frac{P}{\sigma}e^{(\rho g/\sigma)x}$$

2.62　おもりに作用する重力は mg，遠心力は $mr\omega^2$ で，これらの合力がひもに張力として作用する．したがって，ひもに生じる張力は $P = \sqrt{(mg)^2 + (mr\omega^2)^2} = 57.8\,\text{N}$ で，ひもに生じる応力は $\sigma = P/A = \mathbf{73.6\,MPa}$ となる．

2.63　角速度は $\omega = 100\pi\,\text{rad/s}$ である．棒の直径を d とすると，回転軸から距離 x の位置の仮想断面での応力は

$$\sigma = \frac{1}{2}\rho\left(\frac{l^2}{4} - x^2\right)\omega^2 + \frac{2ml\omega^2}{\pi d^2}$$

となる．最大応力は $x = 0$ で生じ，$\sigma_{\max} = \rho\omega^2 l^2/8 + 2ml\omega^2/\pi d^2 = \mathbf{146\,MPa}$ となる（図 A.11 参照）．棒全体の伸びは $\lambda = \rho l^3\omega^2/12E + 2ml^2\omega^2/\pi d^2 E = \mathbf{0.56\,mm}$ となる．

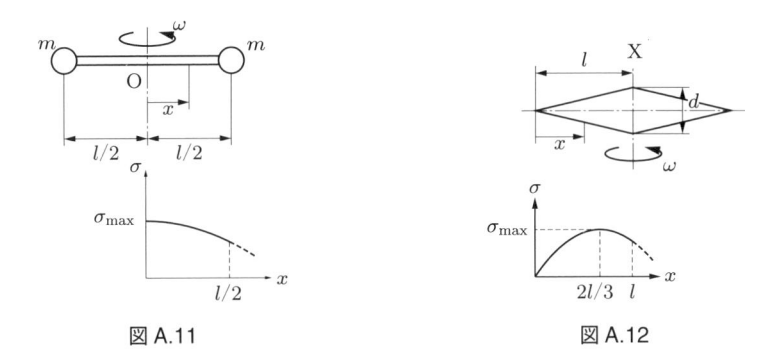

図 A.11　　　　　　　　　　　　　　図 A.12

2.64　棒の先端から距離 x の位置で仮想的に切断する．仮想断面から先端の円すい体の重心は，先端から $3x/4$ の位置にあるから，仮想断面に生じる軸力は $N = \rho Ax(l - 3x/4)\omega^2/3$ となる．よって，仮想断面に生じる応力は

$$\sigma = \frac{1}{3}\rho x\left(l - \frac{3}{4}x\right)\omega^2$$

となる．応力が最大となる位置は $d\sigma/dx = 0$ とおくことで求められ，$x = 2l/3$ である（図 A.12 参照）．これより，最大応力は $\sigma_{\max} = (1/9)\rho\omega^2 l^2$ となる．棒全体の伸びは $\lambda = \rho\omega^2 l^3/6E$ となる．

2.65 ブレードの先端から距離 x の仮想断面に生じる応力は

$$\sigma = \rho x \left(\frac{d}{2} + l - \frac{x}{2} \right) \omega^2$$

となる．最大応力は $x = l$ で生じ，$\sigma_{\mathrm{max}} = \rho l (d + l) \omega^2 / 2 = 23.1\,\mathrm{MPa}$ となる (図 A.13 参照)．ブレードの伸びは次のようになる．

$$\lambda = \frac{\rho \omega^2}{E} \int_0^l x \left(\frac{d}{2} + l - \frac{x}{2} \right) dx = \frac{\rho \omega^2 l^2}{12E} (3d + 4l) = 18.9 \times 10^{-3}\,\mathrm{mm}$$

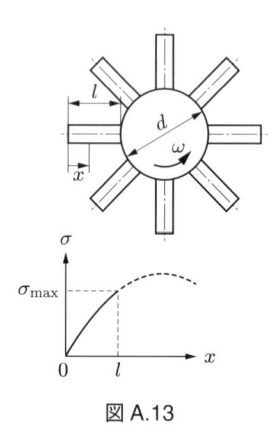

図 A.13

第 3 章　せん断とねじり

3.1 $G = \tau / \gamma = 46.1\,\mathrm{GPa}$

3.2 接着面に生じるせん断力は $F = 3.0\,\mathrm{kN}$ である．よって，せん断応力は $\tau = F/A = 20\,\mathrm{MPa}$ となる．

3.3 ピンは 2 箇所の断面にそれぞれ $F = P/2 = 25\,\mathrm{kN}$ のせん断力を受ける．ピンに生じるせん断応力は $\tau = F/A = 51\,\mathrm{MPa}$ となる．

3.4 (1) 鋼板に生じるせん断応力がせん断強さ τ_B になったとき，鋼板は打ち抜かれる．このとき，鋼板のせん断力と荷重の大きさは等しいから，鋼板を打ち抜くために必要な荷重は $P = \tau_B A = \tau_B \pi d h = 37.7\,\mathrm{kN}$ となる．

(2) ポンチが圧縮破壊を起こすときの応力を σ_C とすると，そのときの荷重は，$P_C = \sigma_C \pi d^2 / 4 = 78.5\,\mathrm{kN}$ である．$\tau_B = P_C / \pi d h$ より，$h = P_C / \pi d \tau_B = 6.25\,\mathrm{mm}$ となる．

3.5 アルミニウムに生じるせん断ひずみを γ，剛性板の移動距離を s とすると，$s = a \tan \gamma \fallingdotseq a \gamma$ である．また，アルミニウムの厚さを t とすると，$\gamma = \tau / G$，$\tau = F/A$ より，$s = a \gamma = Fa/Ght$ と表される．ここで，アルミニウムに生じるせん断力は $F = P/2 = 25\,\mathrm{kN}$ である．したがって，$s = 0.041\,\mathrm{mm}$ となる．

3.6 荷重を P とすると，ボルト軸部に生じる引張応力は $\sigma = 4P / \pi d^2$，ボルト頭部に生じるせん断応力は $\tau = P / \pi d h$ である．これらがそれぞれ σ_a，τ_a に等しいと考え，$\tau_a = 0.6 \sigma_a$

に代入すると，$d/h = 2.4$ となる．

3.7 帯板の引張強さを σ_B，ボルトのせん断強さを τ_B とすると，帯板の許容引張応力は $\sigma_a = \sigma_B/S = 77.5\,\text{MPa}$，ボルトの許容せん断応力は $\tau_a = \tau_B/S = 55\,\text{MPa}$ である．ボルトの直径を d とすると，帯板に対して安全な荷重は $P_1 \leqq \sigma_a t(b-d)$，ボルトに対して安全な荷重は $P_2 \leqq \tau_a \pi d^2/4$ である．したがって，帯板とボルトの両者に対して安全な荷重は**図 A.14** の着色部分である．安全な荷重がもっとも大きいのは $\sigma_a t(b-d) = \tau_a \pi d^2/4$ のときで，この式からボルトの直径は $d = 38.3\,\text{mm}$，荷重は $P_{\max} = 63.3\,\text{kN}$ となる．

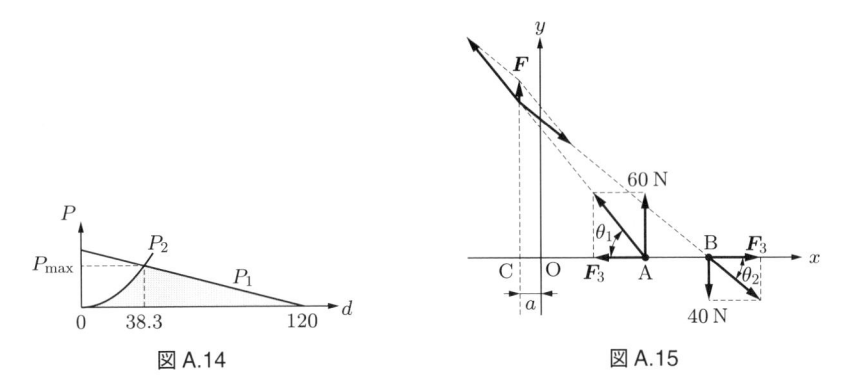

図 A.14

図 A.15

3.8 (1) **図 A.15** に示すように，力の作用点 A，B に大きさが等しく向きが逆の力 $\boldsymbol{F_3}$ を加える．点 A，B でそれぞれ合力を作り，それらが x 軸となす角をそれぞれ θ_1，θ_2 とする．点 A の合力と点 B の合力とから求めるべき合力 $\boldsymbol{F}$ を作図すると図のようになる．合力の大きさは $F = 60 - 40 = 20\,\text{N}$ となる．合力 $\boldsymbol{F}$ の作用線と y 軸の作用線の距離（絶対値）を a とすると，$(5+a)\tan\theta_1 = (8+a)\tan\theta_2$ が成り立つ．ここで，$\tan\theta_1 = 60/F_3$，$\tan\theta_2 = 40/F_3$ である．これらの式から $a = 1$ を得る．したがって，合力の作用線を表す式は $x = -1$ である．

[別解] 点 C は線分 $\overline{\text{AB}}$ を $60\,\text{N}$ と $40\,\text{N}$ の逆比に外分する点であるから，$60/40 = (8+a)/(5+a)$ より，$a = 1$ を得る．

(2) 力の大きさ $F = 20\,\text{N}$ で y 軸の正方向，偶力のモーメント $M = 20 \times 1 = 20\,\text{N·m}$ で 時計回り となる．

(3) 力の大きさ $F = 60 - 40 = 20\,\text{N}$ で y 軸の正方向，偶力のモーメント $M = 40 \times 8 - 60 \times 5 = 20\,\text{N·m}$ で時計回りである．よって等しい．

3.9 座標軸の正方向を力の正方向にとると，$F_x = 5.96\,\text{N}$，$F_y = -25.0\,\text{N}$ となる．合力の大きさと方向は，$F = \sqrt{F_x^2 + F_y^2} = 25.7\,\text{N}$，$\theta = \tan^{-1}(F_y/F_x) = -76.6°$（時計回りに $76.6°$）となる．偶力のモーメントの回転方向は 反時計回り で，その大きさは $M = 55.3\,\text{N·m}$ となる．

3.10 **図 A.16** に示すように，鉛直方向の反力を R，BC 方向の反偶力を J_x，AB 方向の反偶力を J_y とする．力のつり合いおよびモーメントのつり合いから，$R = P$，$J_x = Pb$，

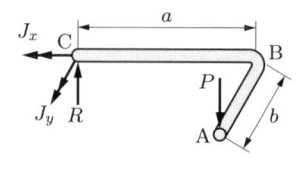

図 A.16

$J_y = Pa$ となる.

3.11 (1) モーメントのつり合いから, $Pa = Wd/2$　$\therefore P = 30\,\text{N}$

(2) $Q = Pa$ または $Q = Wd/2$ より, $Q = 6.0\,\text{N·m}$

3.12 (1) $J_\text{C} = 500\,\text{N·m}$　(2) $T_\text{X} = 500\,\text{N·m}$　(3) $T_\text{Y} = 300\,\text{N·m}$

3.13 ボルト 1 本あたりに生じるせん断力は $F = 2Q/Dn$ で, $F = \tau_a A$ より, $n = 8Q/\pi D d^2 \tau_a = 5.68$ となる. よって, 必要なボルトは **6 本** となる.

3.14 キーに作用するせん断力は $F = 25 \times 10^3\,\text{N}$ より, $b = F/l\tau_a = 7.7\,\text{mm}$

3.15 $\tau_0 = \dfrac{T}{Z_p} = \dfrac{T}{\pi(d_2^4 - d_1^4)/16 d_2} = 57.9\,\text{MPa}$, $\varphi = \dfrac{Tl}{GI_p} = \dfrac{Tl}{G\pi(d_2^4 - d_1^4)/32} = 9.65 \times 10^{-3}\,\text{rad} = 0.553°$

3.16 $d = \sqrt[3]{16T/\pi\tau_a} = 91.4\,\text{mm}$, $\varphi = Tl/GI_p = 10.95 \times 10^{-3}\,\text{rad} = 0.627°$

3.17 $\tau_a = 16d_2 T/\pi(d_2^4 - d_1^4)$ より, $d_1 = 45.5\,\text{mm}$

3.18 $I_p = \pi(d_2^4 - d_1^4)/32$ より, $Q = T = \psi GI_p = 1.25\,\text{kN·m}$

3.19 AC 間および DB 間にねじり内偶力は作用しない. CD 間のねじり内偶力は $T = (250/2) \times 250 = (125/2) \times 500 = 31250\,\text{N·mm}$ である. これより, $\tau_0 = T/Z_p = 19.9\,\text{MPa}$, $\varphi = Tl/GI_p = 4.98 \times 10^{-3}\,\text{rad} = 0.285°$ となる.

3.20 (1) $\tau_a = T/Z_p = Q/Z_p$ より, $Z_p = 200 \times 10^3\,\text{mm}^3$ となればよい. AB 部で $Z_p = \pi(d_2^4 - d_1^4)/16 d_2$ より, $d_1 = 125\,\text{mm}$, CD 部で $Z_p = \pi d^3/16$ より, $d = 101\,\text{mm}$ となる. (2) $I_{p1} = \pi(d_2^4 - d_1^4)/32$, $I_{p2} = \pi d_2^4/32$, $I_{p3} = \pi d^4/32$ を用いて, $\varphi = Ql_1/GI_{p1} + Ql_2/GI_{p2} + Ql_3/GI_{p3} = 6.13 \times 10^{-3}\,\text{rad} = 0.351°$ となる.

3.21 AB 間の仮想断面で, ねじりモーメントおよびねじり応力は, それぞれ $T_1 = Q_1 + Q_2 = 160\,\text{N·m}$, $\tau_{01} = 16T_1/\pi d_1^3 = 17.5\,\text{MPa}$ となる. BC 間の仮想断面では, それぞれ $T_2 = Q_2 = 100\,\text{N·m}$, $\tau_{02} = 16T_2/\pi d_2^3 = 36.8\,\text{MPa}$ である. $\tau_{01} < \tau_{02}$ より, $\tau_\text{max} = \tau_{02} = 36.8\,\text{MPa}$ で, 軸のねじれ角は $\varphi = 32T_1 a/G\pi d_1^4 + 32T_2 b/G\pi d_2^4 = 28.9 \times 10^{-3}\,\text{rad} = 1.66°$ となる. 固定端 A から距離 x の仮想断面でのねじり応力 τ_0 と比ねじれ角 ψ は, 図 A.17 のようになる.

3.22 左端から距離 x の位置での直径を d とすると, $d = d_1 + (d_2 - d_1)x/l$ である. 軸全体のねじれ角は次のようになる.

$$\varphi = \int_0^l \frac{Q}{G\pi d^4/32}\,dx = \frac{32Ql}{3G\pi}\frac{d_2^2 + d_2 d_1 + d_1^2}{d_2^3 d_1^3}$$

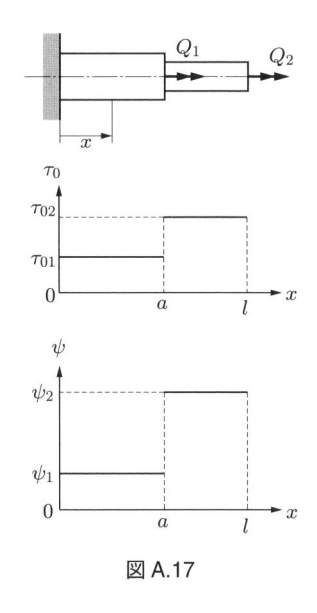

図 A.17

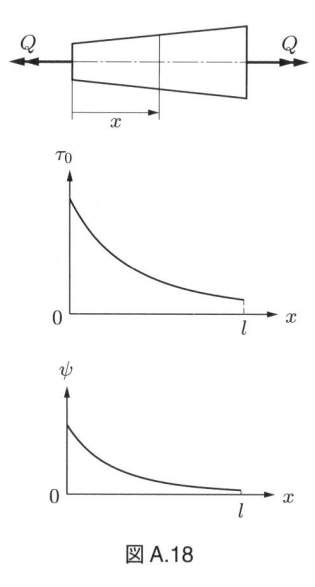

図 A.18

左端から距離 x の仮想断面でのねじり応力 τ_0 と比ねじれ角 ψ は，**図 A.18** のようになる.

3.23　断面積が等しいことから，$\pi d^2/4 = \pi(d_2^2 - d_1^2)/4$ となる. これより，$d = d_2\sqrt{1-n^2}$ となる. これを用いて，次のようになる.

$$\frac{\tau_0'}{\tau_0} = \frac{T/Z_p'}{T/Z_p} = \frac{Z_p}{Z_p'} = \frac{\pi d^3/16}{\pi(d_2^4 - d_1^4)/16 d_2} = \frac{d^3 d_2}{d_2^4 - d_1^4} = \frac{d_2^4(1-n^2)\sqrt{1-n^2}}{d_2^4(1-n^4)} = \boxed{\frac{\sqrt{1-n^2}}{1+n^2}}$$

$$\frac{\psi'}{\psi} = \frac{T/GI_p'}{T/GI_p} = \frac{I_p}{I_p'} = \frac{\pi d^4/32}{\pi(d_2^4 - d_1^4)/32} = \frac{d^4}{d_2^4 - d_1^4} = \frac{d_2^4(1-n^2)^2}{d_2^4(1-n^4)} = \boxed{\frac{1-n^2}{1+n^2}}$$

[補足]　材質と断面積が等しい（長さも等しいならば重量も等しい）という条件の下では，等しいねじり偶力荷重に対して中実丸軸よりも中空丸軸の方が応力と変形が小さく，有利である. また，許容ねじり応力および許容比ねじれ角に対して，中実丸軸よりも中空丸軸の方がより大きなねじり偶力荷重を加えることができる. ねじり偶力荷重と許容ねじり応力および許容比ねじれ角が与えられ，軸の寸法を決定する設計の立場で考えれば，中実丸軸よりも中空丸軸の方が断面積を小さくでき，したがって軽量化できる.

3.24　(1) $d = \sqrt[3]{\dfrac{16T}{\pi\tau_a}} = 87.9\ \text{mm}$　(2) $d_2 = \sqrt[3]{\dfrac{16T}{\pi(1-d_1^4/d_2^4)\tau_a}} = 105\ \text{mm}$

(3) $\dfrac{W'}{W} = \dfrac{d_2^2(1-d_1^2/d_2^2)}{d^2} = 0.514$

3.25　角速度は $\omega = 2\pi N/60 = 73.3\ \text{rad/s}$ である. 軸に作用するねじり偶力荷重は $H = Q\omega$ より，$Q = 13.6 \times 10^3\ \text{N·m}$ となる. $T = Q$ であるから，$\tau_a = T/(\pi d^3/16)$ より，$d = 119\ \text{mm}$ となる.

3.26　ねじれ角は $\varphi = 1.2° = 20.94 \times 10^{-3}$ rad，角速度は $\omega = 2\pi N/60 = 26.18$ rad/s である．$\varphi = Tl/GI_p$ より，$T = \varphi G\pi(d_2^4 - d_1^4)/32l = 84.18$ kN·m となる．$T = Q$ より，動力および最大ねじり応力は，次のようになる．

$$H = Q\omega = \boxed{2.20\,\text{MW}}, \quad \tau_0 = \frac{T}{\pi(d_2^4 - d_1^4)/16d_2} = \boxed{34.9\,\text{MPa}}$$

3.27　角速度は $\omega = 2\pi N/60 = 188.5$ rad/s で，$Q = H/\omega = 1273$ N·m である．$T = Q$ であるから，$\varphi = Tl/GI_p = \boxed{2.335 \times 10^{-3}\,\text{rad} = 0.134°}$ となる．

3.28　断面積が等しいことから，$d^2 = d_2^2 - d_1^2$ の関係が成り立つ．

$$\frac{H'}{H} = \frac{T'\omega}{T\omega} = \frac{\tau_0 Z_p'\omega}{\tau_0 Z_p\omega} = \frac{d_2^4 - d_1^4}{d_2 d^3} = \boxed{\frac{1 + n^2}{\sqrt{1 - n^2}}}$$

3.29　段付丸軸と一様丸軸のねじれ角が等しいから，

$$\varphi = \frac{Tl}{G\pi d^4/32} = \frac{Tl_1}{G\pi d_1^4/32} + \frac{Tl_2}{G\pi d_2^4/32} + \frac{Tl_3}{G\pi d_3^4/32} + \frac{Tl_4}{G\pi d_4^4/32}$$

となる．これより，一様丸軸の長さは，

$$l = \left(\frac{d}{d_1}\right)^4 l_1 + \left(\frac{d}{d_2}\right)^4 l_2 + \left(\frac{d}{d_3}\right)^4 l_3 + \left(\frac{d}{d_4}\right)^4 l_4 = \boxed{261\,\text{mm}}$$

となる．軸に生じるねじりモーメントは，$\omega = 2\pi N/60$，$T = H/\omega$ より，$T = 445.9$ N·m である．よって，$\varphi = 32Tl/G\pi d^4 = \boxed{18.29 \times 10^{-3}\,\text{rad} = 1.05°}$ となる．

3.30　角速度は $\omega = 2\pi N/60 = 18.33$ rad/s である．ねじり偶力荷重は点 A で $Q_A = H_A/\omega = 1637$ N·m，点 B で $Q_B = H_B/\omega = 3819$ N·m，点 C で $Q_C = H_C/\omega = 2182$ N·m となる．ねじりモーメントは AB 間で $T_1 = Q_A = 1637$ N·m（外向き），BC 間で $T_2 = Q_B - Q_A = Q_C = 2182$ N·m（内向き）となる．$T_1 < T_2$ より，直径 d は T_2 の値から定めればよい．

$$d = \sqrt[3]{\frac{16T_2}{\pi\tau_a}} = \boxed{97.5\,\text{mm}}, \quad \varphi = \frac{T_1 l_1 - T_2 l_2}{G\pi d^4/32} = \boxed{0.385 \times 10^{-3}\,\text{rad} = 0.0221°}$$

3.31　(1) $H_C = H_A - H_B = \boxed{280\,\text{kW}}$

(2) 角速度は $\omega = 2\pi N/60 = 15.71$ rad/s である．ねじり偶力荷重は $Q_A = H_A/\omega = 38.19$ kN·m，$Q_B = H_B/\omega = 20.37$ kN·m，$Q_C = H_C/\omega = 17.82$ kN·m となる．AB 間で $T_1 = Q_A = 38.19$ kN·m，BC 間で $T_2 = Q_A - Q_B = Q_C = 17.82$ kN·m より，$\tau_1 = 16T_1/\pi d^3 = \boxed{24.3\,\text{MPa}}$，$\tau_2 = 16T_2/\pi d^3 = \boxed{11.3\,\text{MPa}}$ となる．

(3) AB 間で $\varphi_1 = 32T_1 l_1/G\pi d^4 = \boxed{4.56 \times 10^{-3}\,\text{rad} = 0.261°}$

　　BC 間で $\varphi_2 = 32T_2 l_2/G\pi d^4 = \boxed{2.13 \times 10^{-3}\,\text{rad} = 0.122°}$

3.32　ねじりモーメントは AB 間で $T_1 = Q_A = H_A/\omega$，BC 間で $T_2 = Q_A - Q_B = Q_C = H_C/\omega$ である．これより，$T_1/T_2 = 5/3$ となる．$\tau_0 = 16T_1/\pi d_1^3 = 16T_2/\pi d_2^3$ より，次のようになる．

$$\frac{d_1}{d_2} = \sqrt[3]{\frac{T_1}{T_2}} = \sqrt[3]{\frac{5}{3}} = 1.19 \,, \quad \frac{\varphi_1}{\varphi_2} = \frac{32T_1 l/G\pi d_1^4}{32T_2 l/G\pi d_2^4} = \frac{T_1 d_2^4}{T_2 d_1^4} = \frac{d_2}{d_1} = \sqrt[3]{\frac{3}{5}} = 0.843$$

第 4 章　はりの曲げ

4.1　$R_A = ql = 1200 \,\text{N}$，$J_A = ql^2/2 = 360 \times 10^3 \,\text{N·mm}$

4.2　$R_A = q_0 l/6 = 1.0 \,\text{kN}$，$R_B = q_0 l/3 = 2.0 \,\text{kN}$

4.3　$R_A = ql/2 = 6000 \,\text{N}$，$J_A = 3ql^2/8 = 1.8 \times 10^6 \,\text{N·mm}$

4.4　$R_A = 5P/4 + ql/4 = 45 \,\text{kN}$，$R_B = 7P/4 + ql/4 = 55 \,\text{kN}$

4.5　$R_A = P/2 = 15 \,\text{kN}$（下向き），$R_C = 3P/2 = 45 \,\text{kN}$

4.6　$R_C = -P + ql/2 = 560 \,\text{N}$，$R_D = 2P - ql/6 = 480 \,\text{N}$

4.7　鉛直方向の力のつり合い式は

$$R_A + R_B = \int_0^l q \, dx = \int_0^l ax^2 \, dx = \frac{1}{3}al^3$$

で，点 A でのモーメントのつり合い式は

$$R_B l = \int_0^l xq \, dx = \int_0^l ax^3 \, dx = \frac{1}{4}al^4$$

である．これらの式から，$R_A = al^3/12$，$R_B = al^3/4$ となる．

4.8　次のようになる．

$$R_A = \int_0^l q \, dx = \int_0^l q_0 \cos\left(\frac{\pi}{2l}x\right) dx = q_0 \frac{2l}{\pi}$$

$$J_A = \int_0^l xq \, dx = \int_0^l xq_0 \cos\left(\frac{\pi}{2l}x\right) dx = \int_0^l xq_0 \frac{2l}{\pi} \left\{\sin\left(\frac{\pi}{2l}x\right)\right\}' dx$$

$$= \left[xq_0 \frac{2l}{\pi} \sin\left(\frac{\pi}{2l}x\right)\right]_0^l - \int_0^l q_0 \frac{2l}{\pi} \sin\left(\frac{\pi}{2l}x\right) dx = \frac{2q_0 l^2}{\pi}\left(1 - \frac{2}{\pi}\right)$$

4.9　図 A.19

4.10　(1) $R_B = P$，$J_B = Pl$　(2) 図 A.20　(3) $F = -P$，$M = P(l - x)$

4.11　(1) 図 A.21　(2) $F = q\left(\dfrac{l}{2} - x\right)$，$M = \dfrac{q}{2}(l - x)x$

(3) $M_{\max} = ql^2/8 = 2.25 \times 10^6 \,\text{N·mm}$

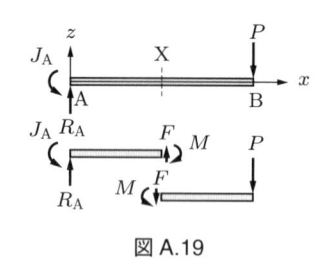

図 A.19

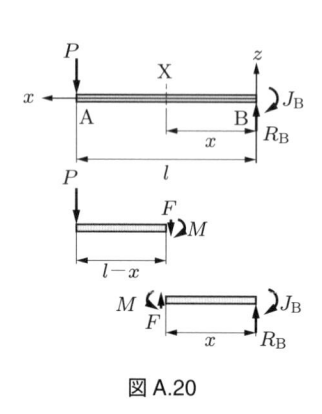

図 A.20

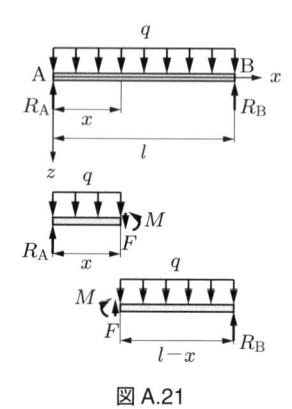

図 A.21

4.12　$|M|_{\max} = Wa/2 = \boxed{10\,\text{kN·m}}$

4.13　固定端 A に生じる反力 R_A と反偶力 J_A は，$R_A = ql$，$J_A = ql^2/2$ である．固定端 A から距離 x の仮想断面に生じるせん断力 F と曲げモーメント M は $F = q(l-x)$，$M = -q(l-x)^2/2$ となる．せん断力図と曲げモーメント図は，$\boxed{\text{図 A.22}}$ のようになる．

4.14　固定端 A から距離 x の仮想断面に生じるせん断力 F と曲げモーメント M は $F = q_0(l-x)^2/2l$，$M = -q_0(l-x)^3/6l$ となる．せん断力図と曲げモーメント図は，$\boxed{\text{図 A.23}}$ のようになる．

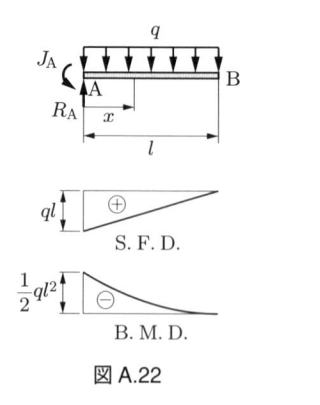

図 A.22

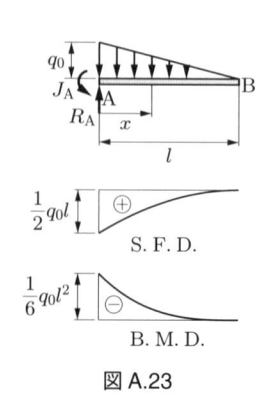

図 A.23

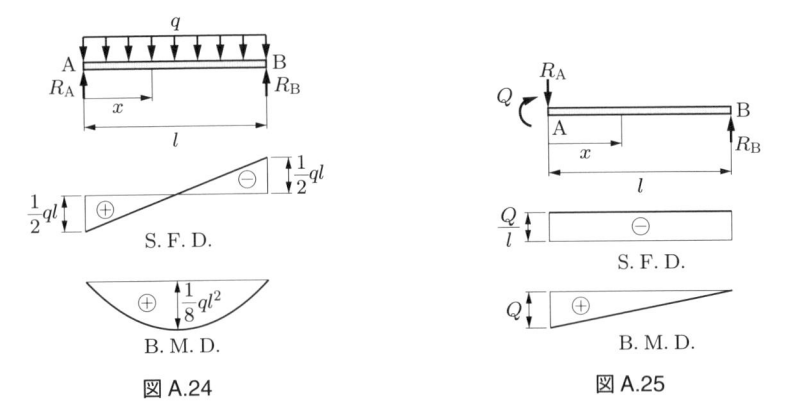

図 A.24　　　　　　　　　　　　　　図 A.25

4.15　各支点に生じる反力は，$R_A = R_B = ql/2$ である．左端 A から距離 x の仮想断面で，$F = q(l - 2x)/2$，$M = q(l - x)x/2$ となる．せん断力図と曲げモーメント図は，**図 A.24** のようになる．

4.16　各支点に生じる反力は，$R_A = R_B = Q/l$ である．左端 A から距離 x の仮想断面で，$F = -Q/l$，$M = Q(1 - x/l)$ となる．せん断力図と曲げモーメント図は，**図 A.25** のようになる．

4.17　各支点に生じる反力は，鉛直方向の力のつり合いとモーメントのつり合いから，$R_A = q_0 l/6$，$R_B = q_0 l/3$ となる．左端 A から距離 x の位置で $q = q_0 x/l$ であるから，この仮想断面に生じるせん断力 F と曲げモーメント M は $F = q_0(l^2 - 3x^2)/6l$，$M = q_0 x(l^2 - x^2)/6l$ となる．曲げモーメントが最大となるのは $x = l/\sqrt{3}$ のときで，その値は $M_{\max} = q_0 l^2/9\sqrt{3}$ である．せん断力図と曲げモーメント図は，**図 A.26** のようになる．

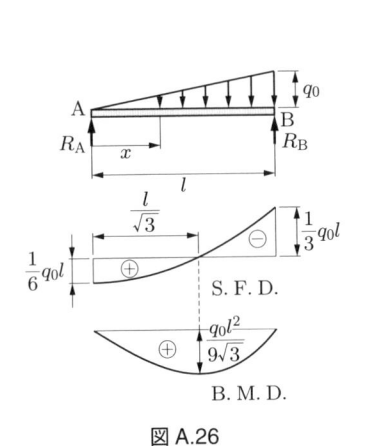

図 A.26

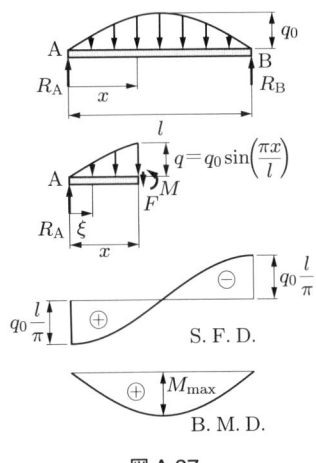

図 A.27

4.18　鉛直方向の力のつり合いから，

$$R_A + R_B = \int_0^l q_0 \sin\left(\frac{\pi x}{l}\right) dx = 2q_0 \frac{l}{\pi}$$

となる．対称性より，$R_A = R_B = q_0 l/\pi$ である．図 A.27 に示すように，左端から距離 x の仮想断面を考えると，せん断力は次のようになる．

$$F = R_A - \int_0^x q_0 \sin\left(\frac{\pi\xi}{l}\right) d\xi = q_0\frac{l}{\pi} - \left[-q_0\frac{l}{\pi}\cos\left(\frac{\pi\xi}{l}\right)\right]_0^x = q_0\frac{l}{\pi}\cos\left(\frac{\pi x}{l}\right)$$

点 A でのモーメントのつり合いから，

$$M - Fx - \int_0^x q_0 \sin\left(\frac{\pi\xi}{l}\right)\xi\, d\xi = 0$$

$$M = q_0\frac{l}{\pi}\cos\left(\frac{\pi x}{l}\right)x + q_0\frac{l}{\pi}\left[\frac{l}{\pi}\sin\left(\frac{\pi\xi}{l}\right) - \xi\cos\left(\frac{\pi\xi}{l}\right)\right]_0^x = q_0\left(\frac{l}{\pi}\right)^2\sin\left(\frac{\pi x}{l}\right)$$

となり，最大曲げモーメントは $M_{max} = q_0(l/\pi)^2$ となる．せん断力図と曲げモーメント図は，図 A.27 のようになる．

4.19　(1) $M_{2max} = ql^2/4$ であるから，$M_{2max}/M_{1max} = 2$ となる．

(2) $a(l-a)q = ql^2/8$ とおいて a に関する 2 次方程式を解く．$0 < a < l/2$ より，$a = (2-\sqrt{2})l/4 = 0.146l$ となる．

4.20　反力と反偶力は，$R_A = P_1 + P_2$，$J_A = P_1 l + P_2 a$ である．AC 間 $(0 \leqq x \leqq a)$ で，$F = P_1 + P_2$，$M = (P_1 + P_2)x - P_1 l - P_2 a$，CB 間 $(a \leqq x \leqq l)$ で，$F = P_1$，$M = -P_1(l-x)$ となる．せん断力図と曲げモーメント図は，図 A.28 のようになる．最大曲げモーメントは，$x = 0$ で $|M|_{max} = P_1 l + P_2 a = 5.2\,\mathrm{kN\cdot m}$ となる．

4.21　各支点の反力は，$R_A = R_B = P$ である．AC 間 $(0 \leqq x \leqq a)$ で，$F = P$，$M = Px$，CD 間 $(a \leqq x \leqq l-a)$ で，$F = 0$，$M = Pa$，DB 間 $(l-a \leqq x \leqq l)$ で，$F = -P$，$M = P(l-x)$ となる．せん断力図と曲げモーメント図は，図 A.29 のようになる．

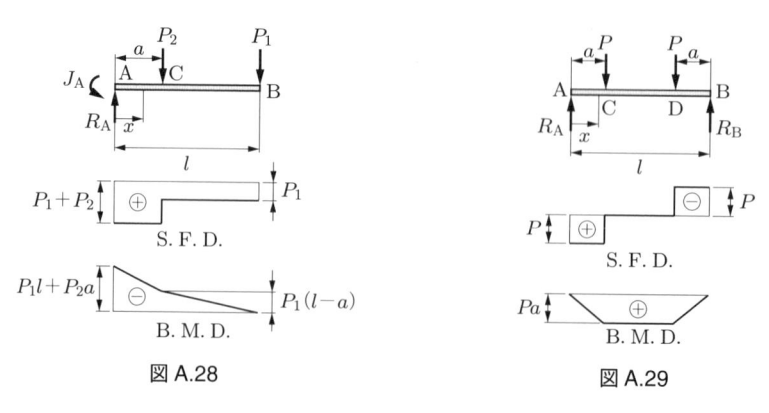

図 A.28　　　　　　　　　　図 A.29

4.22 反力と反偶力は，$R_A = ql/2$, $J_A = 3ql^2/8$ である．AC 間 $(0 \leqq x \leqq l/2)$ で，$F = ql/2$, $M = -ql(3l - 4x)/8$, CB 間 $(l/2 \leqq x \leqq l)$ で，$F = q(l - x)$, $M = -q(l - x)^2/2$ となる．せん断力図と曲げモーメント図は，**図 A.30** のようになる．最大曲げモーメントは，$x = 0$ で $|M|_{\max} = 3ql^2/8 = 12.0 \times 10^6 \, \text{N·mm}$ となる．

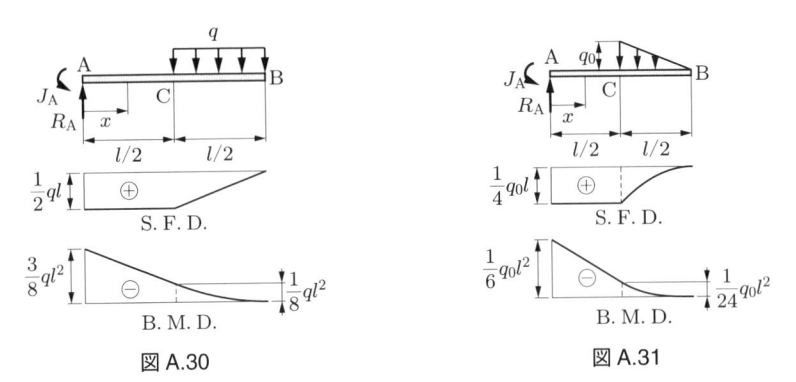

図 A.30　　　　　　　　　　　　　図 A.31

4.23 反力と反偶力は，$R_A = q_0l/4$, $J_A = q_0l^2/6$ である．AC 間 $(0 \leqq x \leqq l/2)$ で，$F = q_0l/4$, $M = -q_0l(2l - 3x)/12$, CB 間 $(l/2 \leqq x \leqq l)$ で，$F = q_0(l - x)^2/l$, $M = -q_0(l - x)^3/3l$ となる．せん断力図と曲げモーメント図は，**図 A.31** のようになる．

4.24 各支点の反力は，$R_A = 4ql/9$, $R_B = 2ql/9$ である．AC 間 $(0 \leqq x \leqq 2l/3)$ で，$F = q(4l/9 - x)$, $M = qx(4l/9 - x/2)$, CB 間 $(2l/3 \leqq x \leqq l)$ で，$F = -2ql/9$, $M = 2ql(l - x)/9$ となる．せん断力図と曲げモーメント図は，**図 A.32** のようになる．最大曲げモーメントは，$x = 4l/9$ で $M_{\max} = 8ql^2/81 = 6.4 \, \text{kN·m}$ となる．

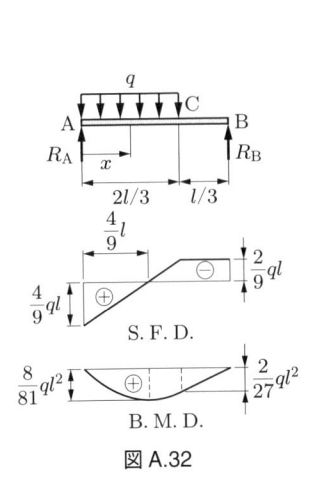

図 A.32

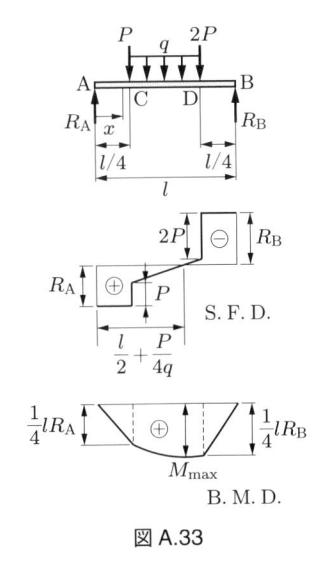

図 A.33

4.25 各支点の反力は, $R_A = 5P/4 + ql/4$, $R_B = 7P/4 + ql/4$ である. AC 間 ($0 \leq x \leq l/4$) で, $F = 5P/4 + ql/4$, $M = (5P/4 + ql/4)x$, CD 間 ($l/4 \leq x \leq 3l/4$) で, $F = P/4 + ql/2 - qx$, $M = P(l+x)/4 - q(x^2 - lx + l^2/16)/2$, DB 間 ($l - a \leq x \leq l$) で, $F = -7P/4 - ql/4$, $M = (7P/4 + ql/4)(l-x)$ となる. せん断力図と曲げモーメント図は, 図 A.33 のようになる. 最大曲げモーメントは, $x = l/2 + P/4q = 1.0$ m で, $M_{max} = 3Pl/8 + 3ql^2/32 + P^2/32q = $ 3.7 kN·m となる.

4.26 反力と反偶力は, $R_A = P + ql/3$, $J_A = Pl/3 + 5ql^2/18$ である. AC 間 ($0 \leq x \leq l/3$) で, $F = P + ql/3$, $M = (P + ql/3)x - (Pl/3 + 5ql^2/18)$, CD 間 ($l/3 \leq x \leq 2l/3$) で, $F = ql/3$, $M = -ql(5l - 6x)/18$, DB 間 ($2l/3 \leq x \leq l$) で, $F = q(l-x)$, $M = -q(l-x)^2/2$ となる. せん断力図と曲げモーメント図は, 図 A.34 のようになる. 最大曲げモーメントは, $x = 0$ で $|M|_{max} = J_A = Pl/3 + 5ql^2/18 = $ 4.6 kN·m となる.

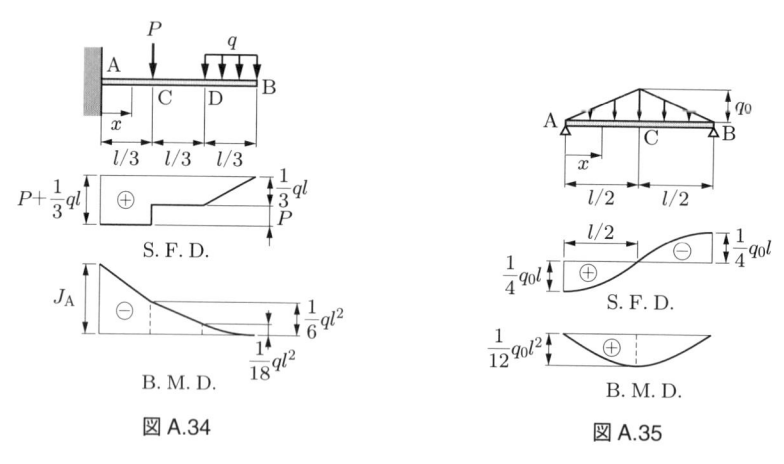

図 A.34　　　　　　　　　　　　図 A.35

4.27 各支点の反力は, $R_A = R_B = q_0l/4$ である. AC 間 ($0 \leq x \leq l/2$) で, $F = q_0l/4 - q_0x^2/l$, $M = q_0lx/4 - q_0x^3/3l$, CB 間 ($l/2 \leq x \leq l$) で, $F = -q_0l/4 + q_0(l-x)^2/l$, $M = q_0l(l-x)/4 - q_0(l-x)^3/3l$ となる. せん断力図と曲げモーメント図は, 図 A.35 のようになる. 最大曲げモーメントは, $x = l/2$ で, $M_{max} = q_0l^2/12 = $ 6.0 kN·m となる.

4.28 各支点の反力は, $R_A = P/2$, $R_C = 3P/2$ である. AC 間 ($0 \leq x \leq 2l/3$) で, $F = -P/2$, $M = -Px/2$, CB 間 ($2l/3 \leq x \leq l$) で, $F = P$, $M = -P(l-x)$ となる. せん断力図と曲げモーメント図は, 図 A.36 のようになる. 最大曲げモーメントは, $x = 2l/3$ で $|M|_{max} = $ $Pl/3$ となる.

4.29 各支点の反力は, $R_A = ql/24$, $R_C = 7ql/24$ である. AC 間 ($0 \leq x \leq 3l/4$) で, $F = -ql/24$, $M = -qlx/24$, CB 間 ($3l/4 \leq x \leq l$) で, $F = q(l-x)$, $M = -q(l-x)^2/2$ となる. せん断力図と曲げモーメント図は, 図 A.37 のようになる. 最大曲げモーメントは, $|M|_{max} = $ $ql^2/32$ となる.

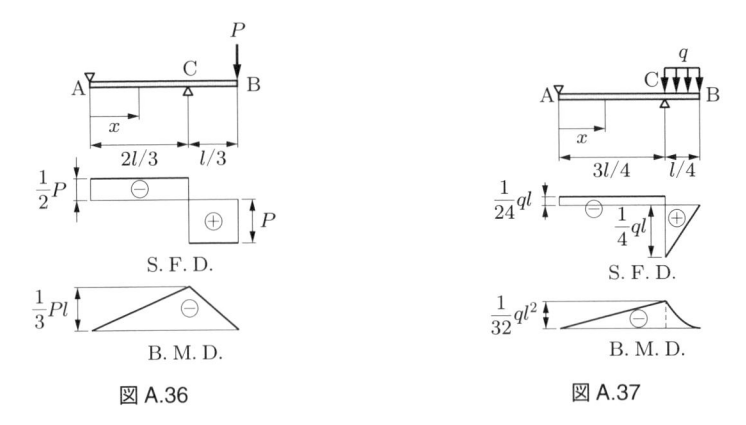

図 A.36　　　　　　　　　　　　　　図 A.37

4.30　はり CD について考えると，支点 C, D の反力は $R_C = bP/l_2$, $R_D = aP/l_2$ である．これらの反作用の力がはり AB に対して作用するから，はり AB は図 A.38 に示すように，点 C に $P_C = bP/l_2$，点 D に $P_D = aP/l_2$ の集中荷重が作用する単純支持はりと考えることができる．各支点の反力は，$R_A = (l_3 + b)P/l$, $R_B = (l_1 + a)P/l$ である．AC 間 $(0 \leqq x \leqq l_1)$ で，$F = (l_3 + b)P/l$, $M = (l_3 + b)Px/l$, CD 間 $(l_1 \leqq x \leqq l_1 + l_2)$ で，$F = (l_3 + b)P/l - bP/l_2$, $M = (l_3 + b)Px/l - bP(x - l_1)/l_2$, DB 間 $(l_1 + l_2 \leqq x \leqq l)$ で，$F = -(l_1 + a)P/l$, $M = (l_1 + a)(1 - x/l)P$ となる．せん断力図と曲げモーメント図は，**図 A.38** のようになる．

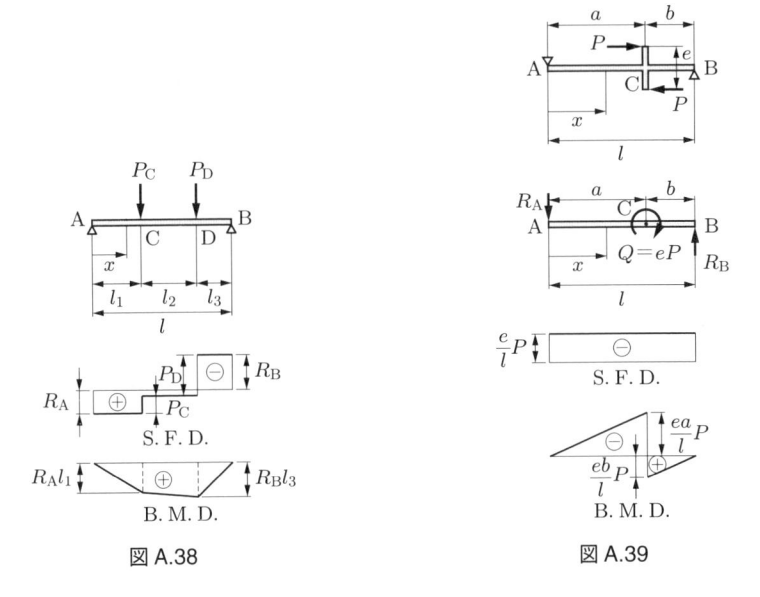

図 A.38　　　　　　　　　　　　　　図 A.39

4.31 荷重が直線部 AB にどのように作用しているかを考えるために，それぞれの荷重を点 C に移動させる．直線部 AB にとってこれらの荷重は，**図 A.39** の 2 段目に示すように，点 C にはたらく偶力荷重 Q として作用し，そのモーメントは eP である．各支点に生じる反力は，鉛直方向の力のつり合いとモーメントのつり合いから，$R_A = eP/l$（下向き），$R_B = eP/l$ となる．固定端 A から距離 x の仮想断面に生じるせん断力 F と曲げモーメント M は，AC 間 $(0 \leqq x \leqq a)$ で，$F = -eP/l$，$M = -ePx/l$，CB 間 $(a \leqq x \leqq l)$ で，$F = -eP/l$，$M = eP(l-x)/l$ となる．せん断力図と曲げモーメント図は，**図 A.39** のようになる．せん断力 F は左端 A から右端 B まで一定値となり，曲げモーメント M は $x = a$ の点 C で不連続となる．最大曲げモーメントは，$a > b$ ならば，$|M|_{\max} = eaP/l$，$a < b$ ならば，$M_{\max} = ebP/l$ である．

4.32 点 E の荷重を点 C に移動させると，**図 A.40** 上段に示すように，はり AB は点 C に集中荷重 P と偶力荷重 $Q = Pa$ が作用する単純支持はりと考えることができる．各支点の反力は，$R_A = (l_2 - a)P/l$，$R_B = (l_1 + a)P/l$ となる．AC 間 $(0 \leqq x \leqq l_1)$ で，$F = (l_2 - a)P/l$，$M = (l_2 - a)Px/l$，CB 間 $(l_1 \leqq x \leqq l)$ で，$F = -(l_1 + a)P/l$，$M = (l_1 + a)(1 - x/l)P$ となる．せん断力図と曲げモーメント図は，**図 A.40 下段** のようになる．最大曲げモーメントは，$M_{\max} = (l_1 + a)Pl_2/l = 72\,\text{kN·m}$ となる．

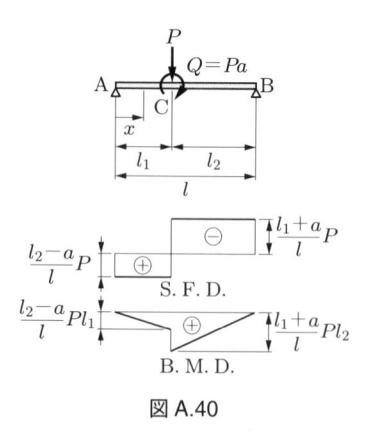

図 A.40

4.33 支点の位置 a が小さいとき，**図 A.41** 左側に示すように，はりに生じる最大曲げモーメントははりの中央点 E での値 M_E である．支点の位置 a が大きいとき，図右側に示すように，支点 C，D での曲げモーメント $M_C = M_D$ が $|M|_{\max}$ である．各支点の反力は，$R_C = R_D = 3P/2$ となる．点 C，E での曲げモーメントは $M_C = -Pa$，$M_E = Pl/4 - 3Pa/2$ となる．$|M_C|$，$|M_E|$ を，横軸を a とするグラフで表すと**図 A.42** のようになる．a が小さいときは $|M|_{\max} = M_E$，a が大きいときは $|M|_{\max} = |M_C|$ となる．図からわかるように，$|M|_{\max}$ が最小となるのは $|M_C| = M_E$ のときで $a = l/10$ となる．

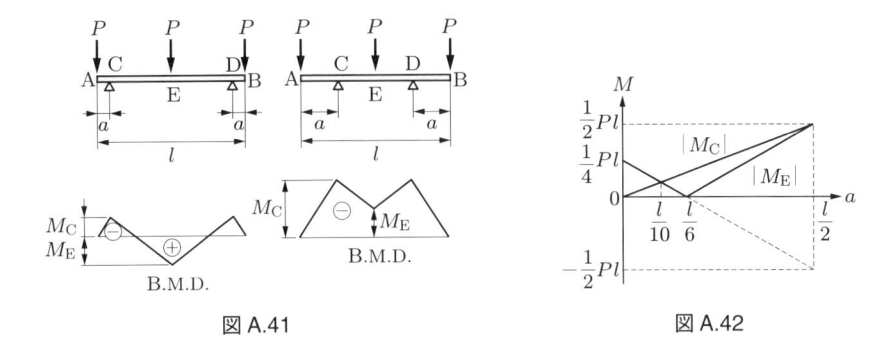

図 A.41　　　　　　　　　　　　図 A.42

4.34　支点間隔 a が大きいとき，**図 A.43** 左側に示すように，はりに生じる最大曲げモーメントは AC 間での極値 M_1 である．支点間隔 a が小さいとき，図右側に示すように，支点 C での曲げモーメント M_C が $|M|_\text{max}$ である．各支点の反力は，$R_A = ql(1 - l/2a)$，$R_C = ql^2/2a$ となる．AC 間で，$M = ql(1 - l/2a)x - qx^2/2$ となる．$dM/dx = 0$ とおくことにより，M の極値 M_1 は $x = l(1 - l/2a)$ で生じ，その値は $M_1 = ql^2(1 - l/2a)^2/2$ である．点 C での曲げモーメントは $M_C = -q(l - a)^2/2$ となる．M_1，M_C を，横軸を a とするグラフで表すと，**図 A.44** のようになる．a が小さいときは $|M|_\text{max} = |M_C|$，a が大きいときは $|M|_\text{max} = M_1$ となる．図からわかるように，$|M|_\text{max}$ が最小となるのは $M_1 = |M_C|$ のときで $a = l/\sqrt{2} = 0.707l$ となる．

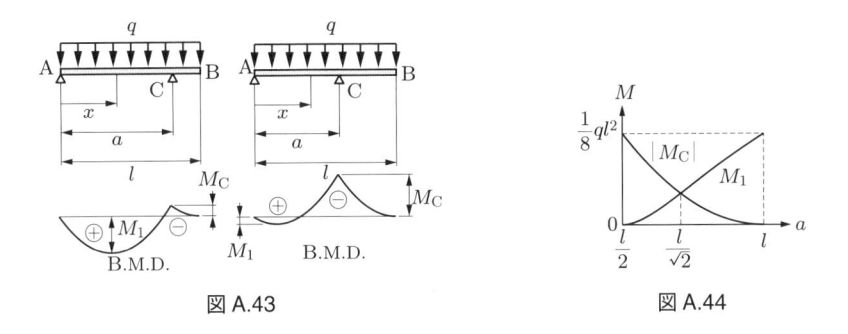

図 A.43　　　　　　　　　　　　図 A.44

4.35　$P_2 = 0$ のとき，**図 A.45** 左側に示すように，曲げモーメントは点 D で最大になる．図右側に示すように，M_D を小さくするために右端 B に集中荷重 P_2 を加えたとき，P_2 が必要以上に大きすぎると，点 D での曲げモーメント M_D よりも点 C での曲げモーメント M_C のほうが大きくなる．各支点の反力は，$R_A = P_1/2 - P_2/2$，$R_C = P_1/2 + 3P_2/2$ である．点 C，D での曲げモーメントは $M_C = -P_2l/3$，$M_D = (P_1 - P_2)l/6$ となる．$|M_C|$，M_D を，横軸を P_2 とするグラフで表すと，**図 A.46** のようになる．P_2 が小さいときは $|M|_\text{max} = M_D$，P_2 が大きいときは $|M|_\text{max} = |M_C|$ となる．図からわかるように，$|M|_\text{max}$ が最小となるのは $|M_C| = M_D$ のときで $P_2 = P_1/3$ となる．

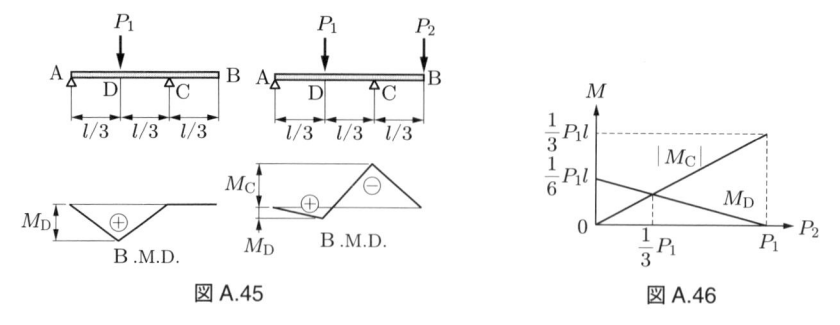

図 A.45　　　　　　　　図 A.46

4.36　図 A.47 左側に示すように，支点の位置 a が小さいとき，はりに生じる曲げモーメントの絶対値は支点 D で最大となる．支点の位置 a が大きいとき，図右側に示すように，曲げモーメントの絶対値は支点 C で最大となる．各支点の反力は，$R_C = P(-l+15a)/3l$，$R_D = 5P(2l-3a)/3l$ である．点 C，D での曲げモーメントは $M_C = -Pa$，$M_D = -2P(2l/5-a)$ となる．$|M_C|$，$|M_D|$ を，横軸を a とするグラフで表すと，図 A.48 のようになる．a が小さいときは $|M|_{\max} = M_D$，a が大きいときは $|M|_{\max} = |M_C|$ となる．図からわかるように，$|M|_{\max}$ が最小となるのは $|M_C| = |M_D|$ のときで $a = 4l/15$ となる．このとき，CD 間で曲げモーメントは一定となる．

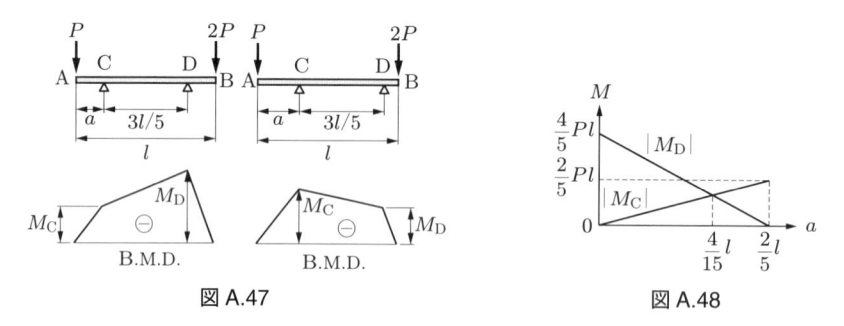

図 A.47　　　　　　　　図 A.48

4.37　せん断力は $F = dM/dx$ より，$F = a(l^3 - 4x^3)/12$ である．分布荷重は $q = -dF/dx$ より，$q = ax^2$ となる．

4.38　せん断力は $F = dM/dx = a(l^2 - 3x^2)$ である．$dM/dx = F = 0$ とおくと，$x = l/\sqrt{3}$ で $M_{\max} = 2al^3/3\sqrt{3}$ となる．

4.39　(1)　$M = -2.5x^2 + 6x$ [kN·m]，$M_{\max} = 3.6$ kN·m

(2)　$F = dM/dx = -5x + 6$ [kN]，図 A.49

(3)　図 A.49，$q = -dF/dx = 5$ kN/m，$Q = 2.0$ kN·m

4.40　$M_C = -Pl/3$，図 A.50

4.41　図 A.51

4.42　図 A.52

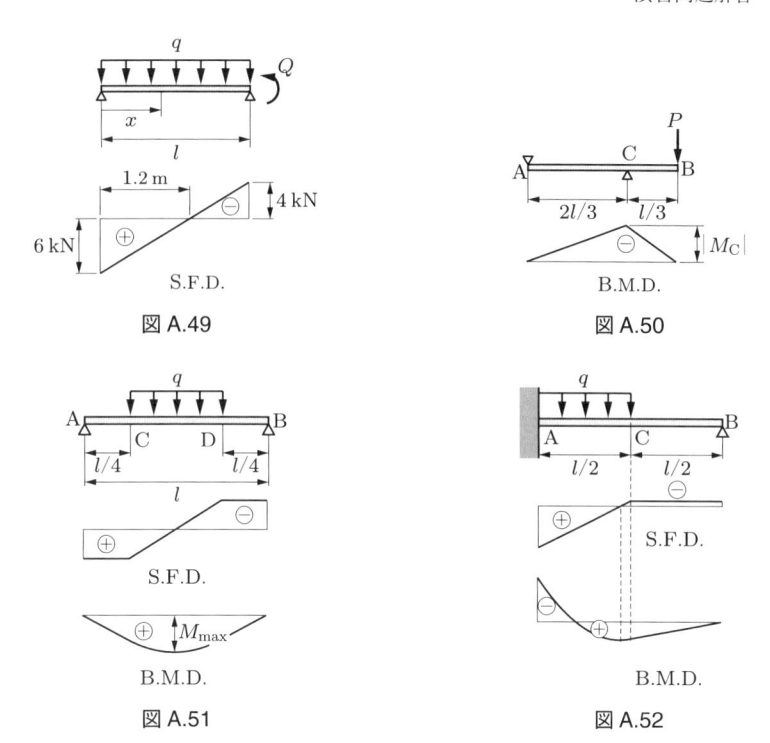

図 A.49　　　　　　図 A.50

図 A.51　　　　　　図 A.52

4.43　固定端 A での反力と反偶力は，$R_A = P$，$J_A = P(l-a)$ である．AB 間のとき，点 A から右に距離 x_1 の断面で $F = P$，$M = -P(l-a-x_1)$，$N = 0$，BC 間のとき，点 B から下に距離 x_2 の断面で $F = 0$，$M = Pa$，$N = P$，CD 間のとき，点 C から左に距離 x_3 の断面で $F = -P$，$M = P(a-x_3)$，$N = 0$ となる．せん断力図，曲げモーメント図，軸力図は，**図 A.53** のようになる．

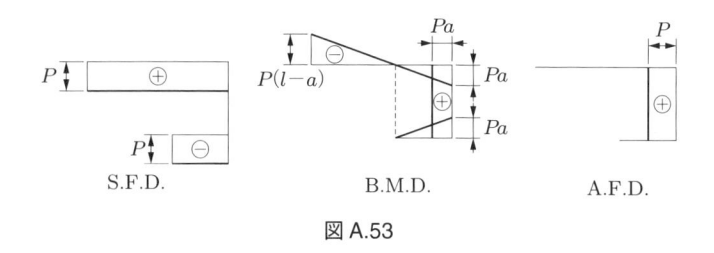

S.F.D.　　　　　B.M.D.　　　　　A.F.D.

図 A.53

4.44　固定端 A での反力と反偶力は，$R_A = P$，$J_A = Pl$ である．仮想断面には，**図 A.54** に示すようなせん断力 F，曲げモーメント M，軸力 N が作用する．AB 間のとき，点 A から右に距離 x の断面で $F = P$，$M = -P(l-x)$，$N = 0$，BC 間のとき，点 B から時計回りに角 φ の断面で $F = P\cos\varphi$，$M = Pr\sin\varphi$，$N = P\sin\varphi$ となる．せん断力図，曲げモーメント図，軸力図は，**図 A.54** のようになる．

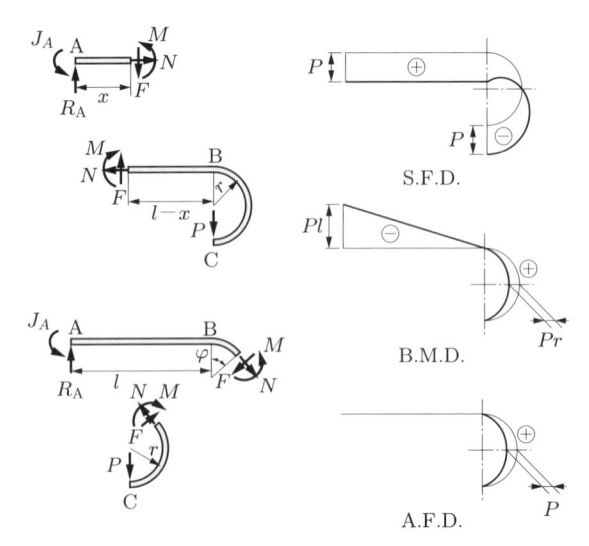

図 A.54

4.45 固定端 A での反力は鉛直上方に $R_A = P$, 反偶力は $J_A = P(l\sin\theta - a\cos\theta)$ である. AB 間のとき, 点 A から右に距離 x_1 の断面で $F = P\sin\theta$, $M = -P(l - x_1)\sin\theta + Pa\cos\theta$, $N = P\cos\theta$, BC 間のとき, 点 B から下に距離 x_2 の断面で $F = -P\cos\theta$, $M = P(a - x_2)\cos\theta$, $N = P\sin\theta$ となる. せん断力図, 曲げモーメント図, 軸力図は, **図 A.55** のようになる.

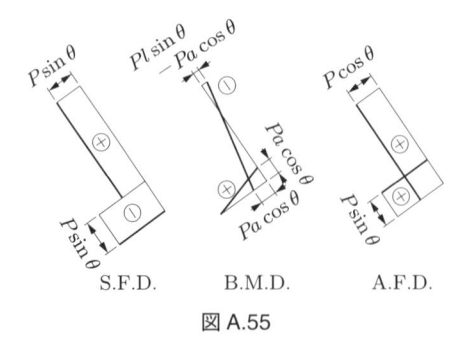

図 A.55

4.46 点 A での鉛直上方への反力を R_{AV}, 左方向への反力を R_{AH}, 点 D での鉛直上方への反力を R_{DV} とすると, 鉛直方向, 水平方向の力のつり合いおよびモーメントのつり合いから, $R_{AV} = ql_3/2 - Pl_1/l_3 = 3.5\,\text{kN}$, $R_{AH} = P = 6.0\,\text{kN}$, $R_{DV} = ql_3/2 + Pl_1/l_3 = 12.5\,\text{kN}$ となる. AE 間のとき, 点 A から上に距離 x_1 の断面で $F = R_{AH} = 6.0\,\text{kN}$, $M = R_{AH}x_1 = 6x_1$ [kN·m], $N = -R_{AV} = -3.5\,\text{kN}$, EB 間のとき, 点 A から上に距離 x_1 の断面で $F = R_{AH} - P = 0$, $M = Pl_1 = 9.0\,\text{kN·m}$, $N = -R_{AV} = -3.5\,\text{kN}$, BC 間のとき, 点 B から右に距離 x_2 の断面で $F = R_{AV} - qx_2 = 3.5 - 8x_2$ [kN], $M = R_{AV}x_2 +$

$R_{AH}(l_1 + l_2) - Pl_2 - qx_2^2/2 = 9.0 + 3.5x_2 - 4x_2^2$ [kN·m], $N = R_{AH} - P = 0$, $x_2 = 0.4375$ m で $M_{max} = 9.77$ kN·m となる．CD 間のとき，点 C から下に距離 x_3 の断面で $F = 0$, $M = 0$, $N = -R_{DV} = -12.5$ kN·m となる．せん断力図，曲げモーメント図，軸力図は，**図 A.56** のようになる．

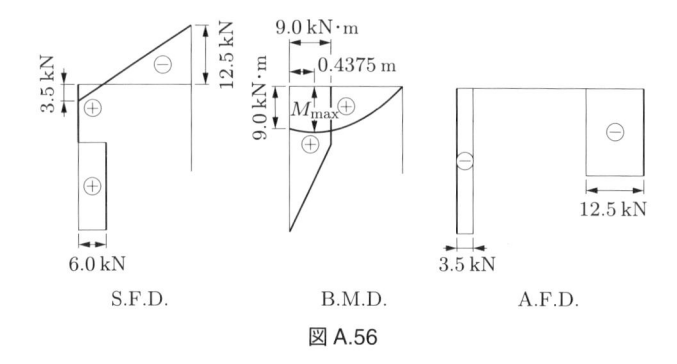

S.F.D.　　　　B.M.D.　　　　A.F.D.

図 A.56

4.47　$x = 0$ のとき，$R_A = qa(2l - a)/2l$, $M_{C1} = R_A a - qa^2/2 = qa^2(l - a)/2l = 40$ kN·m である．$0 < x < a$ のとき，$R_A = qa(2l - 2x - a)/2l$, $M_{C2} = R_A a - q(a - x)^2/2 = qa^2(2l - 2x - a)/2l - q(a - x)^2/2$ で，$dM_{C2}/dx = 0$ とおくと，$x = a(l - a)/l$ で M_{C2} は最大となり，その値は $M_{C2max} = qa^2(2l^2 - 3la + a^2)/2l^2 = 66.7$ kN·m である．$a < x$ のとき，$R_A = qa(2l - 2x - a)/2l$, $M_{C3} = R_A a = qa^2(2l - 2x - a)/2l$ で，$x = a$ で M_{C3} は最大となり，その値は $M_{C3max} = qa^2(2l - 3a)/2l = 60$ kN·m である．したがって，$M_{Cmax} = M_{C2max} = 66.7$ kN·m で，そのときの等分布荷重の位置は $x = a(l - a)/l = 1.33$ m である．

4.48　クレーンの自重を無視したとき，車輪 C, D に作用する反力を R_C, R_D とすると，$R_C + R_D = P$, $Pa + R_D b = 0$ となる．これより，$R_C = (a + b)P/b$, $R_D = -aP/b$ である．P および W によって，点 C, D ではりに作用する荷重を P_C, P_D とすると，$P_C = W/2 + R_C = W/2 + (a + b)P/b$, $P_D = W/2 + R_D = W/2 - aP/b$ となる．はり AB に関する鉛直方向の力のつり合いと点 B でのモーメントのつり合いから，$R_A + R_B = P_C + P_D$, $R_A l - P_C(l - x) - P_D(l - x - b) = 0$ となり，これらの式から，$R_A = \{W(l - x - b/2) + P(l - x + a)\}/l$ となる．$P_C > P_D$ より，はりに生じる最大曲げモーメントは点 C に生じ，$M_C = R_A x = \{W(l - x - b/2) + P(l - x + a)\}x/l$ となる．$dM_C/dx = 0$ とおいて，M_C が最大となるクレーンの位置 x を計算すると，$x = l/2 - (Wb - 2Pa)/\{4(W + P)\} = 3.84$ m となる．これを M_C の式に代入すると，$M_{max} = 92.16$ kN·m となる．

4.49　各支点の反力は，$R_A = (4l - 5x)P/3l$, $R_B = (5x - l)P/3l$ である．荷重が CE 間 $(0 \leqq x \leqq 2l/5)$ にあるとき，$F = -R_B = -(5x - l)P/3l$, $M = R_B(2l/5) = 2(5x - l)P/15$, 荷重が ED 間 $(2l/5 \leqq x \leqq l)$ にあるとき，$F = R_A = (4l - 5x)P/3l$, $M = R_A(l/5) = (4l - 5x)P/15$ となる．せん断力影響線および曲げモーメント影響線は，**図 A.57** のようになる．

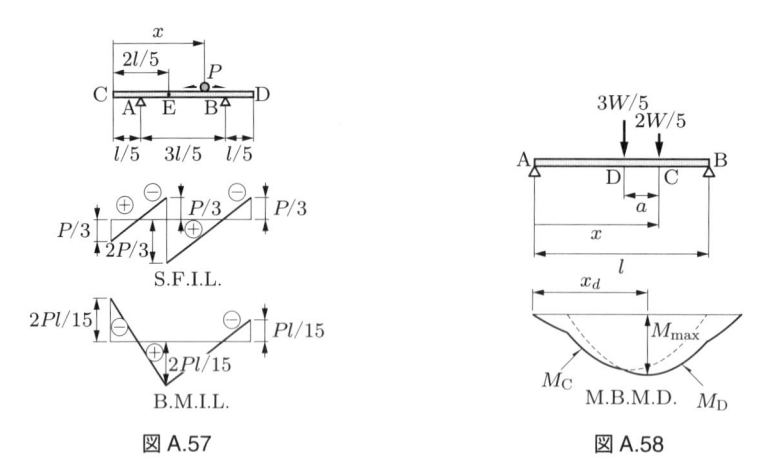

図 A.57　　　　　　　　　図 A.58

4.50 図 A.58 に示すように，前輪の接地点 C には $2W/5$ の集中荷重，後輪の接地点 D には $3W/5$ の集中荷重がそれぞれ作用する．前輪または後輪だけが橋上にあるときの曲げモーメント図は図 4.27 のような三角形になり，両輪が橋上にあるときの曲げモーメント図は図 A.38 のような四角形になる．したがって，最大曲げモーメントを調べるには，点 C，D の曲げモーメントを調べればよい．

$x \leqq a$ のとき，$R_A = 2(l-x)W/5l$，$R_B = 2xW/5l$，$M_C = R_B(l-x) = 2x(l-x)W/5l$，$a \leqq x \leqq l$ のとき，$R_A = (l-x+3a/5)W/l$，$R_B = (x-3a/5)W/l$，$M_C = R_B(l-x) = (x-3a/5)(l-x)W/l$，$M_D = R_A(x-a) = (l-x+3a/5)(x-a)W/l$，$l \leqq x \leqq l+a$ のとき，$R_A = 3(l-x+a)W/5l$，$R_B = 3(x-a)W/5l$，$M_D = R_B(l-x+a) = 3(x-a) \times (l-x+a)W/5l$ となる．最大曲げモーメント図は，**図 A.58** のようになる．図からわかるように，$M_{max} = M_{Dmax}$ で，$x_d = (l+8a/5)/2$ のとき $M_{max} = M_{Dmax} = (l-2a/5)^2 W/4l$ となる．

4.51 $I_y = bh^3/12 - (b-t)(h-2c)^3/12 = 5.31 \times 10^6 \text{ mm}^4$，$I_z = cb^3/6 + (h-2c)t^3/12 = 2.89 \times 10^6 \text{ mm}^4$ である．

(1) $R_y/R_z = I_y/I_z = 1.84$ (2) $M_y/M_z = Z_y/Z_z = 2.21$

4.52 (1) $Z = \pi d^3/32 = 21.2 \times 10^3 \text{ mm}^3$ より，$\sigma_0 = M/Z = 94.3 \text{ MPa}$

(2) $Z = bh^2/6 = 24 \times 10^3 \text{ mm}^3$ より，$\sigma_0 = M/Z = 83.3 \text{ MPa}$

(3) 付表 5 (327 ページ) より，$I_y = 6.272 \times 10^6 \text{ mm}^4$，$e_1 = 60 \text{ mm}$，$e_2 = 80 \text{ mm}$ である．よって，$\sigma_{0t} = (M/I_y)e_1 = 19.1 \text{ MPa}$，$\sigma_{0c} = -(M/I_y)e_2 = -25.5 \text{ MPa}$ となる．

4.53 点 C で $M_{max} = (ab/l)P$ である．$Z = \pi d^3/32$ より，$\sigma_{max} = M_{max}/Z = 141 \text{ MPa}$ となる．

4.54 左端 A から距離 $x = 5l/8$ で $M_{max} = 9ql^2/128$ である．$Z = bh^2/6$ より，$\sigma_{max} = M_{max}/Z = 165 \text{ MPa}$ となる．

4.55　固定端 A で $|M|_{\max} = ql^2/2$ である．$Z = bh^2/6$ より，$\sigma_{\max} = |M|_{\max}/Z = 54\,\mathrm{MPa}$ となる．

4.56　固定端 A で $|M|_{\max} = 3ql^2/8$ である．$Z = \pi d^3/32$ より，$\sigma_{\max} = |M|_{\max}/Z = 117\,\mathrm{MPa}$ となる．

4.57　(1) $M_{\mathrm{A}} = -Pl$，$Z_{\mathrm{A}} = bh^2/6$ より，$\sigma_{\mathrm{A}} = |M_{\mathrm{A}}|/Z_{\mathrm{A}} = \boxed{6Pl/bh^2}$

(2) $M_{\mathrm{C}} = -2Pl/3$，$Z_{\mathrm{C}} = bh_{\mathrm{C}}^2/6$ より，$\sigma_{\mathrm{C}} = |M_{\mathrm{C}}|/Z_{\mathrm{C}} = \boxed{4Pl/bh_{\mathrm{C}}^2}$

(3) $\sigma_{\mathrm{A}} = \sigma_{\mathrm{C}}$ とおくことにより，$h_{\mathrm{C}} = \sqrt{2/3}\,h = \boxed{0.816h}$

4.58　(1) $M_{\mathrm{C}} = Pl/4$，$Z_{\mathrm{C}} = bh^2/6$ より，$\sigma_{\mathrm{C}} = M_{\mathrm{C}}/Z_{\mathrm{C}} = \boxed{3Pl/2bh^2}$

(2) $M_{\mathrm{D}} = Pl/8$，$Z_{\mathrm{D}} = b(h^3 - d^3)/6h$ より，$\sigma_{\mathrm{D}} = M_{\mathrm{D}}/Z_{\mathrm{D}} = \boxed{3Plh/\{4b(h^3 - d^3)\}}$

(3) $\sigma_{\mathrm{D}} \leqq \sigma_{\mathrm{C}}$ とおくことにより，$d \leqq h/\sqrt[3]{2} = \boxed{0.794h}$

4.59　固定端で $|M|_{\max} = C\rho V^2 d_2^2 l^2/4$ である．$\sigma_{\mathrm{B}} = |M|_{\max}/Z = 8C\rho V^2 d_2^4 l^2/\{\pi(d_2^4 - d_1^4)\}$ より，$\pi\sigma_{\mathrm{B}} d_2^4 - 8C\rho V^2 l^2 d_2^2 - \pi\sigma_{\mathrm{B}} d_1^4 = 0$ となる．これより $d_2 = \boxed{0.539\,\mathrm{m}}$ となる．

4.60　車輪間で $|M|_{\max} = Pa$，$Z = \pi d^3/32$ より，$\sigma_{\max} = |M|_{\max}/Z = \boxed{102\,\mathrm{MPa}}$

4.61　腕の根元で $|M|_{\max} = Pl$ である．付表 5 (327 ページ) より $I_y = 694 \times 10^3\,\mathrm{mm}^4$，$Z = 17.3 \times 10^3\,\mathrm{mm}^3$ となる．これより $\sigma_{\max} = |M|_{\max}/Z = \boxed{25.4\,\mathrm{MPa}}$ となる．

4.62　(1) $d = \sqrt[3]{\dfrac{32M}{\pi\sigma_a}} = \boxed{63.4\,\mathrm{mm}}$　(2) $d_2 = \sqrt[3]{\dfrac{32M}{\pi\sigma_a\{1 - (d_1/d_2)^4\}}} = \boxed{75.6\,\mathrm{mm}}$

(3) $R'/R = I'/I = \boxed{1.19}$　(4) $W'/W = A'/A = \boxed{0.512}$

4.63　断面積が等しいから，$\pi d^2/4 = a^2$ である．これより，$a = \sqrt{\pi}\,d/2$ となる．応力の比は $\sigma_{\mathrm{b}}/\sigma_{\mathrm{a}} = Z_{\mathrm{a}}/Z_{\mathrm{b}} = (\pi d^3/32)/(a^3/6) = 3/2\sqrt{\pi} = \boxed{0.846}$ となる．曲率の比は $(1/R_{\mathrm{b}})/(1/R_{\mathrm{a}}) = I_{\mathrm{a}}/I_{\mathrm{b}} = (\pi d^4/64)/(a^4/12) = 3/\pi = \boxed{0.955}$ となる．

4.64　(1) 断面係数 Z が最大となるように長方形を切り出せばよい．$b^2 + h^2 = d^2$ より，断面係数は $Z = bh^2/6 = b(d^2 - b^2)/6$ のように b の関数で表すことができる．Z を b で微分してゼロとおくと，$Z'(b) = (d^2 - 3b^2)/6 = 0$ となる．よって，$b = \boxed{d/\sqrt{3}}$，$h = \boxed{\sqrt{2}d/\sqrt{3}}$ となる．

[別解]　$b = d\cos\theta$，$h = d\sin\theta$ とおくと，$Z = d^3\cos\theta\sin^2\theta/6$ である．$Z'(\theta) = 0$ とおくと，$\theta = \tan^{-1}\sqrt{2} = 54.74°$ となる．

(2) $\sigma/\sigma' = Z'/Z = (1/2\sqrt{2})/(2/3\sqrt{3}) = \boxed{0.919}$

4.65　(1) $d_1 = d_2 - 2t = 36\,\mathrm{mm}$ より，$I_y = \pi(d_2^4 - d_1^4)/64 = 43.2 \times 10^3\,\mathrm{mm}^4$ となる．これより，$u_1 = \boxed{0.809\,\mathrm{mm}}$ となる．

(2) $\pi d^2/4 = \pi(d_2^2 - d_1^2)/4$ より，$d = 17.4\,\mathrm{mm}$ となる．$I_y = \pi d^4/64 = 4.54 \times 10^3\,\mathrm{mm}^4$ より，$u_2 = \boxed{7.70\,\mathrm{mm}}$ となる．

(3) $u_1/u_2 = \boxed{0.105}$

4.66 (1) $\theta = \dfrac{q}{6EI_y}x(x^2 - 3lx + 3l^2)$, $u = \dfrac{q}{24EI_y}x^2(x^2 - 4lx + 6l^2)$ より, $x = l$ で

$\theta_{\max} = ql^3/6EI_y$, $x = l$ で $u_{\max} = ql^4/8EI_y$

(2) $\theta_{\max} = 0.267°$, $u_{\max} = 2.80\,\mathrm{mm}$

　（参考）たわみ曲線は図 A.59

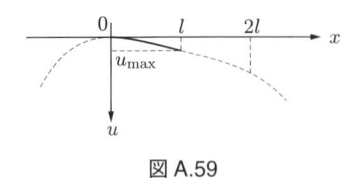
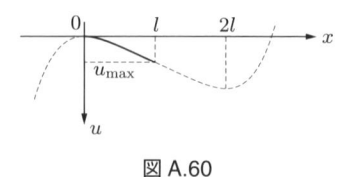

図 A.59　　　　　　　　　　　　　図 A.60

4.67 (1) $M = -(q_0/6l)(l - x)^3$ より, 次のようになる.

$$\theta = \frac{q_0}{24EI_yl}\{-(l - x)^4 + l^4\}, \quad u = \frac{q_0}{120EI_yl}\{(l - x)^5 + 5l^4x - l^5\}$$

(2) $x = l$ で $\theta_{\max} = q_0l^3/24EI_y$, $x = l$ で $u_{\max} = q_0l^4/30EI_y$

　（参考）たわみ曲線は図 A.60

4.68 $M = q_0(l^2x - x^3)/6l$ より,

$$\theta = \frac{q_0}{360EI_yl}(15x^4 - 30l^2x^2 + 7l^4), \quad u = \frac{q_0}{360EI_yl}(3x^5 - 10l^2x^3 + 7l^4x)$$

となる. $\theta = 0$ とおくと, $15x^4 - 30l^2x^2 + 7l^4 = 0$ となる. これより最大たわみは $x = 0.52l$ で $u_{\max} = 0.00652q_0l^4/EI_y$ となる.

　（参考）たわみ曲線は図 A.61. $0 \leqq x \leqq l$ で, たわみ曲線はほぼ左右対称. $x = l/2$ で $u = 75q_0l^4/11520EI_y = 0.00651q_0l^4/EI_y$

図 A.61　　　　　　　　　　　　　図 A.62

4.69 (1) $M = Qx/l$ より, $\theta = Q(l^2 - 3x^2)/6EI_yl$, $u = Qx(l^2 - x^2)/6EI_yl$

(2) $\theta = 0$ とおくと, $l^2 - 3x^2 = 0$ となる. これより最大たわみは $x = l/\sqrt{3}$ で $u_{\max} = Ql^2/9\sqrt{3}EI_y$ となる.

(3) $x = 0$ で $\theta_A = Ql/6EI_y$, $x = l$ で $\theta_B = -Ql/3EI_y$

　（参考）たわみ曲線は図 A.62

4.70 境界条件は，$x = 0$ で $\theta_1 = 0$，$u_1 = 0$，$x = l/2$ で $\theta_1 = \theta_2$，$u_1 = u_2$ である．これらより，たわみ角とたわみの式は，AC 間で，

$$\theta_1 = \frac{ql}{8EI_y}x(3l - 2x), \quad u_1 = \frac{ql}{48EI_y}x^2(9l - 4x)$$

となり，CB 間で，

$$\theta_2 = \frac{q}{48EI_y}\{7l^3 - 8(l - x)^3\}, \quad u_2 = \frac{q}{384EI_y}\{16(l - x)^4 + 56l^3x - 15l^4\}$$

となる．自由端のたわみは $u_{\max} = (u_2)_{x=l} = 41ql^4/384EI_y$ となる．

（参考）たわみ曲線は図 **A.63**

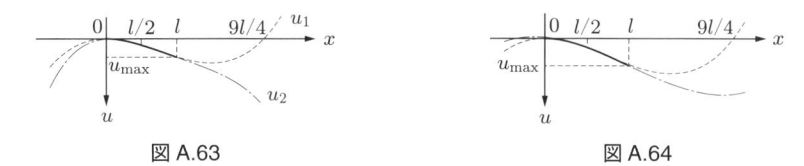

図 A.63　　　　　　　　　　　　　　図 A.64

4.71 境界条件は，$x = 0$ で $\theta_1 = 0$，$u_1 = 0$，$x = l/2$ で $\theta_1 = \theta_2$，$u_1 = u_2$ である．これらより，たわみ角とたわみの式は，AC 間で，

$$\theta_1 = \frac{P}{EI_y}\left(\frac{3}{2}lx - x^2\right), \quad u_1 = \frac{P}{EI_y}x^2\left(\frac{3}{4}l - \frac{1}{3}x\right)$$

となり，CB 間で，

$$\theta_2 = \frac{P}{EI_y}\left(lx - \frac{1}{2}x^2 + \frac{1}{8}l^2\right), \quad u_2 = \frac{P}{EI_y}\left(\frac{1}{2}lx^2 - \frac{1}{6}x^3 + \frac{1}{8}l^2x - \frac{1}{48}l^3\right)$$

となる．自由端のたわみは $u_{\max} = (u_2)_{x=l} = 7Pl^3/16EI_y$ となる．

（参考）たわみ曲線は図 **A.64**

4.72 境界条件は，$x = 0$ で $u_1 = 0$，$x = l$ で $u_2 = 0$，$x = l/2$ で $\theta_1 = \theta_2$，$u_1 = u_2$ である．これらより，たわみ角とたわみの式は，AC 間で，

$$\theta_1 = \frac{ql}{384EI_y}(7l^2 - 24x^2), \quad u_1 = \frac{ql}{384EI_y}x(7l^2 - 8x^2)$$

となり，CB 間で，

$$\theta_2 = \frac{q}{384EI_y}\left\{64\left(x - \frac{l}{2}\right)^3 - 24lx^2 + 7l^3\right\}$$

$$u_2 = \frac{q}{384EI_y}\left\{16\left(x - \frac{l}{2}\right)^4 - 8lx^3 + 7l^3x\right\}$$

となる．中央点 C のたわみは $(u_1)_{x=l/2} = (u_2)_{x=l/2} = 5ql^4/768EI_y$ となる．

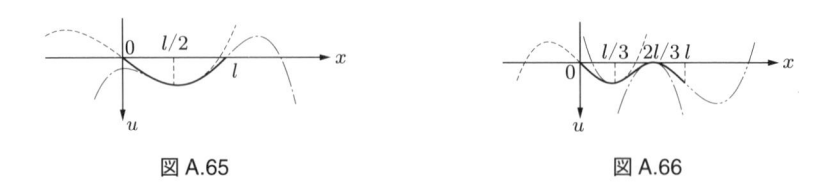

図 A.65   図 A.66

（参考）たわみ曲線は図 A.65

4.73 境界条件は，$x = 0$ で $u_1 = 0$，$x = 2l/3$ で $u_2 = u_3 = 0$，$x = l/3$ で $\theta_1 = \theta_2$，$u_1 = u_2$，$x = 2l/3$ で $\theta_2 = \theta_3$ である．これらより，たわみ角とたわみの式は

$$\theta_1 = -\frac{P}{EI_y}\left(\frac{1}{2}x^2 - \frac{5}{108}l^2\right), \quad u_1 = -\frac{P}{EI_y}\left(\frac{1}{6}x^3 - \frac{5}{108}l^2x\right)$$

$$\theta_2 = -\frac{P}{EI_y}\left(-x^2 + lx - \frac{23}{108}l^2\right), \quad u_2 = -\frac{P}{EI_y}\left(-\frac{1}{3}x^3 + \frac{l}{2}x^2 - \frac{23}{108}l^2x + \frac{1}{54}l^3\right)$$

$$\theta_3 = -\frac{P}{EI_y}\left(\frac{1}{2}x^2 - lx + \frac{49}{108}l^2\right), \quad u_3 = -\frac{P}{EI_y}\left(\frac{1}{6}x^3 - \frac{l}{2}x^2 + \frac{49}{108}l^2x - \frac{7}{54}l^3\right)$$

となる．各点のたわみ角は $\theta_A = 5Pl^2/108EI_y$，$\theta_D = \theta_C = -Pl^2/108EI_y$ となり，荷重点のたわみは $u_D = u_B = Pl^3/108EI_y$ となる．

（参考）たわみ曲線は図 A.66

4.74 左右対称であるから，AC 間のみで計算すればよい．境界条件は，$x = 0$ で $u_1 = 0$，$x = l/2$ で $\theta_1 = 0$ である．これらより，AC 間でのたわみ角とたわみの式は

$$\theta_1 = \frac{q_0}{192EI_yl}(16x^4 - 24l^2x^2 + 5l^4), \quad u_1 = \frac{q_0}{EI_yl}\left(\frac{1}{60}x^5 - \frac{1}{24}l^2x^3 + \frac{5}{192}l^4x\right)$$

となり，最大たわみは $u_{\max} = q_0l^4/120EI_y$ となる．

（参考）たわみ曲線は図 A.67

4.75 左右対称であるから，CE 間のみで計算すればよい．CE 間で，

$$\theta_2 = \frac{1}{EI_y}\left\{\frac{P_1}{2}x^2 - \frac{1}{2}\left(P_1 + \frac{P_2}{2}\right)(x-a)^2 + C_1\right\}$$

$$u_2 = \frac{1}{EI_y}\left\{\frac{P_1}{6}x^3 - \frac{1}{6}\left(P_1 + \frac{P_2}{2}\right)(x-a)^3 + C_1x + C_2\right\}$$

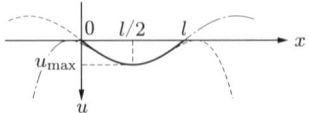

図 A.67

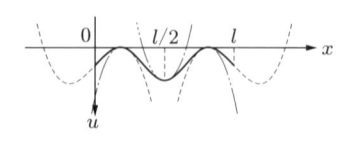

図 A.68

となる．境界条件は，$x = a$ で $u_2 = 0$, $x = a + l/2$ で $\theta_2 = 0$ である．これらより，

$$C_1 = -\frac{P_1}{2}\left(a + \frac{l}{2}\right)^2 + \frac{1}{8}\left(P_1 + \frac{P_2}{2}\right)l^2$$

$$C_2 = -\frac{P_1}{6}a^3 + \frac{P_1 a}{2}\left(a + \frac{l}{2}\right)^2 - \frac{1}{8}\left(P_1 + \frac{P_2}{2}\right)al^2$$

となる．点 E のたわみおよび点 C のたわみ角は次のようになる．

$$u_{\mathrm{E}} = \frac{l^2}{48EI_y}(P_2 l - 6P_1 a), \quad \theta_{\mathrm{C}} = \frac{l}{16EI_y}(P_2 l - 8P_1 a)$$

（参考）たわみ曲線は図 A.68

4.76 AC 間と CD 間とで計算する．境界条件は，$x = 0$ で $u_1 = 0$, $x = a$ で $\theta_1 = \theta_2$, $u_1 = u_2$, $x = l/2$ で $\theta_2 = 0$ である．これらより，

$$\theta_1 = -\frac{P}{2EI_y}(x^2 + a^2 - al), \quad u_1 = -\frac{P}{6EI_y}x(x^2 + 3a^2 - 3al)$$

$$\theta_2 = -\frac{Pa}{2EI_y}(2x - l), \quad u_2 = -\frac{Pa}{6EI_y}(3x^2 - 3lx + a^2)$$

となる．荷重点 C および中央点 E のたわみは次のようになる．

$$u_{\mathrm{C}} = \frac{Pa^2}{6EI_y}(3l - 4a), \quad u_{\mathrm{E}} = \frac{Pa}{24EI_y}(3l^2 - 4a^2)$$

（参考）たわみ曲線は図 A.69

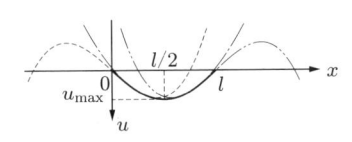

図 A.69

4.77 たわみ角とたわみは，AC 間で，

$$\theta_1 = \frac{P}{2EI_1}x(2l - x), \quad u_1 = \frac{P}{6EI_1}x^2(3l - x)$$

となり，CB 間で，

$$\theta_2 = \frac{P}{8EI_2}\left\{8lx - 4x^2 + 3l^2\left(\frac{I_2}{I_1} - 1\right)\right\}$$

$$u_2 = \frac{P}{24EI_2}\left\{12lx^2 - 4x^3 + 9l^2\left(\frac{I_2}{I_1} - 1\right)x - 2l^3\left(\frac{I_2}{I_1} - 1\right)\right\}$$

となる．最大たわみは $x = l$ の自由端に生じ，その値は次のようになる．

$$u_{\max} = \frac{Pl^3}{24EI_2}\left(1 + 7\frac{I_2}{I_1}\right)$$

4.78　境界条件は，$x = 0$ で $u_1 = 0$，$x = l/4$ で $\theta_1 = \theta_2$，$u_1 = u_2$，$x = l/2$ で $\theta_2 = 0$ である．これらより，たわみ角とたわみは，AC 間で，

$$\theta_1 = -\frac{P}{128EI_y}(32x^2 - 5l^2), \quad u_1 = -\frac{P}{384EI_y}x(32x^2 - 15l^2)$$

となり，CD 間で，

$$\theta_2 = -\frac{P}{32EI_y}(4x^2 - l^2), \quad u_2 = -\frac{P}{768EI_y}(32x^3 - 24l^2x - l^3)$$

となる．中央点 E でのたわみは $u_{\mathrm{E}} = 3Pl^3/256EI_y$ となる．

4.79　境界条件は，$x = 0$ で $u_1 = 0$，$\theta_1 = 0$，$x = l/2$ で $\theta_1 = \theta_2$，$u_1 = u_2$ である．これらより，たわみ角とたわみは，AC 間で，

$$\theta_1 = \frac{q}{6EI_0}\{-(l-x)^3 + l^3\}, \quad u_1 = \frac{q}{24EI_0}\{(l-x)^4 + 4l^3x - l^4\}$$

となり，CB 間で，

$$\theta_2 = \frac{ql^3}{16EI_0}\left\{-\log(l-x) + \frac{7}{3} + \log\left(\frac{l}{2}\right)\right\}$$

$$u_2 = \frac{ql^3}{16EI_0}\left[(l-x)\log(l-x) - (l-x) + \left\{\frac{7}{3} + \log\left(\frac{l}{2}\right)\right\}x + \frac{l}{24} - l\log\left(\frac{l}{2}\right)\right]$$

となる．自由端のたわみは[†2] $u_{\mathrm{B}} = 19ql^4/128EI_0$ となる．

4.80　左端から距離 x の位置での応力は

$$\sigma_0 = \frac{qx(l-x)/2}{\pi d^3/32}$$

である．ここで，$x(l-x)/d^3 = C$ とおくと，$x = l/2$ で $d = d_0$ より，$C = l^2/4d_0^3$ である．よって，次のようになる．

$$d = \sqrt[3]{\frac{x(l-x)}{C}} = d_0\sqrt[3]{\frac{4x(l-x)}{l^2}}$$

---

†2 数学公式 $\displaystyle\lim_{x \to +0} x\log x = 0$

4.81　$q = q_0(l-x)/l$, $M = -q_0(l-x)^3/6l$ より，$h = h_0\{(l-x)/l\}^{3/2}$ となる．たわみ角とたわみの式は

$$\theta = \frac{q_0 l^{7/2}}{3EI_0}\left(\frac{1}{\sqrt{l-x}} - \frac{1}{\sqrt{l}}\right), \quad u = \frac{q_0 l^{7/2}}{6EI_0}\left(-4\sqrt{l-x} - \frac{2}{\sqrt{l}}x + 4\sqrt{l}\right)$$

となる．よって，自由端のたわみは $u_{x=l} = q_0 l^4/3EI_0 = 4q_0 l^4/Eb_0 h_0^3$ となる．

4.82　AC 間で，$b = b_1$, $M = -Pl/n$, $Z = b_1 h_0^2/6$ である．よって，$\sigma_1 = |M|/Z = 6Pl/nb_1 h_0^2$ となる．CB 間で，$b = nb_1(l-x)/l$, $M = -P(l-x)$, $Z = nb_1 h_0^2(l-x)/6l$ である．よって，$\sigma_2 = |M|/Z = 6Pl/nb_1 h_0^2$ となる．AB 間の全範囲で応力は一定値となるので，このはりは平等強さのはりである．たわみ角とたわみの式は，AB 間の全範囲で，$\theta = (Pl/EI_0)x$, $u = (Pl/2EI_0)x^2$ となる．自由端 B のたわみは $u_{x=l} = Pl^3/2EI_0 = 6Pl^3/Enb_1 h_0^3$ となる．

4.83　式 (4.15) より，$n > 3Pl/2b_1 h_0^2\sigma_a = 9.90$ である．よって 10 枚 必要となる．中央のたわみは式 (4.16) より，$u = 3Pl^3/8Enb_1 h_0^3 = 20.8\,\mathrm{mm}$ となる．

第 5 章　長柱の座屈

5.1　$y = u - (u_{\max} + e)$ とおくと，微分方程式 (5.2) は，$d^2y/dx^2 + a^2y = 0$ の標準形に書き換えられる．$a^2 > 0$ における標準形の一般解は，$y = C_1 \sin ax + C_2 \cos ax$ である．よって，u の一般解は式 (5.3) となる．

[補足]　y の一般解が $y = C_1 \sin ax + C_2 \cos ax$ であることは微分方程式に代入することで確かめられる．また，定数係数 2 階線形斉次方程式における特性方程式の解が互いに共役な値 $\lambda = A \pm Bi$ ($i^2 = -1$) をもつとき，一般解は $y = \exp(Ax)(C_1 \sin Bx + C_2 \cos Bx)$ であるが，$d^2y/dx^2 + a^2y = 0$ の特性方程式は $\lambda^2 + a^2 = 0$ となる．

5.2　$I_{\min} = 0.04 \times 0.02^3/12 = 26.67 \times 10^{-9}\,\mathrm{m}^4$ より，$P_{cr} = \pi^2 EI_{\min}/4l^2 = 6.02\,\mathrm{kN}$

5.3　$P_{cr} = \pi^2 EI_{\min}/4l^2 = 6770\,\mathrm{N}$ となる．直径 $d = 25\,\mathrm{mm}$ の円柱と，外径 $d_2 = 30\,\mathrm{mm}$，内径 d_1 の円筒との断面二次モーメントが等しいときに同じ座屈荷重になるから，$\pi d^4/64 = \pi(d_2^4 - d_1^4)/64$ より，$d_1 = 25.45\,\mathrm{mm}$ となる．肉厚は $t = (d_2 - d_1)/2 = 2.275\,\mathrm{mm}$ となる．柱の密度を ρ，長さを l，円柱の断面積を A，円筒の断面積を A_0 とすると，$(\rho Al - \rho A_0 l)/\rho Al = 1 - (d_2^2 - d_1^2)/d^2 = 0.5963$ より，59.6% 減少 する．

5.4　座屈荷重 $P_{cr} = 5 \times 400 = 2000\,\mathrm{kN}$ で，$P_{cr} = \pi^2 EI_{\min}/l^2$ より，$d = \sqrt[4]{64l^2 P_{cr}/\pi^3 E} = 98.7\,\mathrm{mm}$ となる．

5.5　座屈荷重 $P_{cr} = 5 \times 80 = 400\,\mathrm{kN}$ で，$P_{cr} = \pi^2 EI_{\min}/l^2$ より，$d = \sqrt[4]{64l^2 P_{cr}/\pi^3 E} = 54.8\,\mathrm{mm}$ となる．

5.6　$\alpha tl = Pl/EA$ より，$P = \alpha tEA$ となる．座屈荷重 $P_{cr} = \pi^2 EI_{\min}/l^2$ より，$\alpha tEA = \pi^2 EI_{\min}/l^2$ となり，$t = \pi^2 I_{\min}/\alpha Al^2 = \pi^2 d^2/16\alpha l^2$ となる．

5.7　部材 AC に作用する引張荷重を P_1，部材 BC に作用する圧縮荷重を P_2，$\angle\mathrm{ACB} = \theta$ とすると，$P_1 = P/\sin\theta$，$P_2 = P/\tan\theta$ となる（ただし，$\tan\theta = 1/2$）．オイラーの公式から，必要な断面二次モーメントは

$$I_{\min} = \frac{SP_{cr}l^2}{i\pi^2 E} = \frac{SPl^2}{i\pi^2 E \tan\theta} = 1.328 \times 10^6 \ \mathrm{mm}^4$$

となる．よって，部材 BC の直径は $d = \sqrt[4]{64I_{\min}/\pi} = \boxed{72.1 \ \mathrm{mm}}$ となる．

5.8　部材 AB，AD，CB，CD に作用する引張荷重は等しい．これを P_1 とすると，ピン A および C に関する力のつり合いより，$2P_1 \cos 45° = P$ となり，$P_1 = P/\sqrt{2}$ となる．部材 BD に作用する圧縮荷重を P_2 とすると，ピン B および D に関する力のつり合いより，$2P_1 \cos 45° = P_2$ となり，$P_2 = P$ となる．これより，部材 BD の座屈荷重 P_{cr} と，そのときのトラスの引張荷重の大きさは等しく，$P_{cr} = \pi^2 EI/(\sqrt{2}l)^2 = \boxed{\pi^2 EI/2l^2}$ となる．

5.9　部材 AC および BC には圧縮荷重が，部材 AD および BD，CD には引張荷重が作用する．それらの大きさを P_1，P_2，P_3 とすると，ピン A および B，ピン D に関する力のつり合いから，$P_1 - P/\sqrt{2}$，$P_2 - P/2$，$P_3 - P$ となる．部材 AC および BC が座屈するときのトラスの鉛直荷重は $P_{cr} = \sqrt{2}\pi^2 EI/(\sqrt{2}l)^2 = \boxed{\sqrt{2}\pi^2 EI/2l^2}$ となる．

5.10　対称性より，両支点の反力は等しく，その大きさは $R = ql/2$ である．左端から距離 x の仮想断面に生じる曲げモーメントは $M = qlx/2 - qx^2/2 + Pu$ となる．たわみ曲線の微分方程式は

$$\frac{d^2u}{dx^2} = \frac{1}{EI_y}\left(\frac{1}{2}qx^2 - \frac{1}{2}qlx - Pu\right)$$

$$\frac{d^2u}{dx^2} + \frac{P}{EI_y}u - \frac{q}{2EI_y}(x^2 - lx) = 0$$

となる．ここで，$\sqrt{P/EI_y} = a$ とおくと，上式は次のようになる．

$$\frac{d^2u}{dx^2} + a^2u - \frac{q}{2EI_y}(x^2 - lx) = 0$$

一般解を

$$u = C_1 \sin ax + C_2 \cos ax + C_3 x^2 + C_4 x + C_5$$

とおく．d^2u/dx^2，u を微分方程式に代入し，係数を比較すると，

$$C_3 = \frac{q}{2EI_y}\frac{1}{a^2}, \quad C_4 = -\frac{q}{2EI_y}\frac{l}{a^2}, \quad C_5 = -\frac{q}{2EI_y}\frac{2}{a^4}$$

となる．よって，一般解は次のようになる．

$$u = C_1 \sin ax + C_2 \cos ax + \frac{q}{2EI_y a^2}\left(x^2 - lx - \frac{2}{a^2}\right)$$

$$= C_1 \sin ax + C_2 \cos ax + \frac{q}{2P}\left(x^2 - lx - \frac{2}{a^2}\right)$$

境界条件は，$x = 0$ および $x = l$ で $u = 0$ である．これらから，

$$C_1 = \frac{(q/Pa^2)(1 - \cos al)}{\sin al}, \quad C_2 = \frac{q}{Pa^2}$$

となり，$x = l/2$ で，

$$u_{\max} = \frac{q}{Pa^2}\left\{\frac{1}{\cos(al/2)} - 1\right\} - \frac{ql^2}{8P}$$

となる．$u_{\max} \to \infty$ となるのは $\cos(al/2) = 0$ のときで，$al/2 = \pi/2$ より，座屈荷重 $P_{cr} = \pi^2 EI_y/l^2$ となる．

[補足]　非斉次微分方程式を定数変化法で解く．

$$\frac{d^2 u}{dx^2} + a^2 u - \frac{q}{2EI_y}(x^2 - lx) = 0$$

において，その斉次方程式 $d^2u/dx^2 + a^2u = 0$ の一般解は，$u = C_{10}\sin ax + C_{20}\cos ax$ である．この任意定数を x の未知関数 $f(x)$，$g(x)$ に置き換え，非斉次方程式の解を

$$u = f \sin ax + g \cos ax \tag{1}$$

とおく．u を微分すると，

$$u' = f'\sin ax + af\cos ax + g'\cos ax - ag\sin ax$$

となり，ここで，

$$f'\sin ax + g'\cos ax = 0 \tag{2}$$

とおく．さらに微分して，

$$u'' = af'\cos ax - a^2 f\sin ax - ag'\sin ax - a^2 g\cos ax$$

となり，これらを与えられた非斉次方程式に代入すると，

$$af'\cos ax - ag'\sin ax = \frac{q}{2EI_y}(x^2 - lx) \tag{3}$$

となる．f' と g' について，連立方程式 (2)，(3) を解くと，

$$f' = \frac{q}{2EI_y}\frac{1}{a}(x^2 - lx)\cos ax, \quad g' = -\frac{q}{2EI_y}\frac{1}{a}(x^2 - lx)\sin ax$$

となる．積分すると，未知関数は

$$f = \frac{q}{2EI_y}\frac{1}{a}\left\{\frac{1}{a}x^2\sin ax + \frac{2}{a^2}x\cos ax - \frac{2}{a^3}\sin ax - l\left(\frac{1}{a}x\sin ax + \frac{1}{a^2}\cos ax\right)\right\} + C_1$$

$$g = -\frac{q}{2EI_y}\frac{1}{a}\left\{-\frac{1}{a}x^2\cos ax + \frac{2}{a^2}x\sin ax + \frac{2}{a^3}\cos ax - l\left(-\frac{1}{a}x\cos ax + \frac{1}{a^2}\sin ax\right)\right\} + C_2$$

となる．これらを式 (1) に代入すると，次のようになる．

$$u = C_1\sin ax + C_2\cos ax + \frac{q}{2EI_y}\frac{1}{a^2}x^2 - \frac{q}{2EI_y}\frac{l}{a^2}x - \frac{q}{2EI_y}\frac{2}{a^4}$$

5.11　(1) $I_{\min} = 40 \times 30^3/12 = 90 \times 10^3$ mm^4 より，$l = \sqrt{i\pi^2 EI_{\min}/P_{cr}} = $ **676 mm**
(2) 題意より $\sigma_{cr} = \sigma_S$，$\lambda = \lambda_0$ である．これらより，$\lambda_0 = \sqrt{i\pi^2 E/\sigma_S}$，$l = \lambda_0 k = \lambda_0\sqrt{I_{\min}/A} = $ **394 mm** となる．

5.12　$\sigma_{cr} = \pi^2 EI_{\min}/Al^2 = \pi^2 E/\lambda^2$ より，$\lambda = \pi\sqrt{E/\sigma_{cr}} = $ **82.3**

5.13　$i = 4$，$\sigma_0 = 549$ MPa，$u = 1/1600$，$k = 68.01$ mm，$\lambda = 117.63$ より，$\sigma_R = \sigma_0/(1 + a\lambda^2/i) = $ **174 MPa** となる．

5.14　$i = 1$，$\sigma_0 = 49$ MPa，$a = 1/750$，$k = 43.30$ mm である．細長比 $\lambda = 46.19 < 60$ より，ランキンの式を用いて，$\sigma_R = \sigma_0/(1 + a\lambda^2/i) = $ **12.7 MPa** となる．柱に加えることができる最大圧縮荷重は $P_{\max} = A\sigma_R/S = $ **65.0 kN** となる．

5.15　断面二次半径は $k = \sqrt{I/A} = d/4$，細長比は $\lambda = 4l/d$ となる．$i = 1$，$P_{cr} = 8 \times 100 = 800$ kN であるから，

$$P_{cr} = A\left(\sigma_c - \frac{\sigma_c^2}{4i\pi^2 E}\lambda^2\right) \text{ より } \quad d = \sqrt{\frac{P_{cr} + \sigma_c^2 l^2/\pi E}{\pi\sigma_c/4}} = \text{ } \mathbf{76.03 \text{ mm}}$$

となる．また，$\lambda = $ **78.9**，$\lambda_J = $ **139** となる．

5.16　断面二次半径は $k = \sqrt{I/A} = d/4$，細長比は $\lambda = 4l/d$ となる．$i = 1$，$\sigma_0 = 328$ MPa，$a = 1/540$，$P_{cr} = 5 \times 400 = 2000$ kN であるから，$P_{cr} = A\sigma_0(1 - a\lambda)$ より，$d = 2al + \sqrt{4a^2l^2 + 4P_{cr}/\pi\sigma_0} = $ **95.8 mm** となる．このとき，$\lambda = $ **83.5** となる．

第 6 章　不静定問題

6.1　点 A，B における左向きの反力を R_A，R_B とすると，水平方向の力のつり合いから，$R_A + R_B = P$ が成り立つ．ここで，AC 間，CB 間の仮想断面に生じる軸力をそれぞれ N_1，N_2 とすると，$N_1 = R_A$，$N_2 = R_A - P$ である．棒の全長は不変であるから，$N_1(l/3)/EA + N_2(2l/3)/EA = 0$ で，これらから，$R_A = 2P/3$，$R_B = P/3$ となる．$N_1 > |N_2|$ より，$\sigma_a = N_1/A$ とおく．これより，$d = \sqrt{4N_1/\pi\sigma_a} = \sqrt{8P/3\pi\sigma_a} = $ **14.6 mm** となる．

6.2　床の反力を R_1（上向き），天井の反力を R_2（上向き）とすると，力のつり合いから $R_1 + R_2 = 2P$ が成り立つ．また，棒の各段の伸びを λ_a, λ_b, λ_c とすると，棒全体の長さは不変であるから，$\lambda_a + \lambda_b + \lambda_c = 0$ となる．ここで，

$$\lambda_a = \frac{R_2 a}{EA_a} = \frac{1}{2}\frac{R_2 c}{EA_c}, \quad \lambda_b = \frac{(R_2 - P)b}{EA_b} = \frac{3}{4}\frac{(R_2 - P)c}{EA_c}, \quad \lambda_c = \frac{(R_2 - 2P)c}{EA_c}$$

である．これらの式から，$R_1 = 7P/9 = 420\,\mathrm{kN}$, $R_2 = 11P/9 = 660\,\mathrm{kN}$ となる．最下段の応力（最大圧縮応力）が許容応力に等しいとおくと，$\sigma = |R_2 - 2P|/A_c = 7P/9A_c$ より，$A_c = 7P/9\sigma_a = 3000\,\mathrm{mm}^2$ となる．

6.3　点 A，B における左向きの反偶力を J_A, J_B とすると，モーメントのつり合いから，$J_\mathrm{A} + J_\mathrm{B} = Q$ が成り立つ．ここで，AC 間，CB 間の仮想断面に生じるねじりモーメントをそれぞれ T_1, T_2 とすると，$T_1 = J_\mathrm{A}$, $T_2 = J_\mathrm{A} - Q$ である．軸全体でのねじれ角はゼロだから，$T_1 a/G_1 I_p + T_2(l-a)/G_2 I_p = 0$ となる．これらから，

$$J_\mathrm{A} = \frac{G_1(l-a)}{G_1(l-a) + G_2 a}Q, \quad J_\mathrm{B} = \frac{G_2 a}{G_1(l-a) + G_2 a}Q$$

となる．AC 間，CB 間の仮想断面で，ねじり応力の大きさが等しいことより，$T_1/Z_p = |T_2|/Z_p$ となる．よって，$a = G_1 l/(G_1 + G_2)$ となる．

6.4　点 A，B における左向きの反偶力を J_A, J_B とすると，モーメントのつり合いから，$J_\mathrm{A} + J_\mathrm{B} = Q$ が成り立つ．ここで，AC 間，CB 間の仮想断面に生じるねじりモーメントをそれぞれ T_1, T_2 とすると，$T_1 = J_\mathrm{A}$, $T_2 = J_\mathrm{A} - Q$ である．軸全体でのねじれ角はゼロだから，$T_1(l/3)/GI_{p1} + T_2(2l/3)/GI_{p2} = 0$ となる．ここで，$I_{p1} = \pi d_1^4/32$, $I_{p2} = \pi d_2^4/32$ である．これらから，次のようになる．

$$J_\mathrm{A} = \frac{2d_1^4}{2d_1^4 + d_2^4}Q, \quad J_\mathrm{B} = \frac{d_2^4}{2d_1^4 + d_2^4}Q$$

6.5　棒 AB，CD，EF に生じる引張荷重をそれぞれ P_1, P_2, P_3 とすると，剛性板についての力のつり合いと点 B でのモーメントのつり合いから，$P_1 + P_2 + P_3 = P$, $P_2 a + P_3(a+b) = Px$ が成り立つ．また，各棒の伸びは等しいから $\lambda_1 = \lambda_2 = \lambda_3$ が成り立つ．ここで，$\lambda_1 = P_1 l/E_1 A_1$, $\lambda_2 = P_2 l/E_2 A_2$, $\lambda_3 = P_3 l/E_3 A_3$ である．これらの式から，各棒に生じる引張荷重は，$P_1 = E_1 A_1 P/(E_1 A_1 + E_2 A_2 + E_3 A_3)$, $P_2 = E_2 A_2 P/(E_1 A_1 + E_2 A_2 + E_3 A_3)$, $P_3 = E_3 A_3 P/(E_1 A_1 + E_2 A_2 + E_3 A_3)$ となり，剛性板を水平に保つための荷重の位置は次のようになる．

$$x = \frac{E_2 A_2 a + E_3 A_3(a+b)}{E_1 A_1 + E_2 A_2 + E_3 A_3}$$

6.6　鋼線 AB, CD, EF に作用する引張荷重をそれぞれ P_1, P_2, P_3 とすると, 剛性板に関する鉛直方向の力のつり合いと, 点 D でのモーメントのつり合いから, $P_1 + P_2 + P_3 = P$, $P_1 a = P_3 b$ が成り立つ. 変形を考えると,

$$\frac{\lambda_3 - \lambda_1}{a + b} = \frac{\lambda_2 - \lambda_1}{a} \quad \text{または} \quad \frac{\lambda_2 - \lambda_1}{a} = \frac{\lambda_3 - \lambda_2}{b}$$

となる. ここで, $\lambda_1 = P_1 l / E_1 A$, $\lambda_2 = P_2 l / E_2 A$, $\lambda_3 = P_3 l / E_1 A$ である. これらから, それぞれの鋼線に生じる応力は次のようになる.

$$\sigma_1 = \frac{P_1}{A} = \frac{b(a + b)E_1}{(a + b)^2 E_1 + (a^2 + b^2)E_2} \frac{P}{A}$$

$$\sigma_2 = \frac{P_2}{A} = \frac{(a^2 + b^2)E_2}{(a + b)^2 E_1 + (a^2 + b^2)E_2} \frac{P}{A}$$

$$\sigma_3 = \frac{P_3}{A} = \frac{a(a + b)E_1}{(a + b)^2 E_1 + (a^2 + b^2)E_2} \frac{P}{A}$$

6.7　もしもブッシュがなかったとすると, ナットを n 回転させたときにナットが進む距離は np である. ブッシュがあるときは, ボルトには引張力, ブッシュには圧縮力がはたらく. ボルトに作用する引張力を P_1, ブッシュに作用する圧縮力を P_2 とすると, 力のつり合いから, $P_1 = P_2$ である. ボルトの伸びを λ_1, ブッシュの縮みを λ_2 とすると, 両者の間には, $\lambda_1 + \lambda_2 = np$ が成り立つ. ここで, $\lambda_1 = P_1(l - np)/E_1 A_1 \fallingdotseq P_1 l / E_1 A_1$, $\lambda_2 = P_2 l / E_2 A_2$ である. これらから, P_1 および P_2 が求められる. ボルトとブッシュに生じる応力は, それぞれ次のようになる.

$$\sigma_1 = \frac{P_1}{A_1} = \frac{E_1 E_2 A_2 np}{(E_1 A_1 + E_2 A_2)l}, \quad \sigma_2 = \frac{P_2}{A_2} = \frac{E_1 A_1 E_2 np}{(E_1 A_1 + E_2 A_2)l}$$

6.8　繊維に作用する引張荷重と伸びを P_f, λ_f, 母材に作用する引張荷重と伸びを P_p, λ_p とすると, $P_f + P_p = P$, $\lambda_f = \lambda_p$ が成り立つ. ここで, $\lambda_f = P_f l / E_f A_f$, $\lambda_p = P_p l / E_p A_p$ である. これらから P_f, P_p が求められる. 複合材料の伸びは, 繊維および母材の伸びと等しく, $\lambda = P_f l / E_f A_f = P_p l / E_p A_p = P l / (E_f A_f + E_p A_p)$ となる. また, ひずみは $\varepsilon = \lambda / l$ である. よって複合材料としての縦弾性係数は次のようになる.

$$\bar{E} = \frac{\bar{\sigma}}{\varepsilon} = \frac{P/(A_f + A_p)}{P/(E_f A_f + E_p A_p)} = \frac{E_f A_f + E_p A_p}{A_f + A_p} = cE_f + (1 - c)E_p$$

このように, 複合材料の縦弾性係数は, 体積含有率に従った平均値となる (これを複合則という).

6.9　丸棒 AB と CD に作用する引張荷重と伸びを, それぞれ P_1, P_2, λ_1, λ_2 とすると, $P_1 = P_2$, $\lambda_1 + \lambda_2 = \delta$ が成り立つ. ここで, $\lambda_1 = P_1 l_1 / E_1 A$, $\lambda_2 = P_2 l_2 / E_2 A$ である. こ

れらから，P_1，P_2 が求められる．丸棒 AB と CD に生じる引張応力は等しく，$\sigma_1 = \sigma_2 = E_1 E_2 \delta / (l_1 E_2 + l_2 E_1)$ となる．

6.10 棒 AB，EF に作用する圧縮荷重を P_1，縮みを λ_1，棒 CD に作用する引張荷重を P_2，伸びを λ_2 とすると，$2P_1 = P_2$，$\lambda_1 + \lambda_2 = \delta$ が成り立つ．ここで，$\lambda_1 = P_1 l / EA$，$\lambda_2 = P_2 l / EA$ である．これらから，P_1，P_2 が求められる．棒 AB および EF に作用する圧縮応力，棒 CD に作用する引張応力は，それぞれ $\sigma_1 = P_1 / A = E\delta / 3l$，$\sigma_2 = P_2 / A = 2E\delta / 3l$ となる．

6.11 4 本の足に生じる圧縮力と縮みを，それぞれ P_1，P_2，P_3，P_4，および λ_1，λ_2，λ_3，λ_4 とする．対称性から $P_1 = P_3$，$\lambda_1 = \lambda_3$ である．上板に関する力のつり合いとモーメントのつり合いから，$2P_1 + P_2 + P_4 = P$，$P_2 a - P_4 a + Pe = 0$ が成り立つ．4 本の足の縮みは図 A.70 のようになり，これらの関係は $(\lambda_1 - \lambda_2) / a = (\lambda_4 - \lambda_1) / a$ で表される．これらから，P_1，P_2，P_3，P_4 が求められる．足に生じる圧縮応力は次のようになる．

$$\sigma_1 = \sigma_3 = \frac{P}{4A}, \quad \sigma_2 = \frac{P}{2A}\left(\frac{1}{2} - \frac{e}{a}\right), \quad \sigma_4 = \frac{P}{2A}\left(\frac{1}{2} + \frac{e}{a}\right)$$

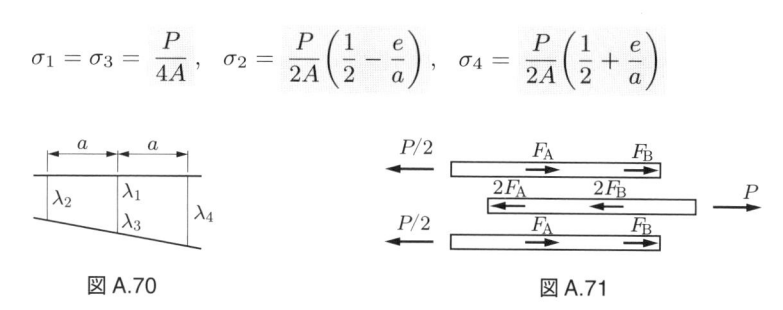

図 A.70　　　　　　　　　　　　　　図 A.71

6.12 それぞれのリベットにおいて，切断面に作用するせん断力を F_A，F_B とすると，板に作用する外力は図 A.71 のようになる．両サイドの板におけるリベット間の伸びを λ_1，中央の板におけるリベット間の伸びを λ_2 とすると，$2F_A + 2F_B = P$，$\lambda_1 = \lambda_2$ が成り立つ．ここで，$\lambda_1 = (P/2 - F_A)l / (E_1 b t_1 / 2)$，$\lambda_2 = 2F_A l / E_2 b t_2$ である．これらから，F_A，F_B が求められる．各リベットに生じるせん断応力は次のようになる．

$$\tau_A = \frac{4F_A}{\pi d^2} = \frac{2E_2 t_2 P}{\pi d^2 (E_1 t_1 + E_2 t_2)}, \quad \tau_B = \frac{4F_B}{\pi d^2} = \frac{2E_1 t_1 P}{\pi d^2 (E_1 t_1 + E_2 t_2)}$$

6.13 ワイヤ C，D に生じる引張荷重をそれぞれ P_1，P_2 とすると，剛体棒についての点 A でのモーメントのつり合いから $P_1 L_1 + P_2 L_2 = P L_3$ を得る．また，両ワイヤの伸びを λ_1，λ_2 とすると，両者の関係は $\lambda_1 / L_1 = \lambda_2 / L_2$ となる．ここで，$\lambda_1 = P_1 l_1 / EA$，$\lambda_2 = P_2 l_2 / EA$ である．これらの式から，P_1，P_2 が求められる．両ワイヤに生じる応力は次のようになる．

$$\sigma_1 = \frac{l_2 L_1 L_3}{l_2 L_1^2 + l_1 L_2^2} \frac{P}{A}, \quad \sigma_2 = \frac{l_1 L_2 L_3}{l_2 L_1^2 + l_1 L_2^2} \frac{P}{A}$$

6.14 部材 CD がもとの長さに戻ろうとするので，部材 AD，BD は圧縮される．部材 AD，BD に作用する圧縮荷重を P_1，縮みを λ_1 とする．部材 CD はもとの長さまでは戻りきれず，伸びた状態で平衡位置にある．この伸びを λ_2，作用している引張荷重を P_2 とする．このとき，力のつり合いから，$2P_1 \cos\theta = P_2$ が成り立つ．ピン D は鉛直上方へ変位する．このとき，λ_1 と λ_2 の間には，$\lambda_1 = (\delta - \lambda_2)\cos\theta$ の関係が成り立つ．ここで，$\lambda_1 = P_1(l/\cos\theta)/E_1 A_1$，$\lambda_2 = P_2 l(1 - \delta/l)/E_2 A_2 \fallingdotseq P_2 l/E_2 A_2$ である．これらの式から，次のようになる．

$$\sigma_1 = \frac{P_1}{A_1} = \frac{E_1 E_2 A_2 \cos^2\theta}{2E_1 A_1 \cos^3\theta + E_2 A_2}\frac{\delta}{l} \quad \text{(圧縮)}$$

$$\sigma_2 = \frac{P_2}{A_2} = \frac{2E_1 A_1 E_2 \cos^3\theta}{2E_1 A_1 \cos^3\theta + E_2 A_2}\frac{\delta}{l} \quad \text{(引張り)}$$

6.15 棒 AC に作用する引張荷重を P_1，伸びを λ_1，棒 BC に作用する圧縮荷重を P_2，縮みを λ_2，支点 C に生じる上向きの反力を R とすると，$P_1 \cos\theta + P_2 \sin\theta = P$，$P_1 \sin\theta + R = P_2 \cos\theta$，$\lambda_1 = u\cos\theta$，$\lambda_2 = u\sin\theta$ が成り立つ．ここで，$\lambda_1 = P_1 l_1/EA$，$\lambda_2 = P_2 l_2/EA$ である．第 3，第 4 式より，$P_1 = EAu\cos\theta/l_1$，$P_2 = EAu\sin\theta/l_2$ となり，第 1 式に代入すると，次のようになる．

$$P = \frac{EAu\cos\theta}{l_1}(\sin\theta + \cos\theta)$$

6.16 支柱 EC の長さを l_1，支柱 ED の長さを l_2 とすると，$l_1 = \sqrt{h^2 + (a-c)^2}$，$l_2 = \sqrt{h^2 + (b-c)^2}$ となる．$\angle\text{ECA} = \theta_1$，$\angle\text{EDA} = \theta_2$ とすると，$\sin\theta_1 = h/l_1$，$\sin\theta_2 = h/l_2$ である．支柱 EC に作用する引張荷重を P_1，伸びを λ_1，支柱 ED に作用する引張荷重を P_2，伸びを λ_2 とすると，$ql^2/2 - aP_1 \sin\theta_1 - bP_2 \sin\theta_2 = 0$，$a\lambda_2/\sin\theta_2 = b\lambda_1/\sin\theta_1$ が成り立つ．ここで，$\lambda_1 = P_1 l_1/EA$，$\lambda_2 = P_2 l_2/EA$ である．これらから，次のようになる．

$$P_1 = \frac{ql^2 al_2 \sin\theta_1}{2(a^2 l_2 \sin^2\theta_1 + b^2 l_1 \sin^2\theta_2)} = 4.64\,\text{kN}$$

$$P_2 = \frac{ql^2 bl_1 \sin\theta_2}{2(a^2 l_2 \sin^2\theta_1 + b^2 l_1 \sin^2\theta_2)} = 3.90\,\text{kN}$$

6.17 $\overline{\text{AE}} = a/\sqrt{2}$，$\overline{\text{EF}} = \sqrt{a^2 - a^2/2} = a/\sqrt{2}$ より，$\angle\text{AFE} = 45°$ である．ワイヤ AF，BF，CF，DF の 4 本には同じ大きさの引張荷重が作用する．これを P_1 とする．ワイヤ FG に作用する引張荷重を P_2，ワイヤ EF に作用する引張荷重を P_3 とすると，$4P_1 \cos 45° + P_3 = P_2$，$P_2 = W$，$\lambda_3 \cos 45° = \lambda_1$ が成り立つ．ここで，$\lambda_1 = P_1 a/EA$，$\lambda_3 = P_3(a/\sqrt{2})/EA$ である．これらから，次のようになる．

$$P_1 = \frac{1}{2(1+\sqrt{2})}W, \quad P_3 = \frac{1}{1+\sqrt{2}}W$$

6.18　部材 AD に作用する引張荷重を P_1，伸びを λ_1，部材 BD に作用する圧縮荷重を P_2，縮みを λ_2，部材 CD に作用する圧縮荷重を P_3，縮みを λ_3 とする．水平線と部材 BD のなす角を α とすると，ピン D に関する力のつり合いから，$P_1 \sin\theta + P_2 \sin\alpha + P_3 \sin\theta = P$，$P_1 \cos\theta - P_2 \cos\alpha - P_3 \cos\theta = 0$ が成り立つ．**図 A.72** のように点 D が点 D′ に移動したと考えると，

$$\lambda_1 \cos\theta - u_H = \tan\theta(u_V - \lambda_1 \sin\theta)$$

$$\lambda_2 \cos\alpha + u_H = \tan\alpha(u_V - \lambda_2 \sin\alpha)$$

$$\lambda_3 \cos\theta + u_H = \tan\theta(u_V - \lambda_3 \sin\theta)$$

となる．ここで，$\lambda_1 = P_1 l/EA$，$\lambda_2 = P_2 l \cos\theta/EA\cos\alpha$，$\lambda_3 = P_3 l/EA$ である．また，$\cos\theta = \sqrt{3}/2$，$\sin\theta = 1/2$，$\tan\theta = 1/\sqrt{3}$，$\sin\alpha = 1/2\sqrt{3.25}$，$\cos\alpha = \sqrt{3}/\sqrt{3.25}$，$\tan\alpha = 1/2\sqrt{3}$ で，部材 BD の長さは，$l\cos\theta/\cos\alpha = \sqrt{3.25}$ m である．これらの式から，$P_1 = 54.6\,\text{kN}$，$P_2 = 16.6\,\text{kN}$，$P_3 = 36.2\,\text{kN}$，$u_H = 0.206\,\text{mm}$，$u_V = 1.76\,\text{mm}$ となる．また，各部材の応力は $\sigma_1 = 109\,\text{MPa}$，$\sigma_2 = 33.2\,\text{MPa}$，$\sigma_3 = 72.4\,\text{MPa}$ となる．

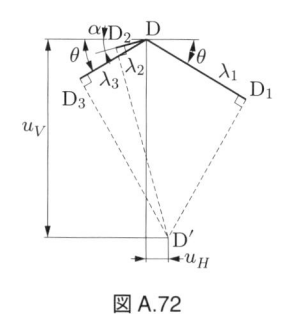

図 A.72

6.19　点 A の反力を R_A（右向き），点 B の反力を R_B（左向き）とすると，力のつり合いから $R_A = R_B$ が成り立つ．壁がなかったとすると，加熱による棒の伸びは $\lambda_t = \lambda_{t_1} + \lambda_{t_2} = \alpha\Delta t(l_1 + l_2)$ となる．この棒に R_B の圧縮荷重を加えたときの棒の縮みは $\lambda_R = R_B l_1/EA_1 + R_B l_2/EA_2$ である．加熱した状態で棒の長さが不変であるためには，$\lambda_t = \lambda_R$ でなければならない．これより，R_B が求められる．AC 間および CB 間の仮想断面に生じる熱応力（圧縮応力）は，それぞれ次のようになる．

$$\sigma_1 = \frac{R_B}{A_1} = \frac{A_2 E\alpha\Delta t(l_1 + l_2)}{A_2 l_1 + A_1 l_2}, \quad \sigma_2 = \frac{R_B}{A_2} = \frac{A_1 E\alpha\Delta t(l_1 + l_2)}{A_2 l_1 + A_1 l_2}$$

6.20　棒が剛性板に接触するまで膨張しているとき，棒には圧縮荷重が作用し，円筒には引張荷重が作用する．棒に生じる圧縮荷重を P_1，円筒に生じる引張荷重を P_2 とすると，力のつり合いから $P_1 = P_2$ が成り立つ．剛性板がないとき，温度上昇による棒の伸びが λ_{t1}，円筒の伸びが λ_{t2} であるとする．棒が剛性板に接触し，円筒が剛性板に結合されているとき，両者の平

衡位置まで，棒は λ_{P1} だけ圧縮され，円筒は λ_{P2} だけ引っ張られたとする．このとき両者の長さを考えると，$\lambda_{t1} - \delta - \lambda_{P1} = \lambda_{t2} + \lambda_{P2}$ となる．ここで，$\lambda_{t1} = \alpha_1(t_2 - t_1)(l - \delta) \fallingdotseq \alpha_1(t_2 - t_1)l$, $\lambda_{P1} = P_1(l - \delta + \lambda_{t1})/E_1 A_1 \fallingdotseq P_1 l/E_1 A_1$, $\lambda_{t2} = \alpha_2(t_2 - t_1)l$, $\lambda_{P2} = P_2(l + \lambda_{t2})/E_2 A_2 \fallingdotseq P_2 l/E_2 A_2$ である．これらの式から，棒および円筒に作用する荷重が求められる．各部材の応力は次のようになる．

$$\sigma_1 = \frac{P_1}{A_1} = \left\{ (\alpha_1 - \alpha_2)(t_2 - t_1) - \frac{\delta}{l} \right\} \frac{E_1 E_2 A_2}{E_1 A_1 + E_2 A_2} \quad (\text{圧縮})$$

$$\sigma_2 = \frac{P_2}{A_2} = \left\{ (\alpha_1 - \alpha_2)(t_2 - t_1) - \frac{\delta}{l} \right\} \frac{E_1 A_1 E_2}{E_1 A_1 + E_2 A_2} \quad (\text{引張り})$$

6.21 温度変化による各棒の伸びを λ_{ts}, λ_{tc} とする．温度 t_2 のとき，鋼棒に作用する引張力を2本合わせて P_s，銅棒に作用する圧縮力を P_c とし，それらによる鋼棒の伸びを λ_{Ps}，銅棒の縮みを λ_{Pc} とする．これらの間には $P_s = P_c$, $\lambda_{tc} - \lambda_{ts} = \lambda_{Ps} + \lambda_{Pc}$ が成り立つ．ここで，$\lambda_{ts} = \alpha_s(t_2 - t_1)l$, $\lambda_{tc} = \alpha_c(t_2 - t_1)l$, $\lambda_{Ps} = P_s l/E_s A_s$, $\lambda_{Pc} = P_c l/E_c A_c$ である．これらから，P_s, P_c が求められる．鋼棒に生じる引張応力および銅棒に生じる圧縮応力は，それぞれ次のようになる．

$$\sigma_s = \frac{(\alpha_c - \alpha_s)(t_2 - t_1)E_s E_c h_c}{2E_s h_s + E_c h_c} = 30.3\,\text{MPa}$$

$$\sigma_c = \frac{(\alpha_c - \alpha_s)(t_2 - t_1)E_s E_c \cdot 2h_s}{2E_s h_s + E_c h_c} = 40.4\,\text{MPa}$$

6.22 温度上昇による棒 CD の伸びを λ_{t2}，棒 AD と BD に作用する引張荷重を P_1，伸びを λ_{P1}，棒 CD に作用する圧縮荷重を P_2，縮みを λ_{P2} とすると，$2P_1 \sin\theta = P_2$, $(\lambda_{t2} - \lambda_{P2})\sin\theta = \lambda_{P1}$ が成り立つ．ここで，$\lambda_{t2} = \alpha \Delta t l \sin\theta$, $\lambda_{P1} = P_1 l/E_1 A_1$, $\lambda_{P2} = P_2 l \sin\theta/E_2 A_2$ である．これらから，P_1, P_2 が求められる．棒 AD および BD に作用する引張応力，棒 CD に作用する圧縮応力は，それぞれ次のようになる．

$$\sigma_1 = \frac{P_1}{A_1} = \frac{E_1 E_2 A_2 \alpha \Delta t \sin^2\theta}{E_2 A_2 + 2E_1 A_1 \sin^3\theta}, \quad \sigma_2 = \frac{P_2}{A_2} = \frac{2E_1 A_1 E_2 \alpha \Delta t \sin^3\theta}{E_2 A_2 + 2E_1 A_1 \sin^3\theta}$$

6.23 左端から距離 x の位置で，$M = -q(l^2 - 5lx + 4x^2)/8$ となり，$x = l/4$ および $x = l$ で $M = 0$ となる．$x = 5l/8$ で M は極値 $M_{x=5l/8} = 9ql^2/128$ をとる．絶対値での最大曲げモーメントは，$x = 0$ で，$|M|_{\max} = ql^2/8$ である．曲げモーメント図は，**図 A.73** のようになる．

6.24 力のつり合いと，モーメントのつり合いまたは対称性から，$R_A = R_B$, $2R_A + R_C = 2ql$ が成り立つ．AC 間で，

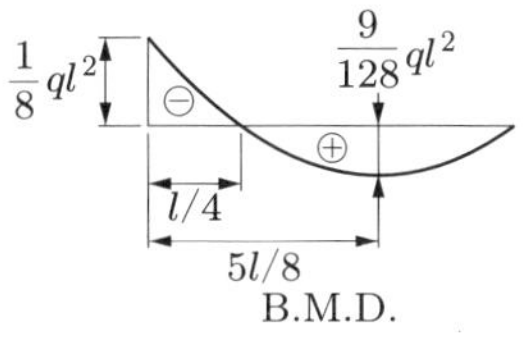

$$\frac{1}{8}ql^2 \qquad \frac{9}{128}ql^2$$

$$l/4$$
$$5l/8$$
B.M.D.

図 A.73

$$M = R_{\mathrm{A}}x - \frac{1}{2}qx^2$$

$$\frac{d^2u}{dx^2} = -\frac{1}{EI_y}\left(R_{\mathrm{A}}x - \frac{1}{2}qx^2\right)$$

$$\theta = -\frac{1}{EI_y}\left(\frac{1}{2}R_{\mathrm{A}}x^2 - \frac{1}{6}qx^3 + C_1\right)$$

$$u = -\frac{1}{EI_y}\left(\frac{1}{6}R_{\mathrm{A}}x^3 - \frac{1}{24}qx^4 + C_1x + C_2\right)$$

となる．境界条件は，$x = 0$ で $u = 0$，$x = l$ で $\theta = 0$，$u = 0$ である．これらから，4 個の未知定数が定まり，$C_1 = -ql^3/48$，$C_2 = 0$，$R_{\mathrm{A}} = R_{\mathrm{B}} = 3ql/8$，および $R_{\mathrm{C}} = 5ql/4$ となる．曲げモーメントは $M = qx(3l - 4x)/8$ となる．曲げモーメント図を **図 A.74** に示す．右半分は図 A.73 に等しく，左半分は右半分に対称である．

$$\frac{3l}{8} \qquad \frac{1}{8}ql^2$$
$$\frac{9}{128}ql^2$$
B.M.D.
図 A.74

$$\frac{1}{24}ql^2 \qquad \frac{1}{12}ql^2$$
B.M.D.
図 A.75

6.25 対称性より $R_{\mathrm{A}} = R_{\mathrm{B}} = ql/2$，$J_{\mathrm{A}} = J_{\mathrm{B}}$ が成り立つ．静的なつり合い条件だけでは反偶力が定まらないから，不静定問題である．

$$M = -J_{\mathrm{A}} + \frac{1}{2}qlx - \frac{1}{2}qx^2$$

$$\frac{d^2u}{dx^2} = -\frac{1}{EI_y}\left(-J_{\mathrm{A}} + \frac{1}{2}qlx - \frac{1}{2}qx^2\right)$$

$$\theta = -\frac{1}{EI_y}\left(-J_{\mathrm{A}}x + \frac{1}{4}qlx^2 - \frac{1}{6}qx^3 + C_1\right)$$

$$u = -\frac{1}{EI_y}\left(-\frac{1}{2}J_{\mathrm{A}}x^2 + \frac{1}{12}qlx^3 - \frac{1}{24}qx^4 + C_1x + C_2\right)$$

となる．境界条件は，$x = 0$ で $\theta = 0$，$u = 0$，$x = l/2$ で $\theta = 0$ である．これらから，3 個の未知定数が定まり，$C_1 = 0$，$C_2 = 0$，および $J_{\mathrm{A}} = ql^2/12$ となる．曲げモーメントは $M = $

$-q(l^2 - 6lx + 6x^2)/12$ となる．曲げモーメント図は，**図 A.75** のようになる．

6.26　鉛直方向の力のつり合いとモーメントのつり合いから，$R_A + R_B = P$，$J_A = Pa - R_B l$ が成り立つ．AC 間 $(0 \leqq x \leqq a)$ で，

$$\theta_1 = -\frac{1}{EI_y}\left(\frac{1}{2}R_A x^2 - J_A x + C_1\right), \quad u_1 = -\frac{1}{EI_y}\left(\frac{1}{6}R_A x^3 - \frac{1}{2}J_A x^2 + C_1 x + C_2\right)$$

CB 間 $(a \leqq x \leqq l)$ で，

$$\theta_2 = -\frac{1}{EI_y}\left\{\frac{1}{2}R_A x^2 - J_A x - \frac{1}{2}P(x-a)^2 + C_3\right\}$$

$$u_2 = -\frac{1}{EI_y}\left\{\frac{1}{6}R_A x^3 - \frac{1}{2}J_A x^2 - \frac{1}{6}P(x-a)^3 + C_3 x + C_4\right\}$$

となる．境界条件は，$x = 0$ で $\theta_1 = 0$，$u_1 = 0$，$x = l$ で $u_2 = 0$，$x = a$ で $\theta_1 = \theta_2$，$u_1 = u_2$ である．これらから，$C_1 = C_2 = C_3 = C_4 = 0$，および，$R_A = (l-a)(2l^2 + 2al - a^2)P/2l^3$，$R_B = a^2(3l-a)P/2l^3$，$J_A = a(l-a)(2l-a)P/2l^2$ となる．点 A，C の曲げモーメントは $M_A = -a(l-a)(2l-a)P/2l^2$，$M_C = a^2(l-a)(3l-a)P/2l^3$ となる．$|M_A| = M_C$ とおくと，$a = (2 \pm \sqrt{2})l$ である．$0 < a < l$ より，$a = (2 - \sqrt{2})l = \boxed{0.586l}$ となる．

6.27　鉛直方向の力のつり合いとモーメントのつり合いから，$R_A + R_C = P$，$J_A + R_C l = P(l+a)$ が成り立つ．AC 間 $(0 \leqq x \leqq l)$ で，

$$M_1 = -P(l+a-x) + R_C(l-x)$$

$$\frac{d^2 u_1}{dx^2} = \frac{1}{EI_y}\{P(l+a-x) - R_C(l-x)\}$$

$$\theta_1 = \frac{1}{EI_y}\left[P\left\{(l+a)x - \frac{1}{2}x^2\right\} - R_C\left(lx - \frac{1}{2}x^2\right) + C_1\right]$$

$$u_1 = \frac{1}{EI_y}\left[P\left\{(l+a)\frac{x^2}{2} - \frac{1}{6}x^3\right\} - R_C\left(l\frac{x^2}{2} - \frac{1}{6}x^3\right) + C_1 x + C_2\right]$$

CB 間 $(l \leqq x \leqq l+a)$ で，

$$M_2 = -P(l+a-x), \quad \frac{d^2 u_2}{dx^2} = \frac{P}{EI_y}(l+a-x)$$

$$\theta_2 = \frac{P}{EI_y}\left\{(l+a)x - \frac{1}{2}x^2 + C_3\right\}, \quad u_2 = \frac{P}{EI_y}\left\{(l+a)\frac{x^2}{2} - \frac{1}{6}x^3 + C_3 x + C_4\right\}$$

となる．境界条件は，$x = 0$ で $\theta_1 = 0$，$u_1 = 0$，$x = l$ で $u_1 = 0$，$u_2 = 0$，$\theta_1 = \theta_2$ である．これらから，積分定数は $C_1 = C_2 = 0$，$C_3 = -(2l + 3a)l/4$，$C_4 = (2l + 3a)l^2/12$ となる．点 C の反力は $\boxed{P(2l+3a)/2l}$ となる．点 B のたわみは，u_2 に $x = l+a$ を代入して，$u_B = \boxed{Pa^2(3l+4a)/12EI_y}$ となる．

6.28　鉛直方向の力のつり合いとモーメントのつり合いから，$R_A + R_B = q_0 l/2$，$J_A + R_B l = J_B + q_0 l^2/3$ が成り立つ．左端 A から距離 x の位置で，

$$M = -J_A + R_A x - \frac{q_0}{6l}x^3$$

$$\frac{d^2 u}{dx^2} = \frac{1}{EI_y}\left(J_A - R_A x + \frac{q_0}{6l}x^3\right)$$

$$\theta = \frac{1}{EI_y}\left(J_A x - \frac{1}{2}R_A x^2 + \frac{q_0}{24l}x^4 + C_1\right)$$

$$u = \frac{1}{EI_y}\left(\frac{1}{2}J_A x^2 - \frac{1}{6}R_A x^3 + \frac{q_0}{120l}x^5 + C_1 x + C_2\right)$$

となる．境界条件は，$x=0$ で $\theta=0$，$u=0$，$x=l$ で $\theta=0$，$u=0$ である．これらから，積分定数は $C_1=C_2=0$ となり，$J_A = q_0 l^2/30$，$R_A = 3q_0 l/20$ となる．力のつり合い式とモーメントのつり合い式に代入して，$J_B = q_0 l^2/20$，$R_B = 7q_0 l/20$ となる．

6.29　対称性より，$R_A = R_B$ が成り立つ．鉛直方向の力のつり合いとモーメントのつり合いは，いずれも $2R_A + R_C = ql$ となる．AC 間 $(0 \leqq x \leqq l/2)$ で，

$$M = R_A x - \frac{q}{2}x^2$$

$$\frac{d^2 u}{dx^2} = -\frac{1}{EI_y}\left(R_A x - \frac{q}{2}x^2\right)$$

$$\theta = -\frac{1}{EI_y}\left(\frac{1}{2}R_A x^2 - \frac{q}{6}x^3 + C_1\right)$$

$$u = -\frac{1}{EI_y}\left(\frac{1}{6}R_A x^3 - \frac{q}{24}x^4 + C_1 x + C_2\right)$$

となる．境界条件 $x=0$ で $u=0$ および $x=l/2$ で $\theta=0$ から，積分定数は $C_1 = ql^3/48 - R_A l^2/8$，$C_2=0$ となる．また，$x=l/2$ で $u=\delta$ の境界条件から，$R_A = 3ql/16 + 24EI_y\delta/l^3$ となる．力のつり合い式またはモーメントのつり合い式に代入して，$R_C = 5ql/8 - 48EI_y\delta/l^3$ となる．

第 7 章　重ね合わせの原理

7.1　点 B で $P_H = P\cos\theta = 14.14\,\text{kN}$，$P_V = P\sin\theta = 14.14\,\text{kN}$，$Q_B = P\cos\theta l_2 = 14.14\,\text{kN·m}$ となる．仮想断面に生じるせん断力と曲げモーメントは，$F = 14.14\,\text{kN}$，$M = -14.14 + 14.14x\,[\text{kN·m}]$ である．せん断力図と曲げモーメント図は，**図 A.76** のようになる．

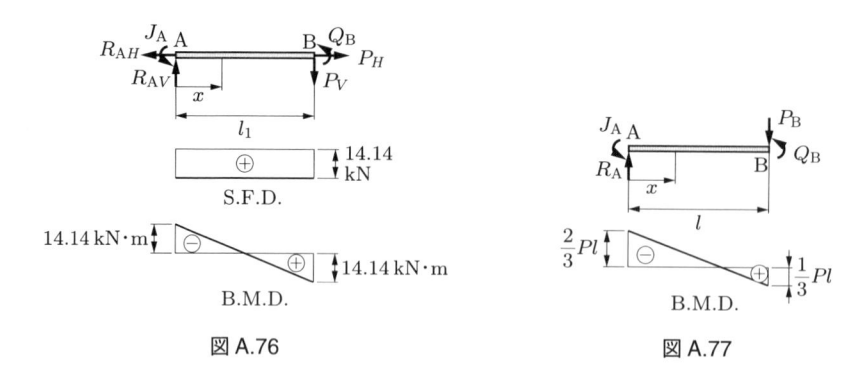

図 A.76　　　　　　　　　図 A.77

7.2　点 A および点 B に作用する力および偶力の大きさは，$P_B = P$, $Q_B = Pl/3$, $R_A = P_B = P$, $J_A = P_B l - Q_B = 2Pl/3$ である．点 A から距離 x の仮想断面で，$M = -J_A + R_A x = Px - 2Pl/3$ となる．曲げモーメント図は，図 A.77 のようになる．

7.3　ロープ AEC の張力を P' とすると，$2P' \sin\alpha = P$ より $P' = P/2\sin\alpha$ である．点 A で，$P'_H = P' \cos\alpha = P/2\tan\alpha$, $P'_V = P' \sin\alpha = P/2$ となり，点 F で，$T_H = T\sin\beta$, $T_V = T\cos\beta$ となる．よって，下端に生じる軸力と曲げモーメントは次のようになる．

$$N = P'_V + T_V = \frac{P}{2} + T\cos\beta$$

$$M = P'_H l_1 - T_H l_2 = \frac{Pl_1}{2\tan\alpha} - T l_2 \sin\beta$$

7.4　点 A には水平方向の反力 R_{AH} が，点 B には水平方向と鉛直方向にそれぞれ反力 R_{BH}, R_{BV} が生じる．水平方向と鉛直方向の力のつり合いと，点 B でのモーメントのつり合いとから，$R_{BH} = R_{AH}$, $R_{BV} = W$, $R_{AH} l \sin\theta = (Wl/2)\cos\theta$ となる．これらから，$R_{AH} = 1.44$ kN, $R_{BH} = 1.44$ kN, $R_{BV} = 5.0$ kN となる．各点で軸方向に作用する力は，$P_A = R_{AH}\cos\theta = 0.72$ kN, $P_B = R_{BH}\cos\theta + R_{BV}\sin\theta = 5.05$ kN, $P_C = W\sin\theta = 4.33$ kN となり，各点で軸の直角方向に作用する力は，$F_A = R_{AH}\sin\theta = 1.25$ kN, $F_B = -R_{BH}\sin\theta + R_{BV}\cos\theta = 1.25$ kN, $F_C = W\cos\theta = 2.5$ kN となる．

7.5　固定端から距離 x の位置にある微小長さ dx の部分に $q\,dx$ の集中荷重が作用している片持はりを考えると，問題のはりにおける最大たわみは次のようになる．

$$u_{\max} = \int_{l/2}^{l} \left\{ \frac{qx^3}{3EI_y} + \frac{qx^2}{2EI_y}(l-x) \right\} dx = \frac{41ql^4}{384EI_y}$$

[**別解**]　全長にわたって等分布荷重 q が作用する片持はりを第 1 問題，AC 間に等分布荷重 q が作用する片持はりを第 2 問題とする．それぞれのはりの最大たわみは

$$u_{1\max} = \frac{ql^4}{8EI_y}, \quad u_{2\max} = \frac{q(l/2)^4}{8EI_y} + \frac{q(l/2)^3}{6EI_y}\frac{l}{2}$$

となる．これらから，求めるべき問題の最大たわみは $u_{\max} = u_{1\max} - u_{2\max} = 41ql^4/384EI_y$ となる．

7.6　点 C ではりを分割し，二つの片持はりとして考える．第 1 問題として，片持はり AC が点 C に集中荷重 P と時計回りの偶力荷重 $Q = Pl/2$ を受けていると考える．第 2 問題では，片持はり CB が点 B で集中荷重を受けていると考える．第 1 問題における点 C のたわみとたわみ角は

$$u_{1\mathrm{C}} = \frac{P(l/2)^3}{3EI_1} + \frac{Q(l/2)^2}{2EI_1} = \frac{5Pl^3}{48EI_1}, \quad \theta_{1\mathrm{C}} = \frac{P(l/2)^2}{2EI_1} + \frac{Q(l/2)}{EI_1} = \frac{3Pl^2}{8EI_1}$$

となる．第 2 問題における点 B のたわみは $u_{2\mathrm{B}} = P(l/2)^3/3EI_2 = Pl^3/24EI_2$ となり，求めるべき問題の最大たわみは次のようになる．

$$u_{\max} = u_{1\mathrm{C}} + \theta_{1\mathrm{C}}\frac{l}{2} + u_{2\mathrm{B}} = \frac{Pl^3}{24EI_2}\left(1 + 7\frac{I_2}{I_1}\right)$$

7.7　$u = \dfrac{Pa^3}{3EI_y} + \dfrac{Pab^2}{GI_p} + \dfrac{Pb^3}{3EI_y}$

7.8　CD 部を，両端に $Q = Pl_1$ の偶力荷重を受ける長さ l_2 の単純支持はりと見なすと，点 C および点 D のたわみ角は $\theta_{\mathrm{C}} = \theta_{\mathrm{D}} = Ql_2/6EI_y + Ql_2/3EI_y = Ql_2/2EI_y = Pl_1l_2/2EI_y$ となる．あるいは，CD の半分を自由端に偶力荷重 $Q = Pl_1$ を受ける長さ $l_2/2$ の片持はりと見なすと，点 C および点 D のたわみ角は $\theta_{\mathrm{C}} = \theta_{\mathrm{D}} = Q(l_2/2)/EI_y = Pl_1l_2/2EI_y$ となる．AC 部および BD 部を自由端に集中荷重 P を受ける長さ l_1 の片持はりと見なすと，点 A および点 B のたわみは $u_{\mathrm{A}} = u_{\mathrm{B}} = Pl_1^3/3EI_y$ となる．よって，AB 間の距離の変化 δ は次のようになる．

$$\delta = 2(\theta_{\mathrm{D}}l_1 + u_{\mathrm{B}}) = \frac{Pl_1^2}{3EI_y}(2l_1 + 3l_2)$$

7.9　各支点の反力は $R = q_0l/4$ である．AC 部および BC 部を三角形分布荷重と自由端に上向きの集中荷重 R を受ける長さ $l/2$ の片持はりと考えると，この片持はりの自由端でのたわみは

$$u = \frac{q_0(l/2)^4}{30EI_y} - \frac{R(l/2)^3}{3EI_y} = -\frac{q_0l^4}{120EI_y}$$

となる．したがって，単純支持はり AB の中央点 C でのたわみ（下向き）は $u_{\max} = q_0l^4/120EI_y$ となる．

7.10　点 B で切り離して考えると，AB 部は等分布荷重と点 B に時計回りの偶力荷重 $Q_B = qa^2/2$ が作用する単純支持はり，BC 部は等分布荷重が作用する片持はりと考えることができる．単純支持はり AB における点 B のたわみ角 θ_{1B}，および片持はり BC における自由端 C のたわみ u_{2C} は $\theta_{1B} = ql^3/24EI_y - Q_B l/3EI_y$，$u_{2C} = qa^4/8EI_y$ となる．よって，突出しはり AC における点 C のたわみは次のようになる．

$$u_C = -\theta_{1B}a + u_{2C} = -\frac{qal^3}{24EI_y} + \frac{qa^3l}{6EI_y} + \frac{qa^4}{8EI_y}$$

7.11　等分布荷重による最大たわみは，はりの中央で $u_1 = 5ql^4/384EI_y$ となる．はりの中央で上向きに荷重 P が作用する場合の最大たわみは，はりの中央で $u_2 = -Pl^3/48EI_y$ となる．ここで，求めるべきはりのたわみを u とすると，$P = ku$ および $u = u_1 + u_2$ である．これらより，$u = 5ql^4/\{8(48EI_y + kl^3)\}$ となる．

7.12　点 B のたわみを u_B，ばねの復元力によりはりに作用する荷重を P_s とすると，$P_s = ku_B$ である．点 C の荷重 P による片持はり AB の自由端 B のたわみは $u_1 = Pa^3/3EI_y + Pa^2(l-a)/2EI_y$ となる．点 B に作用する荷重 P_s による片持はり AB の自由端 B のたわみは $u_2 = -P_s l^3/3EI_y$ となる．ここで，$u_B = u_1 + u_2$ より，$u_B = Pa^2(3l - a)/\{2(3EI_y + kl^3)\}$ となる．

7.13　鉛直方向の力のつり合いと点 A でのモーメントのつり合いから，$R_A + R_B = P$，$J_A = Pl/2 - R_B l$ が成り立つ．単純支持はりが中央に集中荷重 P を受ける場合の左端におけるたわみ角を θ_1，左端に偶力荷重 J_A を受ける場合の左端におけるたわみ角を θ_2 とすると，$\theta_1 = Pl^2/16EI_y$（右下がり），$\theta_2 = -J_A l/3EI_y$（右上がり）となる．重ね合わせの原理から $\theta_1 + \theta_2 = 0$ である．これらから，$J_A = 3Pl/16$，$R_A = 11P/16$，$R_B = 5P/16$ となる．はりの中央点での曲げモーメントは $M_C = 5Pl/32$ となる．曲げモーメント図は，**図 A.78** のようになる．最大曲げモーメントは固定端で生じ，$|M|_{max} = |M_A| = 3Pl/16$，$\sigma_a = |M|_{max}/Z = 6Pl/\pi d^3$ である．これより，$P = \sigma_a \pi d^3/6l = 20.9\ \text{kN}$ となる．

[別解]　片持はりの自由端に上向きの荷重 R_B が作用する場合の自由端におけるたわみを u_1，片持はりの中央に集中荷重 P が作用する場合の自由端におけるたわみを u_2 とすると，$u_1 = -R_B l^3/3EI_y$，$u_2 = u_{2C} + \theta_{2C}l/2 = 5Pl^3/48EI_y$ となる．重ね合わせの原理から $u_1 + u_2 = 0$ である．これより，$R_B = 5P/16$ となる．

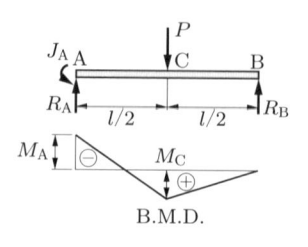

図 A.78

7.14 支点 B を取り外し，左端 A を固定端，右端 B を自由端とする片持はりと考える．AC 間に等分布荷重が作用する片持はりにおける自由端 B のたわみを u_1，点 B に上向きの集中荷重 R が作用する片持はりにおける自由端 B のたわみを u_2 とすると，

$$u_1 = \frac{q(l/2)^4}{8EI_y} + \frac{q(l/2)^3}{6EI_y}\frac{l}{2}, \quad u_2 = -\frac{Rl^3}{3EI_y}$$

となる．ここで，$u_1 + u_2 = 0$ より，$R = 7ql/128$ となる．

7.15 等分布荷重が作用する単純支持はりに置き換えて考える．左支点で反時計回りの偶力荷重 $Q_A = J_A$，右支点で時計回りの偶力荷重 $Q_B = J_B$，中央点 C で鉛直上向きの集中荷重 $P = ku_C$ が作用しているとする．両支点の反力を R_A，R_B とすると，対称性より，$R_A = R_B$，$Q_A = Q_B$ が成り立つ．点 C のたわみは

$$u_C = \frac{5ql^4}{384EI_y} - \frac{Pl^3}{48EI_y} - \frac{Q_A l^2}{16EI_y} - \frac{Q_B l^2}{16EI_y}$$

となる．ここで，点 A のたわみ角は，$\theta_A = 0$ より，

$$\frac{ql^3}{24EI_y} - \frac{Pl^2}{16EI_y} - \frac{Q_A l}{3EI_y} - \frac{Q_B l}{6EI_y} = 0$$

となる．この条件より，$Q_A = Q_B = ql^2/12 - Pl/8$ となり，u_C の式に代入すると，$u_C = ql^4/\{2(192EI_y + kl^3)\}$ となる．

7.16 点 B に生じる反力を R とする．はりを点 B で切り離し，AB 部を片持はりと考えると，この片持はりには自由端 B で，引張荷重 P，時計回りの偶力荷重 $Q = Pa$，上向きの集中荷重 R が作用する．それぞれの荷重による点 B のたわみは $u_1 = 0$，$u_2 = Ql^2/2EI_y = Pal^2/2EI_y$，$u_3 = -Rl^3/3EI_y$ となる．ここで，$u_1 + u_2 + u_3 = 0$ より，$R = 3aP/2l$ となる．

7.17 はりが点 B で支持されていないと考えたとき，はり上面の長さは $\alpha\Delta tl$ だけ長くなり，下面は $\alpha\Delta tl$ だけ短くなる．この結果，はりは上向き凸の円弧状に変形する．このときの曲率半径を ρ，円弧の中心角を θ とすると，$(\rho + h/2)\theta/\rho\theta = (l + \alpha\Delta tl)/l$ である．これより，$\rho = h/2\alpha\Delta t = 29.76 \times 10^3$ mm となる．また，中心角は $\theta = l/\rho$ から計算できる．この変形による自由端のたわみは $u_1 = \rho(1 - \cos\theta) \fallingdotseq l^2/2\rho = 6.05$ mm となる．一方，自由端に上向きの集中荷重 R を加えたとき，R による自由端のたわみは $u_2 = Rl^3/3EI_y$ である．$u_1 = u_2$ とおくと，$R = 3EI_y u_1/l^3 \fallingdotseq 115$ N となる．

7.18 ロープに生じる引張力を P，この力によるロープの伸びを λ とすると，$\lambda = Pl_2/E_2A$ である．単純支持はりは中央点 C で集中荷重 P により引き上げられる．このときの点 C のたわみを u（上向き）とすると，$u = Pl_1^3/48E_1I_y$ となる．ここで，$\delta = \lambda + u$ より，次のようになる．

$$P = \frac{\delta}{l_1^3/48E_1I_y + l_2/E_2A}$$

7.19　点 E において，両単純支持はりが互いに及ぼし合う力を P とする（作用反作用の法則により，両者は等しい）．はり AB には，等分布荷重 q と中央点 E に上向きの集中荷重 P が作用する．はり CD には，中央点 E に下向きの集中荷重 P が作用する．両者の点 E のたわみを u_1, u_2 とすると，$u_1 = 5ql_1^4/384E_1I_1 - Pl_1^3/48E_1I_1$, $u_2 = Pl_2^3/48E_2I_2$ となる．ここで，$u_1 = u_2$ である．これらから P が求められる．中央点 E のたわみ $u\,(= u_1 = u_2)$ は次のようになる．

$$u = \frac{5ql_1^4 l_2^3}{384(E_1I_1l_2^3 + E_2I_2l_1^3)}$$

7.20　等分布荷重 q を受ける単純支持はりにおける支点でのたわみ角は，$\theta_1' = ql^3/24EI_y$ である．中央に集中荷重 P を受ける単純支持はりでは，$\theta_1'' = Pl^2/16EI_y$ である．三モーメントの定理から，$Q_1 = -ql^2/16 - 3Pl/32$ となる．支点 1 で切り離した左の単純支持はりについて，$R_0 + R_1' = ql$, $R_0l - ql^2/2 = Q_1$ となり，右の単純支持はりで，$R_1'' + R_2 = P$, $Q_1 = R_2l - Pl/2$ となる．また，$R_1 = R_1' + R_1''$ である．これらより，次のようになる．

$$R_0 = \frac{7}{16}ql - \frac{3}{32}P, \quad R_1 = \frac{5}{8}ql + \frac{11}{16}P, \quad R_2 = -\frac{1}{16}ql + \frac{13}{32}P$$

7.21　$\theta_1' = Pl^2/36EI_y$, $\theta_1'' = 0$ である．三モーメントの定理から，$Q_1 = -Pl/12$ となる．切り離した二つの単純支持はりについて，$R_0 + R_1' = P$, $2R_0l/3 - Q_1 - Pl/3 = 0$, $R_1'' = R_2$, $Q_1 = -R_2l/3$ となる．また，$R_1 = R_1' + R_1''$ である．これらより，$R_0 = 3P/8$, $R_1 = 7P/8$, $R_2 = P/4$ となる．曲げモーメント図は，**図 A.79** のようになる．

図 A.79　　　　　　　　　　　　　図 A.80

7.22　$\theta_1' = 0$, $\theta_1'' = ql^3/24EI_y$ である．三モーメントの定理から，$Q_1 = -ql^2/20$ となる．切り離した三つの単純支持はりのうち，支点 01 のはりと支点 12 のはりについて，$R_0 = R_1'$, $R_1'l + Q_1 = 0$, $R_1'' + R_2' = ql$, $R_1'' = R_2'$ となる．また，$R_1 = R_1' + R_1''$ である．これらより，$R_0 = R_3 = ql/20$, $R_1 = R_2 = 11ql/20$ となる．最大曲げモーメントは，はりの中央で生じ，次のようになる．

$$M_{\max} = Q_1 + R_1''\frac{l}{2} - \frac{1}{2}q\left(\frac{l}{2}\right)^2 = \frac{3}{40}ql^2$$

（参考）曲げモーメント図は**図 A.80**

7.23 **図 A.81** に示すように，固定支点 2 を回転支点に置き換える．012 部に関する三モーメントの定理において $\theta_1' = Pl^2/16EI_y$，$\theta_1'' = 7Pl^2/16EI_y$ である．よって，

$$6Q_1 + 2Q_2 = -3Pl \tag{1}$$

となる．12 部については，$\theta_2' = 5Pl^2/16EI_y$ より，

$$2Q_1 + 4Q_2 = -\frac{15}{8}Pl \tag{2}$$

となる．式 (1), (2) より，$Q_1 = -33Pl/80$，$Q_2 = -21Pl/80$ となる．切り離した三つの単純支持はりのうち，支点 01 のはりと支点 12 のはりについて，$R_0 + R_1' = P$，$R_1' l + Q_1 - Pl/2 = 0$，$R_1'' + R_2 = 2P$，$Q_1 = Q_2 + 2R_2 l - 2Pl/2$ となる．これらの式と $R_1 = R_1' + R_1''$ より，$R_0 = 7P/80$，$R_1 = 199P/80$，$R_2 = 17P/40$ となる．せん断力と曲げモーメントは

$$0A\ 間:\quad F = \frac{7}{80}P,\quad M = \frac{7}{80}Px$$

$$A1\ 間:\quad F = -\frac{73}{80}P,\quad M = -\frac{73}{80}Px + \frac{1}{2}Pl$$

$$1B\ 間:\quad F = \frac{63}{40}P,\quad M = \frac{63}{40}Px - \frac{159}{80}Pl$$

$$B2\ 間:\quad F = -\frac{17}{40}P,\quad M = -\frac{34}{80}Px + \frac{81}{80}Pl$$

となる．また，$M_A = 7Pl/160$，$M_B = 3Pl/8$ である．せん断力図と曲げモーメント図は，**図 A.82** のようになる．

7.24 棒に生じる軸力は $N = P\cos\theta$，固定端 A での曲げモーメントは $M = Pl\sin\theta$ である．重ね合わせの原理より，$\sigma = N/A + M/Z = 4P\cos\theta/\pi d^2 + 32Pl\sin\theta/\pi d^3 = 93.2\,\text{MPa}$ となる．

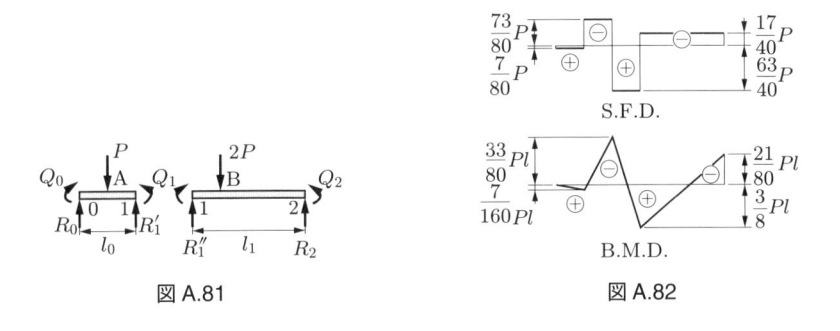

図 A.81　　　　　　　　　　　　　　図 A.82

7.25　ロープに生じる張力を P とすると，$2P\sin\theta = W$ より，$P = W/2\sin\theta$ となる．丸棒に作用する軸力は，$N = P\sin\theta = W/2$ となる．丸棒根元での曲げモーメントは，$M = P\cos\theta l = Wl/2\tan\theta$ となる．よって，丸棒に生じる最大引張応力は，$\sigma_{\max} = N/A + M/Z = 2W/\pi d^2 + 16Wl/\pi d^3\tan\theta = $ **61.5 MPa** となる．

7.26　断面 X における図心の位置は，$a = (b-r)/2$ である．荷重の作用線と図心との距離は，$e = b/2 - a = r/2$ となる．断面 X で，$N = P$，$M = Pe = Pr/2$，$Z = t(b-r)^2/6$ となる．よって，最大引張応力は次のようになる．

$$\sigma_{\max} = \frac{N}{A} + \frac{M}{Z} = \frac{P}{t(b-r)}\left(1 + \frac{3r}{b-r}\right)$$

7.27　左端から距離 x の位置における断面の高さは，$h = a(1+x/l)$ である．この断面において，荷重の作用線と図心との距離は $e = h/2 - a/2 = ax/2l$，$N = P$，$M = Pe = Pax/2l$，$A = th = ta(1+x/l)$，$Z = th^2/6 = ta^2(1+x/l)^2/6$ となる．この断面での最大引張応力は次のようになる．

$$\sigma = \frac{N}{A} + \frac{M}{Z} = \frac{P}{ta(1+x/l)} + \frac{Pax/2l}{(ta^2/6)(1+x/l)^2}$$

$d\sigma/dx = 0$ より，$x = l/2$ で上式の σ は最大となることがわかる．板に生じる最大引張応力は，上式に $x = l/2$ を代入して，$\sigma_{\max} = $ **4P/3ta** となる．

7.28　断面 AB で，$N = P$，$M = P(l+e)$，$\sigma = N/A + (M/I_y)z$ である．最大引張応力は点 B，$z = e$ で生じる．最大圧縮応力は点 A，$z = -(b+t-e)$ で生じる．それらの値は $\sigma_{t\max} = $ **132 MPa**，$\sigma_{c\max} = $ **−186 MPa** となる．

7.29　$\angle$CAB は，$\theta = \tan^{-1}a/(l/2) = 36.87°$ である．AC および BC の長さを l_0 とすると，$l_0 = \sqrt{(l/2)^2 + a^2} = 3$ m となる．AC 部および BC 部を点 C を固定端とする片持はりと考えると，自由端に作用する軸力（圧縮）は，$N = (P/2)\sin\theta$，固定端での曲げモーメントは $M = (P/2)\cos\theta l_0$ となる．角棒の最大圧縮応力は点 C に生じ，その値は $\sigma = N/A + M/Z = $ **81.0 MPa** となる．

7.30　はりの中央で，$M_z = P_y l/4 = 60$ N·m，$M_y = P_z l/4 = 80$ N·m，$M = \sqrt{M_z^2 + M_y^2} = 100$ N·m となる．よって，$\sigma = M/Z = $ **127 MPa** となる．
[別解]　荷重を合成すると，はりの中央で，$P = \sqrt{P_y^2 + P_z^2} = 500$ N，$M = Pl/4 = 100$ N·m となる．

7.31　z 方向の荷重 P_z による反力は，$R_{Az} = 2.0$ kN，$R_{Bz} = 1.0$ kN である．y 方向の荷重 P_y による反力は，$R_{Ay} = 1.4$ kN，$R_{By} = 2.8$ kN である．仮想断面 C で，$M_y = R_{Az}l/3$，$M_z = R_{Ay}l/3$，$M = \sqrt{M_y^2 + M_z^2} = 1.46$ kN·m となり，応力は $\sigma = M/Z = $ **43.4 MPa** となる．仮想断面 D で，$M_y = R_{Bz}l/3$，$M_z = R_{By}l/3$，$M = \sqrt{M_y^2 + M_z^2} = 1.78$ kN·m となり，応力は $\sigma = M/Z = $ **52.9 MPa** となる．

7.32　はりの中央で，$M_y = Pl\cos\alpha/4$，$M_z = -Pl\sin\alpha/4$ である．最大引張応力は $z = h/2$，$y = -b/2$ の位置で生じ，その大きさは次のようになる．

$$\sigma = \frac{M_y}{I_y}z + \frac{M_z}{I_z}y = \frac{Pl\cos\alpha/4}{bh^3/12}\left(\frac{h}{2}\right) + \frac{-Pl\sin\alpha/4}{b^3h/12}\left(-\frac{b}{2}\right) = 27.1\,\text{MPa}$$

7.33　(1) 固定端で，$M_{y'} = -ql^2/2$，$M_{z'} = 0$，$M_y = -|M_{y'}|\cos\alpha$，$M_z = -|M_{y'}|\sin\alpha$ である．$\sigma = (M_y/I_y)z + (M_z/I_z)y = 0$ とおくと，$z = -y(I_y/I_z)\tan\alpha$ となる．ここで，$\tan\beta = (I_y/I_z)\tan\alpha$ とおくと，$\tan\beta = 0.3596$ より，$\beta = 19.78°$ となる．
(2) 最大引張応力は，$y = -e_2 = -46\,\text{mm}$，$z = -H/2 = -62.5\,\text{mm}$ で生じる．最大圧縮応力は，$y = e_1 = 19\,\text{mm}$，$z = H/2 = 62.5\,\text{mm}$ で生じる．それらの値は $\sigma_{t\max} = 112\,\text{MPa}$，$\sigma_{c\max} = -98.0\,\text{MPa}$ となる．

7.34　(1) $\sigma = (M_y/I_y)z + (M_z/I_z)y = (-Pl\cos\alpha/I_y)z + (-Pl\sin\alpha/I_z)y$ において，$\sigma = 0$ とおくと，$z = -y(I_y/I_z)\tan\alpha$ となる．よって，$\tan\beta = (I_y/I_z)\tan\alpha = 6.02$ より，$\beta = 80.6°$ となる．
(2) 最大引張応力は点 B に生じる．$y' = -0.4\,\text{mm}$，$z' = -52.3\,\text{mm}$ となる．座標を変換すると，$y = y'\cos\alpha + z'\sin\alpha = -28.4\,\text{mm}$，$z = -y'\sin\alpha + z'\cos\alpha = -43.9\,\text{mm}$ となる．
(3) 前問の座標を代入すると，$\sigma = (-Pl\cos\alpha/I_y)z + (-Pl\sin\alpha/I_z)y = 97.3\,\text{MPa}$ となる．
(4) $u_y = P\sin\alpha l^3/3EI_z$，$u_z = P\cos\alpha l^3/3EI_y$ より，$u = \sqrt{u_y^2 + u_z^2} = 4.47\,\text{mm}$，$\theta = \tan^{-1}(u_z/u_y) = 9.4°$ となる．

7.35　$N = P$，$M_y = Pe_z$，$M_z = Pe_y$．$\sigma = N/A + (M_y/I_y)z + (M_z/I_z)y$ である．最大引張応力は点 A ($y = b/2$，$z = h/2$)，最大圧縮応力は点 D ($y = -b/2$，$z = -h/2$) で生じる．それらの値は，$\sigma_{t\max} = 9.3\,\text{MPa}$，$\sigma_{c\max} = -3.3\,\text{MPa}$ となる．

7.36　荷重作用点の座標を (e_y, e_z) とすると，任意の仮想断面内における任意の点 Q(y, z) における応力は $\sigma = -P/A + (-Pe_z/I_y)z + (-Pe_y/I_z)y$ となる．ここで，$A = bh$，$I_y = bh^3/12$，$I_z = b^3h/12$ である．点 Q に関する全領域 $-b/2 \leqq y \leqq b/2$，$-h/2 \leqq z \leqq h/2$ で，$\sigma < 0$ となればよい．点 A$(b/2, h/2)$ で $\sigma = 0$ となるとき，上式から，$(6/h)e_z + (6/b)e_y = -1$ となる．すなわち，荷重作用点 (e_y, e_z) が**図 A.83** の直線 EF 上にあるときである．同様に，点 B，C，D で $\sigma = 0$ となる条件を考えれば，応力が引張りとならないための荷重作用点の領域は，**図 A.83 の EFGH で囲まれる領域** となる．

7.37　近似を用いた場合の最大せん断応力は，$\tau_{\max} = 16PR\cos\alpha/\pi d^3 = 79.6\,\text{MPa}$ となる．近似を用いない場合の最大せん断応力は次のようになる．

$$\tau_{\max} = \frac{16PR\cos\alpha}{\pi d^3}\left(1 + \frac{d}{4R}\right) = 83.6\,\text{MPa}$$

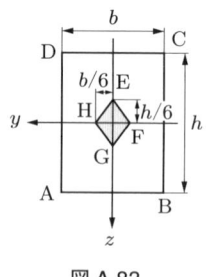

図 A.83

7.38 $\tau_{\max} = 16PR/\pi d^3 = $ 29.5 MPa, $u = 64nPR^3/Gd^4 = $ 154 mm

7.39 $u = \displaystyle\int_0^{2\pi n} \dfrac{32PR^3}{G\pi d^4}\, d\theta = \dfrac{16nP}{Gd^4}(R_2^2 + R_1^2)(R_2 + R_1)$

7.40 コイル A, B に作用する軸圧縮力を，それぞれ P_1, P_2 とすると，それぞれのコイルに生じる縮みは，$u_1 = 64nP_1R_1^3/Gd^4$, $u_2 = 64nP_2R_2^3/Gd^4$ である．ここで，$u_1 = u_2$, $P_1 + P_2 = P$ より，$P_1 = R_2^3P/(R_1^3 + R_2^3)$, $P_2 = R_1^3P/(R_1^3 + R_2^3)$ となる．それぞれのコイルに生じる最大せん断応力は次のようになる．

$$\tau_1 = \frac{16P_1R_1}{\pi d^3} = \frac{16PR_1R_2^3}{\pi d^3(R_1^3 + R_2^3)} = 10.7\,\text{MPa}$$

$$\tau_2 = \frac{16P_2R_2}{\pi d^3} = \frac{16PR_1^3R_2}{\pi d^3(R_1^3 + R_2^3)} = 29.8\,\text{MPa}$$

第 8 章　多軸応力

8.1 1 気圧 $= 1013$ hPa $= 101.3$ kPa より，$\sigma_\theta = \sigma_\varphi = rp/2t = $ 30.4 MPa

8.2 $\sigma_\theta > \sigma_z$ より，$\sigma_a = \sigma_\theta = rp/t$ とおくと，$t = rp/\sigma_a = $ 22.5 mm となる．

8.3 内外圧の差は 0.7 気圧である．よって，$t = rp/\sigma_a = $ 10.6 mm となる．

8.4 法線が x 方向の仮想断面で $N_x = P_x$ となり，法線が y 方向の仮想断面で $N_y = P_y$ となる．板全体で応力が一様に分布していると考えると，任意の微小体積要素で，$\sigma_x = N_x/A_x = P_x/bt = $ 200 MPa，$\sigma_y = N_y/A_y = P_y/at = $ 50 MPa となる．

8.5 **図 A.84** (a) に示すように，円輪をその直径で仮想的に切断すると，力のつり合いは

$$\int_0^\pi \rho t h r \left(r + \frac{t}{2} \right) \omega^2 \sin\theta\, d\theta = 2\sigma_\theta th$$

となる．ここで，$t \ll r$ から，$\sigma_\theta = $ $\rho r^2 \omega^2$ となる．

円周は，$\lambda = \varepsilon l = \rho r^2 \omega^2 l/E$ だけ長くなるから，半径の増加を u とすると，$2\pi r + \lambda = 2\pi(r + u)$ となる．これより，$u = \lambda/2\pi = \rho r^2 \omega^2 l/2\pi E = $ $\rho r^3 \omega^2/E$ となる．

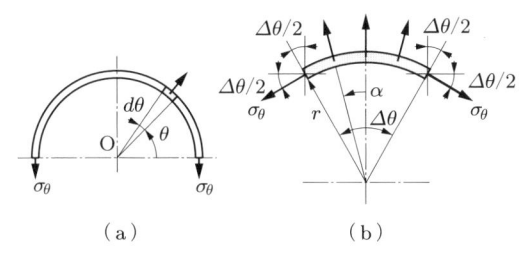

（a）　　　　　　　　　　（b）

図 A.84

[別解]　図 A.84 (b) に示すように，角 $\Delta\theta$ で切り取られる部分を考えると，力のつり合いから，次のようになる．

$$\int_{-\Delta\theta/2}^{\Delta\theta/2} \rho thr\left(r + \frac{t}{2}\right)\omega^2 \cos\alpha\, d\alpha = 2\sigma_\theta \sin\left(\frac{\Delta\theta}{2}\right)th$$

8.6　$p = \rho gh = 1.47\,\mathrm{MPa}$ である．$\sigma_\theta > \sigma_z$ より $\sigma_a = \sigma_\theta = rp/t$ とおくと，$t = rp/\sigma_a = 14.7\,\mathrm{mm}$ となる．

8.7　最大引張応力は円筒部分の円周方向応力である．$\sigma_a = \sigma_\theta = rp/t$ とおくと，$p = t\sigma_a/r = 0.48\,\mathrm{MPa}$ となる．

8.8　直方体の各辺の長さを $a,\ b,\ c$ とすると，z 軸周りのモーメントのつり合いから，

$$\sigma_x bc\frac{b}{2} - \sigma_x bc\frac{b}{2} + \sigma_y ac\frac{a}{2} - \sigma_y ac\frac{a}{2} - \tau_{xy}bca + \tau_{yx}acb = 0$$

となる．これより $\tau_{xy} = \tau_{yx}$ が得られる．

8.9　各点の微小体積要素に生じる応力は，**図 A.85** のようになる．$x = l/3$ の仮想断面で，$N = -P$, $M = -P(a+h/2)$ より，$\sigma_x = -P/A - P(a+h/2)z/I_y$ となる．ここで，$A = bh$, $I_y = bh^3/12$ である．点 D $(z = -h/4)$ で，$\sigma_x = -P/bh + 3P(a+h/2)/bh^2$ となり，点 E $(z = h/4)$ で，$\sigma_x = -P/bh - 3P(a+h/2)/bh^2$ となる．

8.10　微小体積要素の応力状態は **図 A.86** のようになる．垂直応力は次のようになる．

$$\sigma_x = \frac{N}{A} + \frac{M_z}{I_z}y + \frac{M_y}{I_y}z = -\frac{P_x}{bh} + \frac{8P_y l}{3b^2 h} + \frac{8P_z l}{3bh^2}$$

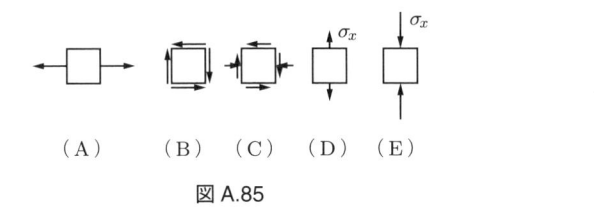

（A）　　（B）　（C）　（D）　（E）

図 A.85

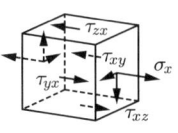

図 A.86

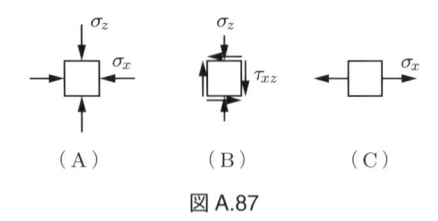

図 A.87

8.11 微小体積要素の応力状態は **図 A.87** のようになる．$x = l/4$ の仮想断面で，$M = 3ql^2/32$ である．各点の垂直応力は，点 A $(z = -h/2)$ で $\sigma_x = -9ql^2/16bh^2$，点 B $(z = 0)$ で $\sigma_x = 0$，点 C $(z = h/2)$ で $\sigma_x = 9ql^2/16bh^2$ となる．

8.12 (1) 微小体積要素における法線方向の力のつり合いから，

$$2\sigma_1 \sin\left(\frac{\Delta\theta_1}{2}\right) tr_2 \Delta\theta_2 + 2\sigma_2 \sin\left(\frac{\Delta\theta_2}{2}\right) tr_1 \Delta\theta_1 = pr_1 \Delta\theta_1 r_2 \Delta\theta_2$$

が成り立つ．ここで，$\Delta\theta_1$ および $\Delta\theta_2$ が十分に小さいとき，$\sin(\Delta\theta_1/2) - \Delta\theta_1/2$，$\sin(\Delta\theta_2/2) = \Delta\theta_2/2$ と近似できる．これより，$\sigma_1/r_1 + \sigma_2/r_2 = p/t$ を得る．
(2) 上式で，$r_1 = r_2 = r$，$\sigma_1 = \sigma_2 = \sigma_\theta$ のとき，$2\sigma_\theta/r = p/t$ となる．これより式 (8.1) を得る．
(3) 上式で，$r_1 \to \infty$，$r_2 = r$ のとき，$\sigma_\theta/r = p/t$ となる．これより式 (8.3) を得る．

8.13 図 A.88 に示すように，高さ z の位置で仮想断面を考える．高さ z の円すいの底面の半径を r_0，子午線方向応力を σ_1 とすると，鉛直方向の力のつり合いから，$\sigma_1 \cos\theta 2\pi r_0 t = p\pi r_0^2 + \rho g \pi r_0^2 z/3$ が成り立つ．ここで，$p = \rho g(h - z)$，$r_0 = z \tan\theta$ より，

$$\sigma_1 = \frac{\rho g \tan\theta}{2t \cos\theta}\left(h - \frac{2}{3}z\right)z$$

となる．$d\sigma_1/dz = 0$ とおくと，$z = 3h/4$ となる．よって，$\sigma_{1\max} = 3\rho g h^2 \tan\theta/16t \cos\theta$ となる．

高さ z において，円すい面の曲率半径 r，微小角 $d\varphi$，子午線方向の微小長さ da で切り取られる厚さ t の微小体積要素を考える．円周方向応力を σ_2 とすると，曲率半径方向の力のつり合いから，$2\sigma_2 t\, da \sin(d\varphi/2) = p\, da\, r\, d\varphi$ が成り立つ．ここで，$p = \rho g(h - z)$，$r =$

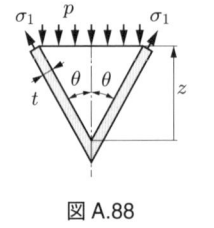

図 A.88

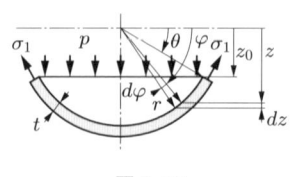

図 A.89

$r_0/\cos\theta = z\tan\theta/\cos\theta$ より,

$$\sigma_2 = \frac{\rho g\tan\theta}{t\cos\theta}z(h-z)$$

となる. $d\sigma_2/dz = 0$ とおくと, $z = h/2$ となる. よって, $\sigma_{2\max} = \rho gh^2\tan\theta/4t\cos\theta$ となる.

8.14 半球殻における微小体積要素において, $\sigma_1 + \sigma_2 = rp/t$ となる. ここで, $p = \rho g(h + r\sin\theta)$ である. 次に, **図 A.89** に示すように, 半球殻と円筒の接合面から下方へ z_0 の位置で仮想断面を考える. 子午線方向応力を σ_1 とすると, 鉛直方向の力のつり合いから, $\sigma_1\cos\theta 2\pi r\cos\theta t = p\pi(r\cos\theta)^2 + \rho gV$ が成り立つ. V は角 θ から下端までの液体の体積で,

$$V = \int_{z_0}^{r} \pi(r\cos\varphi)^2\,dz$$

である. ここで, $z = r\sin\varphi$ より, $dz/d\varphi = r\cos\varphi$ となる. これより,

$$V = \pi r^3 \int_{\theta}^{\pi/2} \cos^3\varphi\,d\varphi = \frac{\pi r^3}{3}\{2(1-\sin\theta) - \sin\theta\cos^2\theta\}$$

となる. よって, 次のようになる.

$$\sigma_1 = \frac{\rho gr}{6t}\{3h + 2r(1-\sin^3\theta)\sec^2\theta\}$$

上式を $\sigma_1 + \sigma_2 = rp/t$ に代入すると, 次のようになる.

$$\sigma_2 = \frac{\rho gr}{6t}\{3h + 2r(3\sin\theta - 2\sin^3\theta - 1)\sec^2\theta\}$$

8.15 題意より, $\varepsilon_x = \sigma_x/E$, $\varepsilon_y = \varepsilon_z = -\nu\varepsilon_x = -\nu\sigma_x/E$ である. x, y, z 方向の辺の長さがそれぞれ a, b, c の直方体を考えると, 体積増加率は

$$\frac{\Delta V}{V} = \frac{a(1+\varepsilon_x)b(1+\varepsilon_y)c(1+\varepsilon_z) - abc}{abc} = (1+\varepsilon_x)(1+\varepsilon_y)(1+\varepsilon_z) - 1$$

となる. 高次の微小項を省略すると, $\Delta V/V = \varepsilon_x + \varepsilon_y + \varepsilon_z = (1-2\nu)\sigma_x/E$ となる.

8.16 $\varepsilon_x = \varepsilon_y = \varepsilon_z$ である. これらを ε と記すと, 応力－ひずみ関係式から $\varepsilon = \{-p - \nu(-p-p)\}/E = -(1-2\nu)p/E$ となる. 立方体の一辺の長さを a とすると, 体積増加率は

$$\frac{\Delta V}{V} = \frac{\{a(1+\varepsilon)\}^3 - a^3}{a^3} = (1+\varepsilon)^3 - 1 = 3\varepsilon\left(1 + \varepsilon + \frac{1}{3}\varepsilon^2\right)$$

となる. 高次の微小項を省略して, $\Delta V/V = 3\varepsilon = -3(1-2\nu)p/E$ となる.

8.17 (1) $\sigma_x = -P/A$, $\sigma_y = \sigma_z = 0$, $\varepsilon_x = -P/EA$, $\varepsilon_y = \varepsilon_z = -\nu\varepsilon_x = \nu P/EA$

(2) $\sigma_x = -P/A$, $\sigma_y = 0$, $\varepsilon_z = 0$, $\varepsilon_z = \{\sigma_z - \nu(\sigma_x + \sigma_y)\}/E$ より, $\sigma_z = \nu\sigma_x = -\nu P/A$, $\varepsilon_x = -(1-\nu^2)P/EA$, $\varepsilon_y = (1+\nu)\nu P/EA$

(3) $E' = \sigma_x/\varepsilon_x = E/(1-\nu^2)$

8.18 題意より, $\sigma_z = -p$, $\sigma_x = \sigma_y$, $\varepsilon_x = \varepsilon_y = 0$ である. $\varepsilon_x = \{\sigma_x - \nu(\sigma_y + \sigma_z)\}/E$ より, $\sigma_x = -\nu p/(1-\nu)$ となり, 圧力は $q = -\sigma_x = \nu p/(1-\nu)$ となる.

8.19 円周方向応力は $\sigma_\theta = rp/t$ である. また, $\sigma_r = 0$ である. 軸方向の長さは不変であるから, 応力 – ひずみ関係式から, $\varepsilon_z = (\sigma_z - \nu\sigma_\theta)/E = 0$ となる. これより, $\sigma_z = \nu\sigma_\theta = \nu rp/t$ となる.

8.20 角柱に生じる応力は $\sigma_x = -P/a^2$, $\sigma_y = \sigma_z$ であり, せん断応力ははたらかない. 題意より $\varepsilon_y = \varepsilon_z = 0$ であるから, 応力 – ひずみ関係式より,

$$\sigma_z = -\frac{\nu}{1-\nu}\frac{P}{a^2} \tag{1}$$

を得る. ボルトに生じる引張力と角柱が枠を押し広げようとする力のつり合いから, $2(\pi d^2/4)\sigma = -\sigma_z ab$ が成り立つ. これに式 (1) を代入することにより, 次のようになる.

$$\sigma = \frac{2\nu}{1-\nu}\frac{Pb}{\pi ad^2}$$

8.21 薄肉円管は単軸応力状態, 中実丸棒は三軸応力状態である. 薄肉円管と中実丸棒の接触圧力を p とすると, $\sigma_{\theta 1} = rp/t$, $\sigma_{\theta 2} = \sigma_{r2} = -p$, $\sigma_{z2} = -P/\pi r^2$ となる. それぞれの円周方向ひずみは, $\varepsilon_{\theta 1} = \sigma_{\theta 1}/E_1 = rp/E_1 t$, $\varepsilon_{\theta 2} = \{\sigma_{\theta 2} - \nu_2(\sigma_{r2} + \sigma_{z2})\}/E_2 = \{-p(1-\nu_2) + \nu_2 P/\pi r^2\}/E_2$ である. 接触面における半径の増加を Δr とすると, 一般に $\varepsilon_\theta = \{2\pi(r + \Delta r) - 2\pi r\}/2\pi r = \Delta r/r$ となる. よって, 接触面で両者の Δr が等しいので $\varepsilon_{\theta 1} = \varepsilon_{\theta 2}$ である. これより, 接触圧 p は

$$p = \frac{\nu_2 t E_1 P}{\pi r^2 \{rE_2 + (1-\nu_2)E_1 t\}}$$

となる. それぞれの円周方向応力は次のようになる.

$$\sigma_{\theta 1} = \frac{\nu_2 E_1 P}{\pi r\{rE_2 + (1-\nu_2)E_1 t\}}, \quad \sigma_{\theta 2} = -\frac{\nu_2 t E_1 P}{\pi r^2\{rE_2 + (1-\nu_2)E_1 t\}}$$

8.22 (1) $\varepsilon_z = -\nu\rho\omega^2\{(3+\nu)(r_1^2 + r_2^2) - 2(1+\nu)r^2\}/4E$ (2) **図 A.90**

8.23 $\sigma_{x'} = 16.5\,\mathrm{MPa}$, $\tau_{x'y'} = -19.7\,\mathrm{MPa}$

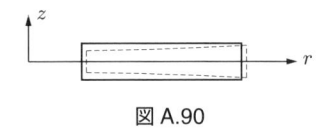

図 A.90

8.24 接着剤は，せん断応力に対しては十分に強いと考え，垂直応力だけで考える．ベルトだけで引っ張ったとき，σ_{belt} でベルトが引きちぎれたとする．$\theta = 0$ で接着したとき，$\sigma_{\text{bond}} = \sigma_{\text{belt}}/16$ の垂直応力で接着面がはがれたとする．接着面を傾けると，接着面の垂直応力は $\sigma_{x'} < \sigma_x$ となるから，より大きな荷重に耐えられるが，角度を大きくしすぎても意味がない（ベルトがちぎれる）．$\sigma_{x'} \leqq \sigma_{\text{bond}}$ となればよい．題意より，$\sigma_{\text{belt}} \cos^2 \theta \leqq \sigma_{\text{belt}}/16$ となる．よって，$\cos \theta \leqq 1/4$ より，$\theta \geqq 75.6°$ となる．

8.25 棒の軸方向を x 軸とする．$\sigma_x = -P/A$ より，$\tau_{x'y'} = -(\sigma_x/2) \sin 2\theta = (P/2A) \sin 2\theta$ となる．$\tau_{x'y'}$ は $\theta = \pi/4$ のとき最大で，$\tau_{x'y'\text{max}} = P/2A$ である．$\tau_{x'y'\text{max}} = \tau_S$ とおくと，$P = 2A\tau_S = 62.8\,\text{kN}$ となる．

[別解] 題意より，$\sigma_1 = 0$, $\sigma_2 = 0$, $\sigma_3 = -P/A$ である．$\tau_{\text{max}} = (\sigma_1 - \sigma_3)/2$ より，$\tau_{\text{max}} = P/2A$ となる．また，$\tau_S = \sigma_S/2$ より，$\sigma_S = 800\,\text{MPa}$ で，$P = \sigma_S A = 62.8\,\text{kN}$ となる．

8.26 $\sigma_1 = \sigma_\theta = rp/t$, $\sigma_2 = \sigma_z = rp/2t$, $\sigma_3 = \sigma_r = 0$ である．最大主応力説では $\sigma_1 = \sigma_a$ となる．これより，$t = 5.8\,\text{mm}$ となる．最大せん断応力説では $\tau_{\text{max}} = (\sigma_1 - \sigma_3)/2 = \tau_a$ となる．これより，$t = 4.64\,\text{mm}$ となる．

8.27 最大せん断応力説：$\tau = \sigma_S/2$, せん断ひずみエネルギー説：$\tau = \sigma_S/\sqrt{3}$

8.28 $\sigma_{x'} = 72.1\,\text{MPa}$, $\sigma_{y'} = 17.9\,\text{MPa}$, $\tau_{x'y'} = 33.0\,\text{MPa}$

8.29 $\theta = \pi/4$, $\tau_{xy} = 0$ より，$\sigma_{x'} = (\sigma_x + \sigma_y)/2 = 10\,\text{MPa}$, $\tau_{x'y'} = -(\sigma_x - \sigma_y)/2 = -90\,\text{MPa}$ となる．

8.30 応力の座標変換式を代入すると，$J_1 = \sigma_{x'} + \sigma_{y'} = \sigma_x + \sigma_y$, $J_2 = \sigma_{x'}\sigma_{y'} - \tau_{x'y'}^2 = \sigma_x \sigma_y - \tau_{xy}^2$ が得られる．よって，J_1 および J_2 の値は座標系に依存しない．

8.31 $\sigma_x = 4P/\pi d^2 = 77.95\,\text{MPa}$, $\tau_{xy} = 16T/\pi d^3 = 37.12\,\text{MPa}$ である．$\sigma_1 = \sigma_x/2 + \sqrt{\sigma_x^2 + 4\tau_{xy}^2}/2 = 92.8\,\text{MPa}$, $\tau_{\text{max}} = \sqrt{\sigma_x^2 + 4\tau_{xy}^2}/2 = 53.8\,\text{MPa}$ となる．

8.32 $\sigma_1 = 158.8\,\text{MPa}$, $\sigma_2 = 0$, $\sigma_3 = -8.8\,\text{MPa}$, $\tau_{\text{max}} = (\sigma_1 - \sigma_3)/2 = 83.8\,\text{MPa}$

8.33 主応力は $\sigma_1 = \sigma_x/2 + \sqrt{\sigma_x^2 + 4\tau_{xy}^2}/2$, $\sigma_3 = \sigma_x/2 - \sqrt{\sigma_x^2 + 4\tau_{xy}^2}/2$, $\sigma_2 = 0$ である．最大せん断応力説で $\sigma_x^2 + 4\tau_{xy}^2 = \sigma_S^2$, せん断ひずみエネルギー説で $\sigma_x^2 + 3\tau_{xy}^2 = \sigma_S^2$ となる．

8.34 固定端 A で，曲げ応力は $\sigma_x = |M|/Z = 32Pa/\pi d^3 = 39.1\,\text{MPa}$, ねじり応力は $\tau_{xy} = T/Z_p = 16Pb/\pi d^3 = 9.78\,\text{MPa}$ となる．最大主応力は $\sigma_1 = \sigma_x/2 + \sqrt{\sigma_x^2 + 4\tau_{xy}^2}/2 = 41.4\,\text{MPa}$ となる．$\sigma_3 = \sigma_x/2 - \sqrt{\sigma_x^2 + 4\tau_{xy}^2}/2 = -2.31\,\text{MPa}$ より，最大せん断応力は $\tau_{\text{max}} = (\sigma_1 - \sigma_3)/2 = 21.9\,\text{MPa}$ となる．

8.35 (1) 点 C で $M = -PR\sin\varphi$, $T = PR(1-\cos\varphi)$ である. $Z = \pi d^3/32$, $Z_p = \pi d^3/16$ より, 曲げ応力は $\sigma_x = |M|/Z = 32PR\sin\varphi/\pi d^3$, ねじり応力は $\tau_{xy} = T/Z_p = 16PR(1-\cos\varphi)/\pi d^3$, また $\sigma_y = 0$ である. これらから, 次のようになる.

$$\sigma_{\mathrm{C1}} = \frac{16PR}{\pi d^3}\left(\sin\varphi + \sqrt{2-2\cos\varphi}\,\right), \quad \tau_{\mathrm{Cmax}} = \frac{16PR}{\pi d^3}\sqrt{2-2\cos\varphi}$$

(2) 前問の τ_{Cmax} が最大となるのは, $\cos\varphi = -1$ ($\varphi = \pi$) のときで, $\tau_{\max} = 32PR/\pi d^3$ となる. これが τ_a と等しいとおくと (最大せん断応力説), $d = \sqrt[3]{32PR/\pi\tau_a}$ となる.

8.36 (1) 図 A.91

(2) $\sigma_1 = (\sigma_x + \sigma_y)/2 + \sqrt{(\sigma_x-\sigma_y)^2 + 4\tau_{xy}^2}/2 = 60+50 = 110\,\mathrm{MPa}$, $\sigma_2 = 60-50 = 10\,\mathrm{MPa}$, $\sigma_3 = 0$

(3) $\tan 2\theta_n = \tau_{xy}/\{(\sigma_x-\sigma_y)/2\} = 3/4$ より, $\theta_n = 18.43°$

(4) $\tau_{x'y'\max} = (\sigma_1 - \sigma_2)/2 = 50\,\mathrm{MPa}$

(5) $\tau_{\max} = (\sigma_1 - \sigma_3)/2 = 55\,\mathrm{MPa}$

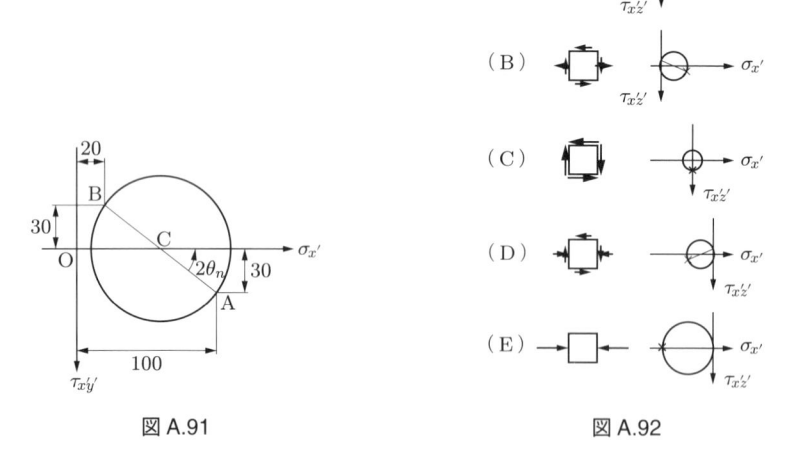

図 A.91　　　　　　　図 A.92

8.37 図 A.92

8.38 左端から距離 x の仮想断面で, $M = Px/2$, $F = P/2$ である. 曲げ応力は $\sigma_x = (M/I_y)z = 6Pxz/bh^3$ となる. せん断応力は $\tau_{xz} = (3P/4bh)\{1-(2z/h)^2\}$ となる. 点 A($l/10, h/5$) で, $\sigma_x = 120P/100bh$, $\tau_{xz} = 63P/100bh$ となり, 点 B($4l/10, h/5$) で, $\sigma_x = 480P/100bh$, $\tau_{xz} = 63P/100bh$ となる. モールの応力円は 図 A.93 のようになる.

8.39 (1) $\sigma_r = 301\sigma_0/1024$, $\sigma_\theta = 1299\sigma_0/1024$, $\tau_{r\theta} = -301\sqrt{3}\sigma_0/1024$

(2) 図 A.94　(3) $\sigma_1 = 1522\sigma_0/1024$, $\sigma_2 = 78.3\sigma_0/1024$, $\theta_n' = 23.1°$

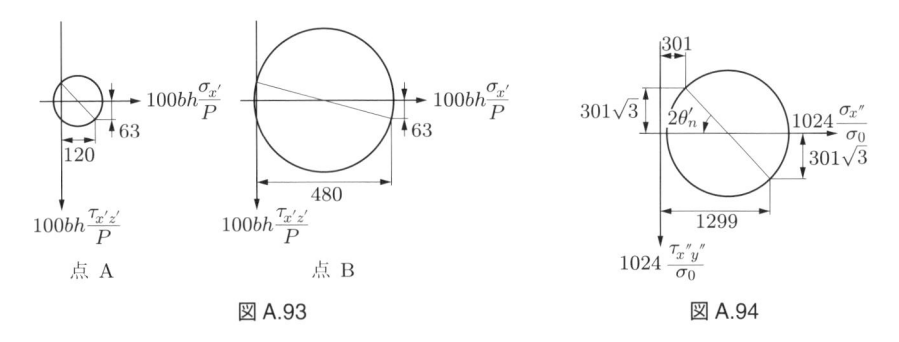

図 A.93　　　　　　　　　　　　　　　　　　図 A.94

8.40　$\sigma_1 = 31.0\,\text{MPa}$，$\tau_{\max} = 19.9\,\text{MPa}$

8.41　軸に生じる最大曲げモーメントおよびねじりモーメントは $M_{\max} = Wl/4$，$T = WD/2$ である．相当曲げモーメントと相当ねじりモーメントは $M_e = (M_{\max} + \sqrt{M_{\max}^2 + T^2})/2$，$T_e = \sqrt{M_{\max}^2 + T^2}$ である．また，断面係数および極断面係数は $Z = \pi d^3/32$，$Z_p = \pi d^3/16$ である．これらから，$\sigma_1 = M_e/Z = 122\,\text{MPa}$，$\tau_{\max} = T_e/Z_p = 70.2\,\text{MPa}$ となる．

8.42　$R_A = 325\,\text{N}$，$R_B = 425\,\text{N}$，$M_C = R_A a = 48.75\,\text{N·m}$，$M_D = R_B a = 63.75\,\text{N·m}$ となる．CD 間で $T = P_1 D_1/2 = P_2 D_2/2 = 31.25\,\text{N·m}$ となる．$T_e = 71.0\,\text{N·m}$，$d = \sqrt[3]{16 T_e/\pi\tau_a} = 20.8\,\text{mm}$ となる．

8.43　点 C，D に作用する鉛直荷重は，それぞれ $P_1 + P_1' = 4.0\,\text{kN}$，$P_2 + P_2' = 3.0\,\text{kN}$ である．各支点に生じる反力は，$R_A = 3.75\,\text{kN}$，$R_B = 3.25\,\text{kN}$ となる．また，点 C，D に生じる曲げモーメントは，$M_C = R_A a = 3.75\,\text{kN·m}$，$M_D = R_B a = 3.25\,\text{kN·m}$ である．軸に生じるねじりモーメントは，CD 間および DB 間で，それぞれ $T_{CD} = (P_1 - P_1')D/2 = 1.5\,\text{kN·m}$，$T_{DB} = Q = 2.5\,\text{kN·m}$ となる．相当曲げモーメントおよび相当ねじりモーメントは，点 C で $M_{Ce} = (M_C + \sqrt{M_C^2 + T_{CD}^2})/2 = 3.894\,\text{kN·m}$，$T_{Ce} = \sqrt{M_C^2 + T_{CD}^2} = 4.039\,\text{kN·m}$ となり，点 D で $M_{De} = (M_D + \sqrt{M_D^2 + T_{DB}^2})/2 = 3.675\,\text{kN·m}$，$T_{De} = \sqrt{M_D^2 + T_{DB}^2} = 4.100\,\text{kN·m}$ となる．最大主応力説では，点 C に対して，$d = \sqrt[3]{32 M_{Ce}/\pi\sigma_a} = 69.1\,\text{mm}$ となり，最大せん断応力説では，点 D に対して，$d = \sqrt[3]{16 T_{De}/\pi\tau_a} = 66.8\,\text{mm}$ となる．

8.44　点 C，E，D に作用する鉛直荷重は，それぞれ $5.3\,\text{kN}$，$3.6\,\text{kN}$，$0.8\,\text{kN}$ である．各支点に生じる反力は，$R_A = 7.45\,\text{kN}$，$R_B = 2.25\,\text{kN}$ となる．また，点 A，E，B に生じる曲げモーメントは，$M_A = -1325\,\text{N·m}$，$M_E = 287.5\,\text{N·m}$，$M_B = -800\,\text{N·m}$ である．軸に生じるねじりモーメントは，CE 間および ED 間でそれぞれ，$T_{CE} = 1575\,\text{N·m}$，$T_{ED} = 225\,\text{N·m}$ となる．相当曲げモーメントおよび相当ねじりモーメントは，点 A で $M_{Ae} = 1691.6\,\text{N·m}$，$T_{Ae} = 2058.2\,\text{N·m}$ となる．これらから，最大主応力説では，$d = \sqrt[3]{32 M_{Ae}/\pi\sigma_a} = 52.4\,\text{mm}$ となり，最大せん断応力説では，$d = \sqrt[3]{16 T_{Ae}/\pi\tau_a} = 57.5\,\text{mm}$ となる．

8.45　ベルトの張力を引張り側で P_1，緩み側で P_2 とする．軸を片持はりと考えると，自由端での鉛直方向および水平方向の荷重は，それぞれ $P_z = W$，$P_y = P_1 + P_2$ である．また，固定端での y 方向，z 方向の曲げモーメントは $M_y = Wl$，$M_z = (P_1 + P_2)l$ であり，

合成した曲げモーメントは $M = \sqrt{M_y^2 + M_z^2}$ である．軸に生じるねじりモーメントは $T = (P_1 - P_2)D/2$ である．これらから，相当ねじりモーメントは $T_e = \sqrt{M^2 + T^2} = 5.62 \times 10^6$ N·mm となる．$\tau_a = \tau_{\max} = T_e/Z_p = 16T_e/\pi d^3$ より，軸径は $d = \sqrt[3]{16T_e/\pi\tau_a} = 71.0$ mm となる．

8.46 軸の左端で鉛直方向に z 軸，水平方向に y 軸をとる．軸の角速度は $\omega = 2\pi N/60 = 12.566$ rad/s である．軸に生じるねじりモーメントは $T = H/\omega = 397.9$ N·m となる．ベルトの張力は $P_1 = 4T/D_1 = 1768$ N，$P_2 = 4T/D_2 = 3183$ N となる．軸には点 C で鉛直方向に W_1，水平方向に $P_1 + P_1'$，点 D で鉛直方向に $W_2 + (P_2 + P_2')\sin 45°$，水平方向に $(P_2 + P_2')\cos 45°$ の荷重が作用する．各支点に生じる鉛直方向の反力は $R_{Az} = 1755$ N，$R_{Bz} = 2971$ N となり，y 軸周りの曲げモーメントは $M_{Cy} = R_{Az}a = 438.8$ N·m，$M_{Dy} = R_{Bz}c = 891.3$ N·m となる．各支点に生じる水平方向の反力は $R_{Ay} = 3002$ N，$R_{By} = 3026$ N となり，z 軸周りの曲げモーメントは $M_{Cz} = R_{Ay}a = 750.5$ N·m，$M_{Dz} = R_{By}c = 907.8$ N·m となる．点 C，D で合成した曲げモーメントは $M_C = \sqrt{M_{Cy}^2 + M_{Cz}^2} = 869.4$ N·m，$M_D = \sqrt{M_{Dy}^2 + M_{Dz}^2} = 1272.2$ N·m となる．最大曲げモーメントは点 D で生じる．点 D での相当ねじりモーメントは $T_e = \sqrt{M_D^2 + T^2} = 1333$ N·m となり，軸の直径は $d = \sqrt[3]{16T_e/\pi\tau_a} = 55.4$ mm となる．

第 9 章　ひずみエネルギー

9.1 $M = -q(l-x)^2/2$ より，次のようになる．

$$U = \int_0^l \frac{M^2}{2EI_y}\,dx = \frac{q^2 l^5}{40EI_y}$$

9.2 $A = \pi d^2/4$ とすると，$U_a = P^2 l/2EA$，$U_b = 5P^2 l/16EA$ である．よって，$U_a/U_b = 8/5$ となる．

9.3 $I_p = \pi d^4/32$ とすると，$U_a = Q^2 l/2GI_p$，$U_b = 19Q^2 l/128GI_p$ である．よって，$U_a/U_b = 64/19 = 3.37$ となる．

9.4 固定端から距離 x の位置での曲げモーメントは，どちらのはりでも $M = -P(l-x)$ である．断面二次モーメントは，それぞれのはりで，$I_a = b_0 h^3/12$，$I_b = (b_0 h^3/12)(l-x)/l$ となる．それぞれのはりに蓄えられるひずみエネルギーは $U_a = 2P^2 l^3/Eb_0 h^3$，$U_b = 3P^2 l^3/Eb_0 h^3$ となる．よって，$U_a/U_b = 2/3$ となる．

9.5 固定端から距離 x の位置での曲げモーメントは，$M = -P(l-x) - q(l-x)^2/2$ である．はりに蓄えられるひずみエネルギーは次のようになる．

$$U = \int_0^l \frac{M^2}{2EI_y}\,dx = \frac{P^2 l^3}{6EI_y} + \frac{Pq l^4}{8EI_y} + \frac{q^2 l^5}{40EI_y}$$

9.6 固定端 C から B へ向かって距離 x_1 の仮想断面で，$M_1 = -P(a - x_1)$，$T = Pb$ である．点 B から自由端 A へ向かって距離 x_2 の仮想断面で，$M_2 = -P(b - x_2)$ である．はりに蓄えられるひずみエネルギーは次のようになる．

$$U = \int_0^a \frac{M_1^2}{2EI_y}\, dx_1 + \frac{T^2 a}{2GI_p} + \int_0^b \frac{M_2^2}{2EI_y}\, dx_2 = \frac{P^2 a^3}{6EI_y} + \frac{P^2 ab^2}{2GI_p} + \frac{P^2 b^3}{6EI_y}$$

9.7 $0 \leqq x \leqq l/2$ で，$M = Px/2$ である．はりの対称性より，

$$U = 2 \int_0^{l/2} \frac{M^2}{2EI_y}\, dx = \frac{P^2 l^3}{96EI_y}$$

となる．エネルギー保存の法則より，$Pu_{\max}/2 = U$ である．これより，$u_{\max} = Pl^3/48EI_y = 1.5\,\text{mm}$ となる．

9.8 はりに蓄えられるひずみエネルギーは $U = Q^2 l/2EI_y$ となる．エネルギー保存の法則から，$Q\theta/2 = U$ である．これより，$\theta = Ql/EI_y = 85.3 \times 10^{-3}\,\text{rad} = 4.9°$ となる．

9.9 上端から距離 x の位置での直径は $d = d_1 + (d_2 - d_1)x/h$ である．円すい台に蓄えられるひずみエネルギーは

$$U = \int_0^h \frac{P^2}{2EA}\, dx = \frac{2P^2}{E\pi} \int_0^h \left(d_1 + \frac{d_2 - d_1}{h} x \right)^{-2} dx = \frac{2P^2}{E\pi} \frac{h}{d_1 d_2}$$

となる．エネルギー保存の法則から，$P\lambda/2 = U$ である．これより，$\lambda = 4Ph/E\pi d_1 d_2$ となる．

9.10 丸軸に蓄えられるひずみエネルギーは $U = (Q^2 l/4G)(1/I_{p1} + 1/I_{p2})$ となる．エネルギー保存の法則から，$Q\varphi/2 = U$ である．これより，$\varphi = (Ql/2G)(1/I_{p1} + 1/I_{p2})$ となる．

9.11 エネルギー保存の法則より，$W(h + Pl^3/48EI_y) = P^2 l^3/96EI_y$ となる．これより，$P = W(1 + \sqrt{1 + 96EI_y h/Wl^3}) = 12.5\,\text{kN}$ となる．

9.12 $W(h + u_{\text{a}}) = U_{\text{a}}$，$W(h + u_{\text{b}}) = U_{\text{b}}$ より，$P_{\text{a}} = W(1 + \sqrt{1 + 6EI_0 h/Wl^3})$，$P_{\text{b}} = W(1 + \sqrt{1 + 4EI_0 h/Wl^3})$ となる．$\sqrt{EI_0 h/Wl^3} \gg 1$ であるとき，$P_{\text{a}}/P_{\text{b}} = 1.22$ となる．

9.13 $I\omega^2/2 = Q^2 l/2GI_p$ より，$Q = (R\omega d^2/8)\sqrt{mG\pi/l}$

9.14 エネルギー保存の法則から，$W(h + \lambda) = P^2 h/2EA$ である．ここで，$\lambda = Ph/EA$ より，$P = W(1 + \sqrt{1 + 2EA/W})$ となる．$\sigma = P/A$，$\sigma_0 = W/A$ より，$\sigma/\sigma_0 = 1 + \sqrt{1 + 2EA/W} = 115.8$ となる．

9.15 エネルギー保存の法則から，$W(h + \lambda) = (P^2/2E)(l_1/A_1 + l_2/A_2)$ である．ここで，$\lambda = Pl_1/EA_1 + Pl_2/EA_2$ より，次のようになる．

$$P = W\left\{ 1 + \sqrt{1 + \frac{2A_1 A_2 Eh}{W(A_2 l_1 + A_1 l_2)}} \right\}$$

9.16 棒の縮みを λ_1，蓄えられるひずみエネルギーを U_1，コイルバネの縮みを λ_2，蓄えられるひずみエネルギーを U_2 とすると，$W(h + \lambda_1 + \lambda_2) = U_1 + U_2$ である．ここで，$\lambda_1 = Pl/EA$，$\lambda_2 = P/k$，$U_1 = P^2 l/2EA$，$U_2 = P\lambda_2/2 = P^2/2k$ である．また，$\sigma = P/A$ である．これらから，次のようになる．

$$\sigma = \frac{W}{A}\left\{1 + \sqrt{1 + \frac{2EAkh}{W(lk + EA)}}\right\}$$

9.17 固定端から距離 x の仮想断面で，$M = -Q - P(l - x)$ である．はりに蓄えられるひずみエネルギーは

$$U = \int_0^l \frac{M^2}{2EI_y}\,dx = \frac{1}{2EI_y}\left(Q^2 l + PQl^2 + \frac{1}{3}P^2 l^3\right)$$

となる．カスティリアーノの定理より，次のようになる．

$$u = \frac{\partial U}{\partial P} = \frac{1}{2EI_y}\left(Ql^2 + \frac{2}{3}Pl^3\right), \quad \theta = \frac{\partial U}{\partial Q} = \frac{1}{2EI_y}(2Ql + Pl^2)$$

9.18 段付丸棒に蓄えられるひずみエネルギーは $U = (P_1 + P_2)^2 l/E\pi d_1^2 + P_2^2 l/E\pi d_2^2$ となる．カスティリアーノの定理より，次のようになる．

$$u_{\mathrm B} = \frac{\partial U}{\partial P_1} = \frac{2(P_1 + P_2)l}{E\pi d_1^2}, \quad u_{\mathrm C} = \frac{\partial U}{\partial P_2} = \frac{2(P_1 + P_2)l}{E\pi d_1^2} + \frac{2P_2 l}{E\pi d_2^2}$$

9.19 (1) 固定端から距離 x の仮想断面で，$F = P$，$M = -P(l - x)$ である．はりに蓄えられるひずみエネルギーは

$$U = \int_0^l \frac{M^2}{2EI_y}\,dx + \frac{F^2 l}{2GA} = \frac{P^2 l^3}{6EI_y} + \frac{P^2 l}{2GA}$$

となる．カスティリアーノの定理より，次のようになる．

$$u_{\max} = \frac{dU}{dP} = \frac{Pl^3}{3EI_y} + \frac{Pl}{GA} = \frac{4Pl^3}{Ebh^3}\left(1 + 0.65\frac{h^2}{l^2}\right)$$

［補足］ 実際には，仮想断面のせん断応力分布は一様ではない[†3]．このことを考慮した正しい解は，次のようになる．

$$u_{\max} = \frac{4Pl^3}{Ebh^3}\left(1 + 0.975\frac{h^2}{l^2}\right)$$

(2) $0.65h^2/l^2 \ll 1$ （断面の高さ h がはりの長さ l より十分に小さい細長いはり）

[†3] 8.2.3 項参照.

9.20　固定端から距離 x の仮想断面で，$M = -P(l-x) - q(l-x)^2/2$ である．はりに蓄えられるひずみエネルギーは

$$U = \int_0^l \frac{M^2}{2EI_y}\, dx = \frac{1}{2EI_y}\left(\frac{1}{3}P^2l^3 + \frac{1}{4}Pql^4 + \frac{1}{20}q^2l^5\right)$$

となる．カスティリアーノの定理より，$u_\mathrm{B} = \partial U/\partial P = Pl^3/3EI_y + ql^4/8EI_y = 2.65\,\mathrm{mm}$ となる．

9.21　右半分を片持はりと考える．固定端 (屈折棒 AB の中点) から距離 x の仮想断面に生じる曲げモーメントは，$M = P\cos\theta(l-x)$ である．右半分の片持はりに蓄えられるひずみエネルギーは

$$U = \int_0^l \frac{M^2}{2EI_y}\, dx = \int_0^l \frac{P^2\cos^2\theta(l-x)^2}{2EI_y}\, dx$$

となる．カスティリアーノの定理から，AB 間の広がり δ は次のようになる．

$$\delta = 2\frac{dU}{dP} = 2\frac{2P\cos^2\theta}{2EI_y}\int_0^l (l-x)^2\, dx = \frac{2Pl^3\cos^2\theta}{3EI_y}$$

9.22　角度 θ の仮想断面で，$|M| = PR\cos\theta,\ T = PR(1-\sin\theta)$ である．はりに蓄えられるひずみエネルギーは

$$U = \int_0^{\pi/2} \frac{|M|^2}{2EI_y}R\, d\theta + \int_0^{\pi/2} \frac{T^2}{2GI_p}R\, d\theta = \frac{\pi P^2 R^3}{8EI_y} + \frac{P^2R^3}{2GI_p}\left(\frac{3\pi}{4}-2\right)$$

となる．カスティリアーノの定理より，自由端 B のたわみは次のようになる．

$$u = \frac{\pi PR^3}{4EI_y} + \frac{PR^3}{GI_p}\left(\frac{3\pi}{4}-2\right)$$

9.23　角度 θ の仮想断面で，$|M| = PR\sin\theta$ である．はりに蓄えられるひずみエネルギーは

$$U = \int_0^{\pi} \frac{|M|^2}{2EI_y}R\, d\theta = \frac{\pi P^2 R^3}{4EI_y}$$

となる．カスティリアーノの定理より，水平変位は $u_H = dU/dP = \pi PR^3/2EI_y$ となる．

9.24　曲げモーメントは，角度 θ の仮想断面で $M_1 = P(l+R\cos\theta)$，点 B から右へ距離 x の仮想断面で $M_2 = -P(l-x)$ である．はりに蓄えられるひずみエネルギーは

$$U = \int_0^{\pi/2} \frac{M_1^2}{2EI_y}R\, d\theta + \int_0^l \frac{M_2^2}{2EI_y}\, dx$$

となる．カスティリアーノの定理より，鉛直変位は次のようになる．

$$u = \frac{dU}{dP} = \frac{PR}{EI_y}\left\{\frac{\pi}{2}\left(l^2 + \frac{R^2}{2}\right) + 2lR\right\} + \frac{Pl^3}{3EI_y}$$

9.25 曲げモーメントは直線部で $M_1 = -2PR$，点 B から角度 θ の仮想断面で $M_2 = -PR(1 + \cos\theta)$ である．はりに蓄えられるひずみエネルギーは

$$U = \int_0^l \frac{M_1^2}{2EI_y}\,dx + \int_0^\pi \frac{M_2^2}{2EI_y}R\,d\theta$$

となる．カスティリアーノの定理より，鉛直変位は次のようになる．

$$u = \frac{dU}{dP} = \frac{PR^2}{EI_y}\left(4l + \frac{3\pi}{2}R\right)$$

9.26 自由端 B に仮想荷重 P' を加える．固定端から距離 x の位置での曲げモーメントは，AC 間 $(0 \leqq x \leqq a)$ で $M_1 = -P'(l-x) - P(a-x)$，CB 間 $(a \leqq x \leqq l)$ で $M_2 = -P'(l-x)$ である．はりに蓄えられるひずみエネルギーは

$$U = \int_0^a \frac{M_1^2}{2EI_y}\,dx + \int_a^l \frac{M_2^2}{2EI_y}\,dx$$

となる．$u_B = \partial U/\partial P'$ および $P' = 0$ から，$u_B = Pa^2(3l - a)/6EI_y$ となる．

9.27 自由端 B に仮想荷重 P' を加える．$R_A = 4ql/9 - P'/3$，$R_C = 8ql/9 + 4P'/3$ である．左端 A から距離 x の位置での曲げモーメントは，AC 間 $(0 \leqq x \leqq l)$ で $M_1 = (4ql/9 - P'/3)x - qx^2/2$，CB 間 $(l \leqq x \leqq 4l/3)$ で $M_2 = -P'(4l/3 - x) - q(4l/3 - x)^2/2$ である．はりに蓄えられるひずみエネルギーは

$$U = \int_0^l \frac{M_1^2}{2EI_y}\,dx + \int_l^{4l/3} \frac{M_2^2}{2EI_y}\,dx$$

となる．$u_B = \partial U/\partial P'$ および $P' = 0$ から，$u_B = -ql^4/162EI_y$ となる．

9.28 ピン C に右向き水平方向の仮想荷重 P' を加える．部材 AC，BC に生じる引張力を P_1, P_2 とすると，$P_1 = P\sin\theta + P'\cos\theta$，$P_2 = P\cos\theta - P'\sin\theta$ である．トラスに蓄えられるひずみエネルギーは

$$U = \frac{(P\sin\theta + P'\cos\theta)^2 a\cos\theta}{2EA} + \frac{(P\cos\theta - P'\sin\theta)^2 a\sin\theta}{2EA}$$

となる．$u_V = \partial U/\partial P$，$u_H = \partial U/\partial P'$，および $P' = 0$ より，次のようになる．

$$u_V = \frac{Pa}{EA}\sin\theta\cos\theta(\sin\theta + \cos\theta) \quad （下へ）$$

$$u_H = \frac{Pa}{EA}\sin\theta\cos\theta(\cos\theta - \sin\theta) \quad （右へ）$$

9.29　ピン C に右向き水平方向の仮想荷重 P' を加える．部材 AC，BC に生じる引張力を P_1，P_2 とすると，

$$P_1 = \frac{2P + 2P'}{1 + \sqrt{3}}, \quad P_2 = \frac{2P - 2\sqrt{3}P'}{\sqrt{2}(1 + \sqrt{3})}$$

である．トラスに蓄えられるひずみエネルギーは

$$U = \frac{(2P + 2P')^2 l_1}{2(1 + \sqrt{3})^2 EA} + \frac{(2P - 2\sqrt{3}P')^2 l_2}{4(1 + \sqrt{3})^2 EA}$$

となる．$u_V = \partial U / \partial P$，$u_H = \partial U / \partial P'$，および $P' = 0$ より，次のようになる．

$$u_V = \frac{2P(2l_1 + l_2)}{(1 + \sqrt{3})^2 EA} \quad (\text{下へ}), \quad u_H = \frac{2P(2l_1 - \sqrt{3}l_2)}{(1 + \sqrt{3})^2 EA} \quad (\text{右へ})$$

9.30　固定端から距離 x の仮想断面での曲げモーメントは，AC 間 $(0 \leqq x \leqq l)$ で $M_1 = -P(l + a - x) + R_\mathrm{C}(l - x)$，CB 間 $(l \leqq x \leqq l + a)$ で $M_2 = -P(l + a - x)$ である．はりに蓄えられるひずみエネルギーは

$$U = \int_0^l \frac{M_1^2}{2EI_y} \, dx + \int_l^{l+a} \frac{M_2^2}{2EI_y} \, dx$$

となる．最小仕事の定理より $\partial U / \partial R_\mathrm{C} = u_\mathrm{C} = 0$ である．これより，$R_\mathrm{C} = \{(3a + 2l)/2l\}P$ となる．

9.31　はりの対称性より，$R_\mathrm{A} = R_\mathrm{B} = ql/2$，$J_\mathrm{A} = J_\mathrm{B}$ が成り立つ．静的なつり合い条件だけでは反偶力を決定できないので，これは不静定問題である．仮想断面の曲げモーメントは，$M = -J_\mathrm{A} + qlx/2 - qx^2/2$ である．はりに蓄えられるひずみエネルギーを未知定数 J_A で表現すると，

$$U = \int_0^l \frac{M^2}{2EI_y} \, dx = \int_0^l \frac{(-J_\mathrm{A} + qlx/2 - qx^2/2)^2}{2EI_y} \, dx$$

となる．最小仕事の定理から $\partial U / \partial J_\mathrm{A} = \theta_\mathrm{A} = 0$ である．これより，$J_\mathrm{A} = ql^2/12$ となる．

9.32　鉛直方向の力のつり合いと点 A でのモーメントのつり合いから，$R_\mathrm{A} + R_\mathrm{B} = P$，$-J_\mathrm{A} + P(2l/3) - R_\mathrm{B}l + J_\mathrm{B} = 0$ が成り立つ．左端 A から距離 x での曲げモーメントは，AC 間 $(0 \leqq x \leqq 2l/3)$ と CB 間 $(2l/3 \leqq x \leqq l)$ でそれぞれ，$M_1 = -J_\mathrm{A} + R_\mathrm{A}x$，$M_2 = -J_\mathrm{A} + R_\mathrm{A}x - P(x - 2l/3)$ である．はりに蓄えられるひずみエネルギーは

$$U = \int_0^{2l/3} \frac{(-J_\mathrm{A} + R_\mathrm{A}x)^2}{2EI_y} \, dx + \int_{2l/3}^l \frac{\{-J_\mathrm{A} + R_\mathrm{A}x - P(x - 2l/3)\}^2}{2EI_y} \, dx$$

となる．最小仕事の定理から，$\partial U/\partial J_{\mathrm{A}} = 0$，$\partial U/\partial R_{\mathrm{A}} = 0$ である．これらから，$-J_{\mathrm{A}} + R_{\mathrm{A}}l/2 - Pl/18 = 0$，$-J_{\mathrm{A}}/2 + R_{\mathrm{A}}l/3 - 4Pl/81 = 0$ を得る．これらの連立方程式を解くと，$R_{\mathrm{A}} = 7P/27$，$R_{\mathrm{B}} = 20P/27$，$J_{\mathrm{A}} = 2Pl/27$，$J_{\mathrm{B}} = 4Pl/27$ となる．

9.33　モーメントのつり合いから，$J_{\mathrm{A}} + J_{\mathrm{B}} = Q$ が成り立つ．軸に蓄えられるひずみエネルギーは

$$U = \frac{J_{\mathrm{A}}^2(l/3)}{2GI_p} + \frac{(J_{\mathrm{A}} - Q)^2(2l/3)}{2GI_p}$$

となる．最小仕事の定理から，$dU/dJ_{\mathrm{A}} = 0$ である．これらから，$J_{\mathrm{A}} = 2Q/3$，$J_{\mathrm{B}} = Q/3$ となる．

9.34　自由端 B に仮想荷重 P' を加える．仮想荷重だけが作用しているときの点 C, D のたわみは，$u'_{\mathrm{C}} = 4P'l^3/81EI_y$，$u'_{\mathrm{D}} = 14P'l^3/81EI_y$ となる．相反定理より，$2Pu'_{\mathrm{C}} + Pu'_{\mathrm{D}} = P'u_{\mathrm{B}}$ となる．これより，$u_{\mathrm{B}} = 22Pl^3/81EI_y$ となる．

9.35　相反定理から，$Q\theta_{\mathrm{A}} = Pu$ となる．よって，$u = Q(l-x)(2l-x)x/6EI_yl$ となる．

9.36　図 A.95 (a) に示すように，支点 C の反力を R とする．図 (b) に示すように，支点 C を取り除いた静定はり（突出しはり）の点 C に仮想荷重 P' を加えたときの，点 D のたわみを u'_{D}，点 C のたわみを u'_{C} とすると，

$$u'_{\mathrm{D}} = \frac{P'l_2}{6EI_yl_1}a(l_1^2 - a^2), \quad u'_{\mathrm{C}} = \frac{P'l_2^2}{3EI_y}(l_1 + l_2)$$

となる．相反定理から，$Pu'_{\mathrm{D}} - Ru'_{\mathrm{C}} = P'c\dot{0}$ となる．これらから，次のようになる．

$$R = \frac{a(l_1^2 - a^2)}{2l_1l_2(l_1 + l_2)}P$$

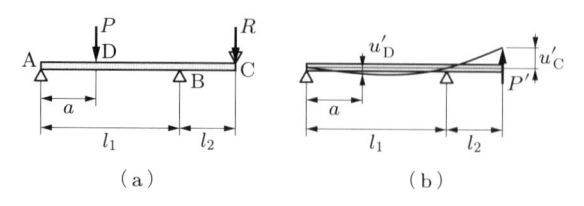

図 A.95

付　表

付表1　工業用材料の機械的性質

材料	降伏点（耐力）σ_S [MPa]	引張強さ σ_B [MPa]	伸び率 δ [%]
S25C（焼ならし）	265	441	27
S35C（焼ならし）	304	510	23
S35C（焼もどし）	392	569	22
S45C（焼ならし）	343	568	20
S45C（焼もどし）	490	686	17
SS400	216	402	17
SM400	216	402	18
SMn433	539	686	20
SCr435	735	882	15
SNC631	686	834	18
SCM435	784	931	15
SNCM240	785	883	17
FCD70	441	686	2
A2017	196	353	12
A7075	461	530	7
C1020	—	195	35

付表2　金属材料の弾性係数

材料	E [GPa]	G [GPa]	ν
アームコ鉄 (0.01–0.02C)	206	80	0.3
炭素鋼	206	80	0.3
ばね鋼（熱処理）	206	80	0.3
Ni 鋼（焼きならし）	206	80	0.3
Cr 鋼（熱処理）	206	80	0.3
Ni-Cr 鋼（熱処理）	206	80	0.3
Ni-Cr-Mo 鋼（熱処理）	206	80	0.3
Cr-Mo 鋼（熱処理）	206	80	0.3
鋳鋼	206	80	0.3
鋳鉄	98	34	0.3
銅	126	46	0.33
黄銅	98	39	0.33
青銅	98	39	0.33
アルミニウム	69	27	0.33

付表 3　金属材料の線膨張係数

材料	α $\times 10^{-6}$ [1/°C]
軟鋼 (0.1–0.2C)	11.2
硬鋼 (0.4–0.5C)	10.7
ステンレス鋼 (18Cr, 8Ni)	14.7
ニッケル鋼 (64Fe, 36Ni)	0.13
ニッケル鋼 (50Fe, 50Ni)	9.4
銅	16.5
黄銅	17.5
青銅	17.3
アルミニウム	23.1
ジュラルミン	21.6

付表 4　断面二次極モーメント I_p と極断面係数 Z_p

断面形状	断面二次極モーメント	極断面係数
d	$I_p = \dfrac{\pi d^4}{32}$	$Z_p = \dfrac{\pi d^3}{16}$
d_1 d_2	$I_p = \dfrac{\pi(d_2^4 - d_1^4)}{32}$	$Z_p = \dfrac{\pi(d_2^4 - d_1^4)}{16 d_2}$

付表 5　断面二次モーメント I_y と断面係数 Z

断面形状	断面二次モーメント	断面係数
	$I_y = \dfrac{\pi d^4}{64}$	$Z = \dfrac{\pi d^3}{32}$
	$I_y = \dfrac{\pi(d_2^4 - d_1^4)}{64}$	$Z = \dfrac{\pi(d_2^4 - d_1^4)}{32 d_2}$
	$I_y = \dfrac{bh^3}{12}$	$Z = \dfrac{bh^2}{6}$
	$I_y = \dfrac{bh^3 - b_0 h_0^3}{12}$	$Z = \dfrac{bh^3 - b_0 h_0^3}{6h}$
	$I_y = \dfrac{b(h^3 - h_0^3)}{12}$	$Z = \dfrac{b(h^3 - h_0^3)}{6h}$
	$I_y = \dfrac{a^4}{12}$	$Z = \dfrac{\sqrt{2}}{12}a^3$
	$I_y = I_{y'} = \dfrac{5\sqrt{3}}{16}a^4$	$Z_y = \dfrac{5}{8}a^3$ $Z_{y'} = \dfrac{5\sqrt{3}}{16}a^3$

付表 5　断面二次モーメント I_y と断面係数 Z（つづき）

断面形状	断面二次モーメント	断面係数
	$I_y = \dfrac{bh^3}{12}$ $\quad -\dfrac{(b-t)(h-2c)^3}{12}$	$Z = \dfrac{2I_y}{h}$
	$I_y = \dfrac{ch^3}{6} + \dfrac{(b-2c)t^3}{12}$	$Z = \dfrac{2I_y}{h}$
	$I_y = \dfrac{th^3}{12} + \dfrac{(b-t)t^3}{12}$	$Z = \dfrac{2I_y}{h}$
	$I_y = \dfrac{1}{12}(b_1 h_1^3 + b_2 h_2^3)$ $\quad + \left(e_1 - \dfrac{h_1}{2}\right)^2 b_1 h_1$ $\quad + \left(h_1 + \dfrac{h_2}{2} - e_1\right)^2 b_2 h_2$ $e_1 = \dfrac{b_2 h_2(h_1 + h_2/2) + b_1 h_1^2/2}{b_1 h_1 + b_2 h_2}$	$Z_1 = \dfrac{I_y}{e_1}$ $Z_2 = \dfrac{I_y}{e_2}$
	$I_y = \dfrac{(b-2t)t^3}{12}$ $\quad + \left(e_1 - \dfrac{t}{2}\right)^2 (b-2t)t$ $\quad + \dfrac{th^3}{6} + 2\left(\dfrac{h}{2} - e_1\right)^2 th$ $e_1 = \dfrac{t^2(b-2t)/2 + th^2}{(b-2t)t + 2th}$	$Z_1 = \dfrac{I_y}{e_1}$ $Z_2 = \dfrac{I_y}{e_2}$

付表6 片持はりの基本解（絶対値）

荷重の種類	自由端のたわみ角	最大たわみ
	$\theta = \dfrac{Pl^2}{2EI_y}$	$u_{\max} = \dfrac{Pl^3}{3EI_y}$
	$\theta = \dfrac{ql^3}{6EI_y}$	$u_{\max} = \dfrac{ql^4}{8EI_y}$
	$\theta = \dfrac{q_0 l^3}{24EI_y}$	$u_{\max} = \dfrac{q_0 l^4}{30EI_y}$
	$\theta = \dfrac{Ql}{EI_y}$	$u_{\max} = \dfrac{Ql^2}{2EI_y}$

付表7 単純支持はりの基本解（絶対値）

荷重の種類	支点のたわみ角	たわみ
	$\theta_{\mathrm{A}} = \theta_{\mathrm{B}} = \dfrac{Pl^2}{16EI_y}$	$u_{\max} = \dfrac{Pl^3}{48EI_y}$
	$\theta_{\mathrm{A}} = \dfrac{Pab(a+2b)}{6EI_y l}$ $\theta_{\mathrm{B}} = \dfrac{Pab(2a+b)}{6EI_y l}$	$a > b$ のとき $x = a\sqrt{\dfrac{1}{3}+\dfrac{2}{3}\dfrac{b}{a}}$ で $u_{\max} = \dfrac{Pb(l^2-b^2)^{3/2}}{9\sqrt{3}EI_y l}$
	$\theta_{\mathrm{A}} = \theta_{\mathrm{B}} = \dfrac{ql^3}{24EI_y}$	$u_{\max} = \dfrac{5ql^4}{384EI_y}$
	$\theta_{\mathrm{A}} = \dfrac{7q_0 l^3}{360EI_y}$ $\theta_{\mathrm{B}} = \dfrac{q_0 l^3}{45EI_y}$	$x = 0.52l$ で $u_{\max} = 6.52 \times 10^{-3}\dfrac{q_0 l^4}{EI_y}$ 中央で $u = 6.51 \times 10^{-3}\dfrac{q_0 l^4}{EI_y}$
	$\theta_{\mathrm{A}} = \dfrac{Ql}{6EI_y}$ $\theta_{\mathrm{B}} = \dfrac{Ql}{3EI_y}$	$x = l/\sqrt{3}$ で $u_{\max} = \dfrac{Ql^2}{9\sqrt{3}EI_y}$ 中央で $u = \dfrac{Ql^2}{16EI_y}$

付表 8 曲りはりの断面係数 κ

断面形状	断面係数
	$$\kappa = \frac{R}{h} \log\left(\frac{R+h/2}{R-h/2}\right) - 1$$
	$$\kappa = \frac{2}{(a/R)^2}\left\{1 - \sqrt{1 - \left(\frac{a}{R}\right)^2}\right\} - 1$$
	$$\kappa = \frac{2}{(a/R)^2}\left\{1 - \sqrt{1 - \left(\frac{a}{R}\right)^2}\right\} - 1$$
	$$\kappa = \frac{2R}{a_2^2 - a_1^2}\left(\sqrt{R^2 - a_1^2} - \sqrt{R^2 - a_2^2}\right) - 1$$
	$$\kappa = \frac{2R}{(b_1+b_2)h}\left[\left\{b_2 + \frac{b_2-b_1}{h}(R-e_2)\right\} \times \log\left(\frac{R+e_1}{R-e_2}\right) - (b_2-b_1)\right] - 1$$
	$$\kappa = \frac{R}{b_1(e_1+e_3) + b_2(e_2-e_3)}\{b_1\log(R+e_1) + (b_2-b_1)\log(R-e_3) - b_2\log(R-e_2)\} - 1$$

付表 9 類似公式の対応比較

引張り・圧縮	せん断	ねじり	曲げ
$\sigma = \dfrac{N}{A}$	$\tau = \dfrac{F}{A}$	$\tau = \dfrac{T}{I_p}r, \quad \tau_0 = \dfrac{T}{Z_p}$	$\sigma = \dfrac{M}{I_y}z, \quad \sigma_0 = \dfrac{M}{Z}$
$\varepsilon = \dfrac{N}{EA}$	$\gamma = \dfrac{F}{GA}$	$\psi = \dfrac{T}{GI_p}$	$\dfrac{1}{R} = \dfrac{M}{EI_y}$
$\lambda = \dfrac{Nl}{EA}$	$u = \dfrac{Fl}{GA}$	$\varphi = \dfrac{Tl}{GI_p}$	$\theta = \dfrac{Ml}{EI_y}$
$U = \dfrac{P^2 l}{2EA}$	$U = \dfrac{P^2 l}{2GA}$	$U = \dfrac{Q^2 l}{2GI_p}$	$U = \dfrac{Q^2 l}{2EI_y}$

索 引

監 修 者 略 歴

平尾　雅彦（ひらお・まさひこ）

1974 年　大阪大学基礎工学部機械工学科卒業
1976 年　大阪大学大学院修士課程修了
1977 年　大阪大学助手
1982 年　工学博士
1990 年　大阪大学助教授
1995 年　大阪大学教授
2017 年　大阪大学名誉教授

著 者 略 歴

森下　智博（もりした・ともひろ）

1986 年　姫路工業大学工学部機械工学科卒業
1988 年　大阪大学大学院基礎工学研究科修士課程修了
1989 年　明石工業高等専門学校講師
1998 年　博士（工学）
1998 年　明石工業高等専門学校助教授
2007 年　明石工業高等専門学校教授

編集担当　富井　晃（森北出版）
編集責任　石田昇司（森北出版）
組　　版　ブレイン
印　　刷　創栄図書印刷
製　　本　　同

材料力学 I　　　　　　　　　　　　　　ⓒ 森下智博　*2018*

2018 年 3 月 16 日　　第 1 版第 1 刷発行　　【本書の無断転載を禁ず】

監 修 者　平尾雅彦
著　　者　森下智博
発 行 者　森北博巳
発 行 所　森北出版株式会社
　　　　　東京都千代田区富士見 1-4-11 (〒102-0071)
　　　　　電話 03-3265-8341／FAX 03-3264-8709
　　　　　http://www.morikita.co.jp/
　　　　　日本書籍出版協会・自然科学書協会　会員
　　　　　JCOPY ＜（社）出版者著作権管理機構　委託出版物＞

MEMO

MEMO

MEMO

数学公式

三角関数

$$\sin^2\theta + \cos^2\theta = 1$$

$$\sin 2\theta = 2\sin\theta\cos\theta, \quad \cos 2\theta = \cos^2\theta - \sin^2\theta$$

$$\sin^2\theta = \frac{1-\cos 2\theta}{2}, \quad \cos^2\theta = \frac{1+\cos 2\theta}{2}$$

$$\sin(\alpha\pm\beta) = \sin\alpha\cos\beta \pm \cos\alpha\sin\beta, \quad \cos(\alpha\pm\beta) = \cos\alpha\cos\beta \mp \sin\alpha\sin\beta$$

$$\tan^{-1}x \pm \tan^{-1}y = \tan^{-1}\left(\frac{x\pm y}{1\mp xy}\right)$$

指数関数と対数関数

$$a^x = y \iff x = \log_a y$$

$$a^x a^y = a^{x+y}, \quad \frac{a^x}{a^y} = a^{x-y}, \quad (a^x)^y = a^{xy}, \quad (ab)^x = a^x b^x$$

$$\log_a xy = \log_a x + \log_a y, \quad \log_a\left(\frac{x}{y}\right) = \log_a x - \log_a y$$

$$\log_a x^n = n\log_a x, \quad \log_x y = \frac{\log_a y}{\log_a x}$$

不定積分（積分定数省略）

$$\int x^n\,dx = \frac{1}{n+1}x^{n+1} \quad (n \neq -1), \quad \int \frac{1}{x}\,dx = \log x$$

$$\int \sin\theta\,d\theta = -\cos\theta, \quad \int \cos\theta\,d\theta = \sin\theta$$

$$\int \sin^n\theta\cos\theta\,d\theta = \frac{\sin^{n+1}\theta}{n+1}, \quad \int \cos^n\theta\sin\theta\,d\theta = -\frac{\cos^{n+1}\theta}{n+1}$$

$$\int \sin^n\theta\,d\theta = -\frac{\sin^{n-1}\theta\cos\theta}{n} + \frac{n-1}{n}\int \sin^{n-2}\theta\,d\theta$$

$$\int \cos^n\theta\,d\theta = \frac{\cos^{n-1}\theta\sin\theta}{n} + \frac{n-1}{n}\int \cos^{n-2}\theta\,d\theta$$

$$\int x\sin x\,dx = \sin x - x\cos x, \quad \int x\cos x\,dx = \cos x + x\sin x$$

$$\int x^2\sin x\,dx = 2x\sin x - (x^2-2)\cos x, \quad \int x^2\cos x\,dx = 2x\cos x + (x^2-2)\sin x$$

$$\int \frac{x}{a+bx}\,dx = \frac{1}{b^2}\{a+bx - a\log(a+bx)\}$$

$$\int \frac{1}{1+x^2}\,dx = \tan^{-1} x, \quad \int \frac{1}{a+bx+cx^2}\,dx = \frac{2}{\sqrt{4ac-b^2}}\tan^{-1}\left(\frac{2cx+b}{\sqrt{4ac-b^2}}\right)$$

$$\int x^n \log x\,dx = x^{n+1}\left\{\frac{\log x}{n+1} - \frac{1}{(n+1)^2}\right\}$$

マクローリン展開

$$f(x) = f(0) + f'(0)x + \frac{f''(0)}{2!}x^2 + \cdots + \frac{f^{(n)}(0)}{n!}x^n + \cdots$$

$$e^x = 1 + x + \frac{x^2}{2!} + \frac{x^3}{3!} + \cdots \quad (-\infty < x < \infty)$$

$$\frac{1}{1\pm x} = 1 \mp x + x^2 \mp x^3 + \cdots \quad (-1 < x < 1)$$

$$\sqrt{1\pm x} = 1 \pm \frac{1}{2}x - \frac{1\cdot 1}{2\cdot 4}x^2 \pm \frac{1\cdot 1\cdot 3}{2\cdot 4\cdot 6}x^3 - \cdots \quad (-1 < x < 1)$$

$$\frac{1}{\sqrt{1\pm x}} = 1 \mp \frac{1}{2}x + \frac{1\cdot 3}{2\cdot 4}x^2 \mp \frac{1\cdot 3\cdot 5}{2\cdot 4\cdot 6}x^3 + \cdots \quad (-1 < x < 1)$$

$$\sin x = x - \frac{x^3}{3!} + \frac{x^5}{5!} - \frac{x^7}{7!} + \cdots \quad (-\infty < x < \infty)$$

$$\cos x = 1 - \frac{x^2}{2!} + \frac{x^4}{4!} - \frac{x^6}{6!} + \cdots \quad (-\infty < x < \infty)$$

$$\tan x = x + \frac{1}{3}x^3 + \frac{2}{15}x^5 + \frac{17}{315}x^7 + \cdots \quad (-\pi/2 < x < \pi/2)$$

$$\tan^{-1} x = x - \frac{1}{3}x^3 + \frac{1}{5}x^5 - \frac{1}{7}x^7 + \cdots \quad (-1 \leqq x \leqq 1)$$

$$\log\left(\frac{1+x}{1-x}\right) = 2\left(x + \frac{1}{3}x^3 + \frac{1}{5}x^5 + \frac{1}{7}x^7 + \cdots\right) \quad (-1 \leqq x \leqq 1)$$

極限値

$$\lim_{x\to 0} \frac{\sin x}{x} = 1, \quad \lim_{x\to 0} \frac{\tan x}{x} = 1$$

$$\lim_{x\to \pm\infty} \left(1 + \frac{1}{x}\right)^x = e = 2.718281828\cdots$$

$$\lim_{x\to +0} x \log x = 0, \quad \lim_{x\to +0} x^2 \log x = 0$$